代数方程式の
ガロアの理論

Jean-Pierre Tignol 著
新妻 弘 訳

Galois' Theory
of Algebraic Equations

共立出版

Galois' Theory
of Algebraic Equations

Jean-Pierre Tignol

Copyright © 2001 by World Scientific Publishing Co. Pte. Ltd.

All rights reserved. This book, or parts thereof, may not be reproduced in any form or by any means, electronic or mechanical, including photocopying, recording or any information storage and retrieval system now known or to be invented, without written permission from the Publisher.

ポールへ

過去の世代に尋ねるがよい．
父祖の究めたところを確かめてみるがよい．
わたしたちはほんの昨日からの存在で
何も分かっていないのだから．
地上での日々は影にすぎない．

ヨブ記　第8章8～9節

序文

　この本は『代数方程式のガロアの理論』という題名であるが，目次をご覧いただければおわかりのように，この講義の主題は代数学ではなく，より狭い意味での歴史でさえなく，「方法論」なのである．その目的は，読者（もともとの講義は数学科の学部学生を対象としていた）に，いかに数学が作られていったかというアイデアを理解してもらうことである．このような意欲的な企画では，大数学者などでは決してない者の個人的な経験はあまり価値がないので，かわりに数学者の生きてきた時代の集合的な経験を重視することが適当であろうと思われる．全体的な経験と個人的なものとの間には密接な関係があるという前提のもとに，過去の数学者たちが躓いた問題は現代の学ぶ者たちにも混乱を引き起こすことは大いにありがちなことであり，また過去において試みられた方法は今日の（才能ある）学生たちの心に自然に浮かんでくるものである．数学が作られる方法は，数学者が作られる方法からよりよく学ぶことができる．このことが，本書が基礎をおいている歴史的な観点を説明している．

　一般的な方法論を説明するために用いられる主題は方程式の理論である．古代の起源から1830年頃のガロアによる完成までの，方程式の発展の主要な舞台が再吟味され考察される．この講義の目的に対して，方程式の理論はいくつかの点から理想的な題材に思える．まず第1に，完全に初等的である．すなわち，その問題を述べるにあたって実質的にいかなる数学的な背景も必要とせず，しかもそれは現代代数学の深い考えと基本的な概念に読者を導いていく．第2に，それは非常に長い波乱に満ちた発展の道を経てきており，その道に沿っていくつかの宝石がある．その1つはラグランジュの1770年の論文で，これはみごとなやり方でこの理論に秩序と方法をもたらした．もう1つはヴァンデルモンドのある種の高次方程式の解の予見的な一瞥である．これはガロアの論文の60年も前で，ガロア理論の原理をほとんど明るみにだすことはなかったのだ

が．また，カルダーノ，チルンハウス，ラグランジュ，そしてアーベルによって発展させられた一般論と，重要な例であるいわゆる円分方程式（これは円を等しい部分に分割することから生じる）においてヴィエト，ド・モアブル，ヴァンデルモンド，そしてガウスらによってなされた試みの間にある関係は，方法論的な観点からみて示唆するところが大きい．これら2つの方向における成果は，ガロアの論文における解決に至るまで，対位法における主題のように密接に織りなされている．最期に，方程式の代数的理論は今や閉じた主題であり，それはずっと前に完全な成熟の域に達している．それゆえ，そのさまざまな側面から公平な評価を与えることができる．もちろん，このことはガロア理論については当然正しくない．すなわちガロア理論は今でも，多くの方向において独創的な研究に対する霊感を与え続けている．しかし，この本における講義は方程式の理論に関するものであり，体のガロア理論に関するものではない．ガロアの理論から現代のガロア理論への発展はこの講義の視界の向こうにある．その内容はきっとこのような本一冊分になるであろう．

　歴史的発展を強調した結果として，これらの講義のなかの数学的事実の配列は体系的であるよりは発生的である．このことは，この講義が出来事の（大まかな）時間的な順序に従ってアイデアの変遷の跡をたどることを目的にしている，ということを意味している．したがって，論理的にはお互いに近い結果も異なった章にばらまかれていたり，またある話題は唯一つの明確な説明が与えられるかわりに，ほんの軽く触れるだけで何回も論じられる．これらの回りくどいやり方に期待されることは，読者が，この理論の発展を促してきた内部的な働きをより良く見ることができるようになることである．

　もちろん，あまりに回りくどい議論を避けるために，過去の —— とくに遙か昔の —— 数学者の業績は記号と術語の点でいくぶん現代化されている．19世紀まで，数の集合とその集合の性質を考察することは明らかに思考様式とは異質なものであった．しかしながら，今や（素朴な）集合論は数学教育のすべての段階に普及している，という事実を無視することは無益なことである．よって，ガウス，アーベルそしてガロアの大変に独創的な発見についての記述をいくつかを減らすという犠牲をはらって，体や群のような基本的な代数構造の定義を自由に用いることができるようにした．これらの定義と，いくつかの証明を明確にするために必要とされる線形代数の初等的な性質を除いては，初等的な話題の発生学的な取り扱いから期待されるように，取り扱った内容は完全に自己完結的である．

　方程式の理論を研究したいと望んでいる人たちにとって，その長い発展の歴

史がよく調査され整理されているのは幸運なことである．カルダーノ，ヴィエト，デカルト，ニュートン，ラグランジュ，ウェアリング，ガウス，ルフィニ，アーベル，ガロアといった人たちのオリジナルな著作は，現代の出版物を通して，あるときには英語訳においてさえ，容易に手に入れることができる．これらの原著書やジラール，コーツ，チルンハウスそしてヴァンデルモンドの他に，私は次のようないくつかの文献を参考にしている．一般的な概観に関しては，主にブルバキの歴史的覚え書き [6]，古代についてはファン・デル・ヴェルデンの『数学の黎明』[62]，ガロアの論文におけるいくつかの命題の証明に関してはエドワードの『ガロア理論』[20] である．ベキ根による代数方程式の解への応用を含むガロア理論の体系的な概観については，読者は次のようなすばらしい解説のどれでも手にして読むことができる．アルティンの古典的な小冊子 [2]，カプランスキーの小論 [35]，モランディ [44]，ロットマン [50] またはスチュアート [56] の本，あるいは，コーン [14]，ジャコブソン [33], [34]，ファン・デル・ヴェルデン [61] による代数学の教科書の関係のある章，そしておそらく私が知らない他のたくさんのものがある．しかしながら，この講義の中で読者は，ガウスによる円分方程式，一般 5 次方程式のベキ根による不可解性についてのアーベルの定理とガロア以降の代数方程式の可解性の条件についての綿密な取り扱いを完全な証明とともに見いだすであろう．（原論文よりは狭い範囲ではあるが）方程式を解くという身近にある具体的な問題に焦点をあて，まったく実用的であるという点において，引用した文献における視点とは異なっている．ついでながら，本書と比較して，現代ガロア理論を代数方程式の解法に適用するために，いかなる種類の高等的技術が必要とされるかを見るのはすばらしいことである．

いくつかの章の終わりにある練習問題は，定理のある拡張に焦点をあてており，ときどきこの本の中で暗示されている技術的な事実の証明を与えている．それらはこの本をよく理解するために不可欠のものである，というわけではまったくない．選ばれた問題の解答はこの本の終わりにある．

この本は 1978 年から 1989 年にかけて Université catholique de Louvain で行われた講義に基づいており，はじめは 1988 年に Longman Scientific & Technical から出版された．これはまた Louvain-la-Neuve の Cabay 版として 1980 年に出版された（今は絶版である）私の『代数方程式講義』("Leçon sur la théorie des équations") をかなり拡張し，完全に改訂したものである．Longman 版の表現はいくつかの部分で書き直されてはいるが，大きな変更はなされていない．

私は次の方々に大きな恩義を感じている．1978 年に最初の講義をするよう招待してくれた Fancis Borceux，何年間かの講義を聴講してくれた学生たち，そして 1988 年版で私に意見を伝えてくれた読者たち．彼らの価値のある批判と励ましの意見は，この新しい版を準備しようと決心するために非常に重要であった．この本のさまざまな版を通して，きわめてたくさんの友人から助力を得るという特権を与えられた．特に Pasquale Mammone と Nicole Vast は原稿のいくつかの部分を読んでくれた．そして Murray Schacher と David Saltman は (アメリカ) 英語の用法について助言してくれた．彼らのすべてに心からなる感謝をしたい．また，私は次の方々にも特別な感謝の念を抱いている．Longman 版の原稿を編集してくれた T. S. Blyth，そして，Center général de Documentation (Université catholique de Louvain) と Bibliothéque Royale Albert 1er (Brussels) のスタッフの皆様，彼らは助力を惜しまず，また本を部分的に再販する許可を与えてくれた．そして Nicolas Rouche，彼は貴重な書籍をおさめた個人的な書庫に出入りする機会を与えてくれた．

$T_{E}X$ 原稿を作ってくれた Suzanne D'Addato (1988 版もタイプしてくれた) と Béatrice Van den Haute に，そして作図の助力に対して Camille Debiéve にも謝意を表したい．

最後に，生きている喜びを私にまで伝染させてくれた Céline, Paul, Éve と Jean に，そしてまた Astrid の忍耐と不断の励ましに対して暖かい感謝を捧げる．1988 年版の出版の準備は我々の小さい Paul の全生涯にわたっていた．私はこの本を彼の追憶に捧げたいと思う．

目　次

第1章　2次方程式　　1
- 1.1　はじめに　　1
- 1.2　バビロニアの代数　　2
- 1.3　ギリシャの代数　　6
- 1.4　アラビアの代数　　9

第2章　3次方程式　　14
- 2.1　3次方程式の解法についての優先権論争　　14
- 2.2　カルダーノの公式　　16
- 2.3　カルダーノの公式から生じる展開　　17

第3章　4次方程式　　23
- 3.1　4次方程式の不自然さ　　23
- 3.2　フェラーリの方法　　24

第4章　多項式の創造　　28
- 4.1　記号代数の発生　　28
  - 4.1.1　ステヴィンの『数論』　　30
  - 4.1.2　ヴィエトの『解析術序説』　　32
- 4.2　根と係数の関係　　33

第5章　多項式の現代的解釈　　46
- 5.1　定義　　46
- 5.2　ユークリッドの除法　　48
- 5.3　既約多項式　　53
- 5.4　根　　56
- 5.5　重根と導関数　　59
- 5.6　2つの多項式の共通根　　62

付録：有理式の部分分数への分解 65

第6章　3次および4次方程式の新しい解法　67
6.1　ヴィエトによる3次方程式の解法 67
　　6.1.1　既約な場合の三角関数による解法 67
　　6.1.2　一般の場合に対する代数的な解法 68
6.2　デカルトによる4次方程式の解法 70
6.3　有理数係数方程式の有理解 71
6.4　チルンハウスの方法 73

第7章　1のベキ根　78
7.1　はじめに 78
7.2　ド・モアブルの公式の起源 79
7.3　1のベキ根 86
7.4　原始根と円分多項式 91
付録：ライプニッツとニュートンによる級数の和 98
練習問題 100

第8章　対称関数　103
8.1　はじめに 103
8.2　ウェアリングの方法 107
8.3　判別式 112
付録：完全平方数の逆数による級数のオイラー和 116
練習問題 118

第9章　代数学の基本定理　121
9.1　はじめに 121
9.2　ジラールの定理 123
9.3　代数学の基本定理の証明 125

第10章　ラグランジュ　130
10.1　方程式の理論の成熟 130
10.2　既知の方法に対するラグランジュの考察 134
10.3　群論とガロア理論の最初の成果 146
練習問題 158

第11章　ヴァンデルモンド　160
11.1　はじめに 160
11.2　一般方程式の解法 161
11.3　円分方程式 165

viii 目次

    練習問題 172

第12章 ガウスの円分方程式 　　　　　　　　　　　　　　　174
  12.1 はじめに 174
  12.2 整数論的準備 175
  12.3 素数指数の円分多項式の既約性 182
  12.4 円分方程式の周期 189
  12.5 ベキ根による可解性 200
  12.6 円分多項式の既約性 204
  付録：正多角形の定規とコンパスによる作図 208
  練習問題 214

第13章 一般方程式におけるルフィニとアーベル 　　　　　　216
  13.1 はじめに 216
  13.2 ベキ根拡大 219
  13.3 自然な無理量についてのアーベルの定理 226
  13.4 5次以上の一般方程式の不可解性の証明 233
  練習問題 235

第14章 ガロア 　　　　　　　　　　　　　　　　　　　　　238
  14.1 はじめに 238
  14.2 方程式のガロア群 242
  14.3 体の拡大におけるガロア群 262
  14.4 ベキ根による可解性 273
  14.5 応用 292
  付録：ガロアによる置換群の表現 307
  練習問題 313

第15章 エピローグ 　　　　　　　　　　　　　　　　　　　315
  付録：ガロア理論の基本定理 319
  練習問題 328

解　答 　　　　　　　　　　　　　　　　　　　　　　　　　330
参考文献 　　　　　　　　　　　　　　　　　　　　　　　　337
訳者あとがき 　　　　　　　　　　　　　　　　　　　　　　341
索　引 　　　　　　　　　　　　　　　　　　　　　　　　　345

第1章

2次方程式

1.1 はじめに

1次方程式 $aX = b$ の解法は除法以外の何も使わないので,それはほとんど方程式の代数的理論には属さない.したがって,次のような2次方程式でこの講義を始めるのが適当であろう.

$$aX^2 + bX + c = 0 \quad (a \neq 0).$$

両辺を a で割れば,次の式に帰着させることができる.

$$X^2 + pX + q = 0.$$

この方程式の解法はよく知られている.すなわち,$\left(\frac{p}{2}\right)^2$ を両辺に加えると,$X + \frac{p}{2}$ の平方が現れるので,この方程式は次のように表される.

$$\left(X + \frac{p}{2}\right)^2 + q = \left(\frac{p}{2}\right)^2.$$

(この手続きは「平方完成」と呼ばれている.)X の値は容易に次のような形に表されることがわかる.

$$X = -\frac{p}{2} \pm \sqrt{\left(\frac{p}{2}\right)^2 - q}.$$

この公式はよく知られており,2次方程式の解法が17世紀以前にこの形では表現され得なかったのはむしろ驚くべきことかもしれない[†].それにもかかわら

[†] (係数の符号を無視した) 2次方程式の最初の一般的な解法は,1585年に出版されたシモン・ステヴィン (Simon Stevin) の『数論』(L'Arithmetique) [55, p.595] による.しかし,ステヴィンは文字係数を使わず,文字係数が導入されたのは数年後のフランソワ・ヴィエト (François Viète) によってである.第4章,§4.1 を参照せよ.

ず，数学者たちはそれまでのおよそ 40 世紀もの間 2 次方程式を解き続けてきた．この最初の章の目的は 2 次方程式の理論の「草創期」の簡単な概略を与えることである．

1.2 バビロニアの代数

2 次方程式の最初に知られている最古の解法は紀元前約 2000 年に起源をもつ．それは，バビロニアの粘土板に次のように書かれている（ファン・デル・ヴェルデン (Van der Waerden)[62, p. 69] を参照せよ）．

> 面積から正方形の 1 辺を引くと 14.30．係数 1 をとる．1 を 2 つの部分に分けると 30 である．30 と 30 をかけると 15 になる．14.30 に足すと 14.30.15 となり，14.30.15 は平方根 29.30 をもつ．29.30 に，それ自身をかけた 30 を足すと 30 となる．これが正方形の 1 辺の長さである．

この文は明らかに，面積と 1 辺の長さの差（すなわち，$x^2 - x$）が与えられているとき，正方形の 1 辺の長さ（x で表す）を求める手続きを与えている．言い換えると，この文は $x^2 - x = b$ の解法を与えている．

しかし，バビロニア人によって使われていた奇妙な算術には困惑するであろう．これは，彼らの計算法に対する基本が（位取り）60 であるという事実によって説明することができる．すなわち，14.30 は実際 $14 \cdot 60 + 30$，つまり 870 を意味しているのである．さらに，彼らは数が欠けていることや，ある数が小数のつもりであることを示すための記号をもたなかった．たとえば，1 を 2 によって割るとき，その結果は 30 として示されているが，実際にはそれは $30 \cdot 60^{-1}$，すなわち，0.5 を意味している．この 30 の平方は，それゆえ 15 と表され，これは 0.25 を意味している．これは 14.30 と 15 の和がなぜ 14.30.15 と書かれるのかを説明している．現代の記号では，この演算は 870+0.25=870.25 ということである．

この記号の不明確さをとり除いた今，著者は方程式 $x^2 - x = 870$ を正しく解いて，$x = 30$ を得ているように見える．バビロニア人は負の数をもたなかったから，もう一方の根 $x = -29$ は無視されている．

この負の数の欠落はバビロニア人たちに，係数の符号に依存してさまざまな型の 2 次方程式を考えさせることになった．これらのすべての中で次の 3 つの

型のものがある.

$$X^2 + aX = b, \quad X^2 - aX = b, \quad X^2 + b = aX.$$

ただし，a, b は正の数を表している．（第 4 のタイプ $X^2 + aX + b = 0$ は明らかに，（正の）解をもたない．）

バビロニア人は数のかわりに文字を使わなかったので，これらのさまざまな型をこの形で書くことはできなかった．しかし，上の例に加え，それと同じ粘土板に書かれていたほかの数係数による例から，明らかにバビロニア人は方程式 $X^2 + aX = b$, $X^2 - aX = b$ の根がそれぞれ

$$X = \sqrt{\left(\frac{a}{2}\right)^2 + b} - \frac{a}{2}, \quad X = \sqrt{\left(\frac{a}{2}\right)^2 + b} + \frac{a}{2}$$

であることを知っていたようだ．現存しているすべての例において，上で述べられた例のように解を求めるための手続きが書かれているだけなので，彼らがこれらの根を得るためにどのような推論をしたのかは知られていない．長方形の縦と横の長さの差と面積が与えられたとき，その長方形の縦と横の長さを求めるような幾何学的問題の解法を，彼らがあらかじめ知っていたということは大いにありそうなことである．x と y をそれぞれ長方形の縦と横の長さとすると，この問題は次の連立方程式を解くことに帰着される．

$$\begin{cases} x - y = a \\ xy = b. \end{cases} \tag{1.1}$$

y を消去することによって，この連立方程式は次のような x の方程式になる．

$$x^2 - ax = b. \tag{1.2}$$

y のかわりに x を消去すれば，次を得る．

$$y^2 + ay = b. \tag{1.3}$$

逆に，$y = x - a$ または $x = y + a$ とおけば，方程式 (1.2) と (1.3) は連立方程式 (1.1) に同値である．

彼らはおそらく 2 次方程式 (1.2), (1.3) に対応している連立方程式 (1.1) の解から (1.2) と (1.3) の解を導き出したのだろう．この連立方程式は次のようにして得られた．z を x と y の算術平均とする．

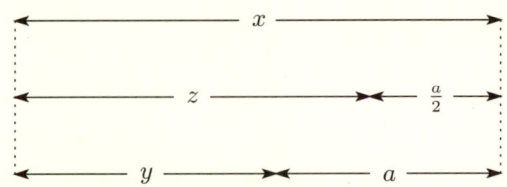

言い換えると，z は与えられた長方形と同じ周囲の長さをもつ正方形の 1 辺である．

$$z = x - \frac{a}{2} = y + \frac{a}{2}.$$

そうしてから，長方形の面積（$xy = b$）と正方形の面積（すなわち，z^2）を比較する．このとき，

$$xy = \left(z + \frac{a}{2}\right)\left(z - \frac{a}{2}\right)$$

であるから，$b = z^2 - \left(\frac{a}{2}\right)^2$ である．したがって，$z = \sqrt{\left(\frac{a}{2}\right)^2 + b}$ となり，x と y は次のようになる．

$$x = \sqrt{\left(\frac{a}{2}\right)^2 + b} + \frac{a}{2}, \qquad y = \sqrt{\left(\frac{a}{2}\right)^2 + b} - \frac{a}{2}.$$

これは，2 次方程式 $x^2 - ax = b$ と $y^2 + ay = b$ を同時に解いている．

バビロニア人によって解かれた 2 次方程式のさまざまな例を見ると，次のような奇妙な事実に気がつく．すなわち，第 3 の型 $x^2 + b = ax$ は明瞭な形としては現れていない．長方形の周囲の長さと面積が与えられたとき，長方形の長さと幅を求めるといった問題がバビロニア人の粘土板に非常にたくさん出現するのを考えると，このことはさらに我々を困惑させる．この問題は次の連立方程式を解くことに帰着される．

$$\begin{cases} x + y = a \\ xy = b. \end{cases} \tag{1.4}$$

y を消去すると，この連立方程式から $x^2 + b = ax$ が導かれる．では，なぜバビロニア人は連立方程式 (1.4) を解いたにもかかわらず，$x^2 + b = ax$ のような方程式を一度も考察しなかったのだろうか．

連立方程式 (1.4) の解法の中に 1 つの手がかりを見つけることができる．その解はおそらく，周囲の長さが $\frac{a}{2}$ の正方形に対して，辺の長さ x, y をもつ長方形を比較することによって得られる．

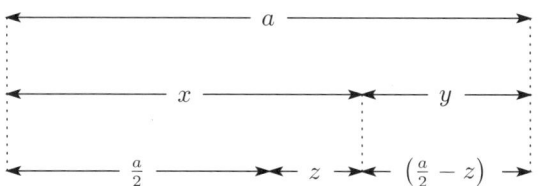

このとき，$x = \frac{a}{2} + z$ とおけば，$y = \frac{a}{2} - z$ となり，前に見たものと同じになる．

その方法がどのようなものであるとしても，彼らが得た解は次のようなものである．

$$x = \frac{a}{2} + \sqrt{\left(\frac{a}{2}\right)^2 - b},$$

$$y = \frac{a}{2} - \sqrt{\left(\frac{a}{2}\right)^2 - b}.$$

このようにして，x に対して 1 つの値と y に対して 1 つの値が定まる一方で，連立方程式 (1.4) において，x と y は入れ替えることができることは我々には明らかである．すると未知の量のそれぞれの 1 つに対して 2 つの値が得られるので，x と y は次のようになる．

$$x = \frac{a}{2} \pm \sqrt{\left(\frac{a}{2}\right)^2 - b}, \qquad y = \frac{a}{2} \mp \sqrt{\left(\frac{a}{2}\right)^2 - b}.$$

しかしながら，バビロニア風の表現では x と y は交換可能ではない．すなわち，それらは長方形の長さと幅であり，したがって，$x \geq y$ という暗黙の条件があった．ガンズ (S. Gandz) によれば，$X^2 + b = aX$ の型の方程式は，ほかの 2 つの型と違って，2 つの正の値（これは長方形の高さと幅である）をもっていたので，バビロニア人はそれを計画的にかつ故意に避けたのである [22, §9]．1 つの量に対して 2 つの値という考え方はおそらく彼らを非常に困らせたであろうし，またそれは非論理的な馬鹿げたこと，まったく意味のないことだという印象をバビロニア人たちに与えただろう．

しかしながら，1 より大きい次数をもつ代数方程式はいくつかの交換可能な解をもつ，というこの考察は根本的な重要性をもつ．すなわち，それはガロア理論の土台であり，我々は，ラグランジュ (Lagrange) そしてまた後の数学者たちによって，それがどのように巧妙に使われるかを見る機会をもつであろう．

アンドレ・ヴェイユ (André Weil) が別の話題に関連して次のように述べている [69, p. 104]．

これは数学の歴史にまさに独特のものである．実に困惑させそして理解され得ない事柄が存在するとき，それはたいてい最高の注目に値する．なぜなら，いつかある大きな理論がその中からきっと出現するであろうから．

1.3　ギリシャの代数

ギリシャ人は，最初に証明の有用性を認識したという理由で，数学の歴史において卓越した位置を占めるに値する．というのは，まず第 1 に彼ら以前には，数学はむしろ経験的なものであった．演繹的推論を用いて，彼らは巨大な不朽の数学的業績を築いた．それは，ユークリッド (Euclid) の有名な傑作『原論』("The Elements") （紀元前 300 年頃）に顕著に表れている．

この古典時代における，ギリシャ人の代数に対する多数の貢献は基盤となるものであった．彼らは素朴な数の考え（すなわち，整数や有理数）では幾何学的な大きさを説明するのに十分ではないということを発見した．たとえば，正方形の対角線と辺の長さを，整数倍によって測定するための長さの単位として用いることのできる線分は存在しない．すなわち，辺に対する対角線の比（すなわち $\sqrt{2}$）は有理数ではない．あるいは，言い換えると，対角線と辺は同じ規準で測れない．

無理数の発見はピタゴラス (Pythagoras) の弟子たちの間で，おそらく紀元前 430 年から 410 年の間になされた（クノール (Knorr) [39, p. 49] を参照せよ）．それは，しばしばメタポンツームのヒッパソス (Hippasus) に帰せられている．彼は伝えられるところによれば，「万物は数である」というピタゴラス教団の教義に対する完全な反例をつくり出したために，海で溺死させられたという．しかしながら，いかなる直接的な証拠も現存せず，またどのようにしてその発見がなされたかはいまだに推測の域を出ない．同じ規準で測れないということが示された一番最初の大きさは，正方形の対角線と辺であることは広く信じられており，以下に述べる証明の再構成はクノールによって提案された [39, p. 27]．

正方形 $ABCD$ の辺 AB と対角線 AC は，2 つとも 1 つの共通した線分によって測られると仮定する．そのとき，AB と AC は数（整数）を表し，それらの上にある正方形 $ABCD$ と $EFGH$ は平方数を表す．図より明らかに（三角形を数えて）正方形 $EFGH$ は正方形 $ABCD$ の 2 倍であるから，$EFGH$ は偶数で平方数であり，ゆえにその 1 辺は偶数である．したがって，EB も 1 つの数を表し，よって正方形 $EBKA$ は平方数である．

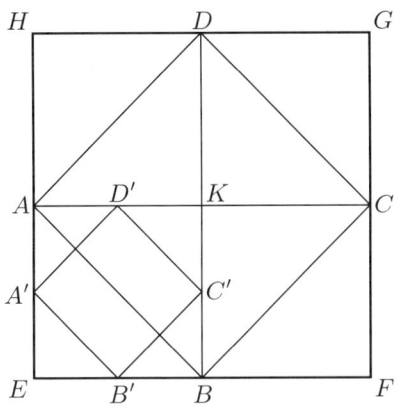

正方形 $ABCD$ は明らかに正方形 $EBKA$ の 2 倍であるから, 同じ推論によって, AB は偶数である. したがって, $A'B'$ は 1 つの数を表す.

いま AB と AC の半分である $A'B'$ と $A'C'(=EB)$ は 2 つとも数を表すことがわかる. ところが, $A'B'$ と $A'C'$ は新しい（より小さい）正方形の辺と対角線であるから, 上と同様の議論をくり返すことができる.

この手続きを繰り返せば, AB と AC によって表される数は無限に 2 で割り切れる. これは明らかに不可能である. この矛盾より, AB と AC が同じ規準で測れないということが証明される.

この結果は明白に線分の長さを測るためには, 整数では十分でないことを示している. そこで適度に一般化して長さの比を考えた. この発見に促されて, ギリシャ人は幾何学的な大きさに数値を割り当てるという問題を避けつつ, 論理的に首尾一貫した方法で, この幾何学的な大きさの比を扱う新しい技術を発展させた. 彼らはこのようにして『原論』の中でユークリッドによって方法論的に教えられた「幾何学的な代数」を創造した.

これとは対照的にバビロニア人は, 無理数はもちろん幾何学の問題を扱う際には不可避であった無理数から生じる理論的な欠陥に気づいていなかった. そこで彼らはそのとき, 単に有理数による近似値で無理数を置き換えたのである. たとえば, $\sqrt{2}$ の次のような近似値があるバビロニアの粘土板上で発見されている. 1.24.51.10, 言い換えると, $1 + 24 \cdot 60^{-1} + 51 \cdot 60^{-2} + 10 \cdot 60^{-3}$, すなわち $1.41421296296296\cdots$, これは小数点以下第 5 位まで正確である.

ユークリッドは明白な形で 2 次方程式を扱うことはしなかったが, 『原論』のいくつかの命題の中に幾何学的な表現による 2 次方程式の解法を

見つけることができる．たとえば，第2巻の命題5は次のように述べられている [30, v. I, p. 382]：

> 1つの直線を等分になるように，そしてまた等分にならないように切断したとき，等しくない線分によって囲まれた長方形と切断点の間の線分によって定まる正方形の面積を合わせると，等分した線分によって定まる正方形の面積に等しい．

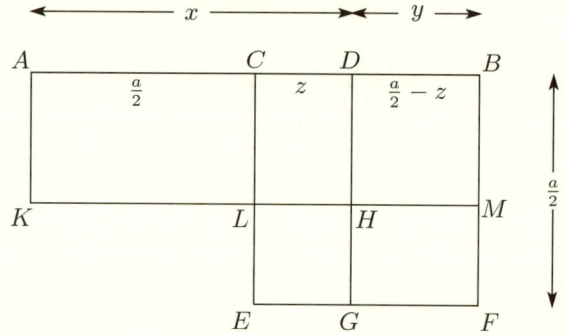

上の図では，直線 AB が C において等しい線分に，D において等しくない線分に切断されている．このとき命題は，長方形 $ADHK$ の面積は正方形 $LHGE$ の面積（これは CD によって定まる正方形の面積に等しい）と合わせると正方形 $CBFE$ の面積に等しい，ということを主張している．（長方形 $ACLK$ の面積は長方形 $DBFG$ の面積に等しいので，このことは図より明らかである．）

与えられた直線 $AB = a$ が切断されてできる等しくない2つの線分を未知のものとすれば，この命題は次の連立方程式の解法の核心を我々に提供している．

$$\begin{cases} x + y = a \\ xy = b. \end{cases}$$

実際，「切断した2点の間にある直線の部分」を $z = x - \frac{a}{2}$ とおけば，それは $b + z^2 = \left(\frac{a}{2}\right)^2$ ということを述べている．このとき，容易に

$$z = \sqrt{\left(\frac{a}{2}\right)^2 - b}$$

であることがわかり，ゆえにバビロニアの代数にあるように

$$x = \frac{a}{2} + \sqrt{\left(\frac{a}{2}\right)^2 - b}, \quad y = \frac{a}{2} - \sqrt{\left(\frac{a}{2}\right)^2 - b}$$

が得られる．その後に続く命題において，ユークリッドは

$$\begin{cases} x - y = a \\ xy = b \end{cases}$$

なる連立方程式（これは結局 $x^2 - ax = b$ または $y^2 + ay = b$ という2次方程式であるが）の解法も与えている．彼は第6巻の命題28と29においてより入念な形でこれと同じ型の問題に立ちもどっている（クライン (Kline) [38, pp. 76-77] とファン・デル・ヴェルデン [62, p. 121] を比較せよ）．

このように古代ギリシャの数学者は，彼らが（正の）実数係数をもつ方程式を考察したので，2次方程式の解法において一般性のある非常に高い水準に達した．しかしながら，19世紀前までは実数を厳密に扱う方法は幾何学的代数のみであったし，それは非常に難しく，代数学の観点からは自然でない非常にきつい制限を要請している．たとえば，次数が3を超えるときには比例の扱いの高度な技術が必要とされた．

方程式の理論が進歩するためには，係数の性質についてはより少なく，また形式論についてはもっと考えることが必要であった．後になって，ヘロン (Hero) やディオファントス (Diophantus) のようなギリシャの数学者はその方向に歩を進めたけれども，真に新しい前進は他の文明によってもたらされた．インド人と，後にアラビア人は無理数の計算の技術を発展させた．彼らは無理数が分数で表せないことについて心配することなく平気で無理数を扱った．たとえば，彼らは

$$\sqrt{a} + \sqrt{b} = \sqrt{a + b + 2\sqrt{ab}}$$

のような公式を熟知していた．彼らは $(u+v)^2 = u^2 + v^2 + 2uv$ においてそれぞれ u と v を $\sqrt{a}$ と $\sqrt{b}$ で置き換えて，両辺の根号をとることによってこの公式を得ていた．彼らの数学的厳密性に対する概念はギリシャの数学者たちのそれよりも緩やかであったが，彼らは2次方程式のより形式的な（すなわち，真に代数的な）研究への道を開いた（クライン [38, ch.9, §2] を参照せよ）．

1.4 アラビアの代数

方程式の理論における次の画期的な事件は，アル・フワーリズミー (Mohammed ibn Musa al-Khowarizmi) による "Al-jabr w'al muqabala"（830年頃）という本である．

この本の表題は方程式に関する 2 つの基本的な操作を表している．最初のものはアル–ジャブル (al-jabr) で（現在我々が用いている「代数 (algebra)」という言葉はこれに由来している），この言葉は「保持すること」または「全体をつくること」を意味している．この状況において，それは方程式の 1 つの辺から除かれた負の項を，もう 1 つの辺に加えることによって方程式の両辺の等しさを保存することを表している．たとえば，次の方程式

$$x^2 = 40x - 4x^2$$

はアル–ジャブルによって

$$5x^2 = 40x$$

となる [36, p. 105]．2 番目の基本的な操作アル–ムカバラ (al muqabala) というのは，「反対」とかまたは「平均化」を意味している．すなわち，それは方程式の両辺から同じ項を消去し単純化する手続きのことである．たとえば，アル–ムカバラという操作は

$$50 + x^2 = 29 + 10x$$

を

$$21 + x^2 = 10x$$

に変更する [36, p. 109]．

　この本の中で，アル・フワーリズミーは，方程式を解くための古い方法を少ない標準的な手続きに還元することによって，方程式の理論における古典時代とでも呼べる時代を創始した．たとえば，いくつかの未知数を含む問題において，彼は体系的に未知数のうちの 1 つについての方程式をたて，次の 3 つの型の 2 次方程式を平方完成することにより解いている．

$$X^2 + aX = b, \quad X^2 + b = aX, \quad X^2 = aX + b.$$

なお，$X^2 + b = aX$ なる型の方程式に対しては 2 つの（正の）解を与えている．

　アル・フワーリズミーはバビロニア人がそうしたように，最初に次の手続きを説明している．

　　　次のものは平方のある数倍と根の数倍を合わせたものがある数
　　に等しいという例である．すなわち，1 つの平方数と 10 個の根は

39 個に等しいという問題である．したがって，この形の方程式における問題は次のようである：平方数がその平方根の 10 倍と合わせたものが合計の和として 39 となる平方数は何か？ この型の方程式を解くやり方は次のようである．述べられている平方根の半分をとる．今，我々の前に与えられている問題における根の倍数は 10 である．ゆえに 5 をとり，それ自身にかけて 25 となり，39 にそれを足した量は 64 を与える．

次にこの平方根をとると 8 となり，それから根の倍数の半分 5 を引くと 3 となる．したがって，3 という数がこの平方数の 1 つの根を表している．この平方数はもちろん 9 である．以上より，9 がその平方数を与える．[36, pp. 71-73]

しかしながら，6 つの型の方程式 $mX^2 = aX$, $mX^2 = b$, $aX = b$, $mX^2 + aX = b$, $mX^2 + b = aX$, $mX^2 = aX + b$ のそれぞれを解く手続きを説明した後，彼は次のようにつけ加えている：

> 我々はこれまで，数に関して，6 個の型の方程式について十分説明した．しかし，今我々が数に関して説明した同じ問題の解の正しさを幾何学的に示す必要がある．[36, pp. 77-73]

それから，彼は最後の 3 つの型に対する彼の規則の幾何学的な正当化を，$x^2 + 10x = 39$ に対する次の例にあるような平方完成を用いて与えている．

x^2 を正方形 AB とする．このとき，$10x$ はそれぞれ 1 つの辺が 5 でもう 1 つの辺が正方形 AB の辺 x である面積 $5x$ の 2 つの長方形 G と D に分割される．仮定によって，このように作られた形の値は $x^2 + 10x = 39$ である．正方形 AC を完成するのに必要な $5^2 = 25$ という値の空いているかどの部分が残っている．

したがって，25 を加えれば平方 $(x+5)^2$ は完成され，その値は $39+25=64$ である．したがって，$(x+5)^2=64$ であるから，$x+5=8$ となり，$x=3$ を得る（[36, p. 81] 参照）．

この構成の背後にある幾何学は，演繹的な推論によって少ない数の公理に論理的に結びつけられるのではなく，かわりに直感的，幾何学的な明証性に依存しているという理由で，ユークリッドの『原論』における幾何学よりもはるかに初等的である．その一方で，代数学の観点から見ると，アル・フワーリズミーの業績はユークリッド以前と比較にならないほど進んでおり，それは独立な規律として代数の後の発展のための舞台を設定した．

方程式の理論におけるアラビア人のもう1つの著しい業績は，オマル・ハイヤーム (Omar Khayyam) による3次方程式の幾何学的解法である（1079年頃）．たとえば，方程式 $x^3+bx^2=b^2c$ の解は放物線 $x^2=by$ と，その頂点において放物線の軸に接している半径 c の円との交点によって得られる．

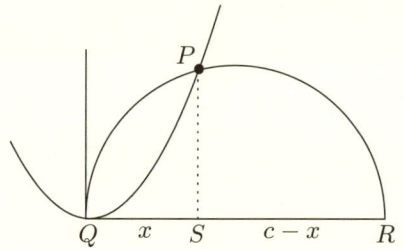

上の図における線分 x が $x^3+b^2x=b^2c$ を満足していることを証明するため，式 $x^2=b\cdot PS$ から出発する．これより次の式が得られる．
$$\frac{b}{x}=\frac{x}{PS}.$$
一方，三角形 QSP と PSR は相似であるから，
$$\frac{x}{PS}=\frac{PS}{c-x}.$$
ゆえに，
$$\frac{b}{x}=\frac{PS}{c-x}.$$
$PS=b^{-1}x^2$ であるから，この方程式は次の式を与える．
$$\frac{b}{x}=\frac{x^2}{b(c-x)}.$$

ゆえに，$x^3 = b^2c - b^2x$ となり，これが求めるものであった．

オマル・ハイヤームは円錐曲線の交点によって，3次方程式のほかの形のものに対する幾何学的な解法も与えているが，これらの見事な解法も実際的な目的に対してはあまり使い道がなく，代数的な解法がさらに熱望されていた．

1494年に，ルカ・パチオーリ (Luca Pacioli) は『算術，幾何，比および比例大全』("Summa de Arithmetica Geometria, Proportione e Proportionalita")（数学において最初に印刷された本の中の1つ）という彼の本において，$x^3 + mx = n$ と $x^3 + n = mx$（現代表記において）を解くことは円の正方形化と同じぐらい不可能であるという注意によって終えている（クライン [38, p. 237]，カルダーノ (Cardano) [11, p. 8] を参照せよ）．しかしながら，予期されなかった発展が間もなく起こるはずであった．

第 2 章

3 次方程式

2.1 3 次方程式の解法についての優先権論争

$X^3 + mX = n$ の代数的解法は，最初にボローニャの数学教授であったシピオーネ・デル・フェロ (Scipione del Ferro) によって 1515 年頃に得られた．彼自身のことについて，そして彼の解法についても，何らかの理由によって彼がその結果を公表しなかったため，あまり知られていない．1526 年に彼が亡くなったとき，彼の方法は彼の弟子の何人かに伝えられた．

3 次方程式の解法の第 2 の発見は，ブレシア出身の通称「タルターリア」(Tartaglia)（どもりの意味）と呼ばれた，ニコロ・フォンタナ (Niccolo Fontana, 1500 頃-1557) 自身の記述によってはるかによく知られている（ハンケル (Hankel) [28, pp. 360 ff] を参照せよ）．3 次方程式のいくつかの非常に特別な場合を扱っていたタルターリアは，1535 年にシピオーネ・デル・フェロの昔の弟子の 1 人であるアントニオ・マリア・デル・フィオーレ (Antonio Maria del Fior) によって主催された公開の問題解法競技会[†]に挑戦した．フィオーレが彼の師匠から 3 次方程式の解法を伝授されたと聞き，タルターリアはその競争に彼の全精力とすべての技術を投入した．彼はぎりぎりのところでその解法を見つけることに成功し，フィオーレを屈辱的な敗北に至らしめた．

タルターリアが 3 次方程式の解法を発見したという知らせは，薬学，占星術，天文学，哲学そして数学を含む科学の多様な主題について一連の著作を著していた，非常に高名な科学者であるジローラモ・カルダーノ (Girolamo Cardano, 1501-1576) の耳に届いた．カルダーノはタルターリアにその解法を教えてくれるよ

[†] 訳者注：公の場で数学の問題を出し合い解答の競争をする．勝利したものは名誉と金銭が与えられる．一種のお祭りのようなものであったらしい．

うに頼んだ．そうすれば，カルダーノは数論についての論文の中にそれを載せることができる．ところが，タルターリアは彼自身この問題についての本を書くことを計画していたので，にべもなく拒否した．ただ，1539 年に彼はカルダーノに $X^3 + mX = n$, $X^3 = mX + n$ の解法と $X^3 + n = mX$ についての非常に簡潔な指示を詩†の形で手渡しているので（ハンケル [28, pp. 364-365] を参照せよ），後になってタルターリアは少し気を変えたと思われる．

> *Quando che'l cubo con le cose appresso*
> > *Se agguaglia a qualche numero discreto:*
> > *Trovan dui altri, differenti in esso.*
> *Dpoi terrai, questo per consueto,*
> > *Che'l lor produtto, sempre sia eguale*
> > *Al terzo cubo delle cose neto;*
> *El residuo poi suo generale,*
> > *Delli lor lati cubi, bene sottratti*
> > *Varra la tua cosa principale.*
> > ...

この抄録は $X^3 + mX = n$ に対する公式を与えている．その方程式は最初の 2 行で指示されている．すなわち，立方といくつかのものは 1 つの数に等しい．Cosa（= もの）は未知数に対する語である．未知数に係数をかけるという事実を表すために，タルターリアは単に le cose という複数形を用いている．それから，彼は次の手続きを与えている．すなわち，2 つの数の差が与えられた数であり，またそれらの積がいくつかのものを表す数の 3 分の 1 の立方に等しい 2 つの数を見つけよ．このとき，これら 2 つの数の立方根の差が未知数である．

現代の記号を用いて書くと次のようになる．3 次方程式

$$X^3 + mX = n$$

の解を求めるためには，次のような式を満たす t, u を求めさえすればよい．

$$t - u = n, \quad \text{かつ} \quad tu = \left(\frac{m}{3}\right)^3.$$

このとき，未知数 X は

$$X = \sqrt[3]{t} - \sqrt[3]{u}$$

---

†Boorstin によって指摘されているように (Weeks[66, p.lx] によって引用された)，紙が高価であった時代に詩は同時に有用な覚え書きの手段であった．

として与えられる．t と u の値は容易に求められる（連立方程式 (1.1), p.3 を参照せよ）．

$$t = \sqrt{\left(\frac{n}{2}\right)^2 + \left(\frac{m}{3}\right)^3} + \frac{n}{2},$$

$$u = \sqrt{\left(\frac{n}{2}\right)^2 + \left(\frac{m}{3}\right)^3} - \frac{n}{2}.$$

したがって，$X^3 + mX = n$ の解は次の公式によって与えられる．

$$X = \sqrt[3]{\sqrt{\left(\frac{n}{2}\right)^2 + \left(\frac{m}{3}\right)^3} + \frac{n}{2}} - \sqrt[3]{\sqrt{\left(\frac{n}{2}\right)^2 + \left(\frac{m}{3}\right)^3} - \frac{n}{2}}.$$

しかしながら，この詩はこの公式に対する何らの正しいとする理由を与えていない．もちろん，それは与えられた X の値がこの方程式 $X^3 + mX = n$ を満足することを確かめるためには十分であるが，しかしその理由は 16 世紀の数学者にとっては明らかなことではなかった．最も大きな問題は次の式を考えつくことであった．

$$(a-b)^3 = a^3 - 3a^2 b + 3ab^2 - b^3.$$

この公式は 3 次元空間の中で，立方体を切り開くことによってのみ正しく証明することができた．

　タルターリアの詩を受け取って，カルダーノは仕事に着手した．彼はその公式の証明を発見しただけではなく，すべてのほかの型の 3 次方程式をも解いた．そして，彼はタルターリアとデル・フェロに当然与えられるべき名誉を捧げて，彼の画期的な著作『大なる術，または代数学の技術』("Ars Magna, sive de regulis algebraicis") [11][†]の中で彼の結果を公表した．それから，激烈な言い争いがタルターリアとカルダーノの間に噴出した．タルターリアはカルダーノが彼の解法を決して公表しないと厳かに誓ったといい，他方カルダーノはそのような内密にするような問題はなかったと逆襲した．

2.2　カルダーノの公式

　カルダーノは 3 次方程式の 13 の型を列挙し，それらの各々に対して詳細な解法を与えたが，我々はこの節で現代的な記号を用いて，一般 3 次方程式

$$X^3 + aX^2 + bX + c = 0$$

[†]訳者注：普通省略して単に『アルス・マグナ』と呼ばれている．

に対するカルダーノの方法を説明しよう．最初に，変数の変換 $Y = X + \frac{a}{3}$ はこの方程式を 2 次の項のない 3 次方程式に変換する．

$$Y^3 + pY + q = 0. \tag{2.1}$$

ただし，

$$p = b - \frac{a^2}{3} \quad \text{かつ} \quad q = c - \frac{a}{3}b + 2\left(\frac{a}{3}\right)^3. \tag{2.2}$$

$Y = \sqrt[3]{t} + \sqrt[3]{u}$ とおけば，

$$Y^3 = t + u + 3\sqrt[3]{tu}(\sqrt[3]{t} + \sqrt[3]{u})$$

となり，方程式 (2.1) は次のようになる．

$$(t + u + q) + (3\sqrt[3]{tu} + p)(\sqrt[3]{t} + \sqrt[3]{u}) = 0.$$

この方程式は有理数の部分 $t + u + q$ と無理数の部分 $(\sqrt[3]{t} + \sqrt[3]{u})(3\sqrt[3]{tu} + p)$ が 2 つとも 0 になれば，すなわち，

$$\begin{cases} t + u = -q \\ tu = -\left(\frac{p}{3}\right)^3 \end{cases}$$

であれば成り立つ．この連立方程式は次の解をもつ ((1.4), p. 4 参照)．

$$t,\ u = -\frac{q}{2} \pm \sqrt{\left(\frac{p}{3}\right)^3 + \left(\frac{q}{2}\right)^2}.$$

ゆえに，方程式 (2.1) に対する 1 つの解は次のようになる．

$$Y = \sqrt[3]{-\frac{q}{2} + \sqrt{\left(\frac{p}{3}\right)^3 + \left(\frac{q}{2}\right)^2}} + \sqrt[3]{-\frac{q}{2} - \sqrt{\left(\frac{p}{3}\right)^3 + \left(\frac{q}{2}\right)^2}}. \tag{2.3}$$

最初の方程式 $X^3 + aX^2 + bX + c = 0$ に対する解は，(2.2) によって与えられた表現を p と q に代入することにより得られる．式 (2.3) は 3 次方程式 (2.1) の解を与える**カルダーノの公式** (Cardano's formula) として知られている．

2.3　カルダーノの公式から生じる展開

3 次方程式の解法は著しい業績であったが，カルダーノの公式は 2 次方程式の解の公式に比べてはるかに不便である．それは疑いもなく 16 世紀の数学者

たち（はじめにはその発見者たち）を困らせたいくつかの欠陥をもっていたからである．

(a) 第1に，ある解が想定されているとき，それはカルダーノの公式によって常に与えられるとは限らなかったことである．このことは，彼が彼の公式を説明するために

$$X^3 + 16 = 12X$$

のような例を考えたとき，カルダーノに衝撃を与えた（[11, p. 12] を参照せよ）．この方程式は解の1つとして2を与えるように作られている．カルダーノの公式によると

$$X = \sqrt[3]{-8} + \sqrt[3]{-8} = -4$$

を与える．この公式はなぜ2ではなく -4 を与えるのか．

上に述べた考察は，カルダーノが彼にとってはるかに興味のある1つの問題「3次方程式は何個の解をもつか」ということを調べる最初のきっかけになった，ということはありそうなことである．このようにして，彼は3次方程式は3つの根をもつことが可能であるということに気づき（負の解を含めて，これをカルダーノは「不正な」または「虚偽の」解と名づけていた．しかし想像上 (imaginary) の解とは呼ばなかった），彼はそれらの解の間の関係を考察することになった（[11, 第1章] を参照せよ）．

(b) 第2に，有理数の解があるとき，カルダーノの公式によるその表現はむしろ奇妙な形をしていることがある．たとえば，1は方程式

$$X^3 + X = 2$$

の解であることは容易にわかる．ところが，カルダーノの公式は次のものを与える．

$$X = \sqrt[3]{1 + \frac{2}{3}\sqrt{\frac{7}{3}}} + \sqrt[3]{1 - \frac{2}{3}\sqrt{\frac{7}{3}}}.$$

さて，関数 $f(X) = X^3 + X$ は単調増加であるから（それは2つの単調増加関数の和であるから），2という値を唯一度だけとる．ゆえに，上の方程式は唯一つの実根をもつ．したがって，我々は，

$$1 = \sqrt[3]{1 + \frac{2}{3}\sqrt{\frac{7}{3}}} + \sqrt[3]{1 - \frac{2}{3}\sqrt{\frac{7}{3}}} \tag{2.4}$$

という結論を強いられることになるが，これは相当に驚くべき結果である．

すでに 1540 年に，タルターリアは 3 次方程式の彼の解法の中で生じる無理数の表現を簡単にしようとしていた（ハンケル [28, p. 373] を参照せよ）．より正確に述べると，彼は $\sqrt[3]{a+\sqrt{b}}$ のような無理数的表現はどのような条件の下で $u+\sqrt{v}$ という形に単純化されるかを決定しようとしていた．この問題は（現代的記号では）次のように解決される．すなわち，

$$\sqrt[3]{a+\sqrt{b}} = u + \sqrt{v} \tag{2.5}$$

から始めて，両辺を 3 乗すると，

$$a + \sqrt{b} = u^3 + 3uv + (3u^2 + v)\sqrt{v}$$

となる．有理数と無理数の部分を別々に等しいとおいて（これは，a, b, u, v は有理数であるから正しい），次を得る．

$$\begin{cases} a = u^3 + 3uv \\ \sqrt{b} = (3u^2 + v)\sqrt{v}. \end{cases} \tag{2.6}$$

最初の式から 2 番目の式を引くと

$$a - \sqrt{b} = (u - \sqrt{v})^3$$

を得る．ゆえに，次のようになる．

$$\sqrt[3]{a - \sqrt{b}} = u - \sqrt{v}. \tag{2.7}$$

(2.5) と (2.7) をかけると，次が得られる．

$$\sqrt[3]{a^2 - b} = u^2 - v. \tag{2.8}$$

これは連立方程式 (2.6) の最初の式から v を消去するために用いられる．ゆえに，次が得られる．

$$a = 4u^3 - 3(\sqrt[3]{a^2 - b})u.$$

したがって，a と b を $\sqrt[3]{a^2 - b}$ が有理数となるような有理数とし，さらに方程式

$$4u^3 - 3(\sqrt[3]{a^2 - b})u = a \tag{2.9}$$

が有理数解 u をもつならば,

$$\sqrt[3]{a+\sqrt{b}} = u+\sqrt{v} \quad \text{かつ} \quad \sqrt[3]{a-\sqrt{b}} = u-\sqrt{v}$$

となる. ここで, v は方程式 (2.8) によって与えられる.

$$v = u^2 - \sqrt[3]{a^2-b}.$$

これは, $X^3 + pX + q = 0$ の解に対するカルダーノの公式に現れる無理数的表現

$$\sqrt[3]{-\frac{q}{2} \pm \sqrt{\left(\frac{p}{3}\right)^3 + \left(\frac{q}{2}\right)^2}}$$

において, 有効な 1 つの単純化を提供する. しかし, この単純化は 3 次方程式の解法に関する限り役に立たない. 実際, $a = -\frac{q}{2}$ でかつ $b = \left(\frac{p}{3}\right)^3 + \left(\frac{q}{2}\right)^2$ のとき, 方程式 (2.9) は次のようになり, この方程式の有理数解を求めなければならない.

$$4u^3 + pu = \frac{q}{2}.$$

そして, この方程式は変数変換 $X = 2u$ によって, 最初の 3 次方程式 $X^3 + pX + q = 0$ と関係しているので, 上の方程式の有理数解を求めることは結局最初の方程式の有理数解を求めることと同じになる. しかしながら, この過程は, たとえば,

$$\sqrt[3]{1 + \frac{2}{3}\sqrt{\frac{7}{3}}} = \frac{1}{2} + \frac{1}{2}\sqrt{\frac{7}{3}} \quad \text{と} \quad \sqrt[3]{1 - \frac{2}{3}\sqrt{\frac{7}{3}}} = \frac{1}{2} - \frac{1}{2}\sqrt{\frac{7}{3}}$$

を求めるために用いることができる. これより, 公式 (2.4) は導かれる.

(c) カルダーノの公式の最も重大な障害は, 次のような方程式を解こうとしたときに現れる.

$$X^3 = 15X + 4.$$

$X = 4$ が 1 つの解であることは容易にわかる. ところがカルダーノの公式によると非常に当惑させられる表現になる.

$$X = \sqrt[3]{2 + \sqrt{-121}} + \sqrt[3]{2 - \sqrt{-121}}.$$

ここで，負の数の平方根が現れている．$\left(\frac{p}{3}\right)^3 + \left(\frac{q}{2}\right)^2 < 0$ となる場合は，3次方程式の「不還元」(casus irreducibilis) として知られている．長い間，この場合におけるカルダーノの公式の正当性は論争の的となったが，この場合についての議論は重要な副次的な結果をもたらした．すなわち，それは複素数の使用を促進させたことである．

複素数はそれまで不合理なもの，馬鹿げた表現として無視されてきた．この態度の非常に明白な例は，『アルス・マグナ』の第 37 章からの次のような引用句の中に現れている [11, p. 219]．

> 10 を 2 つの部分に分け，それらの積が 30 または 40 になったとすれば，この場合は不可能であることは明らかである．それにもかかわらず我々は次の考察をしよう...

そして，カルダーノは与えられた具体的数値に通常の手続きを適用した．これは実質的に，$X^2 - 10X + 40 = 0$ を解くことになり，その解に到達する．これらは $5 + \sqrt{-15}$ と $5 - \sqrt{-15}$ である．そして，彼はこの結果を次のように正当化する．

> 関係のある心理的苦痛を脇において[†]，$5 + \sqrt{-15}$ に $5 - \sqrt{-15}$ をかけて $25 - (-15)$ とする．この式の後の部分は $+15$ となる．ゆえに，この積は 40 になる．[...] 算術的巧妙さが進めば進むほど，その結論として，よくいわれているように，それが役に立たないほど洗練される．

しかしながら，3次方程式の「不還元の場合」によって，数学者は複素数を使用せざるを得なくなった．複素数についての演算は，ラファエル・ボンベッリ (Rafaele Bombelli, 1526 頃-1573) によって著された大変に影響力のあった学術書『代数学』("Algebra") (1572) の中でほとんど現代的な方法で明瞭に教えられている．この本の中で，ボンベッリは複素数の 3 乗根に対して大胆に上の (b) で述べたのと同じ単純化の手続きを適用している．たとえば，彼は次の等式を得ている．

$$\sqrt[3]{2 + \sqrt{-121}} = 2 + \sqrt{-1} \qquad \text{と} \qquad \sqrt[3]{2 - \sqrt{-121}} = 2 - \sqrt{-1}.$$

[†] 『アルス・マグナ』のテキストでは，「dismissis incruciationibus」とある．多分，カルダーノはここでしゃれを言ったのであろう．なぜなら，この一節に対する別の訳は，積 $(5 + \sqrt{-15})(5 - \sqrt{-15})$ において，項 $5\sqrt{-15}$ と $-5\sqrt{-15}$ は消去されるという事実を引用して「対角線にかけたものは消去される」とある．

これより，カルダーノの公式は $X^3 = 15X + 4$ の解として実際に 4 を与えることがわかる．

　複素数はこのようにして現れた．すなわち，解が欠けている 2 次方程式を解くためではなく（それはまったく必要とされない），なぜカルダーノの公式がある場合に 3 次方程式に対して期待されるような解を与えないのかということを，それが見えるように十分効率よく説明するために現れたのである．

第3章

4次方程式

3.1　4次方程式の不自然さ

　4次方程式の解法は3次方程式の解法の後間もなく発見された．それはカルダーノの弟子であるルドヴィコ・フェラーリ (Ludovico Ferrari, 1522-1565) によるものであり，『アルス・マグナ』の中に最初に現れた．

　フェラーリの方法は主に方程式の変換に依存している非常に独創的なものであったが，3次方程式の解法と比べてあまり興味を引かなかった．このことは明らかに『アルス・マグナ』の中でのその置かれた位置によって見てとれる．すなわち，カルダーノは3次方程式のさまざまな場合を論じて13章も費やしているにもかかわらず，フェラーリの方法は最後から2番目の章に簡単に概略が述べられているだけだからである．

　この相対的な軽視の理由は『アルス・マグナ』の序文に見出されるかもしれない [11, p. 9]．

>　一連の長い規則がつけ加えられ，またそれらについて長い論述が与えられたけれども，我々は3次方程式の詳細な考察を終えることにしよう．ほかのものは，たとえ一般なものであるにしても，単についでに言及されているだけである．というのは，直線に対しては *positio* [1乗]，平面に対しては *quadratum* [平方]，中身のつまった物体に対しては *cubum* [立方] が関係しているのであるから，これを超えて論ずることは非常に馬鹿げたものになるであろう．自然はそれを許さない．

第 3 章 4 次方程式

この引用句は 16 世紀における代数の両義にとれる立場を示している．その論理的な基礎はいまだ古典的なギリシャ時代におけるのと同様に幾何学的であった．この枠組みにおいては，それぞれの量は 1 つの次元をもち，同じ次元をもつもののみが加えたり，等しいとすることができた．たとえば，$x^2 + b = ax$ のような方程式は a と x が線分で b が面積であるときにのみ意味をもち，3 より大きい次数をもつ方程式はいかなる意味ももたなかった[†]．

しかしながら，算術的な観点からは，量は次元のない数と見なされ，それに無関係に任意の累乗を考えたり等しいとすることができた．この考え方は明らかにバビロニア人の間ではごく普通のことであった．というのは，まさに次の問題「私は面積から私の正方形の 1 辺 14.30 をひいた」という叙述は幾何学的な見地からはまったく無意味であるからである．アル・フワーリズミーは彼の規則の幾何学的証明を与えているが (§1.4 を参照せよ)，アラビアの代数もまた算術に重きをおいている．

『アルス・マグナ』においては，方程式への幾何学的な方法と算術的な方法が 2 つとも共存している．一方で，カルダーノはユークリッドの『原論』に彼の結果の基礎をおこうとし，他方で彼は次数 4 の方程式の解法を与えている．彼は 4 次以上の方程式を考えることは「馬鹿げている」という彼の最初の叙述にもかかわらず，$X^9 + 3X^6 + 10 = 15X^3$ のようないくつかのより高次の方程式も解いている [11, p.159]．しかしながら，最後に優勢となる算術的方法は 17 世紀初頭になるまで，まだその論理的基礎の欠如に苦しんでいた (§4.1 を参照せよ)．

3.2 フェラーリの方法

この節では，4 次方程式についてのフェラーリの解法を現代的な記号を用いて論じる．

$$X^4 + aX^3 + bX^2 + cX + d = 0$$

を任意の 4 次方程式とする．変数変換 $Y = X + \frac{a}{4}$ によって 3 次の項は消去され，方程式は次のようになる．

$$Y^4 + pY^2 + qY + r = 0. \tag{3.1}$$

[†] この困難さから抜け出す方法はついにデカルトによって発見された．1637 年に出版された彼の『幾何学』("La Geometrie") の中で，彼は次のような約束を導入している [16, p.5]．単位線分 e を選んだとき，線分 x の平方 x^2 は 1 辺が x の正方形と同じ面積をもつ e の上につくられた長方形の 1 辺である．このようにして，x^2 は線分であり，x の任意のベキは同様にして解釈することができる．

ただし,

$$p = b - 6\left(\frac{a}{4}\right)^2,$$
$$q = c - \frac{a}{2}b + \left(\frac{a}{2}\right)^3, \tag{3.2}$$
$$r = d - \frac{a}{4}c + \left(\frac{a}{4}\right)^2 b - 3\left(\frac{a}{4}\right)^4.$$

(3.1) で 1 次の項を右辺に移し,左辺を平方完成させると,次の式を得る.

$$\left(Y^2 + \frac{p}{2}\right)^2 = -qY - r + \left(\frac{p}{2}\right)^2.$$

ここで,左辺の平方表現にある量 u をつけ加えると,次の式を得る.

$$\left(Y^2 + \frac{p}{2} + u\right)^2 = -qY - r + \left(\frac{p}{2}\right)^2 + 2uY^2 + pu + u^2. \tag{3.3}$$

その考え方は右辺も平方になるように u を決定することである.Y^2 と Y に関する項を見て,右辺が平方になるとすれば,それは $\sqrt{2u}Y - \frac{q}{2\sqrt{2u}}$ の平方であることが容易にわかる.したがって,このとき

$$-qY - r + \left(\frac{p}{2}\right)^2 + 2uY^2 + pu + u^2 = \left(\sqrt{2u}Y - \frac{q}{2\sqrt{2u}}\right)^2 \tag{3.4}$$

となるはずである.定数項を等しいとおけば,この方程式が成り立つための必要十分条件は,次の式が成り立つことである.

$$-r + \left(\frac{p}{2}\right)^2 + pu + u^2 = \frac{q^2}{8u}.$$

分母を払って整理すると,次と同値である.

$$8u^3 + 8pu^2 + (2p^2 - 8r)u - q^2 = 0. \tag{3.5}$$

したがって,この 3 次方程式を解けば,式 (3.4) が成り立つような量 u を求めることができる.式 (3.3) にもどると,このとき次のようになる.

$$\left(Y^2 + \frac{p}{2} + u\right)^2 = \left(\sqrt{2u}Y - \frac{q}{2\sqrt{2u}}\right)^2.$$

したがって,

$$Y^2 + \frac{p}{2} + u = \pm\left(\sqrt{2u}Y - \frac{q}{2\sqrt{2u}}\right).$$

Y の値は上の 2 つの 2 次方程式を解くことによって得られる（1 つは右辺の $+$ に対応するもので，もう 1 つは $-$ に対応するものである）．

上の計算は暗黙のうちに $u \neq 0$ を仮定して実行されているので，議論を完成させるために $u = 0$ が方程式 (3.5) の根である場合を調べることが残っている．しかし，この場合は $q = 0$ のときしか起こらないので，最初の方程式 (3.1) は次のようになる．

$$Y^4 + pY^2 + r = 0.$$

この方程式は Y^2 に関する 2 次方程式なので，容易に解くことができる．

以上を要約すると，4 次方程式

$$X^4 + aX^3 + bX^2 + cX + d = 0$$

の解は次のようにして得られる．すなわち，p, q, r を (3.2) のように定義されたものとし，u を (3.5) の解の 1 つとする．$q \neq 0$ ならば，最初の 4 次方程式の解は

$$X = \varepsilon\sqrt{\frac{u}{2}} + \varepsilon'\sqrt{-\frac{u}{2} - \frac{p}{2} - \frac{\varepsilon q}{2\sqrt{2u}}} - \frac{a}{4}.$$

ただし，ε と ε' は独立に $+1$ かまたは -1 である．$q = 0$ のとき，その解は

$$X = \varepsilon\sqrt{-\frac{p}{2} + \varepsilon'\sqrt{\left(\frac{p}{2}\right)^2 - r}} - \frac{a}{4}$$

となる．ただし，ε と ε' は独立に $+1$ かまたは -1 である．

4 次方程式の解が依存している方程式 (3.5) は **3 次分解式**[†](resolvent cubic equation)（与えられた 4 次方程式に関する）と呼ばれている．方程式がおかれている状況に応じて，ほかの 3 次分解式を考えることができる．たとえば，方程式 (3.1) から

$$\left(Y^2 + v\right)^2 = \left(-pY^2 - qY - r\right) + 2vY^2 + v^2$$

に至ることもできる．ただし，v は任意の量である（前の議論において $\frac{p}{2} + u$ と同じ役割を果たす）．右辺が完全平方になるための v についての条件はこのとき次のようになる．

$$8v^3 - 4pv^2 - 8rv + 4pr - q^2 = 0. \tag{3.6}$$

[†] 訳者注：これは 3 次分解方程式と呼ばれることもある．

この条件が成り立つような v を決定した後は前と同様にすればよい．

この第 2 の方法は変数変換 $v = \frac{p}{2} + u$ をすれば明らかに最初のものと同値である．この変数変換によって (3.5) から得られる方程式 (3.6) もまた 3 次分解式と呼ばれている．

第4章

多項式の創造

4.1 記号代数の発生

　16世紀中葉における方程式の急速な発展と比較して，次の2世紀間における進展はむしろ緩慢であった．3次と4次方程式の解法は1つの重要な突破口であった．だが，これらの解法から生じる新しい考え方の全体が完全に探求されかつ理解されて，新しい進展が可能になるのにはしばらく時間が必要であった．

　何よりもまず，方程式を扱うための適当な記号を創出する必要があった．3次と4次方程式の解法において，カルダーノは彼にとって利用できる代数的な体系の可能性を最大限に広げようと努力していた．実際に彼の記号は未発達のものであった．彼が用いた唯一の記号体系は，ただ「プラス」に対してp，「マイナス」に対してm，そして「ルート」に対して$\mathfrak{R}$のような簡略記号からなるものであった．

　たとえば，方程式 $X^2 + 2X = 48$ は次のように書かれた．

$$1.\ quad.\ p : 2\ pos.\ aeq.\ 48.$$

($quad.$ は「quadratum」（平方），$pos.$ は「positiones」（1次），そして $aeq.$ は「aequatur」（等号）を表している）．また，

$$(5 + \sqrt{-15})(5 - \sqrt{-15}) = 25 - (-15) = 40$$

は次のように書かれている（カジョリ (Cajoli) [10, §140] を参照せよ）．

$$\begin{array}{rcl} 5p & : \mathfrak{R}m : & 15 \\ 5m & : \mathfrak{R}m : & 15 \\ \hline 25m & : \phantom{\mathfrak{R}}m : & 15 \quad \tilde{q}d\ est\ 40 \end{array}$$

この未発達の記号を用いていたのでは，方程式の変形は明らかに大変な労力が必要であり，この代数の新しい部分を明らかにするためには，より効率的な記号の発展がなされなければならなかった．

この発展はやや一貫性のないものであった．ある人たちの著作の中でなされた前進はすぐにはほかの著者には取り入れられず，記号の標準化の進行には長い時間がかかった．たとえば，+ と − という記号は 15 世紀末以来ドイツですでに使われていたが（カジョリ [10, §201]），しかしそれは 17 世紀初頭以前には広く受け入れられていなかった．1557 年にレコード (R.Recorde) によって最初に提案された，等式に対する = という記号は，デカルト (Descartes) の記号 ∝ と約 2 世紀の間争わねばならなかった（カジョリ [10, §267]）．

+, −, と = が我々にとって便利であるように，カルダーノにとって $p:, m:$ そして aeq. は便利であったと考えられるので，これらのことは比較的小さい事柄である．しかしながら，1 つの新しい記号が本格的に不可欠であった．実際，それは新しい数学的対象の創造を促した．すなわち，多項式である．単に問題を叙述している文

1. *quad. p*: 2 *pos. aeq.* 48

から $X^2 + 2X - 48$ のような多項式による計算への実に重大な前進があり，この前進はそれにふさわしい記号によってかなり容易にされた．

それは重大ではあったかもしれないが，方程式から多項式への発展はむしろ捉えがたいほどかすかなものであり，この時代の指導的な数学者はこの問題についての彼らの見解を明らかにするために時間をさくことはほとんどしなかった．多項式の概念の発生はたいてい方程式の理論への応用によって影に隠されてしまい，間接的な徴候から推測されるのみである．

この発展における 2 つの画期的事件はシモン・ステヴィン (Simon Stevin, 1548-1620) の『数論』("L' Arithmetique") (1585) とフランソワ・ヴィエト (François Viète, 1540-1603) の『解析術序説』("In Artem Analyticem Isagoge") (1591) である．

4.1.1 ステヴィンの「数論」

この本は，ボンベッリとそれ以前の著者たちによってなされた記号の進歩を（カジョリ [10, §296] を参照せよ），ペドロ・ニューネス (Pedro Nunes, 1502-1578)（Bosmans [5, p. 165] を参照せよ）によってなされた理論的な進歩に結びつけて，多項式の包括的な扱い方を示した．ステヴィンは多項式を "multinomials" [55, p. 521] あるいは "integral algebraic number" [55, p. 518]（pp. 570 ff も参照せよ）と呼んでいたが，彼の多項式の記法は驚くほど現代的な感覚をもっていた．すなわち，不定元は①によって表され，その平方は②，その立方は③等，そして定数項は⓪（ときどき省略された）によって表された．したがって，"multinomial" は次のように表される．

$$3③ + 5② - 4① + 6⓪ \quad (\text{または } 3③ + 5② - 4① + 6).$$

このような表現は（現代的な観点からは）実数の有限列として，あるいはより正確には，有限個の項以外は 0 である実数列として，すなわち，有限の台（§5.2 と比較せよ）をもつ自然数 $\mathbb{N}$ から実数 $\mathbb{R}$ への関数と見ることができる．

この指数的表現は（これは先例のないものであった），おそらく未知数のすべてのベキを平等の立場にすることによって，次数 3 に対する心理的障壁をなくすのに役に立ったであろう．しかしながら，それは複数の未知数をもつ方程式に対してはむしろ不適切であった．

最も重要なことは，"integral algebraic numbers"（多項式）に関する演算は "integral arithmetic numbers"（＝整数）に関する演算と多くの特徴を共有しているという，ステヴィン の考察である．特に彼は，2 つの整数の最大公約数を決定するというユークリッドの互除法が，2 つの多項式の最大公約数を決定するためにほとんど何らの変更なしに適用できることを示した [55, Problem 53, p. 577]（§5.2, そして特に p. 50 を参照せよ）．

多項式の概念はきわめて明瞭であったけれども，方程式が設定される方法は『数論』においてはどちらかというと具合の悪いものであった．というのは，方程式は比例で置き換えられ，また方程式の解法はステヴィンによって「3 つの量の規則」と呼ばれているからである．現代の記号によると，この考え方は

$$X^2 - aX - b = 0$$

のような方程式を解くことを，次のような問題に置き換えることであった．

$$\frac{X^2}{aX + b} = \frac{X}{u}$$

のような比例算で第 4 の比例項 u を求めよ，というものである．あるいはより一般的に，$P(X)$ を任意の X の多項式とするとき，

$$\frac{X^2}{aX+b} = \frac{P(X)}{P(u)}$$

における $P(u)$ を求めよ，となる．[55, p. 592] を参照せよ．(もちろん，0 に等しい解は捨てられねばならなかった．)

ステヴィンの言葉に次のようなものがある [55, p. 595]．

> 3 つの項が与えられている．第 1 項は②，第 2 項は①⓪，第 3 項は任意の多項式である．それらの第 4 の比例項を求めよ．

方程式へのこの気まぐれな方法は，多項式についてのステヴィンの方法論的な取り扱いによって促進されたのかもしれない．

$$X^2 = aX + b$$

のような方程式は「多項式」X^2 と $aX+b$ が等しいということを意味している．ところが，2 つの多項式が等しいための必要十分条件は，未知数の同じベキ乗の係数が等しいことである．そして，ここでは X^2 は左辺に現れているが右辺にはないので，この場合は明らかにそうでない．ステヴィン自身の説明 [55, pp. 581-582] は，あまり説得力がないが，少なくとも彼が完全にこの記号の難点に気づいていることを示している．

> 普通は量の等式と呼ばれているものを，我々が 3 つの量の規則，あるいは量の第 4 の比例項の創出と呼ぶ理由：[...] なぜならば，「方程式」という言葉によって，初心者にそれはある特別な事柄であることを理解させるためである．しかしながら，与えられた 3 つの項に対して第 4 の比例項を求めているのであるから，それは通常の算術において普通のものである．方程式と呼ばれているそれは絶対的な量の相等にあるのではなく，それらの値の相等にある．したがって，日常生活の中で同じことが普通にあるように，この比例は量の値に関係している．

この方法はほとんど成功しなかった．ステヴィンの著書の最初の編集者であるアルベール・ジラール (Albert Girard) でさえ，彼自身の著書の中ではステヴィンの設定には従わなかった．そして間もなくそれは放棄された．

ステヴィンの多項式についての形式的な取り扱い方は，むしろ孤立しているものでもあった．彼の晩年の著作では，多項式はユークリッドの除法のような形式的な演算は実行されたが，たいていは頻繁に関数として考察された．たとえば，ここにルネ・デカルト (René Descartes, 1596-1656) による方程式の定義がある [16, p. 156].

> 方程式は，いくつかの項からなり，そのうちのあるものは既知数であり，あるものは未知数である．そしてそれらのいくつかが一緒になって，残りのものに等しくなっている．あるいはそのかわりに，それらの項すべてが一緒になり 0 になる．というのは，これがしばしば考察するのに最も最良の形であるからである．

多項式はこのとき「方程式の和」として現れる [16, p.159]．概して，17 世紀における多項式の概念は現代的な概念とそれほど異ならず，より形式的な定義の必要性は長い間感じられなかった．しかし，『幾何学』(1637) の次の引用句 [16, p.159] から，デカルトの見解と我々の見解の違いをいくらかは感じ取れる（強調は筆者による）．

> 2つの方程式 $x-2=0$ と $x-3=0$ をかけると，$x^2-5x+6=0$ または $x^2 = 5x - 6$ を得る．これは x が値 2 と同時に値 3 をもつ方程式である．

4.1.2 ヴィエトの『解析術序説』

記号において後世にまで影響を及ぼした大きな進展は，フランソワ・ヴィエトの『解析術序説』(1591) の中で押し進められた彼の考えであった．それは，問題に現れる，既知あるいは未知のすべての量を文字によって表すというものであった．文字は早くも紀元後 3 世紀から未知の量に対してしばしば用いられたが（アレクサンドリアのディオファントス (Diophantus) によって，カジョリ [10, §101] を参照せよ），既知の量に対する文字の使用はきわめて新しかった．さまざまな具体的数値の与えられている例を 1 つの「一般的な」例によって置き換えることが初めて可能になり，またこの一般的な例からほかのすべてのものは値をその文字に指定することによって得られる，ということであり，これは非常に役に立つことが証明された．しかしながら，この進展はヴィエトの著作の中ではその完全な形までには達しなかったことをよく見ておくべきである．なぜなら，ヴィエトは負の数を完全に無視していたので，彼の文字は常

に正の数のみを表していたからである．

このわずかな制限はあったものの，その考えは別の重要な結果をもたらした．彼の表現の主要な手段として記号を使用すること，およびそれらの記号による計算の仕方を示すことによって，ヴィエトは彼が logistice speciosa （実数を扱っている logistice numerosa と対照的に）と呼んだ代数的表現の完全に形式的な取り扱いを創始した [65, p. 17]．この「記号論理学」（smbolic logistic) は代数計算に何らかの実質，何らかの正当性を与え，これによってヴィエトは正当性に関してこれまで用いられていた幾何学的な図式から自由になれた．

しかしながら，ヴィエトの計算は方程式の各係数は1つの次元を賦与されており，すべての項は同じ次元をもつという彼の主張によっていくぶん妨げられた．その主張は「方程式の主要でかつ不変な法則」は「同種の項は同種の項と比較されなければならない」というものである [65, p.15]．さらに，ヴィエトの記号は指数として数を用いなかったので，それがあり得るところまで進んでいなかった．たとえば，

$$A^3 + 3BA = 2Z \quad とせよ，$$

のかわりに，ヴィエトは

Proponatur A cubus $+ B$ plano 3 in A aequari Z solido 2,

と書いて（カジョリ [10, §177] を参照せよ），B と Z はそれぞれ次数 2 と 3 をもつことを主張している．

これらの小さな欠点は間もなく修正された．『幾何学』(1637) [16] の中で，ルネ・デカルトは今日でもまだ使われている記号を考案した（前に述べた等しいということを表す彼の記号 ∞ を除いて）．このようにして1世紀足らずで代数的記号は劇的に改良され，現在と同じ水準の一般性と多機能性に到達した．これらの記号的な進歩は方程式の性質のより深い理解を促し，間もなく方程式の理論は方程式の根の個数や，根と係数の関係のようないくつかの重要な点において進展した．

4.2 根と係数の関係

3次と4次の方程式の根の個数についてのカルダーノによる考察は（§2.3 を参照せよ），次の世紀の間に十分に一般化された．平面三角法における進歩は，この問題へのかなり意外な洞察をもたらした．

34　第 4 章　多項式の創造

1593 年にアドリアン・ファン・ルーメン (Adriaan van Roomen, 1561-1615)[†] は著書 "Ideae Mathematicae" [48] の序文の末尾に (Goldstine [27, §1.6] も参照せよ),「全世界のすべての数学者」へ次のような難問を出した.

次の方程式の解を求めよ.

$$45X - 3795X^3 + 95634X^5 - 1138500X^7 + 7811375X^9 - 34512075X^{11}$$
$$+ 105306075X^{13} - 232676280X^{15} + 384942375X^{17} - 488494125X^{19}$$
$$+ 483841800X^{21} - 378658800X^{23} + 236030652X^{25} - 117679100X^{27}$$
$$+ 46955700X^{29} - 14945040X^{31} + 3764565X^{33} - 740259X^{35}$$
$$+ 111150X^{37} - 12300X^{39} + 945X^{41} - 45X^{43} + X^{45} = A.$$

彼は次のような例を与えた. この 2 番目のものは間違っている.

(a) $A = \sqrt{2 + \sqrt{2 + \sqrt{2 + \sqrt{2}}}}$ ならば, $X = \sqrt{2 - \sqrt{2 + \sqrt{2 + \sqrt{2 + \sqrt{3}}}}}$ である.

(b) $A = \sqrt{2 + \sqrt{2 - \sqrt{2 - \sqrt{2 - \sqrt{2 - \sqrt{2}}}}}}$ ならば,

[それは $A = \sqrt{2 - \sqrt{2 - \sqrt{2 + \sqrt{2 + \sqrt{2}}}}}$ であるべきだが,]

$X = \sqrt{2 - \sqrt{2 + \sqrt{2 + \sqrt{2 + \sqrt{2 + \sqrt{2}}}}}}$ である.

[このとき $X = \sqrt{2 - \sqrt{2 + \sqrt{2 + \sqrt{2 + \sqrt{3}}}}}$ となるべきである.]

[†]そのとき, Louvain 大学の教授であった.

PROBLEMA MATHEMATICVM
omnibus totius orbis Mathematicis ad conſtruendū propoſitum.

SI duorum terminorum prioris ad poſteriorem proportio ſit, ut 1 (1) ad 45 (1) -- 3,95 (3) + 9, 5634 (5) -- 113, 8500 (7) + 781, 1375 (9) -- 3451, 2075 (11) + 1, 0530, 6075 (13) -- 2, 3267, 6280 (15) + 3, 8494, 2375 (17) -- 4, 8849, 4125 (19) + 4, 8384, 1800 (21) -- 3, 7865, 8800 (23) + 2,3603,0652 (25) -- 1,1767,9100 (27) + 4695, 5700 (29) -- 1494,5040 (31) + 376, 4565 (33) -- 74,0259 (35) + 11, 1150 (37) -- 1, 2300 (39) + 945 (41) -- 45 (43) + 1 (45), decurque terminus poſterior, invenire priorem.

Exemplum primum datum.

SIt terminus poſterior r bin. 2 + r bin. 2 + r bin 2 + r 2. quæritur terminus prior. SOLVTIO. Dico terminū priorem eſſe r bin. 2 - r bin. 2 + r bin. 2 + r bin. 2 + r 3.

Exemplum secundum datum.

Sit terminus poſterior r bin. 2 + r bin. 2 - r bin. 2 - r bin. 2 - r bin. 2 - r 2. quæritur terminus prior. SOLVTIO. Terminus prior eſt r bin. 2 - r bin. 2 + r bin. 2 + r bin. 2 + r bin. 2 + r 2.

Exemplum tertium datum.

Sit terminus poſterior r bin. 2 + r 2, quæritur terminus prior.
SOL. Terminus prior eſt r bin. 2 - r quadrin. 2 + r $\frac{3}{16}$ + r $\frac{15}{16}$ + r bin. $\frac{5-r\,5}{8\,\,\,64}$

Si in numeris abſolutis ſolinomijs id proponere libuerit : Sit poſterior terminus r $\frac{4142,1356,2373,0950,4880,1688,7242,0969,8078,5696,7187,5375.}{10000,0000,0000,0000,0000,0000,0000,0000,0000,0000,0000,0000.}$

Quæritur terminus prior. SOLVTIO. Terminus prior erit
r $\frac{27,4093,0490,8522,5243,1015,8831,2112,6838,8180.}{10000,0000,0000,0000,0000,0000,0000,0000,0000,0000.}$

EXEMPLVM QVÆSITVM.

SIt poſterior terminus r trinomia 1 $\frac{3}{4}$ -- r $\frac{5}{16}$ -- r bin. 1 $\frac{7}{8}$ -- r $\frac{45}{64}$ quæritur terminus prior. Hoc exemplum omnibus Mathematicis ad conſtruendum ſit propoſitum. Non dubito quin *Ludolf van Cullen* ejus ſolutionem, ſaltem in numeris ſolinomijs ſit inventurus.

M E-

ならば，

$$X = \sqrt{2 - \sqrt{2 + \sqrt{\frac{3}{16}} + \sqrt{\frac{15}{16}} + \sqrt{\frac{5}{8} - \sqrt{\frac{5}{64}}}}}$$

$$= \sqrt{0.00274093049085225243101588312112683 88180}$$

となり，そして彼は

$$A = \sqrt{\frac{7}{4} - \sqrt{\frac{5}{16}} - \sqrt{\frac{15}{8} - \sqrt{\frac{45}{64}}}}$$

に対する解を求める問題を出した．もちろん，これは単なる 45 次方程式ではなく，その係数は非常に注意深く選ばれていた．

この問題がヴィエトに提示されたとき，彼はこの方程式の左辺は，$2\sin 45\alpha$ が $2\sin\alpha$ の関数として表現されている多項式であることを認識した（後の等式 (4.2), p. 38 を参照せよ）．したがって，$2\sin 45\alpha = A$ を満たす 1 つの角 α を求めれば十分であり，ファン・ルーメンの方程式の解は $X = 2\sin\alpha$ である．ファン・ルーメンの例では

(a) $A = 2\sin\dfrac{15\pi}{2^5}$ のとき，$X = 2\sin\dfrac{\pi}{2^5 \cdot 3}$,

(b) $A = 2\sin\dfrac{15\pi}{2^6}$ であるべきだが，このとき，$X = 2\sin\dfrac{\pi}{2^6 \cdot 3}$,

(c) $A = 2\sin\dfrac{3\pi}{2^3}$ のとき，$X = 2\sin\dfrac{\pi}{2^3 \cdot 3 \cdot 5}$.

また，提出された問題では $A = 2\sin\dfrac{\pi}{3\cdot 5}$ なので，$X = 2\sin\dfrac{\pi}{3^3\cdot 5^2}$ である．ファン・ルーメンの例がこれらの角に対応していることは，次の公式によって確かめることができる．

$$2\sin\frac{\alpha}{2} = \pm\sqrt{2 - 2\cos\alpha} \qquad 2\cos\frac{\alpha}{2} = \pm\sqrt{2 + 2\cos\alpha}$$

$$2\cos\frac{\pi}{3} = 1 \qquad 2\sin\frac{\pi}{3} = \sqrt{3}$$

$$2\cos\frac{2\pi}{5} = \frac{\sqrt{5}-1}{2} \qquad 2\sin\frac{2\pi}{5} = \sqrt{\frac{5+\sqrt{5}}{2}}$$

（注意 7.6 も参照せよ）．$\frac{\pi}{15} = \frac{2\pi}{5} - \frac{\pi}{3}$ であるから，これらの最後の結果より $\sin\frac{\pi}{15}$ と $\cos\frac{\pi}{15}$ の値は加法定理によって計算される．

ファン・ルーメンの方程式の解 $2\sin\frac{\pi}{3^3\cdot 5^2}$ はベキ根（累乗根）によっても表されることがわかっている．しかし，平方根のみでは表されないこの表現は数値的な値の決定に対してはほとんど役に立たなかった．なぜなら，それは複素数の根の開方を必要としたからである．注意 7.6（p. 91）を参照せよ．小数点第 9 位まで正確に近似された数値のみがヴィエトによって与えられた．しかし，ヴィエトはそこで止まることはしなかった．ファン・ルーメンは彼の 45 次方程式の解を求める問題を出題したが，ヴィエトはこの方程式は 23 個の正の解をもつことを示し，ついでに彼は 22 個の負の解をもつことも指摘した [64, 第 6 章]．実際，α を $2\sin 45\alpha = A$ を満たす角とし，

$$\alpha_k = \alpha + k\frac{2\pi}{45}$$

とおけば，すべての $k = 0, 1, \ldots, 44$ に対して $2\sin 45\alpha_k = A$ も成り立つので，$2\sin\alpha_k$ はファン・ルーメンの方程式の 1 つの解である．$A \geq 0$（かつ $A \leq 2$）とすれば，α を 0 と $\frac{\pi}{90}$ の間に選ぶことができる．ゆえに，

$$2\sin\alpha_k \begin{cases} \geq 0, & k = 0, \ldots, 22 \text{ のとき．} \\ < 0, & k = 23, \ldots, 44 \text{ のとき．} \end{cases}$$

ヴィエトのすぐれた解法 [64] のもう 1 つの興味ある特徴は，ファン・ルーメンの方程式を直接解くかわりに（これは上で見たように，1 つの角を 45 の部分に分割することに帰着される），ヴィエトはこの問題を次のように分割したことである．すなわち，$45 = 3^2 \cdot 5$ であるから，その角を 3 等分し，続いて得られた角を 3 等分し，そしてこのように得られた角を 5 つの部分に分割することによって解くことができる．ヴィエトが示したように，$2\sin n\alpha$ は奇数 n に対して次数 n の方程式によって $2\sin\alpha$ の関数として与えられる（以下の等式 (4.2) を参照せよ）．ゆえに，ファン・ルーメンの次数 45 の方程式の解は，2 つの次数 3 の方程式と 1 つの次数 5 の方程式を連続して解くことによって得られる．方程式を逐次的に解くというこの着想は，200 年後にラグランジュとガウス (Gauss) の考察において中心的な役割を果たすことになった（第 10, 12 章を参照せよ）．

現代の言葉では，角の分割についてのヴィエトの結果は次のように述べることができる．任意の整数 $n \geq 1$ に対して，$\left[\frac{n}{2}\right]$ を $\frac{n}{2}$ 以下の最大の整数とし，次のものを定義する．

$$f_n(X) = \sum_{i=0}^{\left[\frac{n}{2}\right]} (-1)^i \frac{n}{n-i} \binom{n-i}{i} X^{n-2i}.$$

ただし，$\binom{n-i}{i} = \dfrac{(n-i)!}{n!(n-2i)!}$ は 2 項係数とする．このとき，すべての $n \geq 1$ に対して，

$$2\cos n\alpha = f_n(2\cos\alpha) \tag{4.1}$$

となり，またすべての奇数 $n \geq 1$ に対して次が成り立つ．

$$2\sin n\alpha = (-1)^{(n-1)/2} f_n(2\sin\alpha). \tag{4.2}$$

公式 (4.1) は次の式を用いて，n についての帰納法によって証明することができる．

$$2\cos(n+1)\alpha = (2\cos\alpha)(2\cos n\alpha) - 2\cos(n-1)\alpha.$$

公式 (4.2) は，(4.1) を $\beta = \frac{\pi}{2} - \alpha$（このとき，$\cos\beta = \sin\alpha$）に適用することによって容易に得られる．（もとの定式化はそれほど一般的なものではなく，ヴィエトは f_n の係数を帰納的に計算する方法を示した．[64, 第 9 章], [65, pp. 432 ff] または Goldstein [27, §1.6] を参照せよ．）

任意の整数 $n \geq 1$ に対して，方程式

$$f_n(X) = A$$

は次数 n をもち，ファン・ルーメンの方程式に対するものと同じ議論より，この方程式が n 個の解をもつことがわかる（少なくとも $|A| \leq 2$ であるとき）．ヴィエトの著作 [64, 第 9 章], [65, pp. 445 ff] の中で $n = 3, 5, 7$ に対してきわめて具体的であるこれらの例は，次数 n の方程式が n 個の根をもつという考えが次第に出現する過程で影響力があったであろう．もちろん，この考えは正の根だけを考察したヴィエトの主張によってはまだそれほど明瞭ではなかったのだが．

ヴィエトの死後 1615 年に出版された "De Recognitione Aequationum"（『方程式の解釈について』）のような晩年の著作の中で，ヴィエトは方程式の構造（この言葉によって彼は根と係数の関係を意味していた）を理解することの重要性をも強調していた．しかし，彼の自由になる理論的道具はいまだ十分発達していなかった．そして彼は完全に一般的にはこれらの関係を把握することはできなかった．たとえば，彼は次のことを示している [65, pp. 210-211]．方程式[†]（不定元を A とする）

$$B^p A - A^3 = Z^s \tag{4.3}$$

[†] B と Z の上付き文字は次元を表す．p は平面 (plano) で s は立体 (solido) を表す．

が2つの根 A と E をもつとき，$A > E$ を仮定すると次が成り立つ．

$$B^p = A^2 + E^2 + AE,$$
$$Z^s = A^2 E + E^2 A.$$

証明は次のようである．

$$B^p A - A^3 = Z^s \qquad \text{かつ} \qquad B^p E - E^3 = Z^s$$

であるから，$B^p A - A^3 = B^p E - E^3$ となる．ゆえに，

$$B^p (A - E) = A^3 - E^3.$$

両辺を $A - E$ で割ると次が得られる．

$$B^p = A^2 + E^2 + AE.$$

Z^s を求める式は最初の方程式 (4.3) において B^p に代入すれば得られる．

方程式の構造はついにその真に一般的な形で発見され，アルベール・ジラール (Albert Girard, 1595-1632) によってその最も単純な形が得られた．それは『代数における新しい創造』("Invention nouvelle en l'algebre")（1629）[26] として出版された．

> 次の定理は新しい術語を必要としているので，その定義が最初に与えられるであろう．[26, p. E2 v°]

ジラールは少なくとも1つの項が欠けている（すなわち，少なくとも係数の1つが0である）方程式を**不完全** (incomplete) 方程式と呼んでいる．さまざまな項が "minglings" (meslés) と呼ばれており，最後のものは "closure" と呼ばれる．解の第1党 (first faction) はそれらの和で，解の第2党 (second faction) は解の2つずつの積の和，解の第3党 (third faction) は解の3つずつの積の和，そして最後の党は解すべての積である．最後に，未知数の奇数次のベキが等式の一方の辺にあり，偶数次のベキが他方の辺にあり，さらに，最高次の係数が1であるとき，方程式は**交代順序** (alternative order) であるという．

そのとき，ジラールの主要定理は次のようである [26, p. E4]．

> すべての代数方程式は不完全なものを除いて，その最も高い量の指数が示しているのと同じだけの解をもつ．& その解の第1党

は最初の mingling の個数に等しく，第 2 党は 2 番目の minglings の個数に等しい．第 3 党は 3 番目の mingling のそれに等しい，& これを続けて，最後の党は closure に等しい．& これは交代順序において観察される符号に依存する．

　完全な方程式に対する規定は説明するのが容易ではない．半ページ後にジラールは不完全な方程式は常に同じだけの解をもつとは限らないことを指摘している．そして，この場合，ある解は虚数である（「不可能」というのがジラール自身の言葉である）．しかしながら，完全な方程式でさえ虚数の解をもつことがあるというのは明らかである（たとえば，$x^2 + x + 1 = 0$ を考えてみればよい），そして，ジラールはこの事実に気がつかないはずはなかった．

　いずれにしても，ジラールは方程式が係数 0 をもつ未知数のベキを加えることによって完全（な方程式）にされるならば，根と係数の関係はこの場合にも成り立つことを主張した．したがって，その定理は次のことを主張している．それぞれの方程式

$$X^n + s_2 X^{n-2} + s_4 X^{n-4} + \cdots = s_1 X^{n-1} + s_3 X^{n-3} + s_5 X^{n-5} + \cdots,$$

または

$$X^n - s_1 X^{n-1} + s_2 X^{n-2} - s_3 X^{n-3} + \cdots + (-1)^n s_n = 0$$

は次のような n 個の根 $x_1, \ldots, x_n$ をもつ．

$$s_1 = \sum_{i=1}^n x_i, \ s_2 = \sum_{i<j} x_i x_j, \ s_3 = \sum_{i<j<k} x_i x_j x_k, \ \ldots, \ s_n = x_1 x_2 \cdots x_n.$$

(4.4)

　ジラールはそれらの根が $a + b\sqrt{-1}$ という形をしているということを明示的に主張していないので，この「定理」は代数学の基本定理の現代的な定式化と同じぐらい正確であるというわけではない，ということをきちんと見ておくべきである．したがって，それは定理というよりは公準である．すなわち，それは多項式の「不可能」な根の存在を主張しているが，それは本質的に証明不可能なことである[†]．なぜなら，それらの根については（暗黙のうちに）それらが数であるかのように計算できるということ以外に何一つ述べられていないから

[†] 少なくとも，その証明とその事柄に関しては，その定理の正確な叙述さえも 17 世紀の数学者の到達し得る範囲をはるかに越えていた．§9.2 を参照せよ．

である．もちろん，すべての例において，その不可能な根は $a+b\sqrt{-1}$ という形をしていることがわかっていたが，ジラールはどこにも彼が心の中に思っていたことを説明していない．

> これらの不可能な解が何の役に立つのかと尋ねるかもしれないが，私は3つの事柄を答えよう．一般的な規則の確実性のために，& なぜならほかの解が存在しないから，& その有用性のために．[26, p. Fr°]

ジラールは次のように不可能な根の有用性を詳しく述べている．$x^4 = 4x-3$ を満たす x について，$(x+1)^2+2$ の（正の）値を求めようとすれば，もとの方程式の根は $1, 1, -1+\sqrt{-2}$ と $-1-\sqrt{-2}$ であるから，$(x+1)^2+2 = 6, 6, 0, 0$ である．ゆえに，6 が唯一の結果である．誰も不可能な根なくしては決してこれほどには確信をもてなかっただろう．

もちろん，ジラールは彼の定理の証明についてはほんのわずかなヒントも残していない．少なくとも方程式の根と係数の関係 (4.4) を，彼がいかにして見出したかを理解することは非常に興味があることだろう．これらの関係は

$$X^n - s_1 X^{-1} + s_2 X^{n-2} - \cdots + (-1)^n s_n = (X-x_1)(X-x_2)\cdots(X-x_n)$$

において両辺の係数の比較より容易に導かれる．しかし，この等式はおそらくジラールには知られていなかった．実際，ジラールはある数 a が多項式 $P(X)$ の根であるための必要十分条件は $X-a$ が $P(X)$ を割り切ることである，という事実に気づいていなかったように見える．ニューネス が 1567 年には，そしておそらくもっと早くに気がついていた可能性があるのだが（Bosmans [5, pp. 163 ff] を参照せよ），この考察は普通デカルトに帰せられている [16, p. 159]．

不可能な根の問題については，デカルトは最初ジラールより注意深かったようだ（強調は筆者である）：

> すべての方程式はその方程式の未知量の次数と同じだけの異なる根をもつことが$\dot{で}\dot{き}\dot{る}$. [16, p. 159]

このことは，少なくともデカルトの先行している考察によって証明され得る（定理 5.15 を参照せよ）．しかしながら，デカルトはさらに次のように述べている．

真の根も偽の根も常に実数であるとは限らない．ときどき，それらは想像上のものとなる．すなわち，任意の方程式に対して，我々は私がすでに指定したと同じ個数の根を常に考えることができるけれども，一方でその考えられた任意の根に対応する確定的な量が常に存在するとは限らない．[16, p. 175]

17世紀の中葉には，方程式の解全体の個数がその次数に等しいという事実は証明なしに受け入れられ，決して疑問をもたれない一編の数学の「民間伝承」のような共通の知識になりつつあった．少なくとも，それは良い作業仮説であり，数学者たちはそれらの性質に思い悩むこともなく方程式の根を形式的に計算することを始めた．彼らはジラールの結果をさらに押し進めて方程式の係数からいかなる種類の情報が合理的に得られるかということを発見しようとした．

ジラール自身は（彼の計算の詳細は省略して），その解すべての平方全体の和，それらの立方全体の和，それらの4乗全体の和はそれらの係数から計算できることを示した [26, p. F2 r]．$x_1, \ldots, x_n$ を方程式

$$X^n - s_1 X^{n-1} + s_2 X^{n-2} - s_3 X^{n-3} + \cdots + (-1)^n s_n = 0$$

の根とし，任意の整数 k に対して，

$$\sigma_k = \sum_{i=1}^n x_i^k$$

とおく．このとき，次が成り立つ．

$$\begin{aligned}
\sigma_1 &= s_1, \\
\sigma_2 &= s_1^2 - 2s_2, \\
\sigma_3 &= s_1^3 - 3s_1 s_2 + 3s_3, \\
\sigma_4 &= s_1^4 - 4s_1^2 s_2 + 4s_1 s_3 + 2s_2^2 - 4s_4.
\end{aligned}$$

1666年頃，解全体の任意のベキ乗の和に対する一般的公式がアイザック・ニュートン (Isaak Newton, 1642-1727) によって発見された [45, v. I, p. 519]（彼はおそらくジラールの業績には気づいていなかった．[45, v. I, p. 518] の脚注 (12) を参照せよ）．ニュートンの巧妙な考察は次のようである．$s_1, \ldots, s_n$ による $\sigma_1, \sigma_2, \ldots$ の公式は単純な型に従っているようには見えないが，$s_1, \ldots, s_n$ と $\sigma_1, \ldots, \sigma_{k-1}$ によって σ_k を表現する単純な公式が存在する．これらの公式は $s_1, \ldots, s_n$ によってさまざまな σ_k を帰納的に計算するために用いられる．ニュートンの公式は次のようである．

$$\sigma_1 = s_1,$$
$$\sigma_2 = s_1\sigma_1 - 2s_2,$$
$$\sigma_3 = s_1\sigma_2 - s_2\sigma_1 + 3s_3,$$
$$\sigma_4 = s_1\sigma_3 - s_2\sigma_2 + s_3\sigma_1 - 4s_4,$$
$$\sigma_5 = s_1\sigma_4 - s_2\sigma_3 + s_3\sigma_2 - s_4\sigma_1 + 5s_5.$$

そして，一般的に

$$\sigma_k = \begin{cases} \sum_{i=1}^{k-1}(-1)^{i+1}s_i\sigma_{k-i} + (-1)^{k+1}ks_k & k \leq n \text{ のとき}, \\ \sum_{i=1}^{n}(-1)^{i+1}s_i\sigma_{k-i} & k > n. \end{cases}$$

これらの公式 ($k \leq n$ に対して) は "Arithmetica Universalis" (1707) [46, p.107] に証明なしで公表された ([45, vol. I, p. 519; vol. V, p. 361] を参照せよ)．それ以来さまざまな創意工夫に富む証明が提出された (たとえば，ブルバキ (Bourbaki) [6, App. 1 n° 3] を参照せよ)．次の初等的な証明は多分ニュートン自身の計算とそれほど異なってはいないだろう．

$1 \leq a \leq n$ と $b \geq 1$ を満たす任意の整数 a, b に対して，$x_1, \ldots, x_n$ の置換によって $x_1^b x_2 \cdots x_a$ から得られるすべての異なる項の和を $\tau(a, b)$ とする．したがって，

$$\tau(a, 1) = s_a, \qquad \tau(1, b) = \sigma_b.$$

また，$a, b \geq 2$ に対しては

$$\tau(a, b) = \sum_{i_1=1}^{n} \sum_{\substack{i_2 < i_3 < \cdots < i_a \\ i_k \neq i_1}} x_{i_1}^b x_{i_2} \cdots x_{i_a}.$$

$b \geq 2$ に対して，各項 $x_{i_1}^b x_{i_2} \cdots x_{i_a}$ は次のような積として得られるので

$$x_{i_1}^b x_{i_2} \cdots x_{i_a} = (x_{i_1} x_{i_2} \cdots x_{i_a})(x_{i_1}^{b-1}),$$

積 $s_a \sigma_{b-1}$ は $\tau(a, b)$ のすべての項を与える．その上，この積は $a \leq n-1$ のとき，$x_{i_1}^{b-1} x_{i_2} \cdots x_{i_{a+1}}$ のような項も与える．さらに，$b = 2$ のとき，後者の任意の項は $(a+1)$ 回得られるが，一方 $b > 2$ に対してそれらは唯 1 回だけ得られ

る．したがって，次の結果が成り立つ．

$$\tau(a,b) = s_a\sigma_{b-1} - \tau(a+1,b-1), \quad a<n \text{ かつ } b>2 \text{ のとき}, \quad (4.5)$$
$$\tau(a,2) = s_a\sigma_1 - (a+1)s_{a+1}, \qquad a<n \text{ のとき}, \qquad (4.6)$$
$$\tau(n,b) = s_n\sigma_{b-1}, \qquad\qquad b \geq 2 \text{ のとき}. \qquad (4.7)$$

$\tau(1,k) = \sigma_k$ であるから，$a=1, b=k$ のとき式 (4.5) より次が得られる．

$$\sigma_k = s_1\sigma_{k-1} - \tau(2,k-1).$$

$a=2, b=k-1$ とすると，式 (4.5) より $\tau(2,k-1)$ は消去され，次の式を得る．

$$\sigma_k = s_1\sigma_{k-1} - s_2\sigma_{k-2} + \tau(3,k-2).$$

次に，$a=3, b=k-2$ として (4.5) を使い，$\tau(3,k-2)$ を消去し，これを続ける．これらのいくつかの段階の後に，$k \leq n$ として次を得る．

$$\sigma_k = s_1\sigma_{k-1} - s_2\sigma_{k-2} + \cdots + (-1)^k\tau(k-1,2).$$

ゆえに，(4.5) を用いて，

$$\sigma_k = s_1\sigma_{k-1} - s_2\sigma_{k-2} + \cdots + (-1)^k s_{k-1}\sigma_1 + (-1)^{k+1}ks_k.$$

$k>n$ ならば，次を得る．

$$\sigma_k = s_1\sigma_{k-1} - s_2\sigma_{k-2} + \cdots + (-1)^{n+1}\tau(n,k+1-n).$$

ゆえに，(4.5) を用いて，

$$\sigma_k = s_1\sigma_{k-1} - s_2\sigma_{k-2} + \cdots + (-1)^{n+1}s_n\sigma_{k-n}$$

が得られる．これより証明は完結する．

もちろん，ニュートンの貢献を方程式の理論だけに限っても，これは彼の最も卓越した業績ではない．実際，ニュートンは数値的な側面にはるかに興味があった（たとえば，Goldstein[27, 第 2 章] を参照せよ）．

多項式方程式の根を見出す数値的な方法は，最初は方程式の理論のいくつかの目的の中の 1 つであり，ほかの部分を発展させた同じ人たちの何人かによって発展させられた．たとえば，カルダーノの『アルス・マグナ』[11, 第 30 章]，ステヴィンの "Appendice algebraique" [55, pp. 740-745]，またはヴィエトの

"De numerosa Potestatum ad Exegesim Resolutione" (『釈義学によるベキ根の数値的決定について』) [65, pp. 311-370] を参照せよ．これらの数値的な方法は，具体的な数値的方程式の解を求めるためには「ベキ根」による代数的な公式よりもはるかに成功した．実際，代数的公式は次数4までしか役に立たず，それらは決して数値的方法よりも正確であるというわけではなかった (§2.3 も参照せよ)．したがって，方程式の数値的解法はより正確でかつ強力になり，間もなく数学の新しい分野に発展した．これに対して，方程式の代数的理論は次第に立ち往生するようになった．

　数値的方法の議論はこの本の範囲外になるので，我々は代数学の活動が比較的低調なこの期間を歴史的な説明を中断する口実にしよう．我々は次の章で，後の結果がその数学的基礎の上に築かれたということを示すために，1変数の多項式について上に述べた結果の現代的な解説に目を向けよう．

第5章

多項式の現代的解釈

5.1 定義

現代的な術語では，環 A に係数をもつ1変数の多項式は写像

$$P : \mathbb{N} \longrightarrow A$$

で，集合 $\operatorname{supp} P = \{n \in \mathbb{N} \mid P_n \neq 0\}$ が有限であるものとして定義される．これは P の台 (support) と呼ばれる．多項式の加法は通常の写像の和

$$(P+Q)_n = P_n + Q_n$$

で，積は**合成積** (convolution product) である．

$$(PQ)_n = \sum_{i+j=n} P_i \cdot Q_j.$$

すべての元 $a \in A$ は，0 を a に，$n \neq 0$ なる n を 0 に移す多項式 $a : \mathbb{N} \longrightarrow A$ と同一視される．

$$X : \mathbb{N} \longrightarrow A$$

によって，1を単位元 $1 \in A$ に，そして他の整数を 0 に移す多項式を表すことにすると，すべての多項式 P は

$$P = \sum_{i \in \mathbb{N}} P_i \cdot X^i$$

なる形に一意的に表されることが容易にわかる．ゆえに，以後

$$a_0 + a_1 X + \cdots + a_n X^n \tag{5.1}$$

によって，(通常のように) $i = 0, 1, \ldots, n$ に対して $i \in \mathbb{N}$ を a_i に移し，$i > n$ に対しては 0 に移す多項式を表す．したがって，A に係数をもつすべての多項式(または A 上の多項式という) の集合は $A[X]$ で表される．簡単な計算によって，$A[X]$ は環になり，$A[X]$ が可換環であるための必要十分条件は A が可換環であることが示される．

A 上の不定元の個数が任意の m である多項式環も同様に合成積によって，有限の台をもつ $\mathbb{N}^m$ から A への写像のつくる環として定義される．

もちろん，上に述べた定義は少し自然さに欠けている．多項式に対する素朴な入門は X を**不定元** (indeterminate) または**変数** (variable) と呼ばれる未定義なものとして，(5.1) のような表現を考察することである．この術語を結局使うことになるのであるが，次のことは注意しておくべきである．ほかのどんな真の定義もなしに，あるものが不定元であるとか変数であるというのはほとんど定義ではないということを．さらに，それは多項式

$$P(X) = a_0 + a_1 X + \cdots + a_n X^n$$

とそれに対応している多項式関数,

$$P(\cdot) : A \longrightarrow A$$

との混同を助長する．この多項式関数は，$x \in A$ に対して $P(x) = a_0 + a_1 x + \cdots + a_n x^n$ を対応させる写像である．この同じ混同は，A の元を多項式と見た**定数多項式** (constant polynomial) という術語の使用を促進し，A が無限に多くの元をもつとき，この混乱はそれほど重大ではないが (後の系 5.16, p. 59 を参照せよ)，A が有限集合のとき有害となる可能性がある．たとえば，$A = \{a_1, \ldots, a_n\}$ $(n \geq 2)$ であるとき，多項式 $(X - a_1) \cdots (X - a_n)$ は X^n の係数が 1 であるから 0 多項式ではない．ところが，その対応している多項式関数は A のすべての元を 0 に移す．

0 でない多項式 P の**次数** (degree) とは P の表現において X^n の係数が 0 ではない最大の整数 n のことである．この係数は P の**最高次係数** (leading coefficient) と呼ばれ，その最高次係数が 1 のとき P は**モニック** (monic) であるという．

P の次数は $\deg P$ で表される．$\deg 0 = -\infty$ と決めれば，A が整域 (すなわち，$ab = 0$ ならば $a = 0$ または $b = 0$ が成り立つ環) ならば，制限なしに次が

成り立つ．

$$\deg(P+Q) \leq \max\left(\deg P, \deg Q\right),$$
$$\deg(PQ) = \deg P + \deg Q.$$

A が（可換）体であるとき，環 $A[X]$ は次のようにして構成される商体 $A(X)$ をもつ．すなわち $A(X)$ の元は $f, g \in A[X]$, $g \neq 0$ とする対 f/g の同値類である．ただし，この同値類は

$$g'f = f'g \quad \text{のとき}, \quad f/g = f'/g'$$

として定義されるものである．これらの同値類の加法は

$$(f_1/g_1) + (f_2/g_2) = (f_1 g_2 + f_2 g_1)/g_1 g_2$$

によって定義され，乗法は次のように定義される．

$$(f_1/g_1) \cdot (f_2/g_2) = (f_1 f_2)/(g_1 g_2).$$

これらの定義によって，$A(X)$ が体となることは容易に確かめられる．$A(X)$ は体 A 上 1 変数の**有理関数体** (field of rational fractions) と呼ばれる．同じ構成は m 変数の多項式環にも適用され，体 A 上 m 変数の有理関数体を与える．

しかしながら，体 A 上 1 変数の多項式環 $A[X]$ は，ユークリッドの互除法の結果として出てくる特に良い性質をもっている．これらの性質を次の節で概観してみよう．

5.2 ユークリッドの除法

以下，体 F 上の多項式のみを考察する．

定理 5.1（ユークリッドの除法定理） $P_1, P_2 \in F[X]$ とする．$P_2 \neq 0$ ならば，次の性質を満たす多項式 $Q, R \in F[X]$ が存在する．

$$P_1 = P_2 Q + R \quad \text{かつ} \quad \deg R < \deg P_2.$$

さらに，多項式 Q と R はこれらの性質によって一意的に定まる．

多項式 Q と R は，それぞれ P_1 を P_2 で割ったときの**商** (quotient) および**剰余** (remainder) と呼ばれる．

証明 Q と R の存在は $\deg P_1$ についての帰納法によって示される．$\deg P_1 < \deg P_2$ ならば，$Q = 0$ で $R = P_1$ とすればよい．$\deg P_1 - \deg P_2 = d \geq 0$ であるとき，P_2 の最高次係数によって P_1 のそれを割った商を $c \in F$ とすると，次が成り立つ．

$$\deg\left(P_1 - cX^d P_2\right) < \deg P_1.$$

ゆえに，帰納法の仮定によって，Q と $R \in F[X]$ が存在して

$$P_1 - cX^d P_2 = P_2 Q + R \quad \text{かつ} \quad \deg R < \deg P_2$$

が成り立つ．この等式より

$$P_1 = P_2(Q + cX^d) + R$$

と表され，$Q + cX^d$ と R は必要な性質を満たしている．

Q と R の一意性を示すために，

$$P_1 = P_2 Q_1 + R_1 = P_2 Q_2 + R_2,$$

$\deg R_1 < \deg P_2$ かつ $\deg R_2 < \deg P_2$ と仮定する．すると，$R_1 - R_2 = P_2(Q_2 - Q_1)$ となるが，この等号は両辺が 0 でないとき不可能である．なぜならば，両辺が 0 でないとき右辺の次数は $\deg P_2$ 以上であり，一方左辺の次数は $\deg P_2$ より小さいからである． □

定義 5.2 $P_1, P_2 \in F[X]$ とする．ある $Q \in F[X]$ が存在して

$$P_1 = P_2 Q$$

を満たすとき，P_2 は P_1 を割り切る，または P_1 は P_2 で割り切れるという．この条件は言い換えると，$P_2 \neq 0$ のとき，P_2 による P_1 の割り算の剰余が 0 であるということができる．

P_1 と P_2 の**最大公約元** (greatest common divisor: GCD) とは，次の2つの性質を満たす多項式 $D \in F[X]$ のことである．

(a) D は P_1 と P_2 を割り切る．
(b) S が P_1 と P_2 を割り切る多項式ならば，S は D を割り切る．

P_1 と P_2 の GCD が 1 であるとき, P_1 と P_2 は**互いに素** (relatively prime) であるという.

任意の 2 つの多項式 P_1 と P_2 が GCD をもつということは決して明らかなことではないから, 我々の最初の目的はこのような GCD を求める方法を考え出すことであり, それによってその存在を示すことになる. 我々は 2 つの整数の GCD あるいは 2 つの線分の最大の共通の単位を求めるユークリッドの互除法に密接に従う.（一般性を失わずに）$\deg P_1 \geq \deg P_2$ と仮定してよい.

$P_2 = 0$ ならば, P_1 は P_1 と P_2 の GCD である. そうでなければ, P_1 を P_2 で割ると,

$$P_1 = P_2 Q + R_1. \qquad (E.1)$$

次に, 剰余 R_1 が 0 でなければ, R_1 で P_2 を割ると,

$$P_2 = R_1 Q_2 + R_2. \qquad (E.2)$$

さらに, 2 番目の剰余によって 1 番目の剰余を割り, これを剰余が 0 になるまで続ける.

$$R_1 = R_2 Q_3 + R_3, \qquad (E.3)$$
$$R_2 = R_3 Q_4 + R_4, \qquad (E.4)$$
$$\cdots \qquad\qquad \cdots$$
$$R_{n-2} = R_{n-1} Q_n + R_n, \qquad (E.n)$$
$$R_{n-1} = R_n Q_{n+1} + R_{n+1}. \qquad (E.n+1)$$

$\deg P_2 > \deg R_1 > \deg R_2 > \cdots$ であるから, この整数列が無限に続くことはない. したがって, ある整数 n があって $R_{n+1} = 0$ となる.

主張: $R_{n+1} = 0$ ならば, R_n は P_1 と P_2 の GCD である ($n = 0$ ならば, $R_n = P_2$ とせよ).

R_n が P_1 と P_2 を割り切ることを示す. 式 $(E.n+1)$ は $R_{n+1} = 0$ と合わせて, R_n が R_{n-1} を割り切ることを意味している. すると, 等式 $(E.n)$ より R_n は R_{n-2} も割り切ることがわかる. 式の列 $(E.n), (E.n-1), \cdots, (E.2), (E.1)$ を遡っていくと, 帰納的に R_n は $R_{n-3}, \ldots, R_2, R_1, P_2$ そして P_1 を割り切ると結論することができる.

次に，P_1 と P_2 が 2 つともある多項式 S によって割り切れると仮定する．このとき，式 $(E.1)$ は，S が R_1 も割り切ることを示している．S は P_2 と R_1 を割り切るので，式 $(E.2)$ より R_2 も割り切る．上の式の列 $(E.2), (E.3), \cdots, (E.n)$ において降っていくと，最後に S は R_n を割り切ることがわかる．以上より，R_n が P_1 と P_2 の GCD であるという証明は完結した．

さて次の定理が示しているように，2 つの多項式の GCD は唯一つではない（2 つの元からなる体上以外では）ことを見てみよう．

定理 5.3 2 つとも 0 でない任意の 2 つの多項式 $P_1, P_2 \in F[X]$ は，唯一つのモニックな最大公約元 D_1 をもつ．多項式 $D \in F[X]$ が P_1 と P_2 の最大公約元であるための必要十分条件は，ある $c \in F^\times (= F - \{0\})$ に対して $D = cD_1$ となることである．さらに，D を P_1 と P_2 の最大公約元とすると，適当な $U_1, U_2 \in F[X]$ が存在して D は次のように表される．

$$D = P_1 U_1 + P_2 U_2.$$

証明 ユークリッドの互除法によって，すでに P_1 と P_2 の最大公約元 R_n が存在する．R_n の最高次係数によって割ると，P_1 と P_2 のモニックな GCD を得る．次に，D と D' を P_1 と P_2 の GCD と仮定する．このとき，D は条件 (a) を満たし，D' は条件 (b) を満たすので，D は D' を割り切る．D と D' を入れ替えると，同じ議論により，D' は D を割り切る．適当な $Q, Q' \in F[X]$ によって，$D' = DQ$ かつ $D = D'Q'$ と表される．したがって，$QQ' = 1$ となり，Q と Q' は定数で，互いに一方は他方の逆元である．$Q = Q' = 1$ でなければ D と D' が 2 つともモニックであることはできない．これより同時に命題の第 2 の叙述の部分と，P_1 と P_2 は唯一つのモニックな GCD をもつことが示された．

D を P_1 と P_2 の任意の GCD と仮定する．すると，D とユークリッドの互除法によって求められた最大公約元 R_n は，ある $c \in F^*$ があって $D = cR_n$ なる式によって結びつけられる．したがって，R_n に対して定理の最後の部分を証明すれば十分である．これを示すために，再び式の列 $(E.1), \cdots, (E.n)$ を考える．式 $(E.n)$ より，次を得る．

$$R_n = R_{n-2} - R_{n-1} Q_n.$$

この R_n の表現の中の R_{n-1} を，$(E.n-1)$ を使って消去すると次の等式を得る．

$$R_n = -R_{n-3} Q_n + R_{n-2}(1 + Q_{n-1} Q_n).$$

これは R_n が R_{n-2} と R_{n-3} の倍元の和であることを示している．次に，R_{n-2} は $(E.n-2)$ を用いて消去される．このようにして，R_n は R_{n-3} と R_{n-4} の倍元の和として表される．等式の列 $(E.n-3), (E.n-4), \cdots, (E.1)$ を遡っていくと，最後に P_1 と P_2 の倍元の和としての R_n の表現を得る．すなわち，ある $U_1, U_2 \in F[X]$ によって次のように表される．

$$R_n = P_1 U_1 + P_2 U_2.$$

上でなされた推論は線形代数を少し用いることによって，もっとわかりやすくなる．等式 $(E.1)$ を次のような形に書き直すことができる．

$$\begin{pmatrix} P_1 \\ P_2 \end{pmatrix} = \begin{pmatrix} Q_1 & 1 \\ 1 & 0 \end{pmatrix} \begin{pmatrix} P_2 \\ R_1 \end{pmatrix},$$

等式 $(E.2)$ は

$$\begin{pmatrix} P_2 \\ R_1 \end{pmatrix} = \begin{pmatrix} Q_2 & 1 \\ 1 & 0 \end{pmatrix} \begin{pmatrix} R_1 \\ R_2 \end{pmatrix},$$

これを続けると，最後に，等式 $(E.n+1)$（$R_{n+1} = 0$ として）は次のような形である．

$$\begin{pmatrix} R_{n-1} \\ R_n \end{pmatrix} = \begin{pmatrix} Q_{n+1} & 1 \\ 1 & 0 \end{pmatrix} \begin{pmatrix} R_n \\ 0 \end{pmatrix}.$$

上記の行列の等式を合成すると，次を得る．

$$\begin{pmatrix} P_1 \\ P_2 \end{pmatrix} = \begin{pmatrix} Q_1 & 1 \\ 1 & 0 \end{pmatrix} \begin{pmatrix} Q_2 & 1 \\ 1 & 0 \end{pmatrix} \cdots \begin{pmatrix} Q_{n+1} & 1 \\ 1 & 0 \end{pmatrix} \begin{pmatrix} R_n \\ 0 \end{pmatrix}.$$

各行列 $\begin{pmatrix} Q_i & 1 \\ 1 & 0 \end{pmatrix}$ は正則行列で，逆行列 $\begin{pmatrix} 0 & 1 \\ 1 & -Q_i \end{pmatrix}$ をもつので，上の等式の両辺に左から $\begin{pmatrix} 0 & 1 \\ 1 & -Q_1 \end{pmatrix}, \begin{pmatrix} 0 & 1 \\ 1 & -Q_2 \end{pmatrix}, \cdots$ を遂次的にかけると次のようになる．

$$\begin{pmatrix} 0 & 1 \\ 1 & -Q_{n+1} \end{pmatrix} \cdots \begin{pmatrix} 0 & 1 \\ 1 & -Q_2 \end{pmatrix} \begin{pmatrix} 0 & 1 \\ 1 & -Q_1 \end{pmatrix} \begin{pmatrix} P_1 \\ P_2 \end{pmatrix} = \begin{pmatrix} R_n \\ 0 \end{pmatrix}.$$

$U_1, \ldots, U_4 \in F[X]$ を

$$\begin{pmatrix} 0 & 1 \\ 1 & -Q_{n+1} \end{pmatrix} \cdots \begin{pmatrix} 0 & 1 \\ 1 & -Q_2 \end{pmatrix} \begin{pmatrix} 0 & 1 \\ 1 & -Q_1 \end{pmatrix} = \begin{pmatrix} U_1 & U_2 \\ U_3 & U_4 \end{pmatrix}$$

を満たすものとすると，

$$U_1 P_1 + U_2 P_2 = R_n.$$

(かつ $U_3 P_1 + U_4 P_2 = 0$). □

以下において繰り返して用いられるので，次の特別な場合をここで明白に指摘しておくことは価値があると思われる．

系 5.4 P_1, P_2 を $F[X]$ において互いに素である多項式とすると，ある多項式 $U_1, U_2 \in F[X]$ が存在して，次を満たす．

$$P_1 U_1 + P_2 U_2 = 1.$$

注意 5.5 **(a)** 上で与えられた証明は効果的である．すなわち，ユークリッドの互除法は定理 5.3 と系 5.4 の中での多項式 U_1, U_2 を構成する手順を与えている．

(b) 2つの多項式 $P_1, P_2 \in F[X]$ の GCD は有理的な計算（すなわち，算術の4つの基本的な演算のみを含む計算）によって求めることができるので，体 F の特別な性質には依存していない．この考察の要点は次のようである．すなわち，体 F がより大きな体 K に埋め込まれているとき，多項式 $P_1, P_2 \in F[X]$ は K 上の多項式と見ることができる．しかし，$K[X]$ におけるそれらのモニックな GCD は $F[X]$ におけるそれらのモニックな GCD と同じである．以下の例 5.7 (b) から明らかなように，P_1, P_2 の **既約因子** (irreducible factor) は基礎体 F に依存するという事実を考えると，このことは注目すべきことである．

5.3 既約多項式

定義 5.6 多項式 $P \in F[X]$ は，$\deg P > 0$ でかつ，$0 < \deg Q < \deg P$ なるどんな多項式 $Q \in F[X]$ によっても P は割り切れないとき，$F[X]$ において（または，F 上で）**既約** (irreducible) であるという．

この定義より，多項式 D が既約多項式 P を割り切るならば，D は定数であるか，または $\deg D = \deg P$ となる．後者の場合，D による P の商は定数であるから，D は 0 でない定数と P の積となる．特に，任意の多項式 $S \in F[X]$ に対して，P と S の GCD は 1 または P である．したがって，P は S を割り切るか，または P は S と互いに素である．

例 5.7 **(a)** 定義によって，次数 1 のすべての多項式は既約であることは明らかである．後になって，複素数体上ではこのような既約多項式だけが既約であることが証明される．

(b) 以下の定理 5.12（p.57）は，次数が 2 以上の多項式が基礎体に根をもてば，それは既約ではないということを示している．次数 2 または 3 の多項式に対しては逆が成り立つ．すなわち，次数 2 または 3 の多項式が基礎体に根をもたなければ，この体上で既約である．系 5.13（p.57）を参照せよ．したがって，たとえば多項式 $X^2 - 2$ は $\mathbb{Q}$ 上で既約であるが，$\mathbb{R}$ 上ではそうではない．このように，次数が 2 以上の多項式の既約性は基礎体に依存している（注意 5.5 (b) と比較せよ）．

(c) （次数が 4 以上の）多項式はある体に根をもたなくても，その体上で可約となることがある．たとえば，多項式 $X^4 + 4$ は次のように分解されるので $\mathbb{Q}[X]$ で可約である．

$$X^4 + 4 = (X^2 + 2X + 2)(X^2 - 2X + 2).$$

注意 体系的な手続きがクロネッカーによって考案されたが，有理数係数の多項式が $\mathbb{Q}$ 上既約であるかないかを決定するのは難しいことがある．ファン・デル・ヴェルデン [61, §32] を参照せよ．この手続きは有理数係数の多項式の有理根を求めるために用いられるものと多少似ている．§6.3 を参照せよ．

定理 5.8 すべての定数でない多項式 $P \in F[X]$ は，$c \in F^\times$ とモニック既約多項式 $P_1, \ldots, P_n$（重複可）の有限個の積である．

$$P = c \cdot P_1 \cdots P_n.$$

さらに，この分解は因子の順序を除いて一意的である．

証明 上のような分解が存在することは $\deg P$ についての帰納法によって容易に証明される．$\deg P = 1$ のとき，あるいはより一般的に，c を P の最高次係数として $P = cP_1$ と表される．このとき，P が既約ならば $P_1 = c_1^{-1}P$ は既約でモニックである．P が可約ならば，P は $\deg P$ より低い次数の 2 つの多項式の積として表される．すると帰納法によって，これら 2 つの多項式のそれぞれは上のように有限個の分解をもつ．したがって，それらの分解をかけることにより求める P の分解が得られる．

この分解が唯一つであることを示すために，次の補題を用いる．

補題 5.9 ある多項式が r 個の因子の積を割り切り,かつ最初の $r-1$ 個の因子と互いに素であるならば,それは最後のものを割り切る.

証明 $r=2$ の場合を考察すれば十分である.なぜなら,一般の場合は帰納法によって容易に導かれるからである.

多項式 S が積 $T \cdot U$ を割り切り,かつ T と互いに素であると仮定する.系 5.4 (p.53) より,ある多項式 V, W が存在して $SV + TW = 1$ が成り立つ.この等式の両辺に U をかけると,次の式を得る.

$$S(UV) + (TU)W = U.$$

今,仮定より S は TU を割り切るので,S は左辺を割り切る.したがって,S は U を割り切る. □

定理 5.8 の証明の続き 分解の一意性(因子の順序を除いて)を証明することが残っている.$c, d \in F^\times$ でかつ $P_1, \dots, P_n, Q_1, \dots, Q_n$ をモニック既約多項式として,

$$P = cP_1 \cdots P_n = dQ_1 \cdots Q_m \tag{5.2}$$

と仮定する.

はじめに,c と d は 2 つとも P の最高次係数に等しいので $c = d$ である.したがって,(5.2) より

$$P_1 \cdots P_n = Q_1 \cdots Q_m \tag{5.3}$$

が得られる.P_1 は $Q_1 \cdots Q_m$ を割り切るので,補題 5.9 より P_1 はそのすべての因子と互いに素であることはできない.必要であれば,$Q_1, \dots, Q_m$ の番号を付け替えて,P_1 は Q_1 と互いに素ではないと仮定することができる.このとき,それらのモニック GCD,これを D で表す,は 1 ではない.D は P_1 を割り切り,P_1 は既約であるから,D は定数因子を除いて P_1 に等しくなる.さらに,D と P_1 は 2 つともモニックであるから,その定数因子は 1 である.ゆえに,$D = P_1$ を得る.

Q_1 も既約でかつモニックであるから,Q_1 についても同様の議論をすることができる.したがって,$D = Q_1$ を得るので,

$$P_1 = Q_1$$

となる．等式 (5.3) において $P_1(=Q_1)$ を消去すると，両辺の因子が1つ少ない次のような同様の等式が得られる．

$$P_2 \cdots P_n = Q_2 \cdots Q_m.$$

同様の議論を帰納的に用いて（必要であれば $Q_2, \ldots, Q_m$ の番号を付け替えて），

$$P_2 = Q_2, \quad P_3 = Q_3, \quad \ldots, \quad P_n = Q_n$$

を得る．ゆえに，$n \leq m$ であることがわかる．$n < m$ ならば，(5.3) の両辺の次数を比較して

$$\deg Q_{n+1} = \cdots = \deg Q_m = 0$$

であることになるが，$i = 1, \ldots, m$ に対して Q_i は既約であるから，これは不合理である．したがって，$n = m$ となり，証明は完結する．□

補題 5.9 は以下において繰り返し用いられるという意味で，注意しておく価値のあるもう1つの結果をもつ．

命題 5.10 ある多項式が任意の2つが互いに素である多項式の各々で割り切れるとき，その多項式はそれらの積で割り切れる．

証明 $P_1, \ldots, P_r$ を任意の2つは互いに素である多項式で，各 P_i は P を割り切るとする．r についての帰納法で証明する．$r = 1$ のときは自明である．帰納法の仮定によって，ある多項式 Q が存在して

$$P = P_1 \cdots P_{r-1} Q$$

と表される．P_r は P を割り切るから，補題 5.9 より P_r は Q を割り切る．よって，$P_1 \cdots P_r$ は P を割り切る．□

5.4 根

前節と同様に，F は体を表すものとする．任意の多項式

$$P = a_0 + a_1 X + \cdots + a_n X^n \in F[X]$$

に対して，$P(\cdot)$ によって，任意の元 $x \in F$ を $P(x) = a_0 + a_1 x + \cdots + a_n x^n$ に移すような多項式関数

$$P(\cdot) : F \longrightarrow F$$

を表す．任意の 2 つの多項式 $P, Q \in F[X]$ と，任意の $x \in F$ に対して次が成り立つことは容易に確かめられる．

$$(P+Q)(x) = P(x) + Q(x), \qquad (P \cdot Q)(x) = P(x) \cdot Q(x).$$

したがって，写像 $P \longmapsto P(\cdot)$ は環 $F[X]$ から，F から F への関数のつくる環への準同型写像である．

定義 5.11　$a \in F, \; P \in F[X]$ とする．$P(a) = 0$ であるとき，a は多項式 P の根 (root) であるという．

定理 5.12　元 $a \in F$ が多項式 $P \in F[X]$ の根であるための必要十分条件は，$X - a$ が P を割り切ることである．

証明　$\deg(X - a) = 1$ であるから，P を $X - a$ で割ったときの剰余 R は定数多項式である．等式

$$P = (X - a)Q + R$$

の両辺に対応した多項式関数に a を代入すると，次を得る．

$$P(a) = (a - a)Q(a) + R.$$

ゆえに，$P(a) = R$ となる．これは $P(a) = 0$ であるための必要十分条件は $X - a$ による P の割り算の剰余が 0 であることを示している．最後の条件は $X - a$ が P を割り切ることを意味しているから，定理は証明された．　□

系 5.13　$P \in F[X]$ を次数 2 または 3 の多項式とする．このとき，P が F 上で既約であるための必要十分条件は，P が F に根をもたないことである．

証明　$\deg P$ についての仮定は，P が既約でないとき，それは次数 1 の因子，すなわち $X - a$ の形の因子をもつことを意味するので，系は定理より容易に導かれる．　□

定義 5.14 0 でない多項式 P の根 a の**重複度** (multiplicity) とは, P を割り切る $X - a$ の最も高いベキの指数のことである. したがって, $(X-a)^m$ が P を割り切るが, $(X-a)^{m+1}$ は P を割り切らないとき, a の重複度は m である. 重複度が 1 の根は**単根** (simple root) であるといい, そうでないとき**重根** (multiple root) であるという.

P の根としての a の重複度を P の関数として考えるとき, それは a における P の**付値** (valuation) と呼ばれ, $v_a(P)$ で表される. a が P の根でないとき, $v_a(P) = 0$ とおく. 慣例で, $v_a(0) = \infty$ とする. このとき, 任意の $P, Q \in F[X]$ と任意の $a \in F$ に対して次の関係が成り立つ.

$$v_a(P+Q) \geq \min(v_a(P), v_a(Q)), \quad v_a(PQ) = v_a(P) + v_a(Q).$$

これらの性質は次のような関数の性質とまったく同じである.

$$-\deg : F[X] \longrightarrow \mathbb{Z} \cup \{\infty\}$$

この写像は多項式に対してその次数の符号を反対にしたものを対応させる, p.48 を参照せよ. したがって, $(-\deg)$ はときどき「無限大に」おける付値として考察される.

定理 5.15 すべての 0 でない多項式 $P \in F[X]$ は有限個の根をもつ. $a_1, \ldots, a_r$ を F における P の相異なる根とし, それぞれの重複度を $m_1, \ldots, m_r$ とすれば, $\deg P \geq m_1 + \cdots + m_r$ が成り立ち, F に根をもたない適当な多項式 $Q \in F[X]$ によって次のように表される.

$$P = (X - a_1)^{m_1} \cdots (X - a_r)^{m_r} Q.$$

証明 $a_1, \ldots, a_r$ を F における P の異なる根とし, それぞれの重複度を $m_1, \ldots, m_r$ とすると, 多項式 $(X - a_1)^{m_1}, \ldots, (X - a_r)^{m_r}$ は互いに素であり, P を割り切る. すると, 命題 5.10 より, ある多項式 Q が存在して, 次のようになる.

$$P = (X - a_1)^{m_1} \cdots (X - a_r)^{m_r} Q.$$

容易に,

$$\deg P \geq m_1 + \cdots + m_r$$

であることがわかり, ゆえに P は無限に多くの根をもつことはできない. $a_1, \ldots, a_r$ が F における P の根のすべてであるならば, Q は根をもたない. このことから定理の残りの部分は従う. □

系 5.16 $P, Q \in F[X]$ とする．F が無限体ならば，$P = Q$ であるための必要十分条件は対応している多項式関数 $P(\cdot)$ と $Q(\cdot)$ が等しいことである．

証明 $P(\cdot) = Q(\cdot)$ ならば，F のすべての元は $P - Q$ の根である．ゆえに，F は無限体であるから，$P - Q = 0$ となる．逆は明らかである． □

5.5 重根と導関数

この節の目的は実際に根を求めることなく，ある多項式が重根をもつかどうかを決定する方法を求めること，および根の重複度を 1 に帰着させることである（より正確にいうと，この方法は任意に与えられた多項式 P に対して，P と同じ根をもち，それらの重複度が 1 である多項式 P_s を与える）．

この方法はヨハン・フッデ (Johann Hudde, 1633-1704) による．それは多項式の導関数を用いるものである．そして，これは彼の論文 "De Reductione Aequationum"（「方程式の還元について」）(1657) [31] の中でフッデによって純粋に代数的に導入され，続いて彼の論文 "De Maximis et Mimimis"（「極大と極小」）(1658) [32] の中で多項式と有理分数式の極大値と極小値を求めることに応用された．

定義 5.17 体 F に係数をもつ多項式 $P = a_0 + a_1 X + \cdots + a_n X^n$ の**導関数** (derivative) ∂P とは次の多項式のことである．

$$\partial P = a_1 + 2a_2 X + 3a_3 X^2 + \cdots + n a_n X^{n-1}.$$

簡単な計算によって，次の（馴染みのある）関係が成り立つことが示される．

$$\partial(P + Q) = \partial P + \partial Q, \qquad \partial(PQ) = (\partial P) Q + P(\partial Q).$$

注意 ∂P の係数に現れる整数は F の元と見なされる．だから，n は F の単位元を 1 として $1 + 1 + \cdots + 1$（n 項の和）を表す．このことは，いくつかの注意を必要とする．なぜならば，$n \neq 0$（整数として）であっても，F において $n = 0$ となることがあるからである．たとえば，F が 2 個の元からなる体 $\{0, 1\}$ であるとき，F においては $2 = 1 + 1 = 0$ となっている．したがって，$X^2 + 1$ のような定数でない多項式は F 上で導関数として 0 をもつ．

補題 5.18 $a \in F$ を多項式 $P \in F[X]$ の根とする．このとき，a が P の重根（すなわち，$v_a(P) \geq 2$）であるための必要十分条件は，a が ∂P の根になることである．

証明 a は P の根であるから，ある $Q \in F[X]$ が存在して $P = (X-a)Q$ と表される．ゆえに，

$$\partial P = Q + (X-a)\partial Q.$$

この等式は，$X-a$ が ∂P を割り切るための必要十分条件は $X-a$ が Q を割り切ることである，ということを示している．この後のほうの条件は帰するところ $(X-a)^2$ が P を割り切る，すなわち，$v_a(P) \geq 2$ であることと同じであるから，補題は示された． □

命題 5.19 $P \in F[X]$ を F を含んでいる適当な体 K 上で 1 次因数[†]の積に分解する多項式とする．K における P の根がすべて単根であるための必要十分条件は，P と ∂P が互いに素となることである．

証明 P の K におけるある根 a が単根でないとすると，前の補題によって，P と ∂P は $K[X]$ で共通因子 $X-a$ をもつ．したがって，それらは $K[X]$ で互いに素ではないので，$F[X]$ においても互いに素ではない (注意 5.5 (b) を参照せよ)．

逆に，P と ∂P が互いに素でないとすると，それらは $K[X]$ で共通な既約因子をもつ．$K[X]$ で P のすべての既約因子は 1 次式であるから，その共通な既約因子の次数は 1 である．このようにして，P と ∂P の 2 つとも割り切る多項式 $X-a \in K[X]$ が求められた．すると，前の補題より a は K において P の重根である． □

補題 5.18 を改良するために，F の標数は 0 であると仮定する．このことは，すべての 0 でない整数は F で 0 ではないことを意味している (体 F の標数とは 0 であるか，または F で $n=0$ となる最小の整数 $n>0$ のことである)．

命題 5.20 $\operatorname{char} F = 0$ と仮定し，$a \in F$ を 0 でない多項式 $P \in F[X]$ の根とする．このとき，次が成り立つ．

$$v_a(\partial P) = v_a(P) - 1.$$

証明 $m = v_a(P)$ とおけば，$Q \in F[X]$ を $X-a$ で割り切れない多項式として，$P = (X-a)^m Q$ と表される．このとき，

$$\partial P = (X-a)^{m-1}\bigl(mQ + (X-a)\partial Q\bigr)$$

[†]§9.2 において，この条件はすべての (定数でない) 多項式に対して成り立つことが証明される．

となり，F の標数についての仮定より $mQ \neq 0$ である．すると，$X - a$ は Q を割り切らないので，$X - a$ は $mQ + (X - a)\partial Q$ も割り切らない．よって，$v_a(\partial P) = m - 1$ である． □

さてこの結果の応用として，標数 0 の体 F 上の 0 でない多項式 P の根の重複度を，1 に帰着させるフッデの方法を導びこう．D を P と ∂P の GCD とし，$P_s = P/D$ とする．

定理 5.21 F を含んでいる任意の体を K とする．K における P_s の根の集合と P の根の集合は一致する．また，K における P_s のすべての根は単根，すなわち重複度 1 である．

証明 P_s は P の商であるから，明らかに P_s のすべての根は P の根である．逆に，$a \in K$ を重複度 m の P の根とすると，前命題は $v_a(\partial P) = m - 1$ であることを示している．このことより $(X - a)^{m-1}$ は P と ∂P の 2 つとも割り切る $X - a$ の最も高いベキであることがわかる．ゆえに，それは D を割り切る $X - a$ の最高のベキである．したがって，P_s は $X - a$ で割り切れるが，$(X - a)^2$ では割り切れない．これは a が P_s の単根であることを意味している． □

系 5.22 $P \in F[X]$ が既約ならば，F を含んでいるすべての体 K において P の根は単根である．

証明 P は既約であり，$\deg \partial P = \deg P - 1$ だから P は ∂P を割り切らない．ゆえに，定数多項式 1 が P と ∂P の GCD である．したがって，$P_s = P$ でかつ前定理より，F を含んでいる任意の体 K において P のすべての根は単根である． □

この系は $\operatorname{char} F \neq 0$ のとき成り立たない．たとえば，$\operatorname{char} F = 2$ で $a \in F$ が F で平方元でないと仮定する．このとき，$X^2 - a$ は $F[X]$ で既約であるが，それは $F(\sqrt{a})$ において $\sqrt{a}$ を重根としてもつからである（標数が 2 なので，$\sqrt{a} = -\sqrt{a}$ であることに注意せよ）．

注意 5.23 **(a)** P と ∂P の GCD はユークリッドの互除法（p.50 参照）によって計算されるので，多項式 P_s を作るために P の根を求めることは必ずしも必要ではない．したがって，方程式 $P = 0$ を解こうとするとき，F または F

を含んでいる任意の体における P のすべての根は，単根であると仮定しても本質的な制限にはならない．

(b) フッデの著作の中で，彼は明示的に導関数多項式 ∂P を導入したわけではないが，彼は間接的にこれを用いている．彼の定式化 [31, Reg. 10, pp. 433 ff] は次のようである．多項式

$$P = a_0 + a_1 X + a_2 X^2 + \cdots + a_n X^n$$

のすべての根の重複度を 1 に還元するために，任意の等差数列 $m, m+r, m+2r, \ldots, m+nr$ の各項を P のすべての係数にかけることによって新しい多項式 P_1 を作る．

$$P_1 = a_0 m + a_1(m+r)X + a_2(m+2r)X^2 + \cdots + a_n(m+nr)X^n.$$

このとき，P と P_1 の最大公約元 D_1 による P の商が求めるものである．

この規則とその現代的な解釈の間の関係は容易に見てとれる．なぜなら $P_1 = mP + rX\partial P$ なる関係があるので，0 でない定数項を除いて $D_1 = D$ となり，0 が P の根のときは D_1 における因子 X を除いて $D_1 = D$ となることもある．このようなわけで，0 が最初の方程式の根であるときはいつでも，フッデの式は根 0 が欠けていることを除けば，フッデの方法はその現代的なものと同じ単根をもつ方程式を与える．

5.6　2つの多項式の共通根

前の節の議論が示しているように，2 つの多項式 P と Q が互いに素であるかないかを決定することはしばしば有用である．もちろん，その最も直接的な方法は P と Q の GCD を計算することであるが，L. オイラー (L. Euler, 1707-1783) による別の構成法もある（異なった記号ではあるが）：すなわち，P と Q の**終結式** (resultant) である．この構成法は消去理論の基本でもある．これは §6.4 と §10.1 において用いられるであろう．

$$P = a_n X^n + a_{n-1} X^{n-1} + \cdots + a_1 X + a_0 \quad (a_n \neq 0),$$
$$Q = b_m X^m + b_{m-1} X^{m-1} + \cdots + b_1 X + b_0 \quad (b_m \neq 0)$$

を体 F 上の多項式とする。P と Q の**終結式**とは次のような $(m+n) \times (m+n)$ の行列式のことである。

$$R = \det \begin{pmatrix} a_n & 0 & \cdots & 0 & b_m & 0 & \cdots & \cdots & 0 \\ a_{n-1} & a_n & & \vdots & b_{m-1} & b_m & & & \vdots \\ \vdots & a_{n-1} & \ddots & 0 & \vdots & b_{m-1} & \ddots & & \vdots \\ \vdots & \vdots & \ddots & a_n & b_1 & \vdots & \ddots & \ddots & 0 \\ a_1 & \vdots & & a_{n-1} & b_0 & b_1 & & \ddots & b_m \\ a_0 & a_1 & & \vdots & 0 & b_0 & \ddots & & b_{m-1} \\ 0 & a_0 & \ddots & \vdots & \vdots & & \ddots & \ddots & \vdots \\ \vdots & & \ddots & a_1 & \vdots & & & \ddots & b_1 \\ 0 & \cdots & 0 & a_0 & 0 & \cdots & \cdots & 0 & b_0 \end{pmatrix}$$

$\underbrace{}_{m \text{ 列}} \underbrace{}_{n \text{ 列}}$

定理 5.24 P と Q は F を含んでいるある体 K 上で 1 次因子の積に分解していると仮定し[†]、R を P と Q の終結式とする。このとき、次の条件は同値である。

(a) P と Q は互いに素ではない。
(b) P と Q は K で共通根をもつ。
(c) $R = 0$.

証明 (a) $\Rightarrow$ (b). D を P と Q の GCD とする。仮定によって、D は定数ではない。さらに、D は K 上で 1 次因子に分解している P (そして Q) を割り切るので、$K[X]$ における D の既約因子は次数 1 である。したがって、D は K に少なくとも 1 つの根をもつ。D は P と Q を割り切るので、この根は P と Q の共通根でもある。

(b) $\Rightarrow$ (c). $u \in K$ を P と Q の共通根とする。

$$P = (X-u)P_1, \quad Q = (X-u)Q_1 \qquad (P_1, Q_1 \in K[X])$$

とする。このとき、

$$PQ_1 = QP_1 \left(= \frac{PQ}{X-u} \right). \tag{5.4}$$

[†] 定理 9.3 (p.123) はこの仮定が常に成り立つことを示している。

この等式より，同類項の係数を等しいとおくことによって $m+n$ 個の式からなる連立方程式が得られる．より正確にいうと，前と同様に

$$P = a_n X^n + a_{n-1} X^{n-1} + \cdots + a_1 X + a_0,$$
$$Q = b_m X^m + b_{m-1} X^{m-1} + \cdots + b_1 X + b_0$$

とし，

$$P_1 = -(z_1 X^{n-1} + z_2 X^{n-2} + \cdots + z_{n-1} X + z_n),$$
$$Q_1 = y_1 X^{m-1} + y_2 X^{m-2} + \cdots + y_{m-1} X + y_m$$

とおけば，$PQ_1 - QP_1$ における X^k の係数は

$$\sum_{i+j=k} (a_i y_{m-j} + b_i z_{n-j}) = \sum_{r-s=k-m} a_r y_s + \sum_{t-u=k-n} b_t z_u$$

(ただし，$r>n$ または $r<0$（それぞれ，$t>m$ または $t<0$）のとき，$a_r = 0$（それぞれ $b_t = 0$），かつ $s>m$ または $s<1$（それぞれ $u>n$ または $u<1$）のとき，$y_s = 0$ とする（それぞれ $z_u = 0$））．したがって，等式 (5.4) は，左辺が $PQ_1 - QP_1$ の定数項と $X^{n+m-1}, X^{n+m-2}, \ldots, X^n, X^{n-1}, \ldots, X$ の係数である次のような連立方程式と同値である．すなわち，

$$\begin{cases} a_n y_1 & & +b_m z_1 & & = 0 \\ a_{n-1} y_1 + a_n y_2 & & +b_{m-1} z_1 + b_m z_2 & & = 0 \\ \vdots & \ddots & \vdots & & \vdots \\ & \cdots + a_n y_m & +b_1 z_1 + \cdots & & = 0 \\ & \cdots + a_{n-1} y_m & +b_0 z_1 + \cdots & & = 0 \\ & \vdots & & \ddots & \vdots \\ & a_0 y_m & +b_0 z_n & & = 0 \end{cases} \quad (5.5)$$

この連立方程式は不定元 $y_1, \ldots, y_m, z_1, \ldots, z_n$ の $m+n$ 個の連立1次同次方程式と見ることができる．この連立方程式の係数行列は終結式 R の定義に現れる行列であることが容易に確かめられる．したがって，$y_1, \ldots, y_m, z_1, \ldots, z_n$ がこの連立方程式の非自明な解であるから，その係数行列式は 0，すなわち $R = 0$ となる．

(c) ⇒ (a). $R = 0$ と仮定する．このとき，(b) ⇒ (c) の証明における逆の手順をたどると，連立方程式 (5.5) は非自明である解をもつことがわかる．したがって，次の条件を満たす 0 でない多項式 P_1 と Q_1 が存在する．

$$PQ_1 = QP_1, \qquad \deg P_1 \leq n-1, \qquad \deg Q_1 \leq m-1.$$

(不等式 $\deg P_1 < n-1$ と $\deg Q_1 < m-1$ は $y_1 = z_1 = 0$ のときに起こる．) この等式は P が QP_1 を割り切ることを示している．P と Q が互いに素であるとすると，補題 5.9 (p.55) によって，P は P_1 を割り切る．ところが $\deg P_1 < \deg P$ であるからこれは不可能である．したがって，P と Q は互いに素ではない． □

付録：有理分数式の部分分数への分解

有理分数式 $\frac{P}{Q}$ ($P, Q \in \mathbb{R}[X]$, $Q \neq 0$) の原始関数を求めるために，次のようにして，有理分数式を部分分数の和に分解するのが通例である．Q を次のように既約因子に分解する．

$$Q = Q_1{}^{m_1} \cdots Q_r{}^{m_r}.$$

ここで，$Q_1, \ldots, Q_r$ は異なる既約多項式である．このとき，

$$\frac{P}{Q} = P_0 + \frac{P_1}{Q_1^{m_1}} + \cdots + \frac{P_r}{Q_r^{m_r}}, \quad \deg P_i < \deg Q_i^{m_i} \; (i=1,\ldots,r)$$

を満たす多項式 $P_0, P_1, \ldots, P_r$ が存在する．

多項式 $P_0, \ldots, P_r$ の存在は，r についての帰納法を用いて，次の命題からわかる．

命題 5.25 S_1 と S_2 を互いに素である多項式とする．このとき，$Q = S_1 S_2$ ならば

$$\frac{P}{Q} = P_0 + \frac{P_1}{S_1} + \frac{P_2}{S_2}, \qquad \deg P_i < \deg S_i \; (i=1,2)$$

を満たす多項式 P_0, P_1, P_2 が存在する．

証明 S_1 と S_2 が互いに素であるから，系 5.4 (p.53) より，ある多項式 T_1, T_2 が存在して，次が成り立つ．

$$1 = S_1 T_1 + S_2 T_2.$$

両辺に $\frac{P}{Q}$ をかけて，次を得る．

$$\frac{P}{Q} = \frac{PT_1}{S_2} + \frac{PT_2}{S_1}.$$

ユークリッドの除法によって，PT_1 を S_2 で割り，PT_2 を S_1 で割ると，$\deg P_i < \deg S_i$ $(i=1,2)$ を満たすある多項式 U_1, U_2, P_1, P_2 が存在して

$$PT_1 = S_2 U_2 + P_2, \qquad PT_2 = S_1 U_1 + P_1$$

が成り立つ．前の等式の PT_1 と PT_2 にこれを代入すると次を得る．

$$\frac{P}{Q} = (U_1 + U_2) + \frac{P_2}{S_2} + \frac{P_1}{S_1}. \qquad \square$$

積分を容易にするために，さらに各部分分数 $\frac{P}{Q^m}$ は（ここで，Q は既約で $\deg P < \deg Q^m$)，$\deg P_i < \deg Q$ $(i=1,\ldots,m)$ として，次のように分解される．

$$\frac{P}{Q^m} = \frac{P_1}{Q} + \frac{P_2}{Q^2} + \cdots + \frac{P_m}{Q^m}.$$

この分解を求めるために，ユークリッドの除法によって Q^{m-1} で P を割った商を P_1 とすると，

$$P = P_1 Q^{m-1} + R_1, \qquad \deg R_1 < \deg Q^{m-1}.$$

$\deg P < \deg Q^m$ だから，$\deg P_1 < \deg Q$．次に，ユークリッドの除法によって Q^{m-2} で R_1 を割った商を P_2 とする．これを続けると，

$$P = P_1 Q^{m-1} + P_2 Q^{m-2} + \cdots + P_{m-1} Q + P_m \qquad (5.6)$$

と表され，求める分解は両辺を Q^m で割ることによって得られる．

注意 (5.6) の右辺は P の「Q-進展開」である．P と Q を整数で置き換えたとき，等式 (5.6) は整数 P が基底を Q として $P_1 P_2 \cdots P_m$ と表現されることを示している．

第6章

3次および4次方程式の新しい解法

改良された記号によって，17世紀の数学者たちは3次，4次方程式を解く新しい方法を考察した．この章の目的はこれらの進歩のいくつかを，特に1683年にE.W. チルンハウス (E.W. Tschirnhaus) によって提案された重要な方法を検討することである．

6.1 ヴィエトによる3次方程式の解法

3次方程式の理論へのヴィエトの貢献は2つの面をもつ．"De Recognitione Aequationum" において彼は既約な場合に対して，三角関数による解を与え，また "De Emendatione Aequationum" において唯一つの3乗根の開方を必要とする一般の場合の解を与えた．これらの方法は2つとも遺作として "De Aequationum Recognitione et Emendatione Tractatus Duo"（「方程式の理解と改善についての2つの論文」）(1615) に公表された ([65] を参照せよ)．

6.1.1 既約な場合の三角関数による解法

3次方程式
$$X^3 + pX + q = 0$$
の既約な場合は $\left(\frac{p}{3}\right)^3 + \left(\frac{q}{2}\right)^2 < 0$ のときに現れる (§2.3 (c) を参照せよ)．もちろん，この不等式は $p < 0$ を意味している．したがって，上の方程式は一般性を失わずして
$$X^3 - 3a^2 X = a^2 b \tag{6.1}$$

と仮定できる．このとき，条件 $\left(\frac{p}{3}\right)^3 + \left(\frac{q}{2}\right)^2 < 0$ は $a > \left|\frac{b}{2}\right|$ となる．（与えられた方程式の中に a^2 しか現れないので，明らかに $a > 0$ と仮定できることに注意しよう．）

余弦の加法公式より（あるいは第 4 章の一般公式 (4.1), p. 38 より），すべての実数 $\alpha \in \mathbb{R}$ に対して，次が成り立つ．

$$(2a\cos\alpha)^3 - 3a^2(2a\cos\alpha) = 2a^3\cos 3\alpha.$$

方程式 (6.1) と比較して，α が

$$\cos 3\alpha = \frac{b}{2a}$$

を満たす角とすれば，$2a\cos\alpha$ は方程式 (6.1) の 1 つの解である．ほかの 2 つの解はこれから容易に求められる．すなわち，$\alpha_k = \alpha + k\frac{2\pi}{3}$ $(k = 1, 2)$ とすれば，

$$\cos 3\alpha_k = \frac{b}{2a}$$

となり，ゆえに方程式 (6.1) の解は次のようになる．

$$\begin{aligned}
&2a\cos\alpha, \\
&2a\cos\left(\alpha + \frac{2\pi}{3}\right) = -a\cos\alpha - a\sqrt{3}\sin\alpha, \\
&2a\cos\left(\alpha + \frac{4\pi}{3}\right) = -a\cos\alpha + a\sqrt{3}\sin\alpha.
\end{aligned}$$

ヴィエトは意図的に負の数を避けたので，彼は最初の解のみを与えた．これは，$b > 0$ で正の解である（[65, p. 174] を参照せよ）．しかしながら，彼はすぐ後で，$a\cos\alpha + a\sqrt{3}\sin\alpha$ と $a\cos\alpha - a\sqrt{3}\sin\alpha$ は方程式

$$3a^2 Y - Y^3 = a^2 b$$

の解であることを指摘している．このことは，3 次方程式の根の個数についてのヴィエトの考えがいかに明確であったかを示している．

6.1.2　一般の場合に対する代数的な解法

ヴィエトは（[65, p. 287] において）次の 3 次方程式を解くために巧妙な変数変換を提案した．

$$X^3 + pX + q = 0. \tag{6.2}$$

$X = \dfrac{p}{3Y} - Y$ とおき,上の方程式に代入すると Y に対する次の方程式を得る.

$$Y^6 - qY^3 - \left(\frac{p}{3}\right)^3 = 0.$$

ゆえに,Y^3 は 2 次方程式を解くことによって求められる.その解は

$$Y^3 = \frac{q}{2} \pm \sqrt{\left(\frac{p}{3}\right)^3 + \left(\frac{q}{2}\right)^2}.$$

したがって,3 次方程式 (6.2) の解は

$$X = \frac{p}{3Y} - Y$$

によって与えられる.ただし,

$$Y^3 = \frac{q}{2} + \sqrt{\left(\frac{p}{3}\right)^3 + \left(\frac{q}{2}\right)^2}.$$

注意 **(a)** Y^3 のもう 1 つの解,すなわち

$$Y'^3 = \frac{q}{2} - \sqrt{\left(\frac{p}{3}\right)^3 + \left(\frac{q}{2}\right)^2}$$

を選んでも X の値は変わらない.実際,$(YY')^3 = -\left(\frac{p}{3}\right)^3$ であるから,

$$\frac{p}{3Y} = -Y' \quad \text{かつ} \quad \frac{p}{3Y'} = -Y.$$

よって,

$$\frac{p}{3Y} - Y = \frac{p}{3Y'} - Y'.$$

ところで,この注意はヴィエトの方法がカルダーノの公式と同じ結果を与えることを示している.というのは,公式 $X = -Y - Y'$ における Y と Y' に代入すると次が得られるからである.

$$X = \sqrt[3]{-\frac{q}{2} + \sqrt{\left(\frac{p}{3}\right)^3 + \left(\frac{q}{2}\right)^2}} + \sqrt[3]{-\frac{q}{2} - \sqrt{\left(\frac{p}{3}\right)^3 + \left(\frac{q}{2}\right)^2}}.$$

(b) $Y = 0$ である場合は $p = 0$ であるときに限って生ずる.したがって,この場合は容易に解かれる.

(c) ヴィエトは唯一つの根のみを与えている.なぜならば,最初の定式化で方程式[†]は

$$A^3 + 3B^p A = 2Z^s$$

[†]指数 p, s は *plano* (2 次) と *solido* (3 次) に対するものである.未知数は常に母音字によって表された.

となる．B^p が正ならば，これは唯一つの実根をもつ．それは関数 $A^3 + 3B^p A$ は単調増加であり，したがって値 $2Z^s$ を唯一度だけとるからである．

6.2　デカルトによる 4 次方程式の解法

方程式の解法についての新しい見方は多項式の算術から生じた．『幾何学』において，デカルトは任意の次数の方程式を攻略する次のような方法を推奨した．「最初に，与えられた方程式を，それぞれがより低い次数のほかの 2 つの方程式をかけることによって得られる同じ次数をもつ方程式の形に変形せよ」[16, p. 192]．彼は自らはこの方法が 4 次方程式に対していかにうまく適用できるかということを示した [16, pp. 180 ff]．

フェラーリの方法のように（第 3 章），3 次の項を消去すると，一般的な 4 次方程式は次のような形に設定される．

$$X^4 + pX^2 + qX + r = 0. \tag{6.3}$$

ここで，$q \neq 0$ と仮定することができる．そうでないとすると，この方程式は X^2 に関する 2 次方程式となり容易に解くことができる．このとき，a, b, c, d を次のようにおいて決定する．

$$X^4 + pX^2 + qX + r = (X^2 + aX + b)(X^2 + cX + d).$$

X の同じベキの係数を等しいとおけば，この方程式より次の式を得る．

$$0 = a + c, \tag{6.4}$$
$$p = b + d + ac, \tag{6.5}$$
$$q = ad + bc, \tag{6.6}$$
$$r = bd. \tag{6.7}$$

式 (6.4), (6.5), (6.6) から，b, c と d の値は a によって容易に表される．

$$c = -a,$$
$$b = \frac{a^2}{2} + \frac{p}{2} - \frac{q}{2a},$$
$$d = \frac{a^2}{2} + \frac{p}{2} + \frac{q}{2a}.$$

($q \neq 0$ であるから，$a \neq 0$ となることに注意せよ．) (6.7) 式における b, d にこれらを代入すると，a に関する次の方程式を得る．

$$a^6 + 2pa^4 + (p^2 - 4r)a^2 - q^2 = 0. \tag{6.8}$$

これは a^2 に関する3次方程式であるから解くことができる．a をこの方程式の解とすると，与えられた方程式 (6.3) は次のような2つの2次方程式に分解される．

$$X^2 + aX + \frac{a^2}{2} + \frac{p}{2} - \frac{q}{2a} = 0 \quad \text{と} \quad X^2 - aX + \frac{a^2}{2} + \frac{p}{2} + \frac{q}{2a} = 0.$$

よって，これらの解は容易に求められる．

6.3 有理数係数方程式の有理解

任意次数の有理数係数をもつ方程式の有理解は，有限回の試行錯誤によって求めることができる．この方法は最初にアルベール・ジラールによって調べられたようである [26, D.4 v°]．また，これは『幾何学』の中にも現れている [16, p. 176]．

有理数係数 $a_i \in \mathbb{Q}$ $(i = 0, \ldots, n)$ をもつ方程式を

$$a_n X^n + a_{n-1} X^{n-1} + \cdots + a_1 X + a_0 = 0 \tag{6.9}$$

とする．必要があれば，係数の分母の公倍数を両辺にかけて，$a_i \in \mathbb{Z}$ $(i = 0, \ldots, n)$ と仮定することができる．それから，両辺に a_n^{n-1} をかけると方程式は次のようになる．

$$(a_n X)^n + a_{n-1} (a_n X)^{n-1} + a_{n-2} a_n (a_n X)^{n-2} + \cdots$$
$$+ a_1 a_n^{n-2} (a_n X) + a_0 a_n^{n-1} = 0.$$

$Y = a_n X$ とおけば，整係数のモ̇ニ̇ッ̇ク̇な方程式に帰着させることができる．

$$Y^n + b_{n-1} Y^{n-1} + b_{n-2} Y^{n-2} + \cdots + b_1 Y + b_0 = 0 \qquad (b_i \in \mathbb{Z}). \tag{6.10}$$

定理 6.1 整係数のモニックな方程式のすべての有理根は定数項を割り切る整数である．

証明 0である根を除き，Y の適当なベキで (6.10) の両辺を割ることによって，$b_0 \neq 0$ と仮定することができる．$y \in \mathbb{Q}$ を (6.10) の有理根とする．y_1 と y_2 を互いに素な整数として，y を $y = \frac{y_1}{y_2}$ と表す．

$$\left(\frac{y_1}{y_2}\right)^n + b_{n-1}\left(\frac{y_1}{y_2}\right)^{n-1} + \cdots + b_1\left(\frac{y_1}{y_2}\right) + b_0 = 0$$

において，y_2^n をかけて移項すると，次のようになる．

$$y_1^n = -y_2(b_{n-1}y_1^{n-1} + \cdots + b_1 y_1 y_2^{n-2} + b_0 y_2^{n-1}).$$

この等式は y_2 の任意の素因数は y_1^n を割り切ることを示しているので，y_1 も割り切る．ところが，y_1 と y_2 は互いに素であるから，y_2 が素因数をもつとき，これは不可能である．したがって，$y_2 = \pm 1$ で $y \in \mathbb{Z}$ となる．

y が b_0 を割り切ることを示すためには，再び式 (6.10) を考え，定数項を左辺に分離すると次を得る．

$$b_0 = -y(y^{n-1} + b_{n-1}y^{n-2} + \cdots + b_1).$$

このとき，括弧の中の因数は整数であるから，この式は y が b_0 を割り切ることを示している． □

方程式 (6.9) から (6.10) への変形を逆にたどると，次の結果を得る．

系 6.2 整数係数の方程式

$$a_n X^n + a_{n-1} X^{n-1} + \cdots + a_1 X + a_0 = 0 \quad (a_i \in \mathbb{Z})$$

の任意の有理解は $y \in \mathbb{Z}$ を $a_0 a_n^{n-1}$ の約数として，$y a_n^{-1}$ という形で表される．

この最後の条件は非常に役に立つ．$a_0 \neq 0$ のとき，与えられた方程式の有理解を求めるために必要である試行実験の回数に上限を与えるからである．もちろん，X の適当なベキで割ることによって $a_0 \neq 0$ とすることは常に可能である．

たとえば，定理（あるいはその系）は

$$X^n + a_{n-1} X^{n-1} + \cdots + a_1 X \pm 1 = 0, \; a_i \in \mathbb{Z} \; (i = 1, \ldots, n-1)$$

のような方程式は可能性として +1 または -1 以外の有理解をもたないことを示している．

「ほかの例で，かつて非常に難しい」といわれていた例 [26, E r°] は次のものである．方程式

$$X^3 = 7X - 6$$

の有理解は $\pm 1, \pm 2, \pm 3, \pm 6$ の中にある．さまざまな可能性を次々に試して，解として $1, 2$ と -3 が求められる．

6.4　チルンハウスの方法

方程式の理論についての研究は 17 世紀末ほど活発であったわけではないが，大きな進歩が 1683 年のチルンハウス (Tschirnhaus) による 4 ページの論文から生じた [58]．この論文は任意の次数の方程式を解くための一般的な方法を提案している．

基本的な考え方は非常に単純である．それは，任意の方程式

$$X^n + a_{n-1}X^{n-1} + \cdots + a_1 X + a_0 = 0$$

の第 2 項を，変数の簡単な変換 $Y = X + \frac{a_{n-1}}{n}$ によって常に除去することができるという考察から出発する（たとえば，§2.2 と §3.2 を参照せよ）．チルンハウスは，次のようなより一般的な変数変換によって，与えられた方程式のいくつかの項を消去しようと考えた．

$$Y = X^m + b_{m-1}X^{m-1} + \cdots + b_1 X + b_0. \tag{6.11}$$

より正確にいうと，m 個の媒介変数 $b_0, b_1, \ldots, b_{m-1}$ を適当に選ぶことによって，上の変数変換は任意の n 個の係数 c_i が 0 であるような Y の方程式

$$Y^n + c_{n-1}Y^{n-1} + \cdots + c_1 Y + c_0 = 0$$

を与える．大雑把にいうと，これは m 個の媒介変数 $b_0, \ldots, b_{m-1}$ は自由度 m を与えるからである．この自由度は m 個の条件を満たすことに用いられる．特に，$m = n - 1$ のとき，最初と最後を除くすべての項は消去される．ゆえに，Y の方程式は

$$Y^n + c_0 = 0$$

という形をとり，したがってベキ根によって容易に解くことができる．方程式 (6.11) に解 $Y = \sqrt[n]{-c_0}$ を代入して，次数 $m = n-1$ の方程式，すなわち

$$X^{n-1} + b_{n-2}X^{n-2} + \cdots + b_1 X + b_0 = \sqrt[n]{-c_0}$$

を解くことによって，与えられた次数 n の方程式の解を求めることができる．以上より，次数についての帰納法によって，任意次数の方程式はベキ根により解くことができる．

しかしながら，ライプニッツ (Leibniz) によってすぐに指摘された大きな障害があった [43, p. 449, p. 403]．すなわち，すべての係数 $c_1, \ldots, c_{n-1}$ が 0 になることを保証する条件は，媒介変数 b_i に関するさまざまな次数の連立方程式を発生させる．そして，この連立方程式を解くことは非常に難しい．確かにこの連立方程式を解くことは，実に次数 $1 \cdot 2 \cdots (n-1) = (n-1)!$ の 1 つの方程式を解くことと同じである．したがって，得られた次数 $(n-1)!$ の方程式が n より低い次数の方程式に還元されるようなある特別な特徴をもっていない限り，$n > 3$ に対してこの方法は有効ではないように見える．このことは $n = 4$ の場合に起こることがわかる．すなわち，得られた 6 次式は係数が 3 次方程式の解であるような次数 2 の因子の積に分解される（ラグランジュ [40, Art. 41-45] を参照せよ）．ところが，$n \geq 5$ に対してはいかなるこのような単純化も明白ではない．（合成数 n に対して，チルンハウスの方法は異なったやり方で，場合によってはより容易に適用される．たとえば，$n = 4$ のとき，Y と Y^3 の係数を消去することによって，Y の方程式は Y^2 の 2 次方程式に帰着される．）

チルンハウスの方法を詳細に論ずるために，Y の方程式がどのように求められるかというところから出発しよう．これは消去理論で扱われる問題の一般論の特別な場合である．この問題は 2 つの方程式

$$X^n + a_{n-1}X^{n-1} + a_{n-2}X^{n-2} + \cdots + a_1 X + a_0 = 0, \tag{6.12}$$

$$X^m + b_{m-1}X^{m-1} + b_{m-2}X^{m-2} + \cdots + b_1 X + b_0 = Y \tag{6.13}$$

($m < n$) から，不定元 X を消去して方程式 $R(Y) = 0$ を求める問題である．この $R(Y) = 0$ は**終結方程式** (resulting equation) と呼ばれ，次の性質をもつ．

(a) x と y が方程式 (6.12) と (6.13) を満たせば，$R(y) = 0$ となる．
(b) y が $R(y) = 0$ を満たせば，方程式 (6.12) と (6.13) は共通根 x をもつ．

この最後の性質は，$R(Y) = 0$ を解くことができれば，方程式 (6.12) の根の（少なくとも）1 つは方程式 (6.13) の根の中にあることを示している．

$R(Y)$ の性質は (6.12) と (6.13) を Y の有理分数式の作る体に係数をもつ X の方程式と考えることによって,次のように言い換えることができる.すなわち,$R(Y) = 0$ であるための必要十分条件は,次の 2 つの多項式が共通根をもつことである.

$$P(X) = X^n + a_{n-1}X^{n-1} + \cdots + a_1 X + a_0,$$
$$Q(X) = X^m + b_{m-1}X^{m-1} + \cdots + b_1 X + (b_0 - Y).$$

定理 5.24 (p.63) が示しているように,この問題の解は次の行列の行列式として定義される P と Q の**終結式**† (resultant) $R(Y)$ である.

$$\begin{pmatrix}
 & 0 & \cdots & 0 & 1 & 0 & \cdots & \cdots & 0 \\
a_{n-1} & 1 & & \vdots & b_{m-1} & 1 & & & \vdots \\
\vdots & a_{n-1} & \ddots & 0 & \vdots & b_{m-1} & \ddots & & \\
\vdots & \vdots & \ddots & 1 & b_1 & \vdots & \ddots & \ddots & 0 \\
a_1 & \vdots & & a_{n-1} & b_0 - Y & b_1 & & \ddots & 0 \\
a_0 & a_1 & & \vdots & 0 & b_0 - Y & \ddots & & b_{m-1} \\
0 & a_0 & \ddots & \vdots & & & \ddots & \ddots & \vdots \\
\vdots & & \ddots & a_1 & \vdots & & & \ddots & b_1 \\
0 & \cdots & 0 & a_0 & 0 & \cdots & \cdots & 0 & b_0 - Y
\end{pmatrix}$$

$$\underbrace{}_{m \,列} \underbrace{}_{n \,列}$$

不定元 Y は後の n 列のみに現れるので,R が Y に関する n 次の多項式であることは容易にわかる.さらに,その行列式は異なった行と列の成分の積の交代的な和であるから,Y^{n-k} の係数に現れるのは因数 b_i について k 個だけの積であることになる.したがって,c_{n-k} を $b_0, \ldots, b_{m-1}$ に関する次数 k の多項式とすれば $R(Y)$ は次のようになる.

$$R(Y) = c_n Y^n + c_{n-1} Y^{n-1} + \cdots + c_1 Y + c_0$$

(実際には,$c_n = (-1)^n$ である).

$c_{n-1}, c_{n-2}, \ldots, c_1$ を消去するために,$m = n - 1$ の場合を考える.この前の議論より,$c_{n-1} = c_{n-2} = \cdots = c_1 = 0$ は変数 $b_0, \ldots, b_{n-2}$ に関する次数

---

† これらは少し後で用いられるようになるので,ここで行列式に助けを求めることは,いくぶん場違いであるが,消去理論における実際の計算は同じであり,またそれらは実際行列式の発展を促した.

$1, 2, 3, \ldots, n-1$ の $n-1$ 個の連立方程式であることがわかる．これらの方程式より $n-2$ 個の変数は消去され，1 変数の終結式は，次数 $1 \cdot 2 \cdot 3 \cdots (n-1) = (n-1)!$ をもつ（たとえば，ウェーバー (Weber) [67, §53] を参照せよ）．これはかなり後でベズー (Bezout) によって証明されたが，しかしいくつかの例を考察することによってすぐに上記の連立方程式を解くことはかなり難しいことがわかる．

たとえば，3 次方程式

$$X^3 + pX + q = 0 \quad (p \neq 0) \tag{6.14}$$

を考察してみよう．そして，

$$Y = X^2 + b_1 X + b_0 \tag{6.15}$$

とする．これまで説明してきた方法に従って，これら 2 つの方程式から X を消去すると，次のような Y に関する終結方程式が得られる．

$$c_3 Y^3 + c_2 Y^2 + c_1 Y + c_0 = 0. \tag{6.16}$$

ここで，

$$\begin{aligned}
c_3 &= -1, \\
c_2 &= 3b_0 - 2p, \\
c_1 &= 4pb_0 - 3qb_1 - 3b_0^2 - pb_1^2 - p^2, \\
c_0 &= q^2 + p^2 b_0 - pqb_1 + 3qb_0 b_1 - 2pb_0^2 + b_0^3 - qb_1^3 + pb_0 b_1^2.
\end{aligned}$$

したがって，c_2 と c_1 を消去するためには，$b_0 = \frac{2p}{3}$ とし，2 次方程式

$$p{b_1}^2 + 3qb_1 - \frac{p^2}{3} = 0$$

の 1 つの根 b_1 を選べば十分である．たとえば，

$$b_1 = \frac{3}{p} \left(\sqrt{\left(\frac{p}{3}\right)^3 + \left(\frac{q}{2}\right)^2} - \frac{q}{2} \right).$$

b_0 と b_1 を上記のように選んで，$A = \sqrt{\left(\frac{p}{3}\right)^3 + \left(\frac{q}{2}\right)^2}$ とすれば，c_0 は次のようである．

$$c_0 = 2^3 A^3 \left(\frac{3}{p}\right)^3 \left(A - \frac{q}{2}\right).$$

したがって，Y に関する終結方程式 (6.16) の根は次のようになる．

$$Y = \frac{6A}{p} \sqrt[3]{A - \frac{q}{2}}.$$

このとき，与えられた 3 次方程式 (6.14) の根は 2 次方程式 (6.15) を解いて求められる．これは今，次のようになる．

$$X^2 + \frac{3}{p}\left(A - \frac{q}{2}\right) X + \frac{2p}{3} = \frac{6A}{p}\sqrt[3]{A - \frac{q}{2}}. \tag{6.17}$$

しかしながら，一般にはこの 2 次方程式の根の 1 つだけが与えられた 3 次方程式 (6.14) の根である．(6.14) を解くためのさらに良い方法は (6.14) と (6.17) の共通根を求めることである．これはそれらの最大公約元の根である．

$B = \sqrt[3]{A - \frac{q}{2}}$ とおけば，ユークリッドの互除法（p.50）によって $A \neq 0$ のとき，次の最大公約元が求められる．

$$2A \left(\frac{3}{p}\right)^2 \left(B^2 + \frac{p}{3}\right)\left(BX + \frac{p}{3} - B^2\right).$$

（$A \neq 0$ かつ $p \neq 0$ ならば，$B^2 + \frac{p}{3} \neq 0$ となることは容易にわかる．）したがって，(6.14) と (6.17) の唯一つの共通根がある．すなわち，

$$X = \frac{B^2 - \frac{p}{3}}{B}.$$

$B = \sqrt[3]{-\frac{q}{2} + \sqrt{\left(\frac{p}{3}\right)^3 + \left(\frac{q}{2}\right)^2}}$ であるから，

$$-\frac{p}{3B} = \sqrt[3]{-\frac{q}{2} - \sqrt{\left(\frac{p}{3}\right)^3 + \left(\frac{q}{2}\right)^2}}$$

であることは容易にわかる．以上より，X に対する上記の公式はカルダーノの公式に一致する．（§6.1 におけるヴェイトの方法とも比較せよ．）

$A = 0$ ならば，(6.17) の左辺は与えられた 3 次方程式を割り切るので，(6.17) の 2 つの根は与えられた方程式の根である．

第7章

1のベキ根

7.1 はじめに

　解析幾何学と微分学のような数学の新しい分野が17世紀の間に誕生した．それゆえ，方程式の代数的理論における研究は，この世紀の終わりには，ほとんど休止状態になり，チルンハウスのような指導的な数学者によって，ときどき続行されるだけであったということは驚くにはあたらない．しかしながら，他分野における進歩は間接的に代数学に新しい進歩をもたらした．このことに対する適切な例はよく知られた「ド・モアブルの公式」である．すなわち，任意の整数 n と任意の $\alpha \in \mathbb{R}$ に対して

$$(\cos\alpha + i\sin\alpha)^n = \cos(n\alpha) + i\sin(n\alpha) \tag{7.1}$$

が成り立つ．これは n についての帰納法によって容易に証明される．なぜならば，正弦と余弦の加法公式から簡単に次の式の成り立つことがわかるからである．

$$(\cos\alpha + i\sin\alpha)(\cos\beta + i\sin\beta) = \cos(\alpha+\beta) + i\sin(\alpha+\beta). \tag{7.2}$$

この公式 (7.1) と (7.2) による証明は1748年にオイラーによって最初に与えられたが (Smith [54, vol. 2, p. 450] 参照)，すでにコーツ (Cotes) とド・モアブル (de Moivre) による初期の業績の中に内在していた．実際，上記の証明は簡単ではあるが人を誤らせやすい．というのは，それはド・モアブルの公式に到る緩慢な進化の痕跡を何ら止めていないからである．この章の目的はこの進化の跡を手短かに説明し，方程式の代数的理論に対するド・モアブルの公式の重要性を論じることである．

7.2 ド・モアブルの公式の起源

微分学はライプニッツとニュートンによって形づくられたが,有理分数式の積分(あるいは原始関数化)は不可避的であった.すぐに,いくつかの基本法則は

$$\int x^n dx = \frac{x^{n+1}}{n+1} \ (n \neq -1)$$

に同値であり,また

$$\int \frac{dx}{x} = \log x$$

はお馴染みのものになり,また分母が1次の多項式のベキ乗である有理分数式の積分は変数変換によって容易に求められる.さらに,1675年頃ライプニッツは

$$\int \frac{dx}{x^2+1} = \tan^{-1} x$$

なる公式をも得ている.そして,これからほかの有理分数式の積分を求めることができるようになった.

有理分数式の積分は the Acta Eruditorum of Leipzig という雑誌に載ったライプニッツによる1702年の論文 "Specimen novum Analyseos pro Scientia infiniti circa Summas et Quadraturas"(「和と求積法についての無限の科学に対する解析学の新しい実例について」)([42, n°24] 参照)の主要な問題であった.この論文でライプニッツは有理分数式を部分分数に分解して(第5章の付録参照),有理分数式の積分を $\frac{dx}{x}$ と $\frac{dx}{x^2+1}$ の積分,すなわち,彼の言葉では双曲線と円の求積法に還元することの有用性を指摘した.この分解は分母が既約多項式の積に因数分解†されることを必要としたので,彼は実多項式の因数分解を考察することになり,「代数学の基本定理」に非常に近づいていた.この定理によれば,1次以上の任意の実多項式は次数が1または2の因数の積である(第9章を参照せよ).

> さて,このことは我々を最高に重要である問題に導いていく.すなわち,すべての有理分数式の求積は双曲線と円の求積に還元されるかどうかという問題にである.そして上記の我々の分析によっ

---

† 訳者注:多項式をいくつかの多項式の積に分解することを有理整数の場合と同様に因数分解という.その成分である多項式は因子と呼んでいたが,以下では混同のおそれがないと思われるので,因数という術語を用いる.

て，このことは結局のところ次の問題と同じになる．不確定の部分が有理分数式であるすべての代数方程式または実積分は，単純または平面実因数 [=次数 1 または 2 の実係数の因数] に分解されるかどうか．[42, p. 359]

ライプニッツはこのとき次のような反例を提出した．
$$x^4 + a^4 = (x^2 + a^2\sqrt{-1})(x^2 - a^2\sqrt{-1})$$
であるから，次の式が成り立つ．
$$x^4 + a^4 = \left(x + a\sqrt{\sqrt{-1}}\right)\left(x - a\sqrt{\sqrt{-1}}\right)\left(x + a\sqrt{-\sqrt{-1}}\right)\left(x - a\sqrt{-\sqrt{-1}}\right).$$
ところが，彼は
$$\sqrt{\sqrt{-1}} = \frac{1+\sqrt{-1}}{\sqrt{2}} \quad \text{かつ} \quad \sqrt{-\sqrt{-1}} = \frac{1-\sqrt{-1}}{\sqrt{2}}$$
であることに気がつかなかったので，上記の 4 つの因数のいかなる非自明な組み合わせも $x^4 + a^4$ の実因数ではないという誤った結論を引き出した．

したがって，$\int \frac{dx}{x^4+a^4}$ は上記による我々の解析によって円または双曲線の平方に還元することができないので，それ自身新しい種類である．[42, p. 360]

複素数についてのより深い考察がなくても，もし彼が $2a^2x^2$ を加え，かつ引くことによって
$$\begin{aligned}x^4 + a^4 &= (x^2 + a^2)^2 - 2a^2x^2 \\ &= (x^2 + a^2 + \sqrt{2}ax)(x^2 + a^2 - \sqrt{2}ax)\end{aligned}$$
を得ていれば，ライプニッツはこの誤りを避けることができただろう[†]．

[45, v. IV, pp. 205 ff] からわかるように，ニュートンも 1676 年に早くも同じ問題を初めて試みた．彼は整数 n のさまざまな値に対して $1 \pm x^n$ の分解と同様に $x^4 + a^4$ の上記の分解を得ていた（付録参照）．しかし，彼はそれに気づいていたとしても，おそらく 1702 年には，ライプニッツの論文の誤りを指摘するほど十分に数学に注意を払わなくなっていた．

[†]このことは，1719 年の the Acta Eruditorum において N. ベルヌーイ (N. Bernoulli) によって指摘された．

7.2 ド・モアブルの公式の起源

ライプニッツの推論はロジャー・コーツ (Roger Cotes, 1682-1716) によって決定的に論破された。彼は徹底的に 2 項式 $a^n \pm x^n$ の分解を考察して，次の公式を得た．

$$a^{2m} + x^{2m} = \prod_{k=0}^{m-1}\left(a^2 - 2a\cos\left(\frac{(2k+1)\pi}{2m}\right)x + x^2\right), \tag{7.3}$$

$$a^{2m+1} + x^{2m+1} = (a+x)\prod_{k=0}^{m-1}\left(a^2 - 2a\cos\left(\frac{(2k+1)\pi}{2m+1}\right)x + x^2\right), \tag{7.4}$$

$$a^{2m} - x^{2m} = (a-x)(a+x)\prod_{k=1}^{m-1}\left(a^2 - 2a\cos\left(\frac{2k\pi}{2m}\right)x + x^2\right), \tag{7.5}$$

$$a^{2m+1} - x^{2m+1} = (a-x)\prod_{k=1}^{m}\left(a^2 - 2a\cos\left(\frac{2k\pi}{2m+1}\right)x + x^2\right). \tag{7.6}$$

これらの公式は，"Theoremata tum Logometrica tum Trigonometrica Datarum Fluxionum Fluentes exhibentia, per Methodum Mensurarum Ulterius extensam" （「定理，論理学，三角法，これらはさらに発展した測定法によって与えられた流率（導関数）の変量を与える」）(1722) [15, pp. 113-114] という題のコーツの論文集の中に精密で明快な形で現れている．すなわち，$a^\lambda \pm x^\lambda$ の因数を求めるために，半径 a の円を 2λ 個の部分 AB, BC, CD, DE, EF などに分割することが指示されている．O をその円の中心とし，O から距離が $OP = x\,(<a)$ である半径 OA 上の 1 点を P とする．このとき，

$$a^\lambda - x^\lambda = OA^\lambda - OP^\lambda = AP \cdot CP \cdot EP \cdots,$$
$$a^\lambda + x^\lambda = OA^\lambda + OP^\lambda = BP \cdot DP \cdot FP \cdots.$$

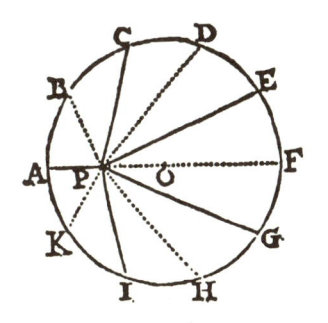

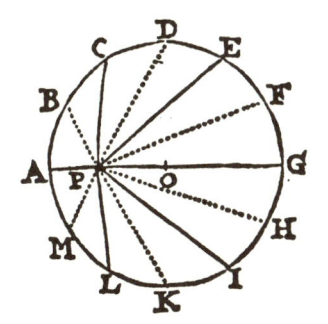

> Exempli gratia si λ sit 5, dividatur circumferentia in 10 partes æquales, eritque $AP \times CP \times EP \times GP \times IP = OA^5 - OP^5$ existente P intra circulum: & $BP \times DP \times FP \times HP \times KP = OA^5 + OP^5$. Similiter si λ sit 6, divisa circumferentia in 12 partes æquales: erit $AP \times CP \times EP \times GP \times IP \times LP = OA^6 - OP^6$; existente P intra circulum; & $BP \times DP \times FP \times HP \times KP \times MP = OA^6 + OP^6$.

[15, p. 114] (Univ. Cath. Louvain, Centre générale de Documentation)

この定式化が前のものと同値であることを確認するためには，下図において次のことを調べてみればよい．

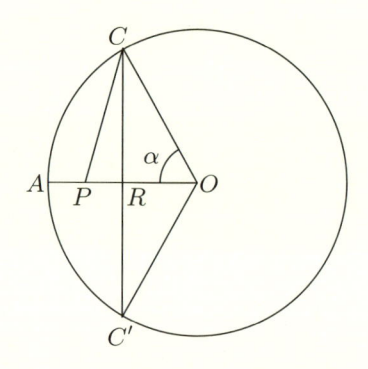

ピタゴラスの定理より，

$$CP^2 = PR^2 + RC^2.$$

ここで，

$$PR = OP - OR = x - a\cos\alpha, \qquad RC = a\sin\alpha$$

であることより，

$$CP = \sqrt{x^2 - 2ax\cos\alpha + a^2}.$$

したがって，

$$CP \cdot C'P = x^2 - 2ax\cos\alpha + a^2.$$

コーツ の公式は証明なしに与えられたが，最終的に1つの証明はアブラハム・ド・モアブル (Abraham de Moivre, 1667-1754) によって1730年に与えられた．

彼はすでに円の分割についてのいくつかの興味ある結果を得ていた．1707 年の "Aequationum quaerundam Potestatis tertiae, quintae, septimae, novae, &c superiorum, ad infinitum usque pergendo, in terminis finitis, ad imstar Regularum pro Cubicis quae vocantur, *Cardani*, Resolutio Analytica"（「3 次方程式に対するカルダーノの方法と呼ばれるものと同様な規則によって，3 次，5 次，7 次，9 次とほかのより高次のある方程式の有限項による解析的な解」）（Smith [54, vol.2, pp.441 ff] 参照）という題の論文の中で，彼は次のことを示した．f_n を $2\cos n\alpha$ が $2\cos\alpha$ の関数として表される多項式とすると（第 4 章の方程式 (4.1), p.38 を参照せよ），方程式

$$f_n(X) = 2a \quad (n \text{ は奇数})$$

は a の任意の値に対して，次の解をもつ．

$$X = \sqrt[n]{a + \sqrt{a^2-1}} + \sqrt[n]{a - \sqrt{a^2-1}}.$$

特に，$a = \cos n\alpha$ ならば，

$$2\cos\alpha = \sqrt[n]{\cos n\alpha + \sqrt{-1}\sin n\alpha} + \sqrt[n]{\cos n\alpha - \sqrt{-1}\sin n\alpha} \tag{7.7}$$

となる．しかし，この公式は 1707 年のド・モアブルの論文には明示的な形では現れていなかった．

ド・モアブルの基本的な考察は，方程式 $f_n(X) = 2a$ は次の 2 つの方程式から z を消去することによって得られる，というものである．

$$1 - 2az^n + z^{2n} = 0, \tag{7.8}$$

$$1 - Xz + z^2 = 0. \tag{7.9}$$

実際，方程式 (7.9) は式

$$1 + z^2 = Xz$$

を与え，この式の両辺を 2 乗すると，次を得る．

$$1 + z^4 = (X^2 - 2)z^2.$$

以上の式は $n = 1, 2$ に対して次の式が成り立つことを示している．

$$1 + z^{2n} = f_n(X)z^n. \tag{7.10}$$

これらの最初の部分から，帰納法によって容易に次のことが証明される．すなわち，次の漸化式を用いると，すべての整数 n に対して，方程式 (7.10) が成り立つ（§4.2 を参照せよ）．

$$f_{n+1}(X) = Xf_n(X) - f_{n-1}(X). \tag{7.11}$$

(7.10) を (7.8) と比較すると，$f_n(X) = 2a$ を得る．そこで，(7.9) の両辺を z で割ると，$X = z + z^{-1}$ となり，他方 (7.8) は次の式を与える．

$$z^n = a \pm \sqrt{a^2 - 1}.$$

以上で，次のような X に対するいくつかの同値な表現を得た．

$$X = \sqrt[n]{a + \sqrt{a^2 - 1}} + \left(\sqrt[n]{a + \sqrt{a^2 - 1}}\right)^{-1},$$

または $X = \sqrt[n]{a + \sqrt{a^2 - 1}} + \sqrt[n]{a - \sqrt{a^2 - 1}},$

または $X = \left(\sqrt[n]{a - \sqrt{a^2 - 1}}\right)^{-1} + \sqrt[n]{a - \sqrt{a^2 - 1}},$

または $X = \left(\sqrt[n]{a - \sqrt{a^2 - 1}}\right)^{-1} + \left(\sqrt[n]{a + \sqrt{a^2 - 1}}\right)^{-1}.$

これらの表現の同値性は次の等式から容易に導き出せる．

$$(a + \sqrt{a^2 - 1})(a - \sqrt{a^2 - 1}) = 1.$$

ド・モアブルはその後，彼の本 "Miscellanea Analytica" (1730) の 1 ページにきわめて具体的に公式 (7.7) を表示することによって，これらの問題に繰り返し立ちもどった (Smith[54, vol. 2, p. 446] を参照せよ)．$X = 2\cos\alpha$ かつ $a = \cos n\alpha$ に対して，式 (7.8) と (7.9) を解いて得られる z の値は

$$\sqrt[n]{a \pm \sqrt{a^2 - 1}} = \sqrt[n]{\cos n\alpha \pm \sqrt{-1}\sin n\alpha}$$

と

$$\frac{X}{2} \pm \sqrt{\left(\frac{X}{2}\right)^2 - 1} = \cos\alpha \pm \sqrt{-1}\sin\alpha$$

であり，ゆえに

$$\sqrt[n]{\cos n\alpha \pm \sqrt{-1}\sin n\alpha} = \cos\alpha \pm \sqrt{-1}\sin\alpha \tag{7.12}$$

となることは注目すべきである．しかし，これはド・モアブルによって具体的な形では書かれなかった．

それにもかかわらず，コーツの公式は前出の計算をさらに少し押し進めれば容易に証明されるので，ド・モアブルの方法はきわめて実りあるものであることがわかる（練習問題 1）．

1739 年にド・モアブルは複素数の三角関数表示と，おそらくその時までに確かに彼にはまったく馴染みのあるものになっていた彼の公式を用いて，「不可能な 2 項式 $a+\sqrt{-b}$」の n 乗根を求めた（Smith [54, vol. 2, p. 449] を参照せよ）．

彼は次のような手続きを述べている．φ を

$$\cos\varphi = \frac{a}{\sqrt{a^2+b}}$$

という式を満たす角度とすると，$a+\sqrt{-b}$ の n 乗根は

$$\sqrt[2n]{a^2+b}\bigl(\cos\psi + \sqrt{\cos^2\psi - 1}\bigr)$$

である．ただし，ψ は $\frac{\varphi}{n}, \frac{2\pi-\varphi}{n}, \frac{2\pi+\varphi}{n}, \frac{4\pi-\varphi}{n}, \frac{4\pi+\varphi}{n}$，など，それらの数が n に等しくなるまで動く．（この結果は複素数の虚部の符号を除いて修正される．以下の命題 7.1, p. 86 を参照せよ．)

ライプニッツが提起した問題は明確に解答を与えられた．すなわち，複素数の根の開方は新しい種類の想像上の数を生み出さないことは明らかになったので，その研究の結果として「代数学の基本定理」の信頼性は著しく高まった．さらに，次数が高々 4 の方程式はベキ根によって可解であるので，ド・モアブルの結果から次数が 4 の多項式は複素数体上で 1 次因数に分解することも従う．(より高い次数の方程式に対するベキ根による解の公式を求めるというのではなく），代数学の基本定理を証明するための最初の試みがなされたのはそれほど後のことではなかった．そして第 9 章でこの話題に立ち戻るであろう．

かなり深い意味をもつもう 1 つの結果は，（0 でない）任意の数の n 乗根は確定しないことである．すなわち，それは n 個の異なる解をもつ．したがって，根の開方を伴うすべての公式は，どの根が選ばれるべきかということについての何らかの説明が必要である．ヴァンデルモンドのその後に続く研究の出発点として，目立って用いられたこの考察は，ベキ根による方程式の解法の問題に，そしてすでに知られた解に対してさえ，完全に新しい光を投げかけた．実際，§2.2 に見たように（p. 17 の方程式 (2.3) を参照せよ），カルダーノの公式は 2 つの立方根の開方を伴っている．すなわち，これらの立方根のさまざまな値を

考えると，3次方程式の3つの解を得る．これは §2.3 (a) [†] の問題の解答を与えることになる．

さらに，上記の (7.12) に現れているようなド・モアブルの公式でさえ確定的ではない．このことを正確に表すために，$\cos n\alpha + \sqrt{-1}\sin n\alpha$ の n 乗根を開方するかわりに $\cos\alpha + \sqrt{-1}\sin\alpha$ の n 乗ベキをとる必要がある．この観点は "Introductio in Analysin Infinitorum" (1748) の中でオイラーによって採用された ([54, vol. 2, p. 450] を参照せよ)．そこで彼は §7.1 におけるようにド・モアブルの公式 (7.1) を証明している．同じ本の後のほうで，オイラーは指数関数と正弦および余弦関数のベキ級数展開を比較して，ド・モアブルの公式を容易に導き出せる1つの関係

$$e^{\alpha\sqrt{-1}} = \cos\alpha + \sqrt{-1}\sin\alpha$$

のことも述べている．もちろん，一度ド・モアブルの公式が確立されると，この節のほかの主要な結果，そして特にコーツの公式は簡単な応用として示される．この考え方に沿って，次の節を複素数の根についてのド・モアブルの結果の現代化された解説に当てようと思う．

7.3 1のベキ根

a と b を2つとも0でない実数とし，$\sqrt{a^2+b^2}$ によって a^2+b^2 の（実，正の）平方根を表す．

$$\left(\frac{a}{\sqrt{a^2+b^2}}\right)^2 + \left(\frac{b}{\sqrt{a^2+b^2}}\right)^2 = 1$$

であるから，$0 \leq \varphi \leq 2\pi$ でかつ次の式を満たす唯一つの角 φ が存在する．

$$\cos\varphi = \frac{a}{\sqrt{a^2+b^2}}, \qquad \sin\varphi = \frac{b}{\sqrt{a^2+b^2}}.$$

このようにして，複素数 $a+bi \neq 0$ の三角関数表示を得る．すなわち，

$$a + bi = \sqrt{a^2+b^2}(\cos\varphi + i\sin\varphi).$$

命題 7.1 任意の正の実数 n に対して，複素数 $a+bi$ の n 個の異なった n 乗根は次のようである．$k = 0, \ldots, n-1$ に対して，

$$\sqrt[2n]{a^2+b^2}\left(\cos\frac{\varphi+2k\pi}{n} + i\sin\frac{\varphi+2k\pi}{n}\right). \tag{7.13}$$

[†] §2.2 の記号を用いると，§2.2 のカルダーノの公式の証明，あるいは別の言い方をすれば §6.1.2 のヴィエトの方法に現れているように，立方根はそれらの積が $-\frac{p}{3}$ であるように決定されるべきである．

この公式で，$\sqrt[2n]{a^2+b^2}$ は a^2+b^2 の唯一つの正の実数である $2n$ 乗根である．

証明 ド・モアブルの公式 (7.1) より

$$\left(\sqrt[2n]{a^2+b^2}\left(\cos\frac{\varphi+2k\pi}{n}+i\sin\frac{\varphi+2k\pi}{n}\right)\right)^n=\sqrt{a^2+b^2}(\cos\varphi+i\sin\varphi).$$

よって，表現 (7.13) のそれぞれは $a+bi$ の n 乗根である．さらに，これらの表現は $k=0,\ldots,n-1$ に対してどの 2 つをとっても相異なることが容易にわかる．なぜなら，これらの k の値に対して，角 $\frac{\varphi+2k\pi}{n}$ のどの 2 つをとっても $\frac{2\pi}{n}$ の倍数だけ異なるからである． □

定義 7.2 複素数 ζ はある整数 n に対して $\zeta^n=1$ を満たすとき，1 の **n 乗根** (n-th root of unity) という[†]．

1 のすべての n 乗根全体の集合を μ_n で表す．すると，次の式が成り立つ．

$$X^n-1=\prod_{\zeta\in\mu_n}(X-\zeta).$$

前の命題より，

$$\mu_n=\left\{e^{2k\pi i/n}=\cos\frac{2k\pi}{n}+i\sin\frac{2k\pi}{n}\;\middle|\;k=0,\ldots,n-1\right\}.$$

ゆえに，

$$X^n-1=\prod_{k=0}^{n-1}\left(X-\cos\frac{2k\pi}{n}-i\sin\frac{2k\pi}{n}\right). \tag{7.14}$$

この公式は X^n-1 を実因数へ分解するときに用いられる．実際，$k+\ell=n$ とすれば，

$$\cos\frac{2k\pi}{n}=\cos\frac{2\ell\pi}{n}\quad\text{かつ}\quad\sin\frac{2k\pi}{n}=-\sin\frac{2\ell\pi}{n}$$

であるから，次のようになる．

$$\left(X-\cos\frac{2k\pi}{n}-i\sin\frac{2k\pi}{n}\right)\left(X-\cos\frac{2\ell\pi}{n}-i\sin\frac{2\ell\pi}{n}\right)$$
$$=X^2-2\cos\left(\frac{2k\pi}{n}\right)X+1.$$

[†]訳者注：1 の n 乗根を，n を明確に指定せず，1 のベキ根または累乗根ということもある．

したがって，(7.14) の右辺で対応している因数の対をかけると次を得る．

$$X^n - 1 = (X-1)\prod_{k=1}^{\frac{n-1}{2}}\left(X^2 - 2\cos\left(\frac{2k\pi}{n}\right)X + 1\right), \quad (n \text{ が奇数のとき}).$$

$$X^n - 1 = (X-1)(X+1)\prod_{k=1}^{\frac{n}{2}-1}\left(X^2 - 2\cos\left(\frac{2k\pi}{n}\right)X + 1\right),$$
$$(n \text{ が偶数のとき}).$$

これらの公式で X に a/x を代入し，両辺に x^n をかけて分母を払うと，再びコーツの公式 (7.5) と (7.6) が得られる．公式 (7.3) と (7.4) は1の n 乗根のかわりに -1 の n 乗根を考えると，同様に導かれる．

次のことに注意すべきである．$\mathbb{C}$ の平面表示では1の n 乗根を表している直交座標系の点 $(\cos\frac{2k\pi}{n}, \sin\frac{2k\pi}{n})$ $(k = 0, 1, \ldots, n-1)$ は正 n 多角形の頂点である．すなわち，それらの点は単位円を n 個の等しい部分に分割する．この理由によって，1の n 乗根，または整数 k に対して余弦かつ正弦関数の $\frac{2k\pi}{n}$ における値に関係しているこの理論は，**円分法** (cyclotomy) と呼ばれている．それは文字通り「円の等しい部分への分割」を意味している．

同様にして，0でない任意の複素数の n 乗根は命題 7.1 が示しているように，複素平面上では正 n 角形の頂点によって表される．

1のベキ根が特別な興味をひくに値するということは，次のような事実に基づいている．すなわち，ある複素数 v の n 乗根 u が求められたとき，ω を1のすべての n 乗根の集合を動かすと $\sqrt[n]{v}$ のすべての値が積 ωu によって与えられる．このことは

$$(\omega u)^n = \omega^n u^n = 1 \cdot u^n = v$$

という式か，または同値である命題 7.1 から容易にわかる．

1の n 乗根は上で三角関数表示によって決定されたが，他方1のこれらの根がベキ根による表現をもつかどうかという問題にはまだ触れられていない．我々はド・モアブルのいくつかの考えを考察した後でこの問題に目を向け，これを証明しよう．

定理 7.3 n を正の整数とする．n の任意の素因数 p に対して，1の p 乗根がベキ根によって表されれば，1の n 乗根はベキ根によって表現可能である．

この定理は次の結果を使えば，帰納法によって示される．

補題 7.4 r と s を正の整数とする．$\xi_1,\ldots,\xi_r$ （それぞれ $\eta_1,\ldots,\eta_s$）を 1 の r 乗根全体（それぞれ 1 の s 乗根全体）とすると，1 の rs 乗根は $\xi_i \sqrt[r]{\eta_j}$ ($i=1,\ldots,r,\ j=1,\ldots,s$) という形をしている．

証明 $Y^s - 1$ の因数分解より，$Y = X^r$ とおくことによって次が成り立つ．

$$X^{rs} - 1 = \prod_{j=1}^{s}(X^r - \eta_j).$$

したがって，1 の rs 乗根は $j=1,\ldots,s$ に対して η_j の r 乗根全体である． □

定理 7.3 の証明 n の約数の個数についての帰納法によって示す．n が素数ならば何も証明することはない．そこで，ある正の整数 $r, s \neq 1$ によって，$n = rs$ であると仮定する．このとき，r （それぞれ s）の約数の個数は n の約数の個数より小さいので，帰納法によって 1 の r 乗根 $\xi_1,\ldots,\xi_r$ と，1 の s 乗根 $\eta_1,\ldots,\eta_s$ はベキ根によって表現される．1 の n 乗根は $\xi_i\sqrt[r]{\eta_j}$ という形をしているので，これらもベキ根によって表される． □

注意 7.5 もちろん，こうして得られた表現が最も単純なものであるとも限らないし，またこれらの根の実際の計算に対して最も適したものであるかどうかもわからない．たとえば，1 の 4 乗根は ± 1 と $\pm\sqrt{-1}$ であるから，1 の 8 乗根は

$$\pm 1,\ \pm\sqrt{-1},\ \sqrt{\sqrt{-1}},\ \sqrt{-\sqrt{-1}}$$

として得られるが，$\cos\frac{\pi}{4} = \sin\frac{\pi}{4} = \frac{1}{\sqrt{2}}$ であるから，一方でこれらは

$$\pm 1,\ \pm\sqrt{-1},\ \frac{1 \pm \sqrt{-1}}{\sqrt{2}},\ \frac{-1 \pm \sqrt{-1}}{\sqrt{2}}$$

と表現することもできる．

さらに，補題 7.4 の結果は r と s が互いに素であるとき，次のように改良される．このとき，$\sqrt[r]{\eta_j}$ の値の 1 つは 1 の s 乗根 η_k であるから，1 の rs 乗根は $\xi_i \eta_k$ ($i=1,\ldots,r,\ k=1,\ldots,s$) という形の積である．注意 7.13 (p.96) と練習問題 3 を参照せよ．

定理 7.3 は，任意の整数 n に対して，1 の n 乗根のベキ根による表現を求めるためには，n が素数である場合を考えれば十分であることを示している．方

程式 $X^n - 1 = 0$ は自明な解 $X = 1$ をもつので，$X^n - 1$ を $X - 1$ で割ると，問題は次のような問題に帰着される．すなわち，素数 n に対して，方程式

$$X^{n-1} + X^{n-2} + \cdots + X + 1 = 0 \tag{7.15}$$

をベキ根によって解くことである．この方程式は $n = 2, 3$ のときは容易に解くことができる．$n = 2$ のとき，それらの根は -1 であり，$n = 3$ のとき，$\frac{-1 \pm \sqrt{-3}}{2}$ である．

$n \geq 5$ に対して，(ド・モアブルによる) 次のような技術が有効である．$X^{\frac{n-1}{2}}$ によって割った後，変数変換 $Y = X + X^{-1}$ をすると，方程式 (7.15) は Y に関する次数が $\frac{n-1}{2}$ の方程式になる (この方法は，多項式 (7.15) において，中間項に関して対称である項の係数が等しいので成功する)．このようにして，$n = 5$ に対して最初に

$$X^4 + X^3 + X^2 + X + 1 = 0$$

を X^2 で両辺を割ると，$X^2 + X + 1 + X^{-1} + X^{-2} = 0$ となり，これに変数変換 $Y = X + X^{-1}$ を施すと，

$$Y^2 + Y - 1 = 0$$

が得られる．ゆえに，Y は次のようになる．

$$Y = \frac{-1 \pm \sqrt{5}}{2}.$$

また，X の値は Y のそれぞれの値に応じて $X + X^{-1} = Y$ を解けば得られる．したがって，(1 と異なる) 1 の 5 乗根は方程式

$$X^2 - \frac{-1 + \sqrt{5}}{2} X + 1 = 0, \quad X^2 - \frac{-1 - \sqrt{5}}{2} X + 1 = 0$$

の根であり，それらは次のようである．

$$\frac{\sqrt{5} - 1 \pm \sqrt{-10 - 2\sqrt{5}}}{4}, \quad \frac{-\sqrt{5} - 1 \pm \sqrt{-10 + 2\sqrt{5}}}{4}.$$

同様にして，$n = 7$ のとき，$Y (= X + X^{-1})$ に対してド・モアブルの方法は次の 3 次方程式を与える．

$$Y^3 + Y^2 - 2Y - 1 = 0.$$

この式はベキ根によって解くことができる．したがって，1 の 7 乗根はベキ根によって表現できることになる．

しかしながら，次の素数である 11 に対して，ド・モアブルの方法は，いかなるベキ根による一般的な公式も知られていない 1 つの 5 次方程式を生み出した．この方程式を解くことはヴァンデルモンド (Vandermonde) の最も偉大な業績の 1 つであった（第 11 章を参照せよ）．

注意 7.6 (a) 方程式 (7.15) の根は $e^{2k\pi i/n}$ ($k = 1, \ldots, n-1$) であるから，$Y(= X + X^{-1})$ に関する方程式の根は次のようである．

$$e^{2k\pi i/n} + e^{-2k\pi i/n} = 2\cos\frac{2k\pi}{n} \quad \left(k = 1, \ldots, \frac{n-1}{2}\right).$$

したがって，上記の計算は $Y^2 + Y - 1 = 0$ の正と負の根として，$2\cos\frac{2\pi}{5}$ と $2\cos\frac{4\pi}{5}$ のベキ根による表現を与える．すなわち，

$$2\cos\frac{2\pi}{5} = \frac{\sqrt{5}-1}{2}, \qquad 2\cos\frac{4\pi}{5} = -\frac{\sqrt{5}+1}{2}.$$

(b) 定理 7.3 と上の結果より，1 の $2 \cdot 3^3 \cdot 5^2$ 乗根はベキ根によって表される．

ゆえに，

$$\sin\frac{\pi}{3^3 \cdot 5^2} = \frac{1}{2i}\left(e^{2\pi i/2 \cdot 3^3 \cdot 5^2} - e^{-2\pi i/2 \cdot 3^3 \cdot 5^2}\right)$$

であるから，$\sin\frac{\pi}{3^3 \cdot 5^2}$ もベキ根によって表現可能である．これは，なぜファン・ルーメンが彼の第 3 の例でベキ根による解を与えることができたかという理由である．§4.2 を参照せよ．

7.4 原始根と円分多項式

この節で，ド・モアブルの公式の多少直接的な結果[†]であるいくつかの例をあげることによって，1 のベキ根の理論の初等的な部分の議論を完成させる．それらは，これまで発展してきた理論の自然な副産物であり，18 世紀の後半の間に知られるようになった．中心的な概念は次のようなものである．

[†]より正確にいうと，これらの結果は，1 の n 乗根の集合は複素数の乗法群の有限部分群であるという事実から従う．

定義 7.7 1のベキ根 ζ の**指数** (exponent) とは $\zeta^e = 1$ となる最小の正の整数 $e > 0$ のことである．たとえば，1 はすべての n に対して 1 の n 乗根であり，-1 はすべての偶数に対して 1 の n 乗根であるけれども，1 の指数は 1 であり，-1 の指数は 2 である．

指数が n である 1 の n 乗根を 1 の**原始** (primitive) n **乗根**という．

我々は 1 の原始 n 乗根の完全な記述を与え，ほかのすべての n 乗根がそのような根のベキ乗として得られるという意味で，そのような根が実際に原始的であることを示すのが目標である．証明における基本的な道具の 1 つは次の整数論的な命題である．

定理 7.8 2 つの整数 n_1, n_2 の（正の）最大公約数を d とする．このとき，次のような条件を満たす整数 m_1, m_2 が存在する．

$$d = n_1 m_1 + n_2 m_2.$$

特に，n_1 と n_2 が互いに素であるとき，ある整数 m_1, m_2 が存在して，次を満たす．

$$n_1 m_1 + n_2 m_2 = 1.$$

証明 定理 5.3（p.51）の証明における議論を，多項式のかわりに整数に置き換えてすればよい． □

ところで，§5.2 と §5.3 における議論の大部分は，多項式のかわりに整数を考え，このとき多項式の次数のかわりに整数の絶対値を用いることによってまったく同様に推論することができる，ということに注意することは有用である．要点は整数に対してもユークリッドの除法の定理が成り立つことである．すなわち，m と n を整数で，$m \neq 0$ とすると，次のような整数 q, r が存在する．

$$n = mq + r, \quad かつ \quad 0 \leq r < |m|.$$

さらに，整数 q と r はこれらの性質によって一意的に定まる．したがって，§5.2 と §5.3 の証明と同様の議論をすることによって，整数を素因数に一意的に分解することの証明が得られ，また次に述べるようなほかの有用な結果も同様にして得られる．「ある整数が r 個の因数の積を割り切り，かつその整数が最初の $r - 1$ 個の因数と互いに素であるならば，その整数は最後の因数を割り切る」

（補題 5.9 と比較せよ），あるいは「ある整数が互いに素であるいくつかの整数によって割り切るならば，その整数はそれらの整数の積で割り切れる」（命題 5.10 と比較せよ）．

定理 7.8 はしばしば「ベズーの定理」(Bezout's theorem) として知られている．これは明らかに誤った呼び名である．というのは，それは少なくともバシェ (Bachet de Méziriac) の "Problèms plaisans et délectables qui se font par les nombres"（1624）にまで遡ることができるからである．しかしながら，ベズーの名前を 1 変数または多変数の有理関数体に係数をもつ多項式に対する同様の命題（すなわちある体 K に対して，$F = K(X_1, \ldots, X_n)$ としたときの定理 5.3）に結びつけるのは公平なことであろう．この最後の結果は，$n+1$ 個を不定元とする任意の 2 つの多項式 $P_1(X_1, \ldots, X_{n+1})$ と $P_2(X_1, \ldots, X_{n+1})$ に対して，次の条件を満たす多項式 $Q_1(X_1, \ldots, X_{n+1}), Q_2(X_1, \ldots, X_{n+1})$, と $D(X_1, \ldots, X_n)$ の存在を意味している．

$$P_1 Q_1 + P_2 Q_2 = D.$$

不定元 X_{n+1} は D の中に現れないので，D は P_1 と P_2 から X_{n+1} を消去して得られるということができる．（（X_{n+1} の多項式として見たときの）P_1 と P_2 の終結式による関係は練習問題 7 で指摘されている．）

さて，我々は 1 のベキ根に立ち戻ろう．まず最初に 1 のベキ根の指数を特徴づけている次の結果がある．

補題 7.9 e を 1 のベキ根 ζ の指数とし，m を整数とする．このとき，$\zeta^m = 1$ であるための必要十分条件は，e が m を割り切ることである．特に，1 の n 乗根の指数は n を割り切る．

証明 e が m を割り切るならば，ある整数 f によって $m = ef$ と表される．$\zeta^e = 1$ であるから，$\zeta^m = (\zeta^e)^f$ より容易に $\zeta^m = 1$ であることがわかる．

逆に，$\zeta^m = 1$ と仮定し，d を m と e の最大公約数とする．定理 7.8 より，ある整数 r と s が存在して次を満たす．

$$mr + es = d.$$

$\zeta^d = (\zeta^m)^r (\zeta^e)^s$ であるから，$\zeta^d = 1$ となる．ところが，e は ζ のベキ乗が 1 となる最小の指数であるから，$d \geq e$ である．d は e を割り切るので $d = e$ を得る．したがって，e は m を割り切る． □

命題 7.10 ζ と η をそれぞれ指数が e と f である 1 のベキ根とする．e と f が互いに素であるならば，$\zeta\eta$ は指数 ef の 1 のベキ根である．

証明 $\zeta^e = 1$ かつ $\eta^f = 1$ であるから，
$$(\zeta\eta)^{ef} = 1.$$
したがって，$\zeta\eta$ の指数を k で表すと，前補題より，k は ef を割り切る．

一方，$(\zeta\eta)^k = 1$ であるから，
$$\zeta^k = \eta^{-k}.$$
両辺を f 乗すると，
$$\zeta^{kf} = 1.$$
このとき，前補題より e は kf を割り切ることがわかる．仮定より e と f は互いに素であるから，e は k を割り切る．ζ と η を入れ換えると同様にして，f は k を割り切る．e と f は互いに素であり，かつ共に k を割り切るので，それらの積 ef は k を割り切る．ところが，すでに k は ef を割り切ることがわかっているから，$k = ef$ を得る． □

さて，次に 1 の原始 n 乗根はほかの n 乗根を生成することを示そう．

命題 7.11 ζ を 1 の原始 n 乗根とするとき，1 の n 乗根の全体は次の形をしている．
$$\zeta^0 = 1, \ \zeta, \ \zeta^2, \ \ldots, \ \zeta^{n-1}.$$
逆に，ζ が 1 の n 乗根で，かつほかの 1 の n 乗根がすべて ζ のベキ乗で表されているならば，ζ は原始的である．

証明 ζ は 1 の n 乗根であるから，ζ のすべてのベキ乗は 1 の n 乗根である．ゆえに，集合
$$S = \{\zeta^i \mid i = 0, 1, \ldots, n-1\}$$
は 1 の n 乗根から構成されるので，$S \subseteq \mu_n$ である．すべての 1 の n 乗根が S に含まれること，すなわち，$S = \mu_n$ であることを示すためには，S が n 個

の異なる元をもつことを証明すれば十分である．これは次の主張，すなわち
「$i = 0, 1, \ldots, n-1$ に対してすべてのベキ ζ^i が互いに相異なる」ことを証明することに帰着される．

そうでないと仮定する．このとき，$0 \leq i < j \leq n-1$ なる i, j があって $\zeta^i = \zeta^j$ が成り立つ．すると，$\zeta^{i-j} = 1$ となる．ゆえに，補題 7.9 より，ζ の指数 n は $j-i$ を割り切る．これは $0 < j-i < n$ であるから不可能である．この矛盾により我々の主張は証明された．

逆に，1 のすべての n 乗根は ζ のベキ乗で表されると仮定する．ζ が原始的でないとすると，$m < n$ なる正の整数 m に対して $\zeta^m = 1$ となる．このとき，ζ のすべてのベキ乗，したがって 1 のすべての n 乗根は 1 の m 乗根となる．すなわち，$\mu_n \subseteq \mu_m$ となる．これは明らかに不可能である．なぜなら，相異なる n 個の 1 の n 乗根が存在するのに対して，1 の m 乗根は m 個だけであるからである． □

注意　上記の命題は，(乗法) 群 μ_n はある 1 つの元によって生成される，ということを示している．このとき，μ_n は**巡回群** (cyclic group) であるという．また，この命題は μ_n の生成元が 1 の原始 n 乗根であることを示している．

1 の原始 n 乗根の完全な表現は次の命題の結果として得られる．

命題 7.12　ζ を 1 の原始 n 乗根で，k を整数とする．このとき，ζ^k が 1 の原始 n 乗根であるための必要十分条件は，k が n と互いに素となることである．

証明　はじめに，k と n が公約数 $d \neq 1$ をもったと仮定する．このとき，

$$\left(\zeta^k\right)^{n/d} = \left(\zeta^n\right)^{k/d}$$

が成り立ち，$\zeta^n = 1$ であるから，$\left(\zeta^k\right)^{n/d} = 1$ となる．ゆえに，ζ^k の指数は n/d を割り切る．したがって，ζ^k は 1 の原始 n 乗根ではない．

逆に，ζ^k が原始的でないと仮定する．このとき，$m < n$ なる正の整数 m が存在して $\left(\zeta^k\right)^m = 1$ を満たす．ζ の指数は n であるから，補題 7.9 より n は km を割り切る．n と k は互いに素であるから，n は m を割り切る．ところが，$m < n$ であるから，これは不可能である．以上より，n と k は互いに素ではない． □

注意 7.13 r と s を互いに素な素数とし, η を1の原始 s 乗根とする. 命題 7.12 は η^r が1の原始 s 乗根であることを示している. ゆえに, 命題 7.11 より, 1の s 乗根の全体は次のようである.

$$\mu_s = \{\, \eta^{ri} \mid i = 0, \ldots, s-1 \,\}.$$

したがって, 1のすべての s 乗根は0と $s-1$ の間にある(唯一つの)整数 i によって η^{ri} と表される. よって, 1のすべての s 乗根は μ_s に1つの r 乗根をもつ.

系 7.14 1の原始 n 乗根は

$$e^{2k\pi i/n} = \cos\frac{2k\pi}{n} + i\sin\frac{2k\pi}{n}$$

という形に表される. ただし, k は n より小さく, n と互いに素である正の整数を動くものとする. 特に, n が素数のとき, 1と異なる1のすべての n 乗根は原始的である.

証明 $\zeta = \cos\frac{2\pi}{n} + i\sin\frac{2\pi}{n}$ とする. このとき,

$$\mu_n = \left\{ \cos\frac{2k\pi}{n} + i\sin\frac{2k\pi}{n} \;\middle|\; k = 0, \ldots, n-1 \right\}$$

であるから, ド・モアブルの公式によって,

$$\mu_n = \{\, \zeta^k \mid k = 0, \ldots, n-1 \,\}$$

と表される. 命題 7.11 より, ζ は1の原始 n 乗根であり, ゆえに命題 7.12 より, 1のすべての原始 n 乗根は ζ^k という形で表される. ただし, k は0と $n-1$ の間にあって, n と互いに素であるようなものである. □

さて, ここで根として1の原始 n 乗根をもつ多項式を導入する. 円の分割と関係しているという理由で, これらの多項式は**円周等分多項式** (cyclotomic polynomials), または略して**円分多項式**と呼ばれている.

定義 7.15 円周等分多項式 Φ_n $(n = 1, 2, 3, \ldots)$ は $\Phi_1(X) = X - 1$, そして $n \geq 2$ に対しては, 次の式によって帰納的に定義される.

$$\Phi_n(X) = \frac{X^n - 1}{\prod_{\substack{d \mid n \\ d \neq n}} \Phi_d(X)}.$$

ここで, d は $d \neq n$ である n のすべての約数の集合を動く.

特に, p が素数のときは, 次のようになる.

$$\Phi_p(X) = \frac{X^p - 1}{X - 1} = X^{p-1} + X^{p-2} + \cdots + X + 1.$$

しかし, n が素数でないとき, 演繹的 (a priori) に Φ_n が多項式になるかどうかは明らかではない. このことと, Φ_n の根はすべて 1 の原始 n 乗根であるという事実を同時に証明しよう.

命題 7.16 すべての整数 $n \geq 1$ に対して, 有理分数式 Φ_n は整係数のモニックな多項式であり, 次のような形をしている.

$$\Phi_n(X) = \prod_{\zeta}(X - \zeta).$$

ただし, ζ は 1 の原始 n 乗根の全体を動くものとする.

証明 n についての帰納法によって証明する. $n = 1$ のとき, 命題は自明であるから, $n - 1$ までのすべての整数に対して, それが正しいと仮定する. このとき, n の任意の約数 d ($r \neq n$) に対して, 次が成り立つ.

$$\Phi_d(X) = \prod_{\zeta}(X - \zeta) \in \mathbb{Z}[X].$$

ただし, ζ は指数 d である 1 のベキ根全体を動く. 指数 d のベキ根は 1 の n 乗根であるから, Φ_d は $X^n - 1$ を割り切る. さらに, d_1 と d_2 が n の相異なる約数であるとき, Φ_{d_1} の根と Φ_{d_2} の根はどの 2 つをとっても相異なるので, Φ_1 と Φ_2 は互いに素である. ゆえに, 命題 5.10 より, 積 $\prod_d \Phi_d(X) \in \mathbb{Z}[X]$ は $X^n - 1$ を割り切る. したがって, $\Phi_n(X)$ は $\mathbb{Q}[X]$ の多項式である. ここで, $X^n - 1$ と Φ_d (n のすべての真の約数 d に対して) はモニックであるから, $\Phi_n(X)$ もモニックとなる. さらに, ユークリッドの除法の定理 (定理 5.1, p. 48) の証明より, $\mathbb{Z}[X]$ のモニック多項式によって $\mathbb{Z}[X]$ の多項式を割った商は $\mathbb{Z}[X]$ に属することがわかる. したがって, $\Phi_n(X) \in \mathbb{Z}[X]$ となる.

ところで, $\prod_{\substack{d|n \\ d \neq n}} \Phi_d(X)$ によって $X^n - 1$ を割ることの効果は, 次の式

$$X^n - 1 = \prod_{\zeta \in \mu_n}(X - \zeta)$$

から, ζ が指数 $d \neq n$ をもつすべての因数 $X - \zeta$ を取り除くことである. ゆえに, 多項式 $\Phi_n(X)$ において, ζ が指数 n をもつすべての因数 $X - \zeta$ が残り,

そして残っているのはそのようなものだけである．以上によって，

$$\Phi_n(X) = \prod_\zeta (X - \zeta)$$

となることがわかる．ただし，ζ は 1 の原始 n 乗根全体を動く． □

注意 定理 12.31（p.206）において，すべての n に対して Φ_n は $\mathbb{Q}[X]$ で既約であることが示されるであろう．n が素数であるとき，その証明はより容易である．定理 12.10（p.182）を参照せよ．

付録：ライプニッツとニュートンによる級数の和

1675 年頃，ライプニッツは，自分自身が自慢しても当然であると思っている次の結果を得た．

$$1 - \frac{1}{3} + \frac{1}{5} - \frac{1}{7} + \cdots = \frac{\pi}{4}.$$

彼の方法は，次の公式

$$\int \frac{dx}{x^2 + 1} = \tan^{-1} x \qquad (7.16)$$

を用いたものであった．これより

$$\int_0^1 \frac{dx}{x^2 + 1} = \frac{\pi}{4}$$

が得られる．$(x^2 + 1)^{-1}$ のベキ級数展開，すなわち

$$\frac{1}{x^2 + 1} = 1 - x^2 + x^4 - x^6 + x^8 - \cdots$$

を一緒にすると次が得られる．

$$\int_0^1 \frac{dx}{x^2 + 1} = \int_0^1 dx - \int_0^1 x^2 dx + \int_0^1 x^4 dx - \cdots$$
$$= 1 - \frac{1}{3} + \frac{1}{5} - \cdots.$$

もちろん，$(x^2 + 1)^{-1}$ のベキ級数展開の積分が，各項の積分の級数に等しいという事実は，何らかの証明が必要である．これはずっと後になって与えられた．

1676 年に，ニュートンはライプニッツに，この等式は被積分関数を部分分数に分解することによって成り立つという，簡潔なヒントをつけて次の式を送った（[45, v. IV, p. 212] を参照せよ）．

$$1 + \frac{1}{3} - \frac{1}{5} - \frac{1}{7} + \frac{1}{9} + \frac{1}{11} - \frac{1}{13} - \frac{1}{15} + \cdots = \frac{\pi}{2\sqrt{2}}.$$

ニュートンの結果は $\int_0^1 \frac{(x^2+1)dx}{x^4+1}$ の評価から得られたということは大いにありそうなことである．実際，有理分数式 $\frac{x^2+1}{x^4+1}$ は次のような部分分数分解をもつ．

$$\frac{x^2+1}{x^4+1} = \frac{1}{2}\frac{1}{x^2+\sqrt{2}x+1} + \frac{1}{2}\frac{1}{x^2-\sqrt{2}x+1}.$$

変数変換 $y = \sqrt{2}x + 1$ によって，(7.16) より次の式が容易に得られる．

$$\int \frac{dx}{x^2+\sqrt{2}x+1} = \sqrt{2}\tan^{-1}(\sqrt{2}x+1).$$

また，$y = \sqrt{2}x - 1$ と変数変換すれば次の式が得られる．

$$\int \frac{dx}{x^2-\sqrt{2}x+1} = \sqrt{2}\tan^{-1}(\sqrt{2}x-1).$$

したがって，

$$\int_0^1 \frac{(x^2+1)\,dx}{x^4+1} = \frac{1}{\sqrt{2}}\left(\tan^{-1}(\sqrt{2}+1) + \tan^{-1}(\sqrt{2}-1)\right).$$

ここで，$(\sqrt{2}+1)(\sqrt{2}-1) = 1$ であるから，次が成り立つ．

$$\tan^{-1}(\sqrt{2}+1) + \tan^{-1}(\sqrt{2}-1) = \frac{\pi}{2}.$$

よって，

$$\int_0^1 \frac{(x^2+1)\,dx}{x^4+1} = \frac{\pi}{2\sqrt{2}}.$$

一方，ベキ級数展開

$$\frac{1}{x^4+1} = 1 - x^4 + x^8 - x^{12} + x^{16} - \cdots$$

より，次の式が得られる．

$$\frac{x^2+1}{x^4+1} = 1 + x^2 - x^4 - x^6 + x^8 + x^{10} - \cdots.$$

したがって,

$$\int_0^1 \frac{(x^2+1)dx}{x^4+1} = \int_0^1 dx + \int_0^1 x^2 dx - \int_0^1 x^4 dx - \int_0^1 x^6 dx + \cdots$$
$$= 1 + \frac{1}{3} - \frac{1}{5} - \frac{1}{7} \cdots.$$

これよりニュートンの結果が証明された.

練習問題

1. この最初の練習問題の目的はド・モアブルの多項式による計算 (§7.2) の方法に沿ってコーツの公式を証明することである.

$f_n(x) \in \mathbb{Q}[x]$ によって, $f_n(2\cos\alpha) = 2\cos n\alpha$ を満たす次数 n のモニック多項式を表す (第 4 章の等式 (4.1), p. 38 を参照せよ). $n = 1, 2, 3, \cdots$ に対して

$$P_n(X, z) = 1 - f_n(X)z^n + z^{2n} \in \mathbb{Q}[X, z]$$

とおく.

(a) すべての n に対して, $\mathbb{Q}[X, z]$ において $P_1(X, z)$ は $P_n(X, z)$ を割り切ることを証明せよ. [ヒント: n についての帰納法と漸化式 (7.11), p. 84 を使う.]

(b) $\alpha \in \mathbb{R}$ に対して, $P_n(2\cos\alpha, z) = \prod_{k=0}^{n-1} P_1\left(2\cos(\alpha + \frac{2k\pi}{n}), z\right)$ が成り立つことを証明せよ. [ヒント: はじめに, (a) と, $\alpha \notin \frac{\pi}{n}\mathbb{Z}$ に対して右辺における多項式の任意の 2 つは互いに素であることを調べて, $\alpha \notin \frac{\pi}{n}\mathbb{Z}$ のときに上の式が成り立つことを示せ. 各辺の係数は $\mathbb{R}$ の離散的部分集合の外側では等しくなっている α の連続関数であるから, それらはすべての $\alpha \in \mathbb{R}$ に対して等しい.]

(c) $\alpha = 0$ のとき, (b) における式の両辺は平方であることを示せ. 各辺の平方根を求めて, 次を示せ.

$$1 - z^{2m} = (1-z)(1+z) \prod_{k=1}^{m-1} \left(1 - 2\cos\left(\frac{2k\pi}{2m}\right)z + z^2\right),$$
$$1 - z^{2m+1} = (1-z) \prod_{k=1}^{m} \left(1 - 2\cos\left(\frac{2k\pi}{2m+1}\right)z + z^2\right).$$

$\alpha = \frac{\pi}{n}$ に対して，同様にして次の公式を導け．

$$1 + z^{2m} = \prod_{k=0}^{m-1} \left(1 - 2\cos\left(\frac{(2k+1)\pi}{2m}\right)z + z^2\right),$$

$$1 + z^{2m+1} = (1+z)\prod_{k=0}^{m-1} \left(1 - 2\cos\left(\frac{(2k+1)\pi}{2m+1}\right)z + z^2\right).$$

z に $\frac{x}{a}$ を代入し，a の適当なベキを両辺にかけて分母を払うと，コーツの公式 (7.3)–(7.6) (p.81) が得られる．

2. 次の練習問題は練習問題 1 の多項式 f_n の著しい性質のいくつかを示すことを目的にしている．

(a) $a \in \mathbb{R}$ に対して，$f_n(X) - 2\cos\alpha = \prod_{k=0}^{n-1}\left(X - 2\cos\left(\alpha + \frac{2k\pi}{n}\right)\right)$ が成り立つことを示せ．[ヒント：練習問題 1 (b) と同様に議論せよ．]

(b) すべての整数 m, n に対して，$f_m(f_n(X)) = f_{m+n}(X)$ が成り立つことを示せ．[ヒント：(a) を使う．]

(c) すべての整数 m, n に対して $f_m(X) \cdot f_n(X) = f_{m+n}(X) + f_{|m-n|}(X)$ が成り立つことを示せ．($m = n$ を許すために，$f_0(x) = 2$ とせよ．) [ヒント：n についての帰納法を用いる．$n = 1$ のとき，漸化式 (7.11) を使う．]

3. $\mu_r = \{\xi_1, \cdots, \xi_r\}$，$\mu_s = \{\eta_1, \cdots, \eta_s\}$ とする．r と s が互いに素であるとき，次を示せ．

$$\mu_{rs} = \{\xi_i\eta_j \mid i = 1, \cdots, r \text{ かつ } j = 1, \cdots, s\}.$$

[ヒント：積 $\xi_i\eta_j$ は互いに相異なることを示せば十分である．定理 7.8 を使う．]

4. ζ を指数 e とする 1 のベキ根とし，k を整数とする．このとき，ζ^k の指数を求めよ．(命題 7.12 と比較せよ．)

5. 1 の n 乗根 ζ が原始的であるための必要十分条件は，n のすべての真の約数 d に対して $\zeta^d \neq 1$ であることを示せ．

6. p を素数とする．このとき，次を示せ．

$$\sum_{\omega \in \mu_p} \omega = \begin{cases} 0 & i \in \mathbb{Z} \text{ が } p \text{ で割り切れないとき}, \\ p & i \in \mathbb{Z} \text{ が } p \text{ で割り切れるとき}. \end{cases}$$

[ヒント：第4章のニュートンの公式を使う．]

7. $P = a_n X^n + a_{n-1} X^{n-1} + \cdots + a_1 X + a_0$, $Q = b_m X^m + b_{m-1} X^{m-1} + \cdots + b_1 X + b_0$ $(a_n, b_m = 0)$ を体 F 上の多項式とする．$\mathcal{A}$ を P と Q の終結式 R の定義の中に現れる $m+n$ 次の正方行列とする（したがって，$R = \det \mathcal{A}$，§5.6 を参照せよ，p.63）．このとき，次の行列の積に関する等式を確かめよ．

$$(X^{m+n-1} \ X^{m+n-2} \ \cdots \ X \ 1) \cdot \mathcal{A}$$
$$= (X^{m-1}P \ \cdots \ XP \ P \ X^{n-1}Q \ \cdots \ XQ \ Q).$$

この行列の等式の両辺に，$\mathcal{A}$ の余因子行列の転置行列をかける．得られた行列の最後の行ベクトルを考察し，R が $X^{m-1}P, \cdots, XP, P, X^{n-1}Q, \ldots, XQ, Q$ の 1 次結合であることを導け．ゆえに，$\deg U \leq m-1, \deg V \leq n-1$ で次の式を満たす多項式 $U, V \in F[X]$ が存在する．

$$PU + QV = R.$$

この結果を用いて，定理 5.24 の別証明を与えよ．

8. この最後の問題はオイラーの「ファイ・ファンクション φ」への入門である．

任意の整数 $n \geq 2$ に対して，$\varphi(n)$ を 0 と $n-1$ の間にある n と互いに素である整数の個数とする．このとき，次を示せ．

(a) $\varphi(n) = \deg \Phi_n$ であり，また $\varphi(n)$ は 1 の原始 n 乗根の個数に等しい．
(b) m と n が互いに素ならば，$\varphi(mn) = \varphi(m)\varphi(n)$ が成り立つ．[ヒント：練習問題 3 と比較せよ．]
(c) 任意の素数 p に対して，$\varphi(p^k) = p^{k-1}(p-1)$ が成り立つ．
(d) (b) と (c) より次の公式を導く．$n = p_1^{k_1} \cdots p_r^{k_r}$ $(p_1, \cdots, p_r$ は相異なる素数) とするとき，次が成り立つ．

$$\varphi(n) = \prod_{i=1}^{r} p_i^{k_i-1}(p_i - 1) = n \cdot \prod_{i=1}^{r}(1 - p_i^{-1}).$$

(e) $n = \sum_{d|n} \varphi(d)$ が成り立つ．ただし，d は (n を含めて) n のすべての約数を動く．[ヒント：定義 7.15 と比較せよ．]

第8章

対称関数

8.1 はじめに

18世紀前半の間に，方程式の構造は以前にヴィエト（§4.2）によって考察されたようにますます明らかになってきた．数学者は方程式の根を形式的に計算して，方程式を解かなくてもその係数から得られるある種の情報に気がついた．ジラールが示したように（§4.2），任意の多項式

$$X^n - s_1 X^{n-1} + s_2 X^{n-2} - \cdots + (-1)^n s_n$$
$$= (X - x_1)(X - x_2) \cdots (X - x_n) \quad (8.1)$$

に対して，次の関係がある．

$$\begin{aligned}
s_1 &= x_1 + \cdots + x_n, \\
s_2 &= x_1 x_2 + \cdots + x_{n-1} x_n, \\
s_3 &= x_1 x_2 x_3 + \cdots + x_{n-2} x_{n-1} x_n, \\
&\cdots \\
s_n &= x_1 x_2 \cdots x_n.
\end{aligned} \quad (8.2)$$

ここで，当然次のような問題が自然に発生する．すなわち，根 $x_1, \cdots, x_n$ に関するどのような種類の関数が $s_1, \ldots, s_n$ から計算されるか？

この期間において得られた結果を真に解釈するためには，多項式の根に関する形式的な計算を堅固な基礎の上におき，根 $x_1, \ldots, x_n$ をある基礎体 F（通常は，$F = \mathbb{Q}$，有理数体）上の独立な不定元と考えるべきである．実際，定数で

ない多項式による割り算を含まない不定元のすべての計算は，基礎体 F を含んでいるある体 K の任意の元と同様になされる．このことは次の事実の厳密さを欠いた言い換えになっている．すなわち，$\{x_1,\ldots,x_n\}$ から K への任意の写像は，多項式 $P(x_1,\ldots,x_n)$ に対して，$x_1,\ldots,x_n$ に K の指定された値を代入して得られる K の値を対応させることによって，多項式環 $F[x_1,\cdots,x_n]$ から K への環準同型写像へ（一意的に）拡張される．（定数でない多項式による割り算をしたいと思うときには，注意が必要である．なぜかというと，ある分母は K で 0 になる可能性があるからである．）したがって，次のような定義を導入する．

定義 8.1 $x_1,\ldots,x_n$ がある基礎体 F 上独立な不定元と考えられるとき，上記の多項式 (8.1) は F 上次数 n の**一般** (general または generic) モニック多項式と呼ばれる．このようにして，この一般多項式は $F[x_1,\ldots,x_n]$ に係数をもつ 1 つの不定元 X の多項式となる．それは，$F[x_1,\cdots,x_n,X]$ の元と考えることができる．

この多項式は次のような意味で一般的である．

$$P = X^n + a_{n-1}X^{n-1} + a_{n-2}X^{n-2} + \cdots + a_1 X + a_0$$

が F を含んでいるある体 K 上次数 n の任意のモニック多項式で，K を含んでいるある体 L で次のような 1 次因数の積

$$P = (X - u_1)\cdots(X - u_n), \qquad u_i \in L \ (i = 1,\ldots,n)$$

に分解†しているならば，$x_i\ (i = 1,\ldots,n)$ に対して u_i を対応させる準同型写像 $F[x_1,\cdots,x_n] \longrightarrow L$ が存在する．この環準同型写像は $x_1,\ldots,x_n$ に関する任意の計算を $u_1,\ldots,u_n$ に関する計算に変換する．たとえば，この環準同型写像は $s_1, s_2,\ldots, s_n$ をそれぞれ $-a_{n-1}, a_{n-2},\ldots, (-1)^n a_0 \in K$ に移すことは容易にわかる．これは次のことを意味している．

$$s_1(x_1,\ldots,x_n) = -a_{n-1}, \quad \text{すなわち}, \quad x_1 + \cdots + x_n = -a_{n-1},$$
$$s_2(x_1,\ldots,x_n) = a_{n-2}, \quad \text{すなわち}, \quad x_1 x_2 + \cdots + x_{n-1}x_n = a_{n-2},$$
$$\cdots$$
$$s_n(x_1,\ldots,x_n) = (-1)^n a_0, \quad \text{すなわち}, \quad x_1 \cdots x_n = (-1)^n a_0.$$

---

†P が K を含んでいるある体で 1 次因数に分解する，という条件は常に満足されることを後で見るであろう．§9.2 を参照せよ．しかしながら，この時点でこの条件は除くことはできない（以下の注意 8.8 (a)，p.111 と比較せよ）．

このように任意の元から不定元へと見方を少し変えると, 問題は次のようになる. ($s_1, \ldots, s_n$ を等式 (8.2) で定義したものとするとき), $s_1, \ldots, s_n$ の有理分数式として表される不定元 $x_1, \cdots, x_n$ の有理分数式はどのようなものか？

決定的な条件は次のようなものであることがわかる.

定義 8.2 n 変数の多項式 $P(x_1, \ldots, x_n)$ はそれらの不定元の間で任意の置換をしても変わらないとき, **対称的** (symmetric) であるという. すなわち, $1, \ldots, n$ のすべての置換 σ に対して

$$P(x_{\sigma(1)}, \ldots, x_{\sigma(n)}) = P(x_1, \ldots, x_n)$$

となることである. 同様に n 変数の有理分数式 $\frac{P}{Q}$ は, 不定元の置換によって変わらないとき, **対称的**であるという. すなわち, $1, \ldots, n$ のすべての置換に対して,

$$\frac{P(x_{\sigma(1)}, \ldots, x_{\sigma(n)})}{Q(x_{\sigma(1)}, \ldots, x_{\sigma(n)})} = \frac{P(x_1, \ldots, x_n)}{Q(x_1, \ldots, x_n)}.$$

このことは P と Q が 2 つとも対称式であることを意味しているものではない, ということに注意しよう. P と Q は 2 つとも分数 $\frac{P}{Q}$ を変えることなく任意の 0 でない多項式をかけることができるからである. ところが後で見るように (p.111), すべての対称的な有理分数式は対称的な多項式の商として表される.

多項式 $s_1, \ldots, s_n$ は対称的であるから, 明らかに $s_1, \ldots, s_n$ のすべての有理分数式は $x_1, \ldots, x_n$ に関する対称的な有理分数式である. 次の結果が成り立つので, 逆もまた正しいことがわかる.

定理 8.3 体 F 上 n 変数 $x_1, \ldots, x_n$ の有理分数式が $s_1, \ldots, s_n$ の有理分数式として表されるための必要十分条件は, それが対称的となることである.

この定理は実際多項式に対する同様の結果, すなわち次の定理 8.4 の帰結である.

定理 8.4 体 F 上 n 変数 $x_1, \ldots, x_n$ の多項式が $s_1, \ldots, s_n$ の多項式として表されるための必要十分条件は, それが対称式になることである.

これらの定理はそれぞれ**対称分数式の基本定理**, あるいは**対称多項式の基本定理** (fundamental theorem of symmetric fractions (polynomials)) として知ら

れている．ほかの対称式は $s_1, \ldots, s_n$ によって表されるので，多項式 $s_1, \ldots, s_n$ は，**基本対称多項式** (elementary symmetric polynomial)，または略して**基本対称式**と呼ばれている．

18 世紀の数学者の計算を通して次第に現れてきたために，これらの定理は特定の数学者に帰せられるのはほとんど不可能である（いずれにせよ，これらの証明はさして難しくないので，それほどの与えるべき評価はなかった）．それらは最初に，エドワード・ウェアリング (Edward Waring, 1736-1798) の "Meditationes Algebraicae" とヴァンデルモンドの "Mémoire sur la résolution des équations"（「方程式の解法についての研究報告」），そしてまたおそらくほかの著作の中で 1770 年頃に出版されたようである．また，1770 年にラグランジュは「自明なもの」として対称分数式の基本定理を認めていたことは注意すべきである [40, Art. 98, p. 372]．

したがって，証明に期待する最も興味のある側面はその有効性である．すなわち，それは任意の対称多項式を $s_1, \ldots, s_n$ の多項式として表すための方法を提供するはずである．次の節で，ウェアリングによって提案された特に簡単な方法を説明し [66, 第 1 章，問題 III，場合 3]，その後いくつかの応用を議論する．しかし，最初にすべての項を書き出さなくても対称多項式を表すことが可能になる便利な記号のあることを指摘しておこう．

記号 $\sum x_1^{i_1} x_2^{i_2} \ldots x_n^{i_n}$ によって，$x_1^{i_1} x_2^{i_2} \ldots x_n^{i_n}$ から不定元の置換によって得られるすべての異なった単項式の和である対称多項式を表すものとする．指数 $i_1, \ldots, i_n$ のいくつかは 0 であることが可能であるから，不定元の総数が記号から明確でないとこの記号は少し不明瞭である．したがって，状況から明らかでないとき変数の総数は常に指示されるべきである．たとえば，2 変数の対称多項式としては

$$\sum x_1^2 x_2 = x_1^2 x_2 + x_1 x_2^2$$

であり，3 変数の対称多項式としては

$$\sum x_1^2 x_2 = x_1^2 x_2 + x_1 x_2^2 + x_1^2 x_3 + x_1 x_3^2 + x_2^2 x_3 + x_2 x_3^2.$$

この記号によって，基本対称多項式は簡潔に次のように表される．

$$s_1 = \sum x_1, \quad s_2 = \sum x_1 x_2, \quad \ldots, \quad s_{n-1} = \sum x_1 \cdots x_{n-1},$$
$$s_n = \sum x_1 \cdots x_n \quad (= x_1 \cdots x_n).$$

8.2　ウェアリングの方法

　n 変数の多項式の次数を定義するために，整数の n 列の集合 $\mathbb{N}^n$ に辞書式順序を定義する．すなわち，列 $i_1 - j_1, \ldots, i_n - j_n$ の中の（存在すれば）最初の 0 でない差が正であるとき，$(i_1, \ldots, i_n) \geq (j_1, \ldots, j_n)$ とする．体上 n 変数 $x_1, \ldots, x_n$ の任意の 0 でない多項式 $P = P(x_1, \ldots, x_n)$ に対して，P の**次数** (degree) を，P の中で係数が 0 でない $x_1^{i_1} \cdots x_n^{i_n}$ の n 列 $(i_1, \ldots, i_n) \in \mathbb{N}^n$ の最大のものとして定義する．たとえば，

$$\begin{aligned} \deg s_1 &= (1, 0, 0, \ldots, 0), \\ \deg s_2 &= (1, 1, 0, \ldots, 0), \\ &\cdots \\ \deg s_{n-1} &= (1, 1, \ldots, 1, 0), \\ \deg s_n &= (1, 1, \ldots, 1, 1), \end{aligned} \tag{8.3}$$

慣例によって，$\deg 0 = -\infty$ とする．また，1 変数の多項式に対するものと同様な関係が成り立つ．すなわち，

$$\deg(P + Q) \leq \max(\deg P, \deg Q), \tag{8.4}$$

$$\deg(PQ) = \deg P + \deg Q. \tag{8.5}$$

定理 8.4 の証明　任意の対称多項式 $P(x_1, \ldots, x_n)$ を $s_1, \ldots, s_n$ の多項式として表すためのウェアリングの方法はユークリッドの除法のアルゴリズムときわめて似ている（定理 5.1，p. 48）．この基本的な考え方は P に P と同じ次数をもつ $s_1, \ldots, s_n$ のある多項式を結びつけることである．最高次の係数を調整して，それらの差の次数を $\deg P$ より小さくなるように調整することができる．すると，次数についての帰納法によって証明を終えることができる．

　$P \in F[x_1, \ldots, x_n]$ を任意の 0 でない対称多項式とし，

$$\deg P = (i_1, i_2, \ldots, i_n) \in \mathbb{N}^n$$

とする．最初に，$i_1 \geq i_2 \geq \cdots \geq i_n$ であることがわかる．実際，P の項の中に $ax_1^{i_1} \cdots x_n^{i_n}$ $(a \neq 0)$ のような項が存在すれば，P は対称式であるから，この項から $x_1, \ldots, x_n$ の置換によって得られるすべての項が P の項にある．これらの項の次数は $(i_1, \ldots, i_n)$ から成分の置換によって得られるすべての n 列であり，これらの n 列の最大のものはその成分が増加列でないようなものである．

　したがって，次のようにおくことができる．

$$f = s_1^{i_1 - i_2} s_2^{i_2 - i_3} \cdots s_{n-1}^{i_{n-1} - i_n} s_n^{i_n}.$$

(8.3) と (8.5) より次が成り立つ．

$$
\begin{aligned}
\deg f &= (i_1 - i_2)\deg(s_1) + (i_2 - i_3)\deg(s_2) + \cdots + i_n \deg(s_n) \\
&= (i_1 - i_2, 0, \ldots, 0) + (i_2 - i_3, i_2 - i_3, 0, \ldots, 0) + \cdots + (i_n, \ldots, i_n) \\
&= (i_1, i_2, \ldots, i_n).
\end{aligned}
$$

さらに，f の最高次係数は $x_1^{i_1} \cdots x_n^{i_n}$ の係数であって，これは 1 となることは容易に確かめられるので

$$ f = x_1^{i_1} \cdots x_n^{i_n} + (\text{低い次数の項}) $$

と表される．ゆえに，$a \in F^\times$ を P の最高次係数として，

$$ P = ax_1^{i_1} \cdots x_n^{i_n} + (\text{低い次数の項}) $$

と表し，$P_1 = P - af$ とおけば $\deg P_1 < \deg P$ となる．さらに，P と f は対称式であるから，P_1 も対称式である（0 となる可能性もある）．したがって，P より低い次数をもつ P_1 に対して同じ議論を適用することができる．

ウェアリングの言葉は次のようである．

> 解法の第 1 段階は $S^a \times R^{b-a} \times Q^{c-b} \times P^{d-c} \cdots$ を求めることである．これらの項の中で，1 つの特別な積が求める和であり，残りの項は同じ方法により同一視され，そして捨てられる．[66, p.13]

証明を完成させるためには，上記の手順により最初の対称多項式の次数は引き下げられ，その手順が有限回の操作で終わることを証明することだけが残っている．これは次の考察から容易にわかる．

補題 8.5 $\mathbb{N}^n$ は**降鎖条件** (descending chain condition) を満足する．すなわち，$\mathbb{N}^n$ はいかなる狭義の意味における無限の降鎖列も含まない．

証明 $n = 1$ のとき，補題は自明であるから，n についての帰納法によって証明する．

$$ (i_{11}, i_{12}, \ldots, i_{1n}) > (i_{21}, i_{22}, \ldots, i_{2n}) > \cdots > (i_{m1}, i_{m2}, \ldots, i_{mn}) > \cdots \tag{8.6} $$

が $\mathbb{N}^n$ における狭義の降鎖列とすると，最初の成分の列は増加しないので，

$$ i_{11} \geq i_{21} \geq \cdots \geq i_{m1} \geq \cdots. $$

ゆえに，この列はついには一定となる．すなわち，ある添え字 M が存在して

$$i_{m1} = i_{M1} \quad (\text{すべての} m \geq M \text{ に対して}).$$

列 (8.6) において最初の $M-1$ 項を除いて，残った（無限の）列において各項の後の $n-1$ 列を考える．

$$(i_{M2}, i_{M3}, \ldots, i_{Mn}) > (i_{(M+1)2}, i_{(M+1)3}, \ldots, i_{(M+1)n}) > \cdots.$$

このようにして，$\mathbb{N}^{n-1}$ における狭義の減少列を得る．このような列の存在は帰納法の仮定に矛盾する． □

例 8.6 3 変数の対称多項式を s_1, s_2, s_3 の多項式として表してみよう．

$$S = \sum x_1^4 x_2 x_3 + \sum x_1^3 x_2^3$$

(すなわち，$S = x_1^4 x_2 x_3 + x_1 x_2^4 x_3 + x_1 x_2 x_3^4 + x_1^3 x_2^3 + x_1^3 x_3^3 + x_2^3 x_3^3$ のことである．§8.1 の終わりのところで設定された記号 (p.106) を参照せよ)．$(4,1,1) > (3,3,0)$ であるから，S の次数は $(4,1,1)$ である．そこで，最初に $s_1^{4-1} s_2^{1-1} s_3^1$ を計算する．

$$s_1^3 s_3 = \left(\sum x_1\right)^3 (x_1 x_2 x_3) = \sum x_1^4 x_2 x_3 + 3 \sum x_1^3 x_2^2 x_3 + 6 x_1^2 x_2^2 x_3^2.$$

ゆえに，

$$S = \sum x_1^3 x_2^3 - 3 \sum x_1^3 x_2^2 x_3 - 6 x_1^2 x_2^2 x_3^2 + s_1^3 s_3.$$

次数 $(3,3,0)$ の多項式を s_1, s_2, s_3 によって表すことが残っている．ゆえに，s_2 の 3 乗を計算する．

$$s_2^3 = \left(\sum x_1 x_2\right)^3 = \sum x_1^3 x_2^3 + 3 \sum x_1^3 x_2^2 x_3 + 6 x_1^2 x_2^2 x_3^2.$$

前に求めた S の表現の中の $\sum x_1^3 x_2^3$ にこれを代入すると次を得る．

$$S = -6 \sum x_1^3 x_2^2 x_3 - 12 x_1^2 x_2^2 x_3^2 + s_1^3 s_3 + s_2^3.$$

次に，$\sum x_1^3 x_2^2 x_3$ を消去するために，$s_1 s_2 s_3$ を計算する．

$$s_1 s_2 s_3 = \left(\sum x_1\right)\left(\sum x_1 x_2\right)(x_1 x_2 x_3) = \sum x_1^3 x_2^2 x_3 + 3 x_1^2 x_2^2 x_3^2.$$

これより，

$$S = 6 x_1^2 x_2^2 x_3^2 + s_1^3 s_3 + s_2^3 - 6 s_1 s_2 s_3.$$

$x_1^2 x_2^2 x_3^2 = s_3^2$ であるから,ついに求める次の式が得られた.

$$S = s_1^3 s_3 + s_2^3 - 6 s_1 s_2 s_3 + 6 s_3^2.$$

この簡潔な例からわかるように,ウェアリングの方法を実行するときの唯一つの問題は,さまざまな単項式を正しい係数をもつ $s_1^{i_1} \cdots s_n^{i_n}$ のような積で書き表すことである.

有理分数式:定理 8.3 の証明 P, Q を n 変数 $x_1, \ldots, x_n$ の多項式で,有理分数式 $\frac{P}{Q}$ が対称的であるとする.$\frac{P}{Q}$ が $s_1, \ldots, s_n$ の有理分数式であることを示すために,$\frac{P}{Q}$ を次のように $x_1, \ldots, x_n$ の対称多項式の商として表現する.すなわち,Q が対称式ならば,$\frac{P}{Q}$ が対称式であるから P も対称式である.このとき,何も示すべきことはない.そうでないとき,Q から変数の置換によって得られる(Q と異なった) すべての多項式を $Q_1, \ldots, Q_r$ とする.このとき,積 $QQ_1 \cdots Q_r$ は任意の変数の置換によって単に因数を置換するだけであるから対称式である.すると,$\frac{P}{Q}$ は対称式で $\frac{P}{Q} = \frac{PQ_1 \cdots Q_r}{QQ_1 \cdots Q_r}$ であるから,多項式 $PQ_1 \cdots Q_r$ も対称式である.以上より,$\frac{P}{Q}$ の求める表現が得られた.今,対称多項式の基本定理(定理 8.4)によって,多項式 f, g が存在して

$$PQ_1 \cdots Q_r = f(s_1, \ldots s_n), \qquad QQ_1 \cdots Q_r = g(s_1, \ldots, s_n)$$

と表されるので,$\frac{P}{Q} = \frac{f(s_1, \ldots, s_n)}{g(s_1, \ldots, s_n)}$ と表される. □

対称多項式の基本定理は次のことを主張している.すなわち,すべての対称多項式 $P(x_1, \ldots, x_n)$ は n 変数のある多項式 f が存在して,

$$P(x_1, \ldots, x_n) = f(s_1, \ldots, s_n)$$

という形に表される.言い換えると,n 変数の多項式 $f(y_1, \ldots, y_n)$ が存在して,不定元 $y_1, \ldots, y_n$ に $s_1, \ldots, s_n$ を代入すると $f(y_1, \ldots, y_n)$ は $P(x_1, \ldots, x_n)$ になることを意味している.しかしながら,$s_1, \ldots, s_n$ の多項式として P の表現が一意的であること,すなわち,上記の等式が成り立つような多項式 f が唯一つであることは演繹的 (a priori) には明らかではない.実をいえば,その正反対であることは意外なことであろう.しかし,ガウス以前に誰も f の唯一性を証明することに関心をもった者はいないようである.ガウスは代数学の基本定理の彼の第 2 の証明(1815 年)に対して,そのことが必要だった [25, §5].(Smith [54, vol. I, pp. 292-306] も参照せよ.)

定理 8.7 f と g を体 F 上 n 個の不定元 $y_1, \ldots, y_n$ の多項式とする. $y_1, \ldots, y_n$ に $s_1, \ldots, s_n$ を代入したとき, f と g が $x_1, \ldots, x_n$ に関する同じ多項式ならば, すなわち, $F[x_1, \ldots, x_n]$ において,

$$f(s_1, \ldots, s_n) = g(s_1, \ldots, s_n)$$

ならば, $F[y_1, \ldots, y_n]$ において次が成り立つ.

$$f(y_1, \ldots, y_n) = g(y_1, \ldots, y_n).$$

証明 0 でない単項式

$$m(y_1, \ldots, y_n) = a y_1^{i_1} \cdots y_n^{i_n}$$

の次数 $(i_1, \ldots, i_n)$ を次の多項式

$$m(s_1, \ldots, s_n) = a s_1^{i_1} \cdots s_n^{i_n} \in F[x_1, \ldots, x_n]$$

の次数と比較する. (8.3) と (8.5) によって,

$$\deg m(s_1, \ldots, s_n) = (i_1 + \cdots + i_n, i_2 + \cdots + i_n, \ldots, i_{n-1} + i_n, i_n).$$

$(i_1, \ldots, i_n) \mapsto (i_1 + \cdots + i_n, i_2 + \cdots + i_n, \ldots, i_n)$ によって定まる $\mathbb{N}^n$ から $\mathbb{N}^n$ への写像は単射であるから, $y_1, \ldots, y_n$ に $s_1, \ldots, s_n$ を代入したとき $F[y_1, \ldots, y_n]$ の異なる次数の単項式は $F[x_1, \ldots, x_n]$ において消去されない. したがって, すべての 0 でない多項式 $h \in F[y_1, \ldots, y_n]$ は $F[x_1, \ldots, x_n]$ において 0 でない多項式 $h(s_1, \ldots, s_n)$ を与える. この結果を $h = f - g$ に適用すれば定理が得られる. □

注意 8.8 (a) $\varphi : F[y_1, \ldots, y_n] \to F[x_1, \ldots, x_n]$ をすべての多項式 $h(y_1, \ldots, y_n)$ を $h(s_1, \ldots, s_n)$ に移す環準同型写像とする. 前定理は φ が単射であることを主張している. したがって, φ の像は $s_1, \ldots, s_n$ によって生成される $F[x_1, \ldots, x_n]$ の部分環 $F[s_1, \ldots, s_n]$ であり, これは φ によって n 個の不定元の多項式環に同型である. 言い換えると, $F[x_1, \ldots, x_n]$ の多項式 $s_1, \ldots, s_n$ は独立な不定元と考えることができる. この事実は $s_1, \ldots, s_n$ は**代数的に独立** (algebraically independent) であるという言い方によって表現される.

この注意の要点は, 体 F 上次数 n の一般モニック多項式

$$X^n - s_1 X^{n-1} + s_2 X^{n-2} - \cdots + (-1)^n s_n$$

は F を含んでいる体 K 上次数 n のすべてのモニック多項式に対して実際に一般的である．すなわち，

$$X^n + a_{n-1}X^{n-1} + a_{n-2}X^{n-2} + \cdots + a_0$$

をこのような多項式とすれば，$s_1,\ldots,s_n$ は F 上独立な不定元と見ることができるので，$s_1, s_2, \ldots, s_n$ を $-a_{n-1}, a_{n-2}, \ldots, (-1)^n a_0$ に移す $F[s_1, \ldots, s_n]$ から K への（唯一つの）環準同型写像が存在する．この準同型写像は一般多項式の係数に関する計算を，任意の多項式の係数に関する計算に変換する．定義 8.1 に続く議論との比較によって，我々はここで基礎体のある拡大体上で 1 次因数に分解する多項式に限定する必要はなくなる．これがガウスの論文 [25] の中で定理 8.7 がなぜ重要であったかという理由である．というのは，この論文の目的は多項式が複素数体上で 1 次因数に分解することを主張している代数学の基本定理を証明することにあったからである．

(b) 調べてみると，基礎の環 F が体であるという仮定は，ウェアリングの方法の我々の解説にも定理 8.7 の証明にも使われていない．したがって，定理 8.4 と定理 8.7 は任意の基礎環上でも成り立つ．定理 8.3 もまた任意の（可換な）整域上で成り立つ．しかし，それをさらに一般化するためには，有理分数式のまさにその定義において若干の注意が必要である．

8.3 判別式

$$\Delta(x_1,\ldots,x_n) = \prod_{1 \leq i < j \leq n}(x_i - x_y) \in \mathbb{Z}[x_1,\ldots,x_n]$$

とする．$x_1,\ldots,x_n$ のすべての置換は，すべての因数 $x_i - x_j$ の間でそれらのいくつかを符号を変えて入れ替える．すると，Δ は 1 つの置換によって不変であるか符号が反対になるかのいずれかである．また，Δ^2 は対称多項式である．したがって，定理 8.4（と定理 8.7）より，整係数をもつある（矛盾なく定義された）多項式 D が存在して

$$\Delta(x_1,\ldots,x_n)^2 = D(s_1,\ldots,s_n)$$

と表される．この D を次数 n の一般多項式の**判別式** (discriminant) という．

体 F 上の任意の多項式

$$X^n + a_{n-1}X^{n-1} + a_{n-2}X^{n-2} + \cdots + a_0$$

の判別式は $D(-a_{n-1}, a_{n-2}, \ldots, (-1)^n a_0)$ として定義される．すなわち，$D(s_1, \ldots, s_n)$ において，$s_1, \ldots, s_n$ にこの多項式の係数を代入して得られる F の元である．

次数 2 のとき，容易に次式の成立することがわかる．

$$\Delta(x_1, x_2)^2 = (x_1 - x_2)^2 = x_1^2 + x_2^2 - 2x_1 x_2.$$

この対称多項式は基本対称式によって次のように表される．

$$\Delta(x_1, x_2)^2 = (x_1 + x_2)^2 - 4x_1 x_2 = s_1^2 - 4s_2.$$

したがって，次数 2 の一般多項式の判別式は次のようになる．

$$D(s_1, s_2) = s_1^2 - 4s_2$$

次数 3 については，計算を簡単にするための技巧が少し必要である．単項式の和として表すと，$\Delta(x_1, x_2, x_3) = (x_1 - x_2)(x_1 - x_3)(x_2 - x_3)$ は

$$\Delta(x_1, x_2, x_3) = A - B$$

として表される．ただし，

$$A = x_1^2 x_2 + x_2^2 x_3 + x_3^2 x_1, \qquad B = x_1 x_2^2 + x_2 x_3^2 + x_3 x_1^2.$$

したがって，

$$\Delta(x_1, x_2, x_3)^2 = A^2 + B^2 - 2AB = (A + B)^2 - 4AB. \tag{8.7}$$

さて，$A + B$ と AB は対称多項式で，s_1, s_2, s_3 によって，表すことは難しくはない．ウェアリングの方法による直接的な計算によって，次のようになる（記号は §8.1 の末尾 (p.106) に定義されたものである．例 8.6 を参照せよ）．

$$A + B = \sum x_1^2 x_2 = s_1 s_2 - 3s_3,$$
$$AB = \sum x_1^4 x_2 x_3 + \sum x_1^3 x_2^3 + 3x_1^2 x_2^2 x_3^2 = s_1^3 s_3 + s_2^3 - 6s_1 s_2 s_3 + 9s_3^2.$$

$\Delta(x_1, x_2, x_3)^2$ に等しい判別式 $D(s_1, s_2, s_3)$ は上記等式 (8.7) より容易に計算され，次のようになる．

$$D(s_1, s_2, s_3) = s_1^2 s_2^2 + 18 s_1 s_2 s_3 - 27 s_3^2 - 4 s_1^3 s_3 - 4 s_2^3.$$

したがって，特に $X^3 + pX + q$ の判別式は $-27q^2 - 4p^3$ となる．d によって，この判別式を表すと，

$$d = -2^2 3^3 \left(\left(\frac{p}{3}\right)^3 + \left(\frac{q}{2}\right)^2 \right). \tag{8.8}$$

実係数をもつ多項式の根に関するいかなる種類の情報が，この判別式から得られるかを以下考察しよう．次の簡単な結果が必要となる．

補題 8.9 $a \in \mathbb{C}$ が多項式 $P \in \mathbb{R}[X]$ の根ならば，その共役複素数 $\bar{a}$ も P の根である．

証明 等式 $P(a) = 0$ の両辺の共役をとると，P の係数はそれら自身の共役に一致しているので $P(\bar{a}) = 0$ を得る． □

定理 8.10 $P \in \mathbb{R}[X]$ を実係数のモニック多項式とし，$\mathbb{C}$ 上で次のような1次因数の積に分解しているものとする†．

$$P = (x - u_1) \cdots (x - u_n) \qquad (u_1, \ldots, u_n \in \mathbb{C}).$$

$d \in \mathbb{R}$ を P の判別式とする．このとき，等式 $d = 0$ が成り立つための必要十分条件は，P が $\mathbb{C}$ に少なくとも重複度2の根を1つもつことである．P のすべての根が実数ならば，$d \geq 0$ となる．$n = 2, 3$ ならば，逆も成り立つ．

証明 一般多項式の根に関する計算は P の根 $u_1, \ldots, u_n$ に関しても成り立つので（定義8.1に続く議論を参照せよ），次が成り立つ．

$$d = \Delta(u_1, \ldots, u_n)^2 = \prod_{1 \leq i < j \leq n} (u_i - u_j)^2.$$

これより，すべての根 $u_1, \ldots, u_n$ が実数ならば $d \geq 0$ であることがわかる．P が少なくとも重複度2の根をもつときは，$i \neq j$ を満たすある添え字 i, j に対して $u_i - u_j = 0$ であるから，上記の積は0である因数をもつので $d = 0$ となる．P の根がすべて単根ならば，任意の因数は0ではない．ゆえに，$d \neq 0$ である．

$n = 2$ のとき，

$$d = (u_1 - u_2)^2.$$

---

†代数学の基本定理（定理9.1, p.121）によって，これが P についての制限にならないことがわかる．

u_1 が実数でなければ，前の補題より $u_2 = \overline{u_1}$ である．したがって，$\overline{(u_1 - u_2)} = -(u_1 - u_2)$ となるから，

$$(u_1 - u_2)^2 = -(u_1 - u_2)\overline{(u_1 - u_2)} = -|u_1 - u_2|^2.$$

ゆえに，$d < 0$ となる．

同様に，$n = 3$ のとき，

$$d = (u_1 - u_2)^2 (u_1 - u_3)^2 (u_2 - u_3)^2.$$

根の1つが，たとえば u_1 が実数でないとすると，その共役 $\overline{u_1}$ は u_2 か u_3 である．一般性を失わずして，$\overline{u_1} = u_2$ としてよい．このとき，$(X - u_1)(X - u_2) \in \mathbb{R}[X]$ となるから，

$$X - u_3 = \frac{P}{(X - u_1)(X - u_2)} \in \mathbb{R}[X].$$

これは $u_3 \in \mathbb{R}$ であることを示している．ゆえに次が成り立つ．

$$\overline{(u_1 - u_2)} = -(u_1 - u_2), \qquad \overline{(u_1 - u_3)} = (u_2 - u_3),$$

$$\overline{(u_2 - u_3)} = (u_1 - u_3).$$

したがって，

$$\overline{(u_1 - u_2)(u_1 - u_3)(u_2 - u_3)} = -(u_1 - u_2)(u_1 - u_3)(u_2 - u_3)$$

となるから，

$$d = -|(u_1 - u_2)(u_1 - u_3)(u_2 - u_3)|^2 < 0. \qquad \square$$

注意 8.11 (a) $n \geq 4$ のとき，d の符号は4の倍数を除いて P の実根の個数を決定する．練習問題4を参照せよ．

(b) 前定理における（重根についての）最初の部分は任意の体上で成り立つ．ゆえに，（モニック）多項式が基礎体のある拡大体において少なくとも1つの重根をもつための必要十分条件を2つ得たことになる．すなわち，その判別式が0であることと，もう1つ同値である，多項式がその導関数と定数でない公約数をもつという条件である（命題5.19, p.60 を参照せよ）．これら2つの条件の同値であることは定理5.24を用いて直接に確かめることができる．実際，モニック多項式 P の判別式は，P とその導関数 ∂P の終結式に一致している．練習問題6を参照せよ．

116   第 8 章 対称関数

系 8.12 $p, q \in \mathbb{R}$ とする．このとき，方程式

$$X^3 + pX + q = 0$$

が 3 つの相異なる実根をもつための必要十分条件は $\left(\frac{p}{3}\right)^3 + \left(\frac{q}{2}\right)^2 < 0$ となることである．

証明 $X^3 + pX + q$ の判別式 d は

$$d = -2^2 3^3 \left(\left(\frac{p}{3}\right)^3 + \left(\frac{q}{2}\right)^2\right)$$

であるから（式 (8.8), p.114 を参照せよ），この系は前定理より容易に従う．□

この系は，3 次方程式の「不還元の場合」は（§2.3 (c) を参照せよ），その方程式が 3 つの相違なる実根をもつ場合であり，そのときに限ることを示している．

付録： 完全平方数の逆数による級数のオイラー和

1735 年頃，オイラーは級数 $\sum_{k=1}^{\infty} \frac{1}{k^2}$ の和を求めることに成功し，したがって，ライプニッツとジャック・ベルヌーイ (Jacques Bernoulli) を困惑させたある結果を成し遂げた（ボイヤー (Boyer) [8, ch. 21. n°4] または Goldstine [27, §3.2] を参照せよ）．彼の方法はあるベキ級数に対して多項式の根と係数の関係を適用することであった．

一般多項式

$$X^n - s_1 X^{n-1} + s_2 X^{n-2} - \cdots + (-1)^n s_n = (X - x_1) \cdots (X - x_n)$$

に対して，次が成り立つ．

$$s_1 = \sum x_1, \; s_2 = \sum x_1 x_2, \; \ldots, \; s_{n-1} = \sum x_1 \cdots x_{n-1}, \; s_n = x_1 \cdots x_n.$$

したがって，有理分数式に対して §8.1 の終わりのところで定義した記号 (p. 106) を用いると，次の式の成り立つことがわかる．

$$\sum x_1^{-1} = s_{n-1} s_n^{-1}, \; \sum (x_1 x_2)^{-1} = s_{n-2} s_n^{-1}, \; \ldots,$$
$$\sum (x_1 \cdots x_{n-1})^{-1} = s_1 s_n^{-1}.$$

§4.2 におけるニュートンの公式に対するものと同じ計算によって,次を得る.

$$\sum x_1^{-2} = \left(\sum x_1^{-1}\right)^2 - 2\sum(x_1x_2)^{-1} = (s_{n-1}^2 - 2s_{n-2}s_n)s_n^{-2},$$

$$\sum x_1^{-3} = \left(\sum x_1^{-1}\right)\left(\sum x_1^{-2}\right) - \left(\sum(x_1x_2)^{-1}\right)\left(\sum x_1^{-1}\right) + 3\sum(x_1x_2x_3)^{-1}$$

$$= (s_{n-1}^3 - 3s_{n-2}s_{n-1}s_n + 3s_{n-3}s_n^2)s_n^{-3},$$

$\cdots$.

今,もし $u_1,\ldots,u_n$ を(モニックでなくともよい)任意の多項式

$$a_nX^n + a_{n-1}X^{n-1} + \cdots + a_1X + a_0, \qquad (a_n \neq 0)$$

の根とすると,$u_1,\ldots,u_n$ は次のモニック多項式の根である.

$$X^n + a_{n-1}a_n^{-1}X^{n-1} + \cdots + a_1a_n^{-1}X + a_0a_n^{-1}.$$

上記の計算で,$s_1, s_2, \ldots, s_n$ に $-a_{n-1}a_n^{-1}, a_{n-2}a_n^{-1}, \ldots, (-1)^n a_0 a_n^{-1}$ を代入すると,次の式が得られる.

$$u_1^{-1} + \cdots + u_n^{-1} = -a_1 a_0^{-1}, \tag{8.9}$$

$$u_1^{-2} + \cdots + u_n^{-2} = (a_1^2 - 2a_2a_0)a_0^{-2}, \tag{8.10}$$

$$u_1^{-3} + \cdots + u_n^{-3} = (-a_1^3 + 3a_2a_1a_0 - 3a_3a_0^2)a_0^{-3}. \tag{8.11}$$

オイラーが指摘したように,これらの計算は「無限の多項式」と考えたときの正弦関数に適用すると興味ある結果を与える.

$$\sin z = z - \frac{z^3}{3!} + \frac{z^5}{5!} - \frac{z^7}{7!} + \cdots.$$

これは,根として $0, \pm\pi, \pm 2\pi, \pm 3\pi, \cdots$ をもつ.この級数を z で割ることによって,根 0 を除き,変数を $x = z^2$ に変換すると,根 $\pi^2, (2\pi)^2, (3\pi)^2, \cdots$ をもつ次の級数を得る.

$$1 - \frac{x}{3!} + \frac{x^2}{5!} - \frac{x^3}{7!} + \cdots.$$

$n = \infty$, $a_0 = 1$, $a_1 = -\frac{1}{3!}$, $a_2 = \frac{1}{5!}$, $a_3 = -\frac{1}{7!}$, $\ldots$ としたとき,方程式 (8.9), (8.10), (8.11) は次の式を与える.

$$\sum_{k=1}^{\infty}(k\pi)^{-2} = \frac{1}{6}, \qquad \sum_{k=1}^{\infty}(k\pi)^{-4} = \frac{1}{90}, \qquad \sum_{k=1}^{\infty}(k\pi)^{-6} = \frac{1}{945}, \quad \cdots.$$

これらの両辺に π の適当なベキをかけると,それぞれ次の式を得る.

$$\sum_{k=1}^{\infty}\frac{1}{k^2}=\frac{\pi^2}{6}, \qquad \sum_{k=1}^{\infty}\frac{1}{k^4}=\frac{\pi^4}{90}, \qquad \sum_{k=1}^{\infty}\frac{1}{k^6}=\frac{\pi^6}{945}, \qquad \cdots.$$

もちろん,オイラーの計算が正しいことは自明なことではないが,それらは厳密に証明することができる.問題になる部分は,正弦関数が1つの無限積として表されるということである.

$$\sin z = z\prod_{k=1}^{\infty}\left(1-\frac{z^2}{k^2\pi^2}\right), \qquad z\in\mathbb{C}.$$

上の計算は,奇数 s における次のリーマン (Riemann) のゼータ関数の値についての何ら情報を与えるものではないことも注意しておこう.

$$\zeta(s)=\sum_{k=1}^{\infty}\frac{1}{k^s}.$$

実際,これらの値についてはほんのわずかしか知られていない.最近まで,$\zeta(3)$ が有理数であるかないかさえわかっていなかった.この問題は 1978 年にアペリィ (Roger Apéry) によって否定的に解決された (Van der Poorten [60] 参照).

練習問題

1. 次の練習問題は多項式の判別式を計算するための,もう1つ別の手続きを与える.

$$P(X)=X^n-s_1X^{n-1}+\cdots+(-1)^ns_n=(X-x_1)\cdots(X-x_n)$$

に対して,$\sigma_i=\sum_{j=1}^n x_j^i\ (i=1,2,\ldots)$ とし,A と B を次のような $n\times n$ 型行列とする.

$$A=\begin{pmatrix} 1 & 1 & \cdots & 1 \\ x_1 & x_2 & \cdots & x_n \\ x_1^2 & x_2^2 & \cdots & x_n^2 \\ \vdots & \vdots & & \vdots \\ x_1^{n-1} & x_2^{n-1} & \cdots & x_n^{n-1} \end{pmatrix},$$

$$B = \begin{pmatrix} n & \sigma_1 & \sigma_2 & \cdots & \sigma_{n-1} \\ \sigma_1 & \sigma_2 & \sigma_3 & \cdots & \sigma_n \\ \sigma_2 & \sigma_3 & \sigma_4 & \cdots & \sigma_{n+1} \\ \vdots & \vdots & \vdots & & \vdots \\ \sigma_{n-1} & \sigma_n & \sigma_{n+1} & \cdots & \sigma_{2n-2} \end{pmatrix}$$

(a) $\det A = \prod_{i>j}(x_i - x_j)$ を示せ（この行列 A はヴァンデルモンドの行列 (Vandermond matrix) と呼ばれている）．

(b) $B = A\,{}^tA$ を示せ（${}^tA$ は A の転置行列を表す）．

(c) (a) と (b) より $P(X)$ の判別式は次の式で与えられることを導け．

$$D(s_1, \ldots, s_n) = \det B.$$

(d) この結果を用いて，多項式 $X^n + pX + q$ の判別式は次のようになることを示せ．

$$(-1)^{\frac{n(n-1)}{2}} \left((-1)^{n-1}(n-1)^{n-1} p^n + n^n q^{n-1} \right).$$

2. x_1, x_2, x_3 を 3 次方程式 $X^3 + pX + q = 0$ の根とする．このとき，根を $(x_1 - x_2)^2$, $(x_1 - x_3)^2$, $(x_2 - x_3)^2$ とする方程式は

$$Y^3 + 6pY^2 + 9p^2 Y + (4p^3 + 27q^2) = 0$$

であることを示せ．この方程式は与えられた 3 次方程式の**差平方の方程式** (equation of squared differences) と呼ばれている．

3. 多項式

$$\begin{aligned} P(X) &= X^4 - s_1 X^3 + s_2 X^2 - s_3 X + s_4 \\ &= (X - x_1)(X - x_2)(X - x_3)(X - x_4) \end{aligned}$$

に対して，次のようにおく．

$$\begin{aligned} u_1 &= (x_1 + x_2)(x_3 + x_4), & v_1 &= x_1 x_2 + x_3 x_4, \\ u_2 &= (x_1 + x_3)(x_2 + x_4), & v_2 &= x_1 x_3 + x_2 x_4, \\ u_3 &= (x_1 + x_4)(x_2 + x_3), & v_3 &= x_1 x_4 + x_2 x_3. \end{aligned}$$

(a) u_1, u_2, u_3 を根とする方程式は

$$Q(Y) = Y^3 - 2s_2 Y^2 + (s_2^2 + s_1 s_3 - 4s_4)Y - (s_1 s_2 s_3 - s_1^2 s_4 - s_3^2) = 0$$

であり，v_1, v_2, v_3 を根とする方程式は

$$R(Z) = Z^3 - s_2 Z^2 + (s_1 s_3 - 4s_4) Z - (s_1^2 s_4 - 4s_2 s_4 + s_3^2) = 0$$

であることを示せ（第3章の方程式 (3.5), p. 25 と (3.6), p. 26 を比較せよ）.

(b) P, Q, R の判別式はすべて同じになることを示せ．[ヒント: $\Delta(X_1, X_2, X_3, X_4) = -\Delta(u_1, u_2, u_3) = -\Delta(v_1, v_2, v_3)$ を示せ.]

4. $P \in \mathbb{R}[X]$ を実係数のモニック多項式で，$\mathbb{C}$ 上で1次因数の積に分解しているものとする．ゆえに，$P = (X - u_1) \cdots (X - u_n)$, $u_i \in \mathbb{C}$ と表される．P の根 $u_1, \ldots, u_n$ は相異なると仮定し，それらの根の中で実根であるものの個数を r とする．さらに，d を P の判別式とする．このとき，$n - r$ は偶数であり，$n - r$ が 4 で割り切れるための必要十分条件は $d > 0$ であることを示せ.

5. $P = (X - x_1) \cdots (X - x_n)$, $Q = (X - y_1) \cdots (X - y_m)$ とする．このとき，P と Q の終結式は次のようになることを示せ．

$$\prod_{i=1}^{n} \prod_{j=1}^{m} (x_i - y_j) = \prod_{i=1}^{n} Q(x_i) = (-1)^n \prod_{j=1}^{m} P(y_j).$$

[ヒント: $x_1, \ldots, x_n, y_1, \ldots, y_m$ を不定元として考え，定理 5.24 (p.63) を用いる.]

6. $P = (X - x_1) \cdots (X - x_n)$ とし，d を P の判別式，R を P とその導関数 ∂P の終結式を表すものとする．このとき，次を示せ．

$$R = \prod_{i \neq j} (x_i - x_j) = (-1)^{\frac{n(n-1)}{2}} d.$$

[ヒント: $\partial P(x_i)$ を計算し，練習問題 5 を用いる.]

第9章

代数学の基本定理

9.1 はじめに

この章の題名は次の結果に由来する．

定理 9.1 複素数体 $\mathbb{C}$ 上の 0 でない多項式の根の個数は，その重複度も含めてその多項式の次数に一致する．

定理 5.15 により，同値な命題であるが，代数学の基本定理は，すべての多項式は $\mathbb{C}[X]$ において 1 次因数の積に分解することを主張している．さらにまた，実多項式のみによる次の同値な定式化もある．

定理 9.2 すべての（定数でない）実多項式は次数が 1 または 2 の（実）多項式の積に分解される．

これらの命題の同値性については以下の命題 9.6 において示される．

定理 9.1 はあまり厳密でない形ではジラールにまで遡ることができる (§4.2, p.39 を参照せよ)．実際，ライプニッツの提出した反例は (§7.2, p.80)，18 世紀の初頭において証明というものが現代のものとまだいかにかけ離れたものであるかということを明らかにしている．それでも，この世紀の前半の間にド・モアブルの研究は複素数上の演算のより深い理解を促進させ，代数学の基本定理を最初に証明するという試みへと道を開いた．

$\mathbb{R}$（または $\mathbb{C}$）の窮極的な構造は解析的であるから，1746 年にジャン・ル・ロン・ダランベール (Jean le Rond d'Alembert, 1717-1783) によって出版され

た証明の最初の考えは解析的な技術を用いていた，ということは驚くべきことではない．しかしながら，代数的な定理と認知されていた定理に対する解析的な証明はまったくといっていいほど満足いくものではなかった．そして，1749年にオイラーはより代数的な方法を試みた．オイラーの考えは同値である定理9.2を，次数の約数である 2 の最高ベキについての帰納法によって証明することであった．鍵となるいくつかの細部を省略すると，オイラーは彼の計画を完全に実行するのには失敗したので，彼の証明は単なる下書きに止まった．続いてオイラーの証明のいくつかの単純化がダヴィエ・フランソワ・ド・フォンスネ (Daviet François de Foncenex, 1734-1779) によって提案された．そしてついにラグランジュが1772年に，オイラーとド・フォンスネの証明におけるすべての欠陥を修正し，彼らの考えを苦心して練り上げ，完全な証明を与えた．

唯一つを除いて完全であった．1799 年に彼の議論の余地のない学位論文の中でガウスが指摘したように [23, §12]，1 つの重大な欠陥が残された．17 世紀の数学者から受け継いだ習慣に誘惑されて，ラグランジュは暗黙のうちに次数 n の方程式に対する n 個の「想像上の根」(虚根) の存在を当然のこととして認めていた．したがって，彼はこれらの虚数根の形が $a + b\sqrt{-1}$ $(a, b \in \mathbb{R})$ であることを示しただけということになる．ガウスは同じ批判がそれより以前のオイラー，ド・フォンスネ，ダランベールの証明にも向けられることを示し [23, §§6 ff]，続けてダランベールの証明の方向に沿って代数学の基本定理の完全な証明を最初に与えたのである．

1815 年に，ガウスはオイラー–ド・フォンスネ–ラグランジュの証明を修正する方法をも発見し [25]，続いて基本定理 9.1 のほかの 2 つの別証明を与えた．

我々が与える証明 [25] はオイラー–ド・フォンスネ–ラグランジュの考え方に基づいている．しかしながら，次のガウスの修正のかわりに，最初に我々は虚数根の存在についてのジラールの「定理」を証明するために，19 世紀末期からのいくつかの考えを用いる (それらの根が数であるかのように，根についての演算がなされること以外は何も知られていなかった)．このようにして，オイラーが暗黙のうちに依存していた仮定を正しいと理由づけると，我々はもっと直接的なやり方でオイラーの議論を用いることができ，虚数根は $a + b\sqrt{-1}$ $(a, b \in \mathbb{R})$ という形であることを証明できる．以上のようにして，代数学の基本定理の現代化された，ほとんど完全に代数的な証明を得る．これはサミュエル (Samuel) [52, p. 53] の中にも見出される．

9.2 ジラールの定理

この節においては，F を任意の体とする．ジラールの直観を現代的に翻訳すると次のようになる．

定理 9.3 任意の定数でない多項式 $P \in F[X]$ に対して，F を含んでいる体 K が存在して，P は K 上で 1 次因数の積に分解する．すなわち，$K[X]$ で次のように表される．

$$P = a(X - x_1) \cdots (X - x_n).$$

多項式環からイデアルによって剰余環をつくるという操作を何回か続けると，上記の体 K は抽象的に構成される．

最初に，可換環 A における**イデアル** (ideal) とは，A の加法群としての部分群 I で，A の元の乗法に関して閉じていることを思い起こそう．ここで，乗法に関して閉じているということは，$a \in A$ かつ $x \in I$ ならば $ax \in I$ となることである．I による A の剰余環を定義するために，$a \in A$ に対して

$$a + I = \{a + x \mid x \in I\}$$

とおく．これは A の部分集合で，I は A の加法群として見たときの部分群であるという仮定より，$a, b \in A$ に対して次が成り立つ．

$$a + I = b + I \iff a - b \in I. \tag{9.1}$$

このとき，

$$A/I = \{a + I \mid a \in A\}$$

とおく．I がイデアルであるという条件より，A 上の演算は次のようにして A/I 上に環の構造を誘導する．

$$(a + I) + (b + I) = (a + b) + I, \quad (a + I)(b + I) = ab + I.$$

環 A/I はイデアル I による A の**剰余環** (quotient ring) と呼ばれる．

この剰余環 A/I の零元は $0 + I (= I)$ であるが，単に 0 と表される．ゆえに，(9.1) は，A/I において次のことを示している．

$$a + I = 0 \iff a \in I. \tag{9.2}$$

このつくり方で次のような場合が必要になる．$A = F[X]$ とし，I を多項式 P の倍元全体の集合 (P) とする．すなわち，

$$(P) = \{\, PQ \mid Q \in F[X] \,\}.$$

(P) は $F[X]$ のイデアルであることは容易に確かめられるので，剰余環 $F[X]/(P)$ を考えることができる．この構成は本質的にクロネッカー (Kronecker, 1823-1897) によるのであるが，ある特別な場合はコーシー (Cauchy) によってそれより早く考察されていた（1847年に，コーシーは $\mathbb{C}$ を剰余環 $\mathbb{R}[X]/(x^2+1)$ として表現した）．

ジラールの定理の証明のために必要とされる基本的な補題は次のようである．

補題 9.4 $P \in F[X]$ が既約多項式ならば，$F[X]/(P)$ は F を含み，かつ P の 1 つの根を含んでいる体である．

証明 $F(X)/(P)$ が体であることを示すためには，$F[X]/(P)$ の 0 でないすべての元 $Q + (P)$ が可逆元であることを示せば十分である．$Q + (P) \neq 0$ であるから，上の (9.2) より $Q \notin (P)$，すなわち，Q は P で割り切れない．P は既約であるから，そのとき P と Q は互いに素となる．ゆえに，系 5.4 (p.53) より，ある $P_1, Q_1 \in F[X]$ が存在して

$$PP_1 + QQ_1 = 1$$

が成り立つ．この関係は $QQ_1 - 1$ が P で割り切れること表しているから，上の (9.1) より

$$QQ_1 + (P) = 1 + (P).$$

したがって

$$(Q + (P))(Q_1 + (P)) = 1 + (P).$$

この式は $F[X]/(P)$ において，$Q_1 + (P)$ が $Q + (P)$ の逆元であることを意味している．

F の 0 でない任意の元は P で割り切れないので，$a \mapsto a + (P)$ によって定まる F から $F[X]/(P)$ への写像は単射である．この写像により F を剰余環 $F[X]/(P)$ の中に埋め込むことができるので，F は $F[X]/(P)$ のある部分体と同一視することができる．このようにして，P を $F[X]/(P)$ 上の多項式として

考えることができる．あと残っているのは，$F[X]/(P)$ が P の 1 つの根を含んでいることを証明することだけである．

$F[X]/(P)$ の演算の定義より次のことがわかる．
$$P(X+(P)) = P(X)+(P).$$
したがって，上記 (9.2) より
$$P(X+(P)) = 0.$$
これは $X+(P)$ が $F[X]/(P)$ における P の根であることを示している． □

定理 9.3 の証明 P を $F[X]$ で次のように既約因数の積に分解する．
$$P = P_1 \cdots P_r.$$
s を $P_1, \cdots, P_r$ の中の 1 次因数の個数とする．ゆえに各根は重複度を含めて数えれば，整数 s は F における P の根全体の個数である（P は F に根をもたないかもしれないので $s=0$ であることもある）．

$(\deg P)-s$ についての帰納法を用いて議論する．この数は $P_1, \ldots, P_r$ の中で 1 次因数でない因数の積の次数に等しいことに注意しよう．

$(\deg P)-s = 0$ ならば $P_1, \ldots, P_r$ はすべて 1 次因数であるから，このとき，$K = F$ とすればよい．

$(\deg P)-s > 0$ のとき，因数 $P_1, \ldots, P_r$ の中の少なくとも 1 つは次数が 2 以上である．たとえば，$\deg P_1 \geq 2$ と仮定して，
$$F_1 = F[X]/(P_1)$$
とおく．P_1 は F_1 に 1 つの根をもつから，定理 5.12 (p.57) より，F_1 上での P_1 の分解は少なくとも 1 つの 1 次因数をもつ．ゆえに，P の F_1 上での既約因数への分解において，1 次因数の個数 s_1 は少なくとも $s+1$ である．したがって $(\deg P)-s_1 < (\deg P)-s$ であるから，帰納法の仮定より F_1 を含む体 K が存在して，P は K 上で 1 次因数に分解する．F_1 は F を含んでいるから，体 K も F を含み，すべての定理の条件を満足する． □

9.3 代数学の基本定理の証明

直接，定理 9.1 を証明するかわりに，実多項式を用いた表現による同値命題を証明しよう．後で引用するために，最初に次のような基本定理 9.1 の簡単な

特別の場合に注意しよう．

補題 9.5　$\mathbb{C}$ 上の次数 2 のすべての多項式は $\mathbb{C}[X]$ で 1 次因数の積に分解する．

証明　複素係数をもつすべての 2 次方程式の根は複素数であることを示せば十分である．命題 7.1 (p.86) より，すべての複素数は $\mathbb{C}$ に平方根をもつから，このことは平方根による 2 次方程式の通常の根の公式より容易にわかる． □

次に基本定理のいくつかの定式化された命題が同値であることを証明する．

命題 9.6　次の命題は同値である．

(a) $\mathbb{C}$ 上の任意の 0 でない多項式の $\mathbb{C}$ における根の個数は，その次数に等しい（各根はその重複度を入れて数える）．
(b) $\mathbb{R}$ 上の定数でないすべての多項式は，$\mathbb{C}$ において少なくとも 1 つの根をもつ．
(c) 定数でないすべての実多項式は，次数が 1 または 2 の（実）多項式の積に分解される．

証明　(a) $\Rightarrow$ (b). これは明らかである．

(b) $\Rightarrow$ (c). 定理 5.8 (p.54) より，(b) を仮定して，$\mathbb{R}[X]$ のすべての既約多項式は次数が 1 または 2 であることを示せば十分である．P を $\mathbb{R}[X]$ の既約多項式とし，$a \in \mathbb{C}$ を P の 1 つの根とする．

$a \in \mathbb{R}$ ならば，$\mathbb{R}[X]$ で $X - a$ は P を割り切る．定義によって，既約多項式は定数でないより低い次数の多項式では割り切れないから，$\deg P = 1$ である．

$a \notin \mathbb{R}$ ならば，$\overline{a} \neq a$ で，補題 8.9 (p.114) より $\overline{a}$ も P の根となる．したがって，命題 5.10 (p.56) より，P は $\mathbb{C}[X]$ で $(X - a)(X - \overline{a})$ によって割り切れる．ところが，

$$(X - a)(X - \overline{a}) = X^2 - (a + \overline{a})X + a\overline{a}$$

であるから，$(X - a)(X - \overline{a})$ は $\mathbb{R}[X]$ に属している．したがって，P は $\mathbb{R}[X]$ で $(X - a)(X - \overline{a})$ によっても割り切れる（注意 5.5 (b), p.53 を参照せよ）．よって，上と同じ議論により $\deg P = 2$ となる．

(c) $\Rightarrow$ (a). $P \in \mathbb{C}[X]$ を定数でない多項式とする．$\overline{X} = X$ として，複素共役をとる $\mathbb{C}$ から $\mathbb{C}$ への写像を $\mathbb{C}[X]$ に拡張する．すなわち，

$$\overline{a_0 + a_1 X + \cdots + a_n X^n} = \overline{a_0} + \overline{a_1} X + \cdots + \overline{a_n} X^n$$

とする．不変である多項式は実係数をもつものであることは容易にわかる．ゆえに，$P\overline{P} \in \mathbb{R}[X]$ であり，仮定 (c) より，次数が 1 または 2 のある多項式 $P_1, \ldots, P_r \in \mathbb{R}[X]$ が存在して，次のように表される．

$$P\overline{P} = P_1 \cdots P_r.$$

補題 9.5 より，次数 2 の実多項式は $\mathbb{C}[X]$ で 1 次因数の積に分解する．ゆえに，$P\overline{P}$ は $\mathbb{C}[X]$ で 1 次因数の積となる．したがって，$\mathbb{C}[X]$ におけるすべての既約多項式は次数 1 となり，P は $\mathbb{C}[X]$ で 1 次因数の積に分解する．これより (a) の成り立つことが証明された． □

導入のところで注意したように，代数学の基本定理のすべての証明はある部分で解析的な（位相的な）議論を用いる．なぜなら，$\mathbb{R}$（または $\mathbb{C}$）は位相的な性質のいくつかに言及することなしには完全には定義することができないからである．我々の証明において必要となる唯一つの解析的な結果は次のものである．

補題 9.7 奇数次のすべての実多項式は少なくとも 1 つ $\mathbb{R}$ に根をもつ．

証明 $\deg P$ が奇数なので，多項式関数 $P(\cdot) : \mathbb{R} \to \mathbb{R}$ は，変数が $-\infty$ から $+\infty$ へ動くとき符号が変わる．したがって，連続性によって，この関数は少なくとも一度は 0 という値をとる． □

ある区間上で符号が変化するすべての連続関数は少なくとも一度は 0 という値をとる，という連続性の根拠はそれ自身自明であるように見える（そして長い間そのように考えられてきた）．ガウスが代数学の基本定理の 1799 年の証明の中で用いた直感的，幾何学的論証に対して「算術的」な証明を与えようという試みがなされ，それは 1817 年にボルツァノ (Bolzano) によって最初に証明された．（デュドンネ (Dieudonné) [18, p.340] あるいはクライン [38, p.952] を参照せよ．）

代数学の基本定理の証明 命題 9.6 の同値な定式化である (b) を証明しよう．これは，定数でないすべての実多項式は少なくとも $\mathbb{C}$ に 1 つの根をもつという命題である．

$P \in \mathbb{R}[X]$ を定数でない多項式とする．必要であれば最高次係数で割ることによって，P はモニックであると仮定してもよい．$e \geq 0$ でかつ m を奇数として，P の次数を次のように表す．

$$\deg P = n = 2^e m.$$

$e = 0$ ならば，P の次数は奇数となり，前補題より P は $\mathbb{R}$ に 1 つの根をもつ．e についての帰納法によって示す．$e \geq 1$ でかつ多項式の次数を割る 2 の最高ベキの指数が高々 $e - 1$ であるとき，主張は正しいと仮定する．

K を $\mathbb{C}$ を含んでいる体で，P は K 上で 1 次因数に分解しているものとする．

$$P = (X - x_1) \cdots (X - x_n), \quad x_i \in K.$$

（このような体の存在は定理 9.3 からわかる．）$c \in \mathbb{R}$ と $i, j = 1, \ldots, n$ かつ $i < j$ に対して，

$$y_{ij}(c) = (x_i + x_j) + c x_i x_j$$

とする．また，

$$Q_c(Y) = \prod_{1 \leq i < j \leq n} (Y - y_{ij}(c))$$

とおく．Q_c の係数はすべての根 $y_{ij}(c)$ の基本対称多項式の値である．ゆえにこれらの係数は実係数の $x_1, \ldots, x_n$ に関する対称多項式の値であるから，対称多項式の基本定理により（定理 8.4, p. 105），それらは $x_1, \ldots, x_n$ に関する基本対称式の値によって表される．$x_1, \ldots, x_n$ に関する基本対称多項式の値は P の係数で，これは実数であるから，Q_c の係数もまた実数である．

さらに，Q_c の次数は $\frac{n(n-1)}{2}$ であり，ゆえに

$$\deg Q_c = 2^{e-1} (m (2^e m - 1)),$$

でかつ括弧の中の整数は奇数である．したがって，帰納法の仮定を適用することができ，Q_c は $\mathbb{C}$ に少なくとも 1 つの根をもつと結論することができる．すなわち適当な添え字 $r(c), s(c)$ があって，$y_{r(c), s(c)}(c) \in \mathbb{C}$ となる．実数 c を実数全体を動かせば，$y_{r(c), s(c)}(c) \in \mathbb{C}$ なる添え字 $r(c), s(c)$ はすべて異なることはあり得ない．なぜならば，添え字の集合は有限であるが，$\mathbb{R}$ は無限集合であるからである．したがって，相異なる実数 c_1, c_2 が存在して，$r(c_1) = r(c_2)$ で

かつ $s(c_1) = s(c_2)$ を満たす．これら共通の添え字を r と s によって表せば，これは次のことを意味している．$c_1, c_2 \in \mathbb{R}$ でかつ $c_1 \neq c_2$ として，

$$(x_r + x_s) + c_1 x_r x_s \in \mathbb{C}, \qquad (x_r + x_s) + c_2 x_r x_s \in \mathbb{C}.$$

引き算すると，これらの式は

$$(c_1 - c_2) x_r x_s \in \mathbb{C}$$

を意味しているので，$x_r x_s \in \mathbb{C}$ となる．この結果を上の式と合わせると，さらに $x_r + x_s \in \mathbb{C}$ を得る．これより，多項式

$$X^2 - (x_r + x_s) X + x_r x_s$$

の係数はすべて複素数であり，したがって補題 9.5 から，その根 x_r と x_s は複素数であることがわかる．以上で，P の K における根 $x_1, \ldots, x_n$ の中の少なくとも 1 つは複素数であることを示したが，これが求めるものであった． □

系 9.8 $\mathbb{C}$ 上の既約多項式は次数 1 の多項式である．$\mathbb{R}$ 上の既約多項式は，次数 1 の多項式と実根をもたない次数 2 の多項式だけである．

証明 定理 5.12 (p.57) より，基礎体に 1 つの根をもつ既約多項式は次数 1 であるから，この命題は基本定理 9.1 かまたは同値である定理 9.2 から従う． □

第10章

ラグランジュ

10.1 方程式の理論の成熟

18世紀の後半に，方程式の代数的理論は新しい進歩への機が熟した．多項式についてのすべての多少初等的な事実はよく知られており，計算的な技術は非常に高く，現代の標準よりも高かった．さらに，（複素）数の根の不確定性についての深い洞察もド・モアブルの研究を通して利用できるようになった．ベキ根によって方程式を解くという問題に対するこれらの洞察の妥当性は明らかであり（§7.2の最後を参照せよ），ド・モアブルの業績は，方程式の代数的理論において新しい研究に対する重要な刺激を与えたという仮説を思い切ってもち出すことも可能である．

その起源が何であれ，この時代における最も重要な研究の精神はカルダーノや彼の同時代人のそれとは完全に異なっていたということは明らかである．すなわち，数字で表された方程式の解法に対するいかなる直接的な応用も期待できず，またどんな実際的な問題に対していかなる言及も，暗示的にさえなされていない．問題は純粋数学的になり，それ自身の興味のために追求された．1世紀足らずのうちに，天才的な何人かの数学者の手によって，それは急速な発展を遂げ，代数学全体の問題を劇的に変化させることになる．

この方向における最も初期の研究は1760年代に現れた．それは，オイラーとベズーが次数高々4の方程式を解くためのさまざまな新しい方法を発明したときに始まる．これらの方法はより高い方程式に拡張できそうに見えた．1765年にベズーによって提案されたこれらの方法の中の1つは，1のベキ根を暗黙のうちに用いているという理由で特に興味がある．それは実際オイラーの方法に非常に近く，チルンハウス (Ehrenfried Walter Tschirnhaus) の方法と深い類

似点をもっている．

この方法[†]は次の2つの方程式

$$X = a_0 + a_1 Y + a_2 Y^2 + \cdots + a_{n-1} Y^{n-1} \tag{10.1}$$
$$Y^n = 1 \tag{10.2}$$

から不定元 Y を消去して，チルンハウスの方法のように（§6.4 を参照せよ），X についての次のような次数 n の方程式をつくることであった．

$$R_n(X) = 0.$$

必要があればその最高次の係数によって割ることにより，R_n はモニックであると仮定してよい．$R_n(X)$ の性質は次のことを意味している．x と y が方程式 (10.1) と (10.2) による関係を満たすならば，すなわち，1のある n 乗根 ω に対して

$$x = a_0 + a_1 \omega + a_2 \omega^2 + \cdots + a_{n-1} \omega^{n-1}$$

を満たせば，x は $R_n(X)$ の根であり，ゆえに $R_n(X)$ は $X - (a_0 + a_1 \omega + \cdots + a_{n-1} \omega^{n-1})$ で割り切れる．$a_0, a_1, \ldots, a_{n-1}$ を独立な不定元と見なせば，異なる1の n 乗根 ω に対応している x の値はすべて異なる．ゆえに，命題 5.10 (p.56) によって，

$$R_n(X) = \prod_{\omega} (X - (a_0 + a_1 \omega + \cdots + a_{n-1} \omega^{n-1})) \tag{10.3}$$

と表される．ただし，積は n 個の異なる1の n 乗根 ω を動く．以上のようにして，$R_n(X) = 0$ のすべての根がわかる．

さて，次数 n の任意のモニックな方程式 $P(X) = 0$ を解くために，この方法は多項式 $R_n(X)$ が $P(X)$ に一致するように媒介変数 $a_0, a_1, \ldots, a_{n-1}$ を決定することである．このとき，$P(X) = 0$ の解は容易に $a_0 + a_1 \omega + \cdots + a_{n-1} \omega^{n-1}$ という形で得られる．

もちろん，R_n が P に一致するように $a_0, a_1, \ldots, a_{n-1}$ に適当な値を指定できるかどうかは少しも明らかではないが，この方法はまさにこれから見るように，$n = 2, 3, 4$ に対しては適用可能であることがわかる．

[†]ベズーの説明によると次のようである．オイラーの研究の中で，方程式 (10.2) は $Y^n = b$ で置き換えられ，(10.1) において係数 a_i の1つは1であるように選ぶ．チルンハウスの方法は同様な方法で表現することができる．方程式 (10.2) を $Y^n = b$ で，(10.1) を $Y = a_0 + a_1 X + \cdots + a_{n-2} X^{n-2} + X^{n-1}$ で置き換える．

式 (10.1) と (10.2) より Y を消去して $R_n(X)$ をつくる方法は §6.4 ですでに議論された．n の小さな値に対しては，次の結果が得られている．

$$R_2(X) = (X - a_0)^2 - a_1^2,$$
$$R_3(X) = (X - a_0)^3 - 3a_1 a_2 (X - a_0) - (a_1^3 + a_2^3),$$
$$R_4(X) = (X - a_0)^4 - 2(a_2^2 + 2a_1 a_3)(X - a_0)^2 - 4a_2(a_1^2 + a_3^2)(X - a_0)$$
$$- (a_1^4 - a_2^4 + a_3^4 + 4a_1 a_2^2 a_3 - 2a_1^2 a_3^2).$$

交互に，これらの結果は式 (10.3) の右辺を展開することによって得られる．

3 次方程式

$$X^3 + pX + q = 0 \tag{10.4}$$

(一般 3 次方程式は変数の 1 次変換によってこの形に帰着される．§2.2 を参照せよ) の解を求めるためには，$R_3(X)$ が $X^3 + pX + q$ という形になるように，a_0, a_1, a_2 の値を指定すれば十分である．したがって，$a_0 = 0$ を選び，

$$-3a_1 a_2 = p, \tag{10.5}$$
$$-(a_1^3 + a_2^3) = q \tag{10.6}$$

によって，a_1 と a_2 を決定する (§2.2 と比較せよ)．最初の式より，a_2 の値は a_1 の関数として与えられる．これを第 2 の式に代入すると，a_1^3 に関する次の 2 次方程式が得られる．

$$a_1^6 + q a_1^3 - \left(\frac{p}{3}\right)^3 = 0.$$

この方程式の根は容易に求められる．すると，a_1 に対して $-\frac{q}{2} + \sqrt{\left(\frac{p}{3}\right)^3 + \left(\frac{q}{2}\right)^2}$ かまたは $-\frac{q}{2} - \sqrt{\left(\frac{p}{3}\right)^3 + \left(\frac{q}{2}\right)^2}$ の任意の 3 乗根を選ぶことができる．このとき，$a_2 = -\frac{p}{3a_1}$ とすると，式 (10.5) と (10.6) は 2 つとも成り立つので $R_3(X) = X^3 + pX + q$ となる．すると式 (10.3) より，ω を 1 の 3 乗根全体を動かせば，方程式 (10.4) の解は $\omega a_1 + \omega^2 a_2$ という形をしていることがわかる．これらの 3 乗根の中で 1 と異なるものを ζ で表せば，1 の 3 乗根は $1, \zeta, \zeta^2$ と表されるので (10.4) の解は次のようになる．

$$a_1 + a_2, \quad \zeta a_1 + \zeta^2 a_2, \quad \zeta^2 a_1 + \zeta a_2.$$

($\zeta^4 = \zeta$ であることに注意せよ．)

注意 $a_0 = 0$ を選ぶことができるという事実は，明らかに X^2 の項を欠いている与えられた 3 次方程式 (10.4) の特別な形から出てくる．一般の場合も決してより難しいということはなく，同様に扱うことができる．しかし，その計算はわかり易いというわけではない．

同様にして

$$X^4 + pX^2 + qX + r = 0 \tag{10.7}$$

のような次数 4 の方程式に対して，$R_4(X) = X^4 + pX^2 + qX + r$ となるような a_0, a_1, a_2 と a_3 の値を求めよう．上と同様に，$a_0 = 0$ を選ぶと，次の方程式が残る．

$$-2(a_2^2 + 2a_1 a_3) = p, \tag{10.8}$$
$$-4a_2(a_1^2 + a_3^2) = q, \tag{10.9}$$
$$-(a_1^4 - a_2^4 + a_3^4 + 4a_1 a_2^2 a_3 - 2a_1^2 a_3^2) = r. \tag{10.10}$$

3 番目の式で $a_1^4 + a_3^4$ に $\left(a_1^2 + a_3^2\right)^2 - 2a_1^2 a_3^2$ を代入すると，

$$-r = \left(a_1^2 + a_3^2\right)^2 - 4a_1^2 a_3^2 + 4\left(a_1 a_3\right) a_2^2 - a_2^4$$

を得る．このときこの式から (10.8) と (10.9) を用いて，a_1 と a_3 を消去する．得られた式は a_2^2 に関する 3 次方程式で，これより a_2 の値が決定される．すると，a_1 と a_3 の値は (10.8) と (10.9) より容易に求められるので，与えられた 4 次方程式 (10.7) の根は，ω を 1 の 4 乗根全体を動かせば $a_1 \omega + a_2 \omega^2 + a_3 \omega^3$ という形で与えられる．（通常のように）-1 の平方根の 1 つを i で表せば，1 の 4 乗根は $1, i, -1, -i$ であるから，4 次方程式 (10.7) の根は次のようである．

$$a_1 + a_2 + a_3, \quad ia_1 - a_2 - ia_3, \quad -a_1 + a_2 - a_3, \quad -ia_1 - a_2 + ia_3.$$

上で注意したように，この方法の原理は，したがってその難しさも，チルンハウスの方法とは非常に異なっている．しかしながら，その名誉のためにいっておけば，オイラーとベズーの方法はより簡単な計算に導いたこと，それはさらに少し直接的であり，その上に後の研究者にとって重要であること，そしてまたベズーの方法は 1 のベキ根の重要性を強調したことを認めることができる．全体的に見て，それは非常に本質的な進歩を意味しているわけではない．

方程式の理論における活動の最初の真に重要な突破口はほんの数年後の 1770 年頃に開かれた．それらはほとんど同時に発表された次の 3 つの論文である．

ラグランジュによる "Réflexions sur la résolution algébrique des équations"（「方程式の代数的解法についての考察」）とヴァンデルモンドの "Mémoire sur la résolution des équations"（「方程式の解法についての研究報告」），そして少し重要性には乏しいが，前に第 8 章ですでに引用したウェアリングの "Meditationes Alegebricae"（「代数的考察」）のような論文である．この時代におけるすべての業績の中で，ラグランジュの厖大な論文は明らかに最も明晰であり，最も包括的なものである．したがって，それは最も影響力のあることも証明された．さらに，ラグランジュは彼自身の独自の深い考察をする前に，最初に 3 次，4 次の方程式に対するさまざまな方法とすでに提出された高次方程式における試みを検討することによって，方程式の理論の初期段階とそれに続く期間の間にあるほとんど思いがけない関連性を提供した．

以上のようなわけで，我々はこれからラグランジュの論文に関するこの時代の 2 つの重要な著作の研究を開始しよう．そして，次の章においてヴァンデルモンドの研究報告について考察する．

10.2　既知の方法に対するラグランジュの考察

すでに知られている方法についてのラグランジュの考察は単なる要約ではなく，それはこれらの方法の広大な統一であり再評価である．彼の非常に明確な目的はこれらの方法がどのように働いているかではなく，なぜなのかを確定することである．

> 私はこの論文において，方程式の代数的解法に対してこれまで発見されたさまざまな方法を検討し，それらを一般的原理に還元し，そしてこれらの方法が 3 次と 4 次方程式に対してなぜ成功したのか，またそれより高次の方程式に対してなぜ失敗したのかということを演繹的 (a priori) に調べることを提案する．
>
> この検討には 2 つの利点がある．1 つは，3 次，4 次方程式の知られている解法に大きな光を当てることになる．他方で，高次の方程式を扱いたいと望んでいる人たちにとっては，これを解決するためのさまざまな見解を彼らに提供し，とりわけ非常にたくさんの無駄な手段や試みを彼らから取り除くことになるので，それは役に立つであろう．[40, pp. 206-207]

10.2 既知の方法に対するラグランジュの考察

演繹的という語句はラグランジュの著作の中で繰り返し現れる．それは彼の新しい実りのある方法論の顕著な特徴である．ラグランジュは，方程式を解くためのさまざまな方法は共通の特徴をもつという，むしろ明らかである考察から出発した．すなわち，彼らはすべてある巧妙な変換によって問題をより低い次数の適当な補助的方程式の解法に帰着させた．帰納的 (a posteriori) に，これらの巧妙な変換が発見されたとき，その方法は補助方程式の解から求める解が得られることを確かめることだけはできたが，これは高次方程式の解法に対して価値ある何らの洞察をも与えなかった．実際，チルンハウス，オイラーまたはベズーの方法がより高次の方程式に適用できるという信念を支持する根拠は，その方法がすべての場合において同じであること，最初の計算は平行的であること，そしてそれは次数が2, 3, 4の方程式に対してはうまくいくということだけである．このことはむしろ証拠としては薄弱である．

なぜ1つの方法がうまく働くのかを演繹的に発見するための，ラグランジュの非常に独創的な考えは，その手続きを逆転させ，与えられた方程式の根の関数として補助的方程式の根を決定したことである．そのとき，補助方程式の根の性質は明瞭に理解できるものとなり，それらはなぜそれらの根が与えられた方程式の根を与えるのかを明瞭に示している．

最初の例として，3次方程式に対するカルダーノの方法を取り上げてみよう．これはラグランジュによって詳細に調べられた最初の方法である．ラグランジュはその方法を注意深く記述することから始めた．方程式

$$X^3 + aX^2 + bX + c = 0$$

は最初に変数変換 $X' = X + \frac{a}{3}$ によって

$$X'^3 + pX' + q = 0$$

という形に帰着された．次に，$X' = Y + Z$ とおくことによって，この方程式は

$$(Y^3 + Z^3 + q) + (Y + Z)(3YZ + p) = 0$$

となる．すると与えられた3次方程式の解は次の連立方程式の解から得られる．

$$\begin{cases} Y^3 + Z^3 + q = 0 \\ 3YZ + p = 0. \end{cases}$$

2番目の式から

$$Z = -\frac{p}{3Y} \tag{10.11}$$

が得られ，1番目の式に代入すると，次が得られる．

$$Y^3 - \left(\frac{p}{3Y}\right)^3 + q = 0.$$

したがって，結局

$$Y^6 + qY^3 - \left(\frac{p}{3}\right)^3 = 0 \tag{10.12}$$

となる．この方程式はカルダーノの方法が依拠している式であり，ラグランジュが「還元方程式」と名づけた補助方程式である．これは実際 Y^3 に関する2次方程式であるから，この方程式から Y の値は容易に得られる．Z の対応している値は (10.11) から求められるので，最初の方程式の解は，次のようになる．

$$X = -\frac{a}{3} + Y + Z.$$

還元方程式 (10.12) の次数は6であるから，それは6個の根をもつので，次数3の最初の方程式に対して6個の根ということになる．実際には，X の6個の値は2つずつ等しくなり，ゆえに3次方程式の各根は二度得られることを示すことができる．実際，$y_1, \cdots, y_6$ を (10.12) の6個の根とする．この方程式は Y^3 に関しては2次式であるから，それらの3乗 $y_1^3, \cdots, y_6^3$ は2つの値 v_1, v_2 しかとらない．$-\left(\frac{p}{3}\right)^3$ は (10.12) の定数であるから，その積は $v_1 v_2 = -\left(\frac{p}{3}\right)^3$ である．必要ならば番号を付け替えて，

$$y_1^3 = y_2^3 = y_3^3 = v_1, \qquad y_4^3 = y_5^3 = y_6^3 = v_2$$

と仮定することができる．y_1, y_2, y_3 (それぞれ y_4, y_5, y_6) は v_1 (それぞれ v_2) のすべての3乗根である．したがって，ω を1と異なる1の3乗根とすれば，次のように仮定できる．

$$y_2 = \omega y_1, \quad y_3 = \omega^2 y_1, \quad かつ \quad y_5 = \omega y_4, \quad y_6 = \omega^2 y_4.$$

$v_1 v_2 = -\left(\frac{p}{3}\right)^3$ であるから，v_1 と v_2 をかけると $-\frac{p}{3}$ となるように v_1 と v_2 の3乗根の値を決定することができる．たとえば（必要ならば $y_1, \ldots, y_6$ の番号を付け替えて）次のように仮定する．

$$y_1 y_4 = -\frac{p}{3}.$$

このとき,
$$y_2 y_6 = \omega^3 y_1 y_4 = -\frac{p}{3}.$$

同様にして,
$$y_3 y_5 = -\frac{p}{3}.$$

したがって, (10.11) より y_i に対応している Z の値を z_i で表せば,
$$z_1 = y_4, \quad z_2 = y_6, \quad z_3 = y_5, \quad z_4 = y_1, \quad z_5 = y_3, \quad z_6 = y_2$$

となる. これより, $y_i + z_i$ は 3 つの異なる値しかとらないことがわかる. すなわち,
$$y_1 + y_4, \quad y_2 + y_6 = \omega y_1 + \omega^2 y_4, \quad y_3 + y_5 = \omega^2 y_1 + \omega y_4.$$

これより最初の 3 次方程式の 3 つの根は次のような形で表される.
$$\begin{aligned} x_1 &= -\frac{a}{3} + y_1 + y_4, \\ x_2 &= -\frac{a}{3} + \omega y_1 + \omega^2 y_4, \\ x_3 &= -\frac{a}{3} + \omega^2 y_1 + \omega y_4. \end{aligned} \qquad (10.13)$$

以上のようにして, 我々は還元方程式がどのようにして最初の 3 次方程式の解を与えるのかを帰納的に見た.

なぜそうなのかということを演繹的に理解するために, ラグランジュは x_1, x_2, x_3 の関数として $y_1, \ldots, y_6$ を決定している. これは本当に簡単なことである. すなわち, y_1 と y_4 に対して連立方程式 (10.13) を解けば十分である. ほかの y_i は y_1 または y_4 に ω または ω^2 をかけたものである. ω は 1 と異なる 1 の 3 乗根であるから, ω は
$$\frac{X^3 - 1}{X - 1} = X^2 + X + 1$$

の根となるので, $\omega^2 + \omega + 1 = 0$ であることに注意すれば, 上に述べたことはさらに簡単になる. したがって, (10.13) の 2 番目の式に ω^2 をかけ, 3 番目の式に ω をかけて, 1 番目の式に加えると
$$x_1 + \omega^2 x_2 + \omega x_3 = -\frac{a}{3}(1 + \omega + \omega^2) + 3y_1 + (1 + \omega + \omega^2) y_4$$

を得る．よって，

$$y_1 = \frac{1}{3}(x_1 + \omega^2 x_2 + \omega x_3).$$

同様にして，

$$y_4 = \frac{1}{3}(x_1 + \omega x_2 + \omega^2 x_3)$$

が得られ，還元方程式のほかの根は y_1 または y_4 に ω または ω^2 をかけることによって容易に得られる．したがって，次のようになる．

$$y_2 = \frac{1}{3}(\omega x_1 + x_2 + \omega^2 x_3),$$
$$y_3 = \frac{1}{3}(\omega^2 x_1 + \omega x_2 + x_3),$$
$$y_5 = \frac{1}{3}(\omega x_1 + \omega^2 x_2 + x_3),$$
$$y_6 = \frac{1}{3}(\omega^2 x_1 + x_2 + \omega x_3).$$

以上より，還元方程式の根はすべて $\frac{1}{3}(x_1 + \omega x_2 + \omega^2 x_3)$ において x_1, x_2, x_3 の置換によって得られる表現をもち，還元方程式を解く目的はそれらの表現のいくつか（ゆえにすべてとなるが）を決定することである．

この考察より，ラグランジュはいくつかの巧妙な結論を引き出した．それは最初になぜ還元方程式は次数 6 なのかを説明している．実際，還元方程式の係数は与えられた方程式の係数の関数であって，その係数は x_1, x_2, x_3 に関する基本対称多項式であるから，還元方程式の係数は対称式であることがわかる．したがって，x_1, x_2, x_3 のある表現が還元方程式の根ならば，x_1, x_2, x_3 の置換によってこれから得られるすべてのほかの表現もこの方程式の根である．y_4 は x_1, x_2, x_3 の置換によって 6 個の異なる値をとるので，これら 6 個の値は還元方程式の根であり，その次数は 6 となる．

さらにそれは，なぜ還元方程式が Y^3 に関する 2 次式となるかを説明している．すなわち，y_4^3 が x_1, x_2, x_3 の置換によってちょうど 2 つの値しかとらないからである．実際，$\omega^3 = 1$ であるから，たとえば

$$\omega x_1 + \omega^2 x_2 + x_3 = \omega(x_1 + \omega x_2 + \omega^2 x_3)$$

なので，次が成り立つ．

$$(\omega x_1 + \omega^2 x_2 + x_3)^3 = (x_1 + \omega x_2 + \omega^2 x_3)^3.$$

同様にして，

$$(x_1 + \omega x_2 + \omega^2 x_3)^3 = (\omega x_1 + \omega^2 x_2 + x_3)^3 = (\omega^2 x_1 + x_2 + \omega x_3)^3,$$

かつ

$$(x_1 + \omega^2 x_2 + \omega x_3)^3 = (\omega^2 x_1 + \omega x_2 + x_3)^3 = (\omega x_1 + x_2 + \omega^2 x_3)^3$$

を得る．したがって，y_4^3 の 2 つの値は

$$\left(\frac{1}{3}\right)^3 (x_1 + \omega x_2 + \omega^2 x_3)^3 \quad \text{と} \quad \left(\frac{1}{3}\right)^3 (x_1 + \omega^2 x_2 + \omega x_3)^3$$

であり，これらは 2 次方程式の根である．

これらの議論の背景にある一般的な結果は次のようである．

命題 10.1 f を n 個の不定元 $x_1, \ldots, x_n$ に関する有理分数式とする．f が，不定元 $x_1, \ldots, x_n$ をすべての可能な方法で置換したとき m 個の異なる値[†]をとるならば，f は係数が $x_1, \ldots, x_n$ の対称式である次数 m のモニック多項式 $\Theta = 0$ の根である．したがって，Θ の係数は基本対称多項式の関数として表されている（対称分数式の基本定理，定理 8.3, p. 105 によって）．さらに，f は係数が $x_1, \ldots, x_n$ の対称式であるもう 1 つの方程式 $\Phi = 0$ の根ならば，次が成り立つ．

$$\deg \Phi \geq m.$$

証明 $x_1, \ldots, x_n$ の置換によって f から得られたすべての異なる値を $f_1, f_2, \ldots, f_m$ とし（$f = f_1$ とする），次のようにおく．

$$\Theta(Y) = (Y - f_1) \cdots (Y - f_m).$$

$x_1, \ldots, x_n$ のすべての置換は f_i 全体の間でそれらを置換するので，$f_1, \ldots, f_m$ の基本対称多項式である Θ の係数は，不定元 $x_1, \ldots, x_n$ が置換されても変わらない．したがって，これらの係数は $x_1, \ldots, x_n$ に関して対称的であり，方程式 $\Theta = 0$ は求める性質を満たしている．

$\Phi(Y)$ を $\Phi(f) = 0$ なる対称的な係数をもつもう 1 つの多項式とすると，任意の $i = 1, \ldots, m$ に対して，f に対して値 f_i を与える $x_1, \ldots, x_n$ の置換は，Φ の

[†] 正確にいうと，「f において $x_1, \ldots, x_n$ の置換は m 個の異なる有理分数式を与える」というべきである．しかしながらラグランジュによる「有理分数式の値」という術語の使用は，より示唆に富み，かつまた何ら混乱を引き起こすおそれもないので以下においても引き続き用いられる．

係数を変えないので $\Phi(f)$ を $\Phi(f_i)$ に変換する．このようにして，$i=1,\ldots,m$ に対して $\Phi(f_i)=0$ であるから，Φ は m 個の異なる根をもつことになり，したがって $\deg\Phi\geq m$ となる（そして実際，命題 5.10, p.56 によって，Φ は Θ によって割り切れる）． □

たとえば，多項式 $x_1+\omega x_2+\omega^2 x_3$ は x_1,x_2,x_3 の置換によって 6 個の異なる値をとる．ゆえに，それは対称的な係数をもつ次数 6 の方程式の根であり，かつまたそれより低い次数のいかなる方程式の根にもならない．一方，$(x_1+\omega x_2+\omega^2 x_3)^3$ は 2 つの異なる値のみをとるので，それは 2 次方程式の根である．

カルダーノの方法の後，ラグランジュはチルンハウスの方法を考察した．変数変換

$$Y=b_0+b_1 X+X^2$$

が，根 x_1,x_2,x_3 をもつ与えられた X の 3 次方程式を，次のような形の方程式に変換したとする．

$$Y^3=c.$$

この方程式は根として $\sqrt[3]{c},\ \omega\sqrt[3]{c},\ \omega^2\sqrt[3]{c}$ をもつ（ここで，上のように，ω は 1 と異なる 1 の 3 乗根を表す）．このとき，次のように仮定することができる．

$$\begin{aligned}
x_1^2+b_1 x_1+b_0 &= \sqrt[3]{c}, \\
x_2^2+b_1 x_2+b_0 &= \omega\sqrt[3]{c}, \\
x_3^2+b_1 x_3+b_0 &= \omega^2\sqrt[3]{c}.
\end{aligned} \qquad (10.14)$$

2 番目の式に ω を，3 番目の式に ω^2 をかけて，最初の式に加えると，次を得る．

$$(x_1^2+\omega x_2^2+\omega^2 x_3^2)+b_1(x_1+\omega x_2+\omega^2 x_3)+b_0(1+\omega+\omega^2)$$
$$=\sqrt[3]{c}(1+\omega+\omega^2).$$

$1+\omega+\omega^2=0$ であるから，

$$b_1=-\frac{x_1^2+\omega x_2^2+\omega^2 x_3^2}{x_1+\omega x_2+\omega^2 x_3}. \qquad (10.15)$$

この分数式は x_1,x_2,x_3 のすべての置換によってちょうど 2 つの値をとる．すなわち，

$$b_1=-\frac{x_1^2+\omega x_2^2+\omega^2 x_3^2}{x_1+\omega x_2+\omega^2 x_3}, \qquad b_1'=-\frac{x_1^2+\omega^2 x_2^2+\omega x_3^2}{x_1+\omega^2 x_2+\omega x_3}$$

である．したがって，b_1 は次の 2 次方程式を解くことにより決定される．

$$Y^2 - (b_1 + b_1') Y + b_1 b_1' = 0.$$

この 2 次方程式の係数は x_1, x_2, x_3 に関して対称的であり，ゆえに与えられた方程式の係数から計算することができる．一方，式 (10.14) を加えて，$1 + \omega + \omega^2 = 0$ という事実を考慮すれば次を得る．

$$(x_1^2 + x_2^2 + x_3^2) + b_1 (x_1 + x_2 + x_3) + 3b_0 = 0.$$

$x_1^2 + x_2^2 + x_3^2$ と $x_1 + x_2 + x_3$ は x_1, x_2, x_3 に関して対称的であるから，それは与えられた方程式の係数から計算される．この最後の等式より，b_0 は b_1 と与えられた方程式の係数から有理的に計算されることがわかる．同様にして，(10.14) を辺々かけると，次を得る．

$$c = (x_1^2 + b_1 x_1 + b_0)(x_2^2 + b_1 x_2 + b_0)(x_3^2 + b_1 x_3 + b_0).$$

この表現は x_1, x_2, x_3 に関して対称的であるから，b_1, b_0 と与えられた方程式の係数から有理的に計算することができる．一度 b_0, b_1, c が計算されると，根 x_1, x_2, x_3 は §6.4（p.77）で説明されているように有理的に計算される．したがって，3 次方程式に対するチルンハウスの方法は，有理的計算のほかに 2 次方程式の解法のみを必要とする．結局，このことは (10.15) における有理分数式 b_1 がちょうど 2 つの値をとるからである．

その後，ラグランジュはオイラーとベズーの方法，そして 4 次方程式に対するさまざまな方法を次々と細かに調べていった．それぞれに，彼は補助方程式の根がどのようにして与えられた方程式の根によって表されるのかを示し，これらの表現の値の個数が与えられた方程式の次数より低いということを調べている．

次数 4 に対して，フェラーリの方法は 4 次方程式

$$X^4 + pX^2 + qX + r = 0$$

を，適当な u を選ぶことによって（§3.2 参照）

$$\left(X^2 + \frac{p}{2} + u\right)^2 = \left(\sqrt{2u} X - \frac{q}{2\sqrt{2u}}\right)^2$$

に帰着させた．この最後の方程式は次のような 2 つの 2 次方程式に分解する．

$$X^2 + \frac{p}{2} + u = \sqrt{2u} X - \frac{q}{2\sqrt{2u}}, \qquad X^2 + \frac{p}{2} + u = -\left(\sqrt{2u} X - \frac{q}{2\sqrt{2u}}\right).$$

これより与えられた 4 次方程式の根 x_1, x_2, x_3, x_4 が得られる．必要ならば番号を付け替えて，x_1 と x_2 は最初の 2 次方程式の根で，x_3 と x_4 は後の方程式の根と仮定することができる．定数項はそれらの根の積であるから，そのとき

$$x_1 x_2 = \frac{p}{2} + u + \frac{q}{2\sqrt{2u}}, \qquad x_3 x_4 = \frac{p}{2} + u - \frac{q}{2\sqrt{2u}}$$

となる．ゆえに，

$$x_1 x_2 + x_3 x_4 = p + 2u. \tag{10.16}$$

p はもとの 4 次方程式における X^2 の係数であるから，それは x_1, x_2, x_3, x_4 に関する 2 次の基本対称多項式である．すなわち，

$$p = x_1 x_2 + x_1 x_3 + x_1 x_4 + x_2 x_3 + x_2 x_4 + x_3 x_4.$$

(10.16) の p に代入すると，u の値が次のように求まる．

$$u = -\frac{1}{2}(x_1 + x_2)(x_3 + x_4).$$

この表現は x_1, x_2, x_3, x_4 を置換するとき，ちょうど 3 つの値をとる．これが，なぜ u が 3 次方程式の根であるかという理由である．

ラグランジュはチルンハウス，オイラーそしてベズーの方法をより高次の方程式へ応用した試みで彼の考察を締めくくっている．そこで，彼はベズーの方法によって（§10.1 を参照せよ），与えられた次数 n の方程式のすべての根は，$a_0 + a_1 \omega + a_2 \omega^2 + \cdots + a_{n-1} \omega^{n-1}$ という形であることを調べている．ただし，ω は 1 の n 乗根全体の集合を動く．ζ を 1 の原始 n 乗根とすれば，命題 7.11 (p.94) によって，1 の原始 n 乗根の全体は $1, \zeta, \zeta^2, \ldots, \zeta^{n-1}$ で表される．ω に逐次的に $1, \zeta, \zeta^2, \ldots, \zeta^{n-1}$ を代入していけば，次のような形の根の表現が得られる．

$$\begin{aligned}
x_1 &= a_0 + a_1 + a_2 + \cdots + a_{n-1}, \\
x_2 &= a_0 + a_1 \zeta + a_2 \zeta^2 + \cdots + a_{n-1} \zeta^{n-1}, \\
x_3 &= a_0 + a_1 \zeta^2 + a_2 \zeta^4 + \cdots + a_{n-1} \zeta^{2(n-1)}, \\
&\ldots \\
x_n &= a_0 + a_1 \zeta^{n-1} + a_2 \zeta^{2(n-1)} + \cdots + a_{n-1} \zeta^{(n-1)^2}.
\end{aligned}$$

ゆえに，一般には，

$$x_i = \sum_{j=0}^{n-1} a_j \zeta^{(i-1)j} \qquad (i = 1, \ldots, n) \tag{10.17}$$

と表され，この連立方程式は $a_0, a_1, \ldots, a_{n-1}$ に対して容易に解くことができる．すなわち，a_k の値を得るためには，ζ の適当なベキをこれらの方程式のそれぞれにかけて a_k の係数が 1 となるようにして，それらを加えれば十分である．

$$\sum_{i=1}^{n} \zeta^{-(i-1)k} x_i = \sum_{j=0}^{n-1} a_j \Big(\sum_{i=1}^{n} \zeta^{(j-k)(i-1)} \Big). \tag{10.18}$$

$j \neq k$ のとき，ζ^{j-k} は 1 と異なる 1 の n 乗根の 1 つである．したがって ζ^{j-k} は

$$\frac{X^n - 1}{X - 1} = X^{n-1} + X^{n-2} + \cdots + X + 1$$

の根であるから，

$$\sum_{i=1}^{n} \zeta^{(j-k)(i-1)} = 0.$$

ゆえに，(10.18) の右辺において，添え字が $j = k$ に対応している項，これは na_k である，を除いてすべて 0 になる．このようにして，等式 (10.18) より次の式が得られる．

$$a_k = \frac{1}{n} \Big(\sum_{i=1}^{n} \zeta^{-(i-1)k} x_i \Big). \tag{10.19}$$

$x_1, \ldots, x_n$ を独立な不定元と考えれば，$x_1, \ldots, x_n$ の異なった置換によって得られる a_k のすべての値は異なる．したがって，a_k は次数が $n!$ である方程式の根である．しかしながら，ラグランジュは a_k^n が $(n-1)!$ 個だけの値しかとらないことを示している[†]．さらに，n が素数ならば a_k^n は次数 $n-1$ の方程式の根であり，その係数は次数が $(n-2)!$ である唯 1 個の方程式の解から決定される．以上のようにして，$n = 5$ に対して，a_k^5 を決定するためにはまだ次数 $3! = 6$ の方程式の解を必要とする．

n が素数でないとき，その結果はより複雑である．n が素数である場合と同様の推論を用いて，ラグランジュは次のことを示した．p を素数として，$n = pq$ でかつ，k が q で割り切れるとすると，a_k^p は次数 $p - 1$ の方程式の根で，その方程式の係数は次数 $\frac{n!}{(p-1)p(q!)^p}$ の唯 1 個の方程式に依存している．したがって，$n = 4$ の場合，a_2^2 は次数 $\frac{4!}{1 \cdot 2 \cdot (2!)^2} = 3$ の方程式を解くことにより求められる．

[†] ラグランジュの議論は初等的なものであるが，それらはラグランジュのその後の結果のいくつかと関連させ，適当な記号の助けを借りればより容易に説明することができる．したがって，この結果の証明を次の節まで延期しよう（命題 10.8, p.158 を参照せよ）．

しかし，$n=6$ に対して，a_3^2 の決定には次数 $\frac{6!}{1\cdot 2\cdot (3!)^2}=10$ の方程式の解を必要とする．ラグランジュは，これらの結果により，次数5以上の一般方程式を代数的に解く可能性について頭ごなしに否定することは注意深く避けてきたが，彼はそのことに疑いをもった．これまでに知られている方法を考察した彼の結論は論文 86 [40, pp. 355-357] で与えられた．ラグランジュの厳密でない書き方による考え方を説明するために，彼の結論から長めに引用する．

　　方程式の解法に対する主要な知られた結果について我々がこれまで与えた分析から明らかであるように，これらすべての方法は同じ一般的な原理，すなわち次の条件を満たすような与えられた方程式の根の関数を求めることに帰着される．

　1° それらの関数がそれによって与えられる方程式，すなわちそれらの関数がその根になるような方程式あるいは方程式たち（これらは通常還元方程式と呼ばれている）が与えられた方程式の次数よりも低いか，または少なくともこれよりも低い次数のほかの方程式に分解される．

　2° 求めようとしている根の値がそれから容易に求めることができる．

　　以上のようにして，方程式を解く技術は上に述べた性質をもつ根の関数を発見することからなる．しかし，任意の次数の方程式に対して，すなわち任意の個数の根に対して，このような関数を求めることが常に可能であろうか？　これは一般に決定することが非常に難しいように思われる問題である．

　　4次を超えない方程式に関しては，それらの解を与える最も単純な関数は一般的な公式

$$x_1 + \omega x_2 + \omega^2 x_3 + \cdots + \omega^{n-1} x_n$$

によって表現される．ここで $x_1, x_2, x_3, \ldots, x_n$ は与えられた方程式の次数を n として，その根のすべてである．ただし，ω は方程式

$$\omega^n - 1 = 0$$

の1と異なる任意の根である．すなわち，ω は

$$\omega^{n-1} + \omega^{n-2} + \omega^{n-3} + \cdots + 1 = 0$$

の任意の根である．このことは，3次と4次の方程式の解法に関して最初の2つの節において示されたことから従う．[...]

したがって，このことから帰納法により，任意次数のすべての方程式も，その根が次の公式によって表される還元方程式を用いて解かれるであろうと結論できるように思われる．

$$x_1 + \omega x_2 + \omega^2 x_3 + \omega^3 x_4 + \cdots.$$

しかしながら，オイラーとベズーの方法（これは容易に上のような還元方程式を導く）に関して前節において証明された事柄の後，あらかじめこの結論は5次以上については欠陥があるだろうと確信される根拠があるように思われる．したがって，5次以上の方程式の代数的解法が不可能でないならば，それは上記のものとは異なる根のある関数に依存することになるに違いない．

ω を1の n 乗根として，

$$x_1 + \omega x_2 + \omega^2 x_3 + \cdots + \omega^{n-1} x_n$$

という形の多項式は以後**ラグランジュ分解式** (Lagrange resolvent) と命名された．前に見たように，それらはオイラーとベズーの研究に源を発している．そして，それらは方程式のガロア理論において著しい役割を果たすことが後で明らかになるであろう．後で引用するときの便宜のために，ラグランジュ分解式によって，任意次数 n の方程式の根を与える公式を再びここに定式化しておこう．

公式． ω を1の n 乗根の1つとし，$t(\omega)$ をラグランジュ分解式

$$t(\omega) = x_1 + \omega x_2 + \omega^2 x_3 + \cdots + \omega^{n-1} x_n$$

を表すものとする．$i = 1, \ldots, n$ に対して x_i は次のように表される．

$$x_i = \frac{1}{n}\Big(\sum_{\omega} \omega^{-(i-1)} t(\omega)\Big).$$

ここで，和は1のすべての n 乗根を動くものとする．

これは前に示された．式 (10.17) と (10.19) を参照せよ．

10.3　群論とガロア理論の最初の成果

ラグランジュの論文の最後の節で，彼は彼の考察から，ある方程式から与えられた方程式の根の関数が決定されるような，その方程式の次数に関するある一般的な結論を得た．

すでに述べた命題 10.1（p.139）はラグランジュの考察の最初の例であるが，彼の結論においてラグランジュはさらに深い考察をしている．実際，彼は根の置換に関する計算に着手しており，群論とガロア理論における最初の成果を得ている．

十分驚くべきことに，これらの結果は置換に対する記号を工夫することさえしないで成し遂げられている．置換に対する記号は，実際計算するための新しい手段であった．残念ながら，このことはしばしばラグランジュの議論の理解を困難にしている．ラグランジュの結果の解説を容易にするために，我々は躊躇しないで現代記号を用いることにしよう．そのようなわけで，任意の整数 $n \geq 1$ に対して，S_n によって $\{1,\ldots,n\}$ についての**対称群**，すなわち，$1,\ldots,n$ の置換群を表すものとする．$\sigma \in S_n$ と，n 個の不定元 $x_1,\ldots,x_n$ に関する有理分数式 f に対して，

$$\sigma(f(x_1,\ldots,x_n)) = f(x_{\sigma(1)},\ldots,x_{\sigma(n)})$$

とおく．すると，S_n は $x_1,\ldots,x_n$ の置換群と考えることができ，S_n は不定元を置換することによって，$x_1,\ldots,x_n$ の有理分数式に作用する．任意の有理分数式 f に対して，$I(f)$ によって，f を不変にする置換 $\sigma \in S_n$ のつくる部分群を表すものとする（しばしば，S の**固定群** (isotropy group) という）．すなわち，

$$I(f) = \{\sigma \in S_n \mid \sigma(f(x_1,\ldots,x_n)) = f(x_1,\ldots,x_n)\}.$$

一般に，$|E|$ によって有限集合 E における要素の個数を表し，E が群であるとき，E の**位数** (order) という．したがって，たとえば次のように用いられる．

$$|S_n| = n!.$$

彼の論文 97 において，ラグランジュは次の定理を証明している．

定理 10.2　$f = f(x_1,\ldots,x_n)$ を n 個の不定元に関する有理分数式とする．$x_1,\ldots,x_n$ の置換によって，f がとる異なる値の個数 m は，f を不変にする置換の個数によって $n!$ を割った商に等しい．すなわち，

$$m = \frac{n!}{|I(f)|}.$$

10.3 群論とガロア理論の最初の成果　147

証明 $f_1, \ldots, f_m$ を f の異なった値とする（たとえば，$f = f_1$ である）．$i = 1, \ldots, m$ に対して，$I(f \mapsto f_i)$ を $\sigma(f) = f_i$ となる置換 $\sigma \in S_n$ の集合とする．ゆえに，

$$I(f \mapsto f_1) = I(f).$$

今，ある $i = 1, \ldots, m$ と $\sigma \in I(f \mapsto f_i)$ を固定する．$\tau \in I(f)$ とすると，

$$\sigma \circ \tau(f) = \sigma(f) = f_i.$$

ゆえに，$\sigma \circ \tau \in I(f \mapsto f_i)$ となる．逆に，$\rho \in I(f \mapsto f_i)$ とすると，$\sigma^{-1} \circ \rho \in I(f)$.

$$\rho = \sigma \circ (\sigma^{-1} \circ \rho)$$

であるから，$I(f \mapsto f_i)$ のすべての元は，$\tau \in I(f)$ として $\sigma \circ \tau$ という形をしていることがわかる．したがって，σ を左から合成すると $I(f)$ から $I(f \mapsto f_i)$ の上への全単射が定義される．ゆえに，

$$|I(f)| = |I(f \mapsto f_i)|.$$

S_n のすべての置換は f をその値 $f_1, \ldots, f_m$ のうちの 1 つに移すので，S_n は次のように共通部分のない部分集合の和として分解される．

$$S_n = \bigcup_{i=1}^{m} I(f \mapsto f_i).$$

ゆえに，

$$|S_n| = \sum_{i=1}^{m} |I(f \mapsto f_i)|.$$

$|S_n| = n!$ で，かつ右辺の各項は $|I(f)|$ に等しいので，これより求める等式が得られる．

$$n! = m \cdot |I(f)|. \qquad \square$$

今ここにラグランジュ自身の言葉がある（これは意訳であり，またこの節に合わせて記号を少し変えてある）．次の引用文を理解するために，Θ は $x_1, \ldots, x_n$

の置換による f の値を根とする次のような多項式であることを知っている必要がある（命題 10.1, p. 139 と比較せよ）．

$$\Theta(t) = \prod_{\sigma \in S_n} \bigl(t - \sigma(f(x_1, \ldots, x_n))\bigr).$$

方程式 $\Theta = 0$ は一般に次数は $1 \cdot 2 \cdot 3 \cdots n = n!$ でなければならないが（ここで $n!$ は $x_1, \ldots, x_n$ の置換の全体の個数に等しい），この関数がある置換またはいくつかの置換によって何ら変化しないということが起こるならば，問題の方程式は必然的により低い次数のものに帰着される．

たとえば，関数 $f(x_1, x_2, x_3, x_4, \ldots)$ が，x_1 を x_2 に，x_2 を x_3 に，x_3 を x_1 に変化させたとき同じ値をとると仮定すると，

$$f(x_1, x_2, x_3, x_4, \ldots) = f(x_2, x_3, x_1, x_4, \ldots).$$

明らかに方程式 $\Theta = 0$ はすでに 2 つの等しい根をもつであろう．ところが，私はこの仮定の下で，すべてのほかの根もまた 2 つの対で等しくなっていることを証明しよう．実際に，関数 $f(x_4, x_3, x_1, x_2, \ldots)$ によって表される同じ方程式の任意の根を考えよう．この関数は $f(x_1, x_2, x_3, x_4, \ldots)$ から，x_1 を x_4 に，x_2 を x_3 に，x_3 を x_1 に，x_4 を x_2 に変えることによって得られる．したがって，その式で x_4 を x_3 に，x_3 を x_1 に，x_1 を x_4 に変えてもそれは同じ値をとるはずである．したがって，次の式も成り立つであろう．

$$f(x_4, x_3, x_1, x_2, \ldots) = f(x_3, x_1, x_4, x_2, \ldots).$$

それゆえ，この場合，量 Θ は 1 つの平方 θ^2 に等しくなり，その結果式 $\Theta = 0$ はこの $\theta = 0$ に帰着されることになり，θ の次数は $\frac{n!}{2}$ となる．

同様にして，次のことが証明されるだろう．関数 f がそれ自身の性質によって，その根 $x_1, x_2, x_3, x_4, \ldots, x_n$ の間で 2 つまたは 3 つあるいはより多くの異なる置換がなされるとき同じ値をもつならば，方程式 $\Theta = 0$ の根は 3 つずつまたは 4 つずつ等々，等しくなるであろう．したがって，量 Θ は立方 θ^3 または平方の平方 θ^4，または $\ldots$ に等しくなり，ゆえに方程式 $\Theta = 0$ はこの 1 つの

方程式 $\theta = 0$ に帰着され, この次数は $\frac{n!}{3}$ または $\frac{n!}{4}, \cdots$ に等しくなるであろう.

上に引用したラグランジュの議論と前定理の証明の間のつながりを見るために, $f = f(x_1, x_2, x_3, x_4, \dots)$, $f_i = f(x_4, x_3, x_1, x_2, \dots)$ とし, σ を置換 $x_1 \mapsto x_4, x_2 \mapsto x_3, x_3 \mapsto x_1, x_4 \mapsto x_2, \dots$ とすると,

$$\sigma(f) = f_i, \quad \text{すなわち}, \quad \sigma \in I(f \mapsto f_i).$$

ラグランジュの考察は次のようである. 置換 $\tau: x_1 \mapsto x_2 \mapsto x_3 \mapsto x_1$ が $I(f)$ に属していれば, $\sigma \circ \tau: x_1 \mapsto x_3, x_2 \mapsto x_1, x_3 \mapsto x_4, x_4 \mapsto x_2, \cdots$ は次のようになる.

$$\sigma \circ \tau(f) = f_i, \quad \text{すなわち}, \quad \sigma \circ \tau \in I(f \mapsto f_i).$$

これはその証明の中で実に決定的な部分である.

今日「ラグランジュの定理」としてしばしば引用される定理は, 群の部分群の位数 (すなわち, 要素の個数) を扱っている. それは次のように述べられる.

定理 10.3 H を有限群 G の部分群とする. このとき, $|H|$ は $|G|$ を割り切る.

証明 $g \in G$ に対して, 次の式によって (左) 剰余類 gH を定義する.

$$gH = \{gh \mid h \in H\}.$$

g による乗法は H から gH の上への全単射を定義するから, 容易に $|gH| = |H|$ であることがわかる. $g = g1 \in gH$ であるから, G のすべての元はある剰余類に属することは明らかである. さらに, 2 の剰余類が 1 つの共通な元をもてば, それらは一致する. 実際, $x \in g_1 H \cap g_2 H$ のような要素 $x \in G$ が存在するならば, 適当な $h_1, h_2 \in H$ によって $x = g_1 h_1 = g_2 h_2$ と表される. このとき, すべての元 $g_1 h \in g_1 H$ は

$$g_1 h = g_2 \left(h_2 h_1^{-1} h \right) \in g_2 H$$

と表されるので, $g_1 H \subset g_2 H$ となる. 添え字 1 と 2 を交換すれば $g_2 H \subset g_1 H$ を得る. したがって, $g_1 H = g_2 H$ となる.

このことは群 G を共通部分のない剰余類の和集合に分割できることを示している. これらすべての剰余類の要素の個数は $|H|$ に等しいので, $|H|$ は $|G|$ を

割り切る（$|H|$ による $|G|$ の商は G の分解において異なる剰余類の個数であり，これは G における H の**指数** (index) と呼ばれている）． □

この証明の方法は定理 10.2 （$I(f \mapsto f_i)$ は $I(f)$ の左剰余類である）のそれにきわめて類似しているが，ラグランジュはこの一般性を理解していなかったし，その必要もなかった．彼の主要な関心は関数の値の個数についての情報を得ることであった．この個数は前記命題 10.1 (p.139) によれば，与えられた根の関数がそれによって決定される方程式の次数である．

この観点からの彼の成果はさらにすばらしいものである．すなわち，彼は前記命題 10.1 の「関連命題」を証明しており，これは一般多項式の最小分解体に対するガロア理論の基本定理の一部分と見ることもできる．

> さて，式 $\theta = 0$ の解によってあるいは別の方法で，根 $x_1, \ldots, x_n$ の与えられた関数の値が求められるとただちに，同じ根の別の任意の関数の値も求めることができると私は主張する．そして，一般的にいえば 2 次あるいは 3 次方程式を要請するある特別な場合を除いて，それは単に 1 次方程式によって求められる．この問題は私にとって，方程式の理論の最も重要なものの 1 つであるように思われる．また，我々がこれから与える一般的な解は代数学のこの分野に新しい光を投げかけるであろう．[40, Art.100]

ラグランジュの結果はより正確に次のように述べることができる．

定理 10.4 *f と g を n 個の不定元 $x_1, \ldots, x_n$ に関する 2 つの有理分数式とする．g を不変にするすべての置換によって，f が m 個の異なる値をとるならば，f は係数が g と基本対称多項式 $s_1, \ldots, s_n$ の有理分数式である m 次の方程式の根となる．*

特に，f が g を不変にするすべての置換によって不変ならば，f は g と $s_1, \ldots, s_n$ の有理分数式である．

証明 はじめに，上記の特別な場合から始めよう．すなわち，最初に $m = 1$ と仮定する．このとき，$x_1, \ldots, x_n$ のすべての置換による g の相異なる値を $g_1, \ldots, g_r$ とする（$g_1 = g$ とする）．$x_1, \ldots, x_n$ の 1 つの置換が g に対して g_i（適当な i に対して）を与えるとき，その置換は f に対して f_i を与えるという意味で，f に対応している値を $f_1 = f, f_2, \ldots, f_r$ とする．g の値から f の値を対応させるこのような対応を定義できる可能性は，g を不変にする置換によっ

て f は不変であるという仮定より従う．なぜなら，この仮定は $I(g) \subset I(f)$ を意味している．したがって，σ と ρ が2つとも g を g_i に移せば，定理 10.2 の証明より，ある $\tau \in I(g)$ によって $\rho = \sigma \circ \tau$ と表され，また仮定は $\tau \in I(f)$ を保証する．ゆえに $\rho(f) = \sigma(f)$ が成り立つ．したがって，$\sigma(g) = g_i$ となる任意の $\sigma \in S_n$ に対して，$f_i = \sigma(f)$ と定義することができる．

このとき，$a_0, \ldots, a_{r-1}$ で表される次のような表現を考える．

$$\begin{aligned} a_0 &= f_1 + f_2 + \cdots + f_r \\ a_1 &= f_1 g_1 + f_2 g_2 + \cdots + f_r g_r \\ a_2 &= f_1 g_1^2 + f_2 g_2^2 + \cdots + f_r g_r^2 \\ &\cdots \\ a_{r-1} &= f_1 g_1^{r-1} + f_2 g_2^{r-1} + \cdots + f_r g_r^{r-1}. \end{aligned} \quad (10.20)$$

f_i と g_i の定義より，$x_1, \ldots, x_n$ のすべての置換は単に $a_0, \ldots, a_{r-1}$ の中の項を入れ替えるだけであることがわかる．したがって，これらの表現のそれぞれは $x_1, \ldots, x_n$ に関して対称的であり，よって対称分数式の基本定理（定理 8.3, p.105）より，$s_1, \ldots, s_n$ の有理分数式として計算される．

さて，問題は $f_1, \ldots, f_r$ に対する連立方程式 (10.20) を解くことである．しかしながら，普通の消去法では f_1 は $a_0, \ldots, a_{r-1}$（このときは最終的に $s_1, \ldots, s_n$ によって表される）と $g_1, \ldots, g_r$ によって表される．これに対して，我々が必要なのは，$s_1, \ldots, s_n$ と g_1 による f_1 の表現である．

このとき，ラグランジュは次のような巧みな方法を用いた．

$$\theta(Y) = (Y - g_1)(Y - g_2) \cdots (Y - g_r) = Y^r + b_{r-1} Y^{r-1} + \cdots + b_0$$

とする．この多項式を $Y - g_1$ で割ると，次を得る．

$$\psi(Y) = (Y - g_2) \cdots (Y - g_r) = Y^{r-1} + c_{r-2} Y^{r-2} + \cdots + c_0.$$

このとき，具体的に $\theta(Y)$ を $Y - g_1$ によって割ると容易にわかるように，係数 $c_0, c_1, \ldots, c_{r-2}$ は $b_0, b_1, \ldots, b_{r-1}$ と g_1 の有理分数式となる．さて，θ の係数 $b_0, b_1, \ldots, b_{r-1}$ は $g_1, \ldots, g_r$ の対称式であるから，$x_1, \ldots, x_n$ の対称式でもあり，したがって，$s_1, \ldots, s_n$ によって計算される．以上より $c_0, c_1, \ldots, c_{r-2}$ は g_1 と $s_1, \ldots, s_n$ の有理分数式である．

(10.20) の第1式に c_0，第2式に c_1，第3式に c_2，など，そして最後の式に 1 をかけて得られたそれらの方程式を加えると，f_i $(i = 1, \ldots, r)$ の係数が多項

式 $\psi(Y)$ で $Y = g_i$ としたものとなっているような等式が得られる．すなわち，

$$a_0 c_0 + a_1 c_1 + \cdots + a_{r-1} = f_1 \psi(g_1) + f_2 \psi(g_2) + \cdots + f_r \psi(g_r).$$

ここで，$\psi(g_2) = \cdots = \psi(g_r) = 0$ であるから，最後に f_1 は g と $s_1, \ldots, s_n$ の有理分数式として表される．すなわち，

$$f_1 = (a_0 c_0 + a_1 c_1 + \cdots + a_{r-1}) \psi(g_1)^{-1}.$$

これが求めるものであった．

以上より $m = 1$ である特別な場合に定理 10.4 が証明されたが，一般の場合は容易に導かれる．実際，g を不変にするすべての置換によって f が m 個の値 $f_1, \ldots, f_m$ をとるものと仮定する．このとき，f は方程式

$$(Y - f_1) \cdots (Y - f_m) = 0$$

の根であり，この方程式は必要な性質を満足している．なぜならば，その係数は $f_1, \ldots, f_m$ に関して対称的であるから，g を不変にするすべての置換によって不変である．すると上記の特別な場合の考察によって，それは g と $s_1, \ldots, s_n$ の有理分数式となるからである． □

ラグランジュの結果は上記に述べたよりもさらに一般的でさえある．というのは，彼は $x_1, \ldots, x_n$ がある代数的な関係によって関係づけられている場合も考察しているからである（これは $x_1, \ldots, x_n$ が，次数 n の一般方程式のかわりにある特別な方程式の根であるとき生じている）．しかし，彼の目的は一般方程式の解を考察することであったから，上記の定理はラグランジュの証明に独特の味を与えており，また，ラグランジュが心に抱いていた応用の本質的な部分を補っている．

ラグランジュの前記結果（定理 10.4）の後，一般方程式の解法は実際にかなり解明された．その研究方法の戦略は次のようである．すなわち，次数 n の一般方程式を解くために，次のような性質を満たす n 個の不定元 $x_1, \ldots, x_n$ の有理分数式の（有限）列 $V_0, V_1, \ldots, V_r$ を求めなければならない．すなわち，最初の関数 V_0 は $x_1, \ldots, x_n$ に関して対称的で，最後の関数 V_r は根の 1 つである．たとえば $V_r = x_1$，また $i = 1, \ldots, r$ に対して，関数 V_i は次のいずれかを満たす．

(1) $V_i^n = V_{i-1}$ であるかまたは，
(2) V_{i-1} を不変にするすべての置換による V_i の値の数は n より小さい．

(1) の場合，関数 V_i は V_{i-1} の n 乗根を開方することにより計算される．(2) の場合，V_i は定理 10.4 より次数が n より小さい 1 つの方程式を解くことによって求められる．最後の関数は与えられた方程式の根であるから，上記のことは根の逐次的開方とより低い次数の方程式の解によって，もとの方程式の根が求められることを意味している．列 $V_0, V_1, \ldots, V_r$ はどのような順序でその計算がなされるかを示している．そのほかの根は同様にして $V_0, V_1, \ldots, V_r$ に対して同様な関数を代入することによって求められる（より正確にいうと，任意の $\sigma \in S_n$ に対して根 $\sigma(V_r)$ は列 $\sigma(V_0) = V_0, \sigma(V_1), \ldots, \sigma(V_r)$ によって求められる）．$n = 2$ に対して，次のように選ぶ．

$$V_0 = (x_1 - x_2)^2,$$
$$V_1 = x_1 - x_2,$$
$$V_2 = x_1.$$

したがって，V_1 は V_0 の平方根を求めることによって得られる．またこのとき $V_2 = \frac{1}{2}(V_1 + (x_1 + x_2))$ であるから，V_2 は有理的に求められる．

$n = 3$ のとき，V_0 として任意の対称関数を選ぶことができる．(ω によって 1 と異なる 1 の 3 乗根を表して)，次のようにおく．

$$V_1 = (x_1 + \omega x_2 + \omega^2 x_3)^3,$$
$$V_2 = x_1 + \omega x_2 + \omega^2 x_3,$$
$$V_3 = x_1.$$

V_1 は x_1, x_2, x_3 のすべての置換によってちょうど 2 つの値をとるので，それは 2 次方程式を解くことによって求められる．次に，V_2 は V_1 の 3 乗根を求めることによって得られる．最後に，V_3 は V_2 を不変にするすべての置換によって不変であるから（恒等置換のみが V_2 を不変にする），それは V_2 から有理的に決定される．すなわち，1 次方程式を解くことによって求められる．同様にして，x_2 と x_3 は V_2 から有理的に決定される．

$n = 4$ のとき，V_0 として任意の対称関数を選ぶことができる．また，次のようにおく．

$$V_1 = (x_1 + x_2)(x_3 + x_4),$$
$$V_2 = x_1 + x_2,$$
$$V_3 = x_1.$$

実際, V_1 は x_1, x_2, x_3, x_4 のすべての置換によってちょうど3つの値をとるので, それは3次方程式を解くことによって決定される. 次に, V_2 は V_1 を不変にする置換によってちょうど2つの値をとるので, それは2次方程式によって決定される. 最後に V_3 は, V_2 を不変にする置換によってちょうど2つの値をとるので, 2次方程式より求められる. このとき, 根 x_2 は $V_3(=x_1)$ を与えている2次方程式のもう1つの根であるから, 容易に求められる. ほかの根 x_3 と x_4 は同様な計算によって求められる. すなわち, x_3+x_4 は V_2 の値を与えている方程式のもう1つの根であり, x_3 と x_4 は2次方程式の根である. これがフェラーリの4次方程式の解法によって示唆された方式である. もちろん, ほかの選択も可能である. たとえば, ラグランジュ分解式を用いて, 次のように選ぶこともできるだろう.

$$V_1 = (x_1 - x_2 + x_3 - x_4)^2,$$
$$V_2 = x_1 - x_2 + x_3 - x_4,$$
$$V_3 = x_1.$$

最初の関数 V_1 は3次方程式の根であり, V_2 と V_3 は逐次的に2つの2次方程式を解くことによって得られる.

> もし私が間違っていなければ, これらは方程式の真の解法の原理であり, またそれに至る最も妥当な分析である. すなわち, すべてはすでに見たように, 一種の計算の組み合わせに帰着され, それによって我々が導かれる諸結果は演繹的に求められる. 解法がこれまで知られていなかった5次あるいはそれ以上の次数の方程式に, それを適用することは時期を得ているであろう. しかし, この応用はあまりにも多くの研究と共同的な作業を必要とし, その事柄に関して, 我々がこの困難な問題に取り組むためにはその成功はまだ不分明である. しかしながら我々は別の機会にこのことに立ちもどりたいと望んでいるが, ここでは我々にとって新しくかつ一般的であると思われる1つの理論の基礎を据えることで満足しよう. [40, Art. 109]

この章を締めくくるにあたり, 上で述べた結果を適用して「ラグランジュ分解式」の性質の証明の概略を述べよう. これは, §10.2 において, 少なくとも n が素数である場合に指摘しておいたことである. 指定された1つの群によって不変である有理分数式の存在についての次の結果が必要となる.

命題 10.5 S_n の任意の部分群 G に対して，$I(f) = G$ を満たす n 個の不定元の有理分数式 f が存在する．

証明 それらの変数の（自明でない）すべての置換によって不変でない単項式 m を 1 つ選ぶ．たとえば $m = x_1 x_2^2 x_3^3 \cdots x_n^n$ を選び，

$$f = \sum_{\sigma \in G} \sigma(m)$$

とおく．任意の $\tau \in G$ に対して，積の集合 $\{\tau \circ \sigma \mid \sigma \in G\}$ は G であるから，

$$\sum_{\sigma \in G} \tau \circ \sigma(m) = \sum_{\sigma \in G} \sigma(m)$$

が成り立つ．よって，任意の τ に対して，

$$\tau(f) = f$$

となるので，$G \subset I(f)$ であることがわかる．

一方，$\rho \notin G$ ならば，単項式 $\rho(m)$ は $\rho(f)$ の中に現れるが，f には現れない．ゆえに，$\rho(f) \neq f$．したがって $G = I(f)$ が得られる． □

今後，少し記号を簡略化するために，不定元を 0 から番号づける．したがって，S_n を $\{0, 1, \ldots, n-1\}$ の置換群と考えて，ラグランジュ分解式との関係で興味ある性質をもつある置換の集合を定義する．

n と互いに素である任意の整数 k に対して，

$$\sigma_k : \{0, 1, \ldots, n-1\} \longrightarrow \{0, 1, \ldots, n-1\}$$

によって，次のように定義される写像を表すことにする．すなわち，任意の $i \in \{0, 1, \ldots, n-1\}$ に対して，その像 $\sigma_k(i)$ を $ik - j$ が n で割り切れるような 0 と $n-1$ の間にある唯一つの整数を j とする（すなわち，§12.2 で導入される記号を用いると，$ik \equiv j \pmod{n}$ ということである）．言い換えると，ik を n によって割り算したときの余りが j である．

命題 10.6 n と互いに素である任意の整数 k に対して，写像 σ_k は $\{0, 1, \ldots, n-1\}$ の 1 つの置換である．

証明 定理 7.8 (p.92) により，次の式を満たす整数 ℓ, m を求めることができる．

$$k\ell + mn = 1. \tag{10.21}$$

任意の $i \in \{0, 1, \ldots, n-1\}$ に対して，$\sigma_k(i)$ の定義より $ik - \sigma_k(i)$ は n で割り切れる．よって，$ik\ell - \sigma_k(i)\ell$ も n で割り切れる．imn を加えれば，明らかにこれは n で割り切れ，$i(k\ell + mn) - \sigma_k(i)\ell$ は n で割り切れる．したがって (10.21) より，

$$i - \sigma_k(i)\ell \quad \text{は } n \text{ で割り切れる．} \tag{10.22}$$

この最後の式は $\sigma_\ell(\sigma_k(i)) = i$ を意味しているから，$\sigma_\ell \circ \sigma_k$ は $\{0, 1, \ldots, n-1\}$ 上の恒等写像である．上の議論において，k と ℓ を入れ替えれば，$\sigma_k \circ \sigma_\ell$ も $\{0, 1, \ldots, n-1\}$ 上で恒等写像である．したがって，σ_ℓ と σ_k は互いに $\{0, 1, \ldots, n-1\}$ からそれ自身の上への逆写像であるから，これは 2 つとも全単射である． □

これ以後，n は素数であると仮定しよう．すると，任意の $i = 1, \ldots, n-1$ に対し σ_i が定義される．τ によって巡回置換 $0 \mapsto 1 \mapsto 2 \mapsto \cdots \mapsto n-1 \mapsto 0$ を表し，$\mathrm{GA}(n)$ によって $\sigma_1, \ldots, \sigma_{n-1}$ と τ で生成される S_n の部分群を表す．このとき，次が成り立つことがわかる（練習問題 5 を参照せよ）．

$$|\mathrm{GA}(n)| = n(n-1).$$

実際，少し高等的な立場から見たとき，$\mathrm{GA}(n)$ は，n 個の元からなる体上のアフィン直線のアフィン変換群と同一視できる．このとき，τ はその変換群を生成し，他方 $\sigma_1, \ldots, \sigma_{n-1}$ は相似変換 (homothety) である．

V を $I(V) = \mathrm{GA}(n)$ を満たす $x_0, x_1, \ldots, x_{n-1}$ に関する有理分数式とする（このような関数の存在は命題 10.5 によって保証されている）．また，1 の任意の n 乗根 ω に対して，$t(\omega)$ によって次のラグランジュ分解式を表すことにする．

$$t(\omega) = x_0 + \omega x_1 + \omega^2 x_2 + \cdots + \omega^{n-1} x_{n-1}.$$

定理 10.7 n は素数であると仮定する．$\omega \neq 1$ ならば，$t(\omega)^n$ は次数 $n-1$ の方程式の根である．そして，その方程式の係数は V と，$x_0, \ldots, x_{n-1}$ に関する基本対称多項式の有理分数式である．さらに，V は係数が基本対称多項式の有理分数式である次数 $(n-2)!$ の方程式の根である．

10.3 群論とガロア理論の最初の成果

証明 $I(V)$ は $n(n-1)$ 個の要素をもつので，V が次数 $(n-2)!$ の方程式の根であるという事実は命題 10.1 と定理 10.2 から容易に導かれる．残りの部分を証明するためには，定理 10.4 によって，V を不変にするすべての置換，すなわち $\mathrm{GA}(n)$ のすべての置換により $t(\omega)^n$ が $n-1$ 個の値をとることを示せば十分である．

はじめに，σ_k の作用を考える．

$$\sigma_k\bigl(t(\omega)\bigr) = x_0 + \omega x_{\sigma_k(1)} + \omega^2 x_{\sigma_k(2)} + \cdots + \omega^{n-1} x_{\sigma_k(n-1)}.$$

$\omega^n = 1$ だから，関係 (10.22) より $i = 0, 1, \ldots, n-1$ に対して，

$$\omega^i = \bigl(\omega^\ell\bigr)^{\sigma_k(i)}.$$

よって，

$$\sigma_k\bigl(t(\omega)\bigr)$$
$$= x_0 + \bigl(\omega^\ell\bigr)^{\sigma_k(1)} x_{\sigma_k(1)} + \bigl(\omega^\ell\bigr)^{\sigma_k(2)} x_{\sigma_k(2)} + \cdots + \bigl(\omega^\ell\bigr)^{\sigma_k(n-1)} x_{\sigma_k(n-1)}.$$

これは次のことを示している．

$$\sigma_k\bigl(t(\omega)\bigr) = t\bigl(\omega^\ell\bigr). \tag{10.23}$$

次に，τ の作用を考える．

$$\tau\bigl(t(\omega)\bigr) = x_1 + \omega x_2 + \omega^2 x_3 + \cdots + \omega^{n-1} x_0$$

であるから，1 の任意の n 乗根 ω に対して，

$$\tau\bigl(t(\omega)\bigr) = \omega^{-1} t(\omega).$$

$\omega^{-n} = 1$ であるから，この最後の式より次の式を得る．

$$\tau\bigl(t(\omega)^n\bigr) = t(\omega)^n.$$

この結果と式 (10.23) を合わせて考えると，置換 $\sigma_1, \ldots, \sigma_{n-1}, \tau$ の任意の積によって，関数 $t(\omega)^n$ は値 $t(\omega)^n, t(\omega^2)^n, \ldots, t(\omega^{n-1})^n$ の 1 つをとる．これらは $\omega \neq 1$ ならば相異なっている．$\mathrm{GA}(n)$ は $\sigma_1, \ldots, \sigma_{n-1}$ と τ によって生成されているから，このことは $\mathrm{GA}(n)$ のすべての置換によって $t(\omega)^n$ は $n-1$ 個の値をとることを意味している．したがって，証明は完結する． □

簡単な議論により，$t(\omega)^n$ の値の個数がわかる．

命題 10.8 関数 $t(\omega)^n$ は $x_0, \ldots, x_{n-1}$ の置換によって $(n-1)!$ 個の値をとる．

証明 k を $t(\omega)^n$ の値の個数とする．前の証明の終わりにおいて，$t(\omega)^n$ は τ によって不変であることが示された．よって，それはすべてのベキ $\tau^2, \tau^3, \ldots, \tau^{n-1}$ によっても不変である．したがって，$|I(t(\omega)^n)| \geq n$ となり，また定理 10.2 より次のことがわかる．

$$k \leq (n-1)!.$$

一方，命題 10.1 (p. 139) より，$t(\omega)^n$ は次数 k の方程式 $\Theta(Y) = 0$ の根であることがわかる．したがって，$t(\omega)$ は $\Theta(Y^n) = 0$ の根であり，この方程式の次数は kn である．ところが，$t(\omega)$ はそれらの変数のすべての置換によって $n!$ 個の値をとるから，命題 10.1 より，それは $n!$ より小さい次数の方程式の根になり得ない．よって，

$$k \geq (n-1)!. \qquad \square$$

置換 σ_k は使われなかったので，この命題は n が素数でないときにも同じ証明が成り立つ．

練習問題

1. 第 8 章の練習問題と同様にして，次のように表す．

$$u_1 = (x_1 + x_2)(x_3 + x_4), \qquad v_1 = x_1 x_2 + x_3 x_4,$$
$$u_2 = (x_1 + x_3)(x_2 + x_4), \qquad v_2 = x_1 x_3 + x_2 x_4,$$
$$u_3 = (x_1 + x_4)(x_2 + x_3), \qquad v_3 = x_1 x_4 + x_2 x_3.$$

v_1, v_2, v_3 は対称的な係数をもつ u_1, u_2, u_3 の有理分数式であることを示せ．この結果を用いて，v_1, v_2, v_3 を根としてもつ 3 次方程式は，根 u_1, u_2, u_3 をもつ方程式にどのように関係しているかを調べよ（第 8 章の練習問題 3 と比較せよ）．v_1, v_2, v_3 のかわりに $w_1 = (x_1 - x_2 + x_3 - x_4)^2$, $w_2 = (x_1 + x_2 - x_3 - x_4)^2$, $w_3 = (x_1 - x_2 - x_3 + x_4)^2$ としたとき，同じ問題を考えよ．

2. ラグランジュの定理（定理 10.4, p. 150）における議論を用いて，$x_1 x_2$ を 3 つの不定元 x_1, x_2, x_3 に関して対称的な係数をもつ $x_1 + x_2$ の有理分数式で表せ．この表現は一意的であるか？

3. 次の性質をもつすべての多項式 $f = ax_1 + bx_2 + cx_3$ $(a, b, c \in \mathbb{C})$ を求めよ.すなわち,x_1, x_2, x_3 が対称的な係数によって f から有理的に表現され,かつ f^3 が x_1, x_2, x_3 のすべての置換によってちょうど2つの値をとる.

4. n を素数とする.1の任意の n 乗根 ω に対して,
$$t(\omega) = x_0 + \omega x_1 + \cdots + \omega^{n-1} x_{n-1}$$
とする.任意の整数 k に対して,$t(\omega^k) t(\omega)^{-k}$ は対称的な係数をもつ $t(\omega)^n$ の有理分数式であることを示せ.

5. n を素数とし,命題 10.6 とその後の記号を用いる.適当な k に対して,$\tau \circ \sigma_i = \sigma_i \circ \tau^k$ であることを証明せよ.これより,
$$\mathrm{GA}(n) = \{\sigma_i \circ \tau^j \mid i = 1, \ldots, n-1,\ j = 0, \ldots, n-1\}$$
であることと,$|\mathrm{GA}(n)| = n(n-1)$ が成り立つこと導け.

6. 任意の部分群 G とその部分群 H に対して,写像 $g \longmapsto g^{-1}$(これは G の反自己同型写像 (anti-automorphism) である)は H による G の左剰余類の集合から H による G の右剰余類の集合への全単射を誘導することを示せ.

第11章

ヴァンデルモンド

11.1 はじめに

　ヴァンデルモンド (Alexandre-Théophile Vandermonde, 1735-1796) はラグランジュやオイラーのような等級の数学者ではない．彼の数学に対する貢献は少なく，またほとんど影響を及ぼすこともなかった．大変皮肉なことに，彼はほとんどの場合，彼の論文には見いだされないのだが彼の名前を広めることになったある1つの行列式によって，今日でも記憶されている．すなわち，ヴァンデルモンドの行列式は，誰かが指数の添え字を読み間違えていたために名づけられた（ルベーグ (Lebesgue) [41, pp. 206-207]）．

　そうではあるが，ルベーグによってすばらしいと記述された彼の業績は [41]，際だった考えと深い洞察が第1級の数学者だけから生ずるものではないことを示している．ラグランジュの考えのいくつかは実際，同時にあるいは少し先んじてヴァンデルモンドによって発見されていた．最も注目に値することは，ヴァンデルモンドは置換に関する計算を実行し，またラグランジュ分解式として知られていた関数を選び出したことである．しかし，彼の説明はラグランジュのそれより明確ではなく，また根拠が確かでなかった．

　その上，ヴァンデルモンドの "Mémoire sur la résolution des équations"（「方程式の解法についての研究報告」）[59] は，ラグランジュの "Réflexions sur la résolution algébrique des équations"（「方程式の代数的解法についての考察」）の第1部のあとに続く2年後に現れた，というようにその出版が遅れた．ラグランジュは当時すでに有名であり，ヴァンデルモンドの自ら削除した次のような注釈（証明につけ加えられた脚注の中で）

この（ラグランジュの）論文と私のものとの間には，私がお世辞を言っているとしか感じられない，ある同一なものがあることに気がつくであろう．[59, p.365]

は彼の論文に対する悪評を防ぐ助けにはならなかった．しかしながら，方程式の理論において真の突破口を開いた功績はヴァンデルモンドに帰することができる．すなわち，円分方程式の解法である．これがヴァンデルモンドに先立ってラグランジュにより彼以前に得られていないことは明確であった．

我々はヴァンデルモンドの研究報告についての議論を2つの部分に分けて議論しよう．1つは一般方程式の議論，これはラグランジュのそれにいくぶん類似しており，またもう1つは円分方程式の解法である．

11.2　一般方程式の解法

ヴァンデルモンドの出発点は，係数によって1つの方程式の解を与える公式は必然的にあいまいになる，というものである．なぜなら，それは値としてさまざまな根をとるからである．彼はその解法を3つの主要な「項目」に分割した [59, p.370]．

1°　根の関数を求めること．ある意味でそれは求めている根に等しいということができる．
2°　この関数を根を交換しても無関係であるような形にする．
3°　その関数の形に，根のすべての和の値，根の2つをかけたもののすべての和，などを代入すること．

たとえば，根として x_1, x_2 をもつ次の2次方程式の解法を考えてみよう．

$$X^2 - s_1 X + s_2 = 0.$$

このとき，関数

$$F_2(x_1, x_2) = \frac{1}{2}\Big((x_1 + x_2) + \sqrt{(x_1 - x_2)^2}\Big)$$

は 1° の条件を満足する．なぜならば，$(x_1 - x_2)^2$ の平方根の選び方に依存して，すなわち，

$$\sqrt{(x_1 - x_2)^2} = \pm(x_1 - x_2)$$

であるから，その値は x_1 または x_2 となる．さらに，$F_2(x_1, x_2)$ は根 x_1 と x_2 を入れ替えても変わらないので，2° によって要求されている形にすでになっている．最後に，3° は s_1 と s_2 によって $F_2(x_1, x_2)$ を表現することを要請している．これはきわめて簡単である．

$$x_1 + x_2 = s_1 \quad \text{かつ} \quad (x_1 - x_2)^2 = s_1^2 - 4s_2$$

であるから次のように表される．

$$F_2(x_1, x_2) = \frac{1}{2}(s_1 + \sqrt{s_1{}^2 - 4s_2}).$$

ヴァンデルモンドは完全に一般的な形で問題 3° を最初に解決した．このようにして，彼は，すべての対称関数は基本対称多項式によって表されることを主張している，対称関数の基本定理を証明している（定理 8.3, p. 105）．

そこで彼は次の公式を提示して，問題 1° を解決している．

$$F_n(x_1, \ldots, x_n) = \frac{1}{n}\left((x_1 + \cdots + x_n) + \sum_{i=1}^{n-1} \sqrt[n]{V_i^n}\right). \tag{11.1}$$

ただし V_i は，$\rho_1, \ldots, \rho_n$ を 1 の n 乗根全体を表すものとして（1 を含めて）次のようなものである．

$$V_i = \rho_1^i x_1 + \cdots + \rho_n^i x_n.$$

この関数が実際に項目 1° を満たすものであることを確かめるためには，任意の $k = 1, \ldots, n$ に対して，n 乗根 $\sqrt[n]{V_i^n}$ のある値が $F_n(x_1, \ldots, x_n) = x_k$ となるように選ぶことができることを示さねばならない．これは次のようになされる．まず，$\sqrt[n]{V_i^n} = \rho_k^{-i} V_i$ を選ぶ．すなわち，

$$\sqrt[n]{V_i^n} = x_k + \sum_{j \neq k} \left(\rho_k^{-1} \rho_j\right)^i x_j.$$

すると，

$$F_n(x_1, \ldots, x_n) = \frac{1}{n}\left(nx_k + \sum_{j \neq k}\Bigl(\sum_{i=0}^{n-1}(\rho_k^{-1}\rho_j)^i\Bigr)x_j\right). \tag{11.2}$$

ところで $k \neq j$ のとき，$\rho_k^{-1}\rho_j$ は 1 と異なる 1 の n 乗根であるから，これは

$$\frac{X^n - 1}{X - 1} = 1 + X + \cdots + X^{n-1}$$

の根である．したがって，

$$\sum_{i=0}^{n-1} \left(\rho_k^{-1}\rho_j\right)^i = 0$$

となり，等式 (11.2) は簡単になって

$$F_n(x_1,\ldots,x_n) = x_k$$

となる．もちろん，$n \geq 3$ ならば，関数 $F_n(x_1,\ldots,x_n)$ は $x_1,\ldots,x_n$ のほかの値ももつ．しかし，このことはヴァンデルモンドにとってあまり問題であったように見えない．

ヴァンデルモンドの公式 (11.1) をラグランジュの公式（p. 145）と比較してみるのは有益である．関数 V_i はラグランジュ分解式と異なるものではないことがわかる．この点を確かめるために，1 の原始 n 乗根 ω を 1 つ選ぶと，1 のすべての n 乗根は ω のベキ乗で表されるので，$k=1,\ldots,n$ に対して $\rho_k = \omega^{k-1}$ とおくことができる．このとき，V_i は

$$V_i = \left(\omega^0\right)^i x_1 + \left(\omega^1\right)^i x_2 + \left(\omega^2\right)^i x_3 + \cdots + \left(\omega^{n-1}\right)^i x_n$$

と表される．ゆえに，

$$V_i = x_1 + \omega^i x_2 + \left(\omega^i\right)^2 x_3 + \cdots + \left(\omega^i\right)^{n-1} x_n$$

と表される．したがって，V_i は（p. 145）の公式で $t\left(\omega^i\right)$ によって表されたラグランジュ分解式であることがわかる．

問題 1° と 3° は以上のようにヴァンデルモンドによって完全に解決された．もちろん，真の障害は問題 2° である．$n = 3$ に対して，ヴァンデルモンドは次のことを考察している．ω を 1 と異なる 1 の 3 乗根として，$\rho_1 = 1$, $\rho_2 = \omega$ そして $\rho_3 = \omega^2$ を選べば，$F_3(x_1,x_2,x_3)$ に含まれている関数

$$V_1^3 = (x_1 + \omega x_2 + \omega^2 x_3)^3 \quad \text{と} \quad V_2^3 = (x_1 + \omega^2 x_2 + \omega x_3)^3$$

は x_1, x_2, x_3 のすべての置換によって不変ではない．しかし，すべての置換は V_1^3 と V_2^3 を不変にするか，または V_1^3 と V_2^3 を交換する．したがって，関数 $F_3(x_1,x_2,x_3)$ がすべての置換によって不変であるようにするためには，V_1^3 と V_2^3 を値としてとる両義的な関数を V_1^3 と V_2^3 に代入すれば十分である．このような関数は前に 2 次方程式の解法によって見つかっている．それは次のものである．

$$F_2(V_1^3, V_2^3) = \frac{1}{2}\left((V_1^3 + V_2^3) + \sqrt{(V_1^3 - V_2^3)^2}\right).$$

よって，$n=3$ に対して問題 2° は解決した．

ヴァンデルモンドは $n=4$ に対して $F_4(x_1,x_2,x_3,x_4)$ を用いて同様に議論した．彼は n が素数ではないので $F_4(x_1,x_2,x_3,x_4)$ のかわりにほかの関数が選べることも指摘した．たとえば，
$$G_4(x_1,x_2,x_3,x_4) = \frac{1}{4}\left((x_1+x_2+x_3+x_4) + \sqrt{W_1{}^2} + \sqrt{W_2{}^2} + \sqrt{W_3{}^2}\right)$$
とすればよい．ただし，W_1, W_2, W_3 は次のようである．
$$W_1 = x_1 + x_2 - x_3 - x_4,$$
$$W_2 = x_1 - x_2 + x_3 - x_4,$$
$$W_3 = x_1 - x_2 - x_3 + x_4.$$

すべての置換は W_1^2, W_2^2, W_3^2 を入れ替えるから，x_1,x_2,x_3,x_4 が置換されるとき，G_4 が変わらないような形におくことは容易である．したがって，それらを $F_3(W_1^2, W_2^2, W_3^2)$ によって置き換えれば十分である．これは値 W_1^2, W_2^2, W_3^2 をとり，前に考察したように対称的な形になる．

$n \geq 5$ に対して，不定元を置換したとき問題は $i=1,\ldots,n-1$ に対して関数 V_i^n がそれらの間で入れ替わらないことである．実際，不定元の置換によって関数 V_1^n は $(n-1)!$ 個の値をとる（命題 10.8，p. 158 を参照せよ）．それにもかかわらず，$n=5$ のとき，ヴァンデルモンドは V_1^5 の決定を次数 6 の方程式の解法に帰着させることに成功している（定理 10.7, p. 156 と比較せよ）．$n=6$ のとき，彼の方法は次数 10 または 15 の方程式の解を必要とすることを示している．

それは決定的ではないが，そのことはヴァンデルモンドをして最初に置換の計算をかなり明確な形にさせたのであるから，この意味においてこの節はまったく重要性がないわけではない．彼は対称多項式を（これを彼は「型」(type) と呼んでいる），「部分的型」の和に分解した．実際に，部分的型は対称群の部分群（特に，まったくそれだけというわけではないが，巡回部分群である）によって 1 つの単項式がとる値の和である．たとえば，3 変数 a, b, c に対して，彼は，$(\alpha, \beta, \gamma$ を相異なる整数として）次のように表している．

$$[\ \alpha\ \beta\ \gamma\ ] = a^\alpha b^\beta c^\gamma + a^\gamma b^\alpha c^\beta + a^\beta b^\gamma c^\alpha.$$
$$\text{ii}\ \ \text{iii}\ \ \text{i}$$

この下付きのローマ数字は，2 番目の項のとき，指数 α, β, γ は γ が 1 番目に，α が 2 番目に，β が 3 番目の位置をしめることを指示している．第 2 項が第 1

項から得られたように，第 3 項は第 2 項より得られ，この操作が新しい単項式を与える限りこのようにして次の項に続いていくということを表している．このようにしてつくられた関数は明らかに $a \mapsto b \mapsto c \to a$ という置換によって生成された S_3 の（巡回）部分群によって不変である（命題 10.5, p. 155 の証明と比較せよ）．

ときどき，ヴァンデルモンドは同じ置換群によって不変なすべての部分的型を含んでいる，より一般的な記号をも使用した．しかし，彼は置換に対する記号を発明しただけで立ち止まってしまった．たとえば，(a, b, c, d, e を変数として）

$$[\,a\ b\ c\ d\ e\,]$$
$$\text{v i iv ii iii}$$

は，文字 a, b, c, d, e をローマ数字によって指示された順序 b, d, e, c, a にする置換，すなわち置換 $a \mapsto b \mapsto d \mapsto e \mapsto c \mapsto a$ によって不変である，さまざまな部分的型に対する一般的な記号である．

この記号は，ヴァンデルモンドがある非常に複雑で具体的な計算を首尾一貫して実行することを可能にした．しかし，彼は少なくとも次数 5 の方程式に対する彼の方法が，より高い次数の方程式に導いてしまい，したがってそれは最後にうまくいかなくなるという結論を避けることができなかった．

> これが，私がこの問題についてこの計算から教えられたすべてである．私はこのような困難な問題における予想において，ここで敢えてこの予想に挑戦してみようと思うほど十分な信念をもっていない．私がつけ加えられることは，4 次または 5 次の方程式に依存している 5 つの文字に関するどんな部分的型も見つけることができなかった．そして，私はこのような型は存在しないと確信している．[59, p. 414]

しかしながら，これがこの章における話題の終わりではない．彼の論文の最後の 2 つの論説において，ヴァンデルモンドは簡潔に円分方程式を考察している．

11.3　円分方程式

§7.3（定理 7.3, p. 88 を参照せよ）より次のことを思い出そう．1 の累乗根に対するベキ根表現を決定する問題，言い換えると，1 の累乗根を根号によって

表現する問題は，p を素数として次の円周等分多項式のベキ根による解法に帰着される．

$$\Phi_p(X) = X^{p-1} + X^{p-2} + \cdots + X + 1 = 0.$$

さらに，奇数 p に対しては，ド・モアブルは変数変換 $Y = X + X^{-1}$ によって $\Phi_p(X) = 0$ が次数 $\frac{p-1}{2}$ の方程式に変わることを示した．このようにして，$p = 11$ に対して，円分方程式の解は次の方程式の解を必要とする．

$$Y^5 + Y^4 - 4Y^3 - 3Y^2 + 3Y + 1 = 0.$$

これはド・モアブルがベキ根によって解くことができなかった方程式である．注意 7.6 (p.91) より，$k = 1, \ldots, 10$ に対して Φ_p の根は複素数 $e^{2k\pi i/11}$ という形をしているから，Y の方程式の根は $2\cos\frac{2k\pi}{11}$ ($k = 1, \ldots, 5$) であるということを思い出そう．

実際，ヴァンデルモンドは (明らかに同値である) 座標変換 $Z = -(X + X^{-1})$ を用いて，次の方程式を得ている．

$$Z^5 - Z^4 - 4Z^3 + 3Z^2 + 3Z - 1 = 0. \tag{11.3}$$

この方程式の根を a, b, c, d, e と表せば，それらは次のように表せる．

$$a = -2\cos\frac{2\pi}{11}, \qquad b = -2\cos\frac{4\pi}{11},$$
$$c = -2\cos\frac{6\pi}{11}, \qquad d = -2\cos\frac{8\pi}{11}, \qquad e = -2\cos\frac{10\pi}{11}.$$

ヴァンデルモンドにとって，三角関数の公式

$$2\cos\alpha\cos\beta = \cos(\alpha + \beta) + \cos(\alpha - \beta) \tag{11.4}$$

が a, b, c, d, e の間の関係を与える，ということに注意するのは有用であった．たとえば，α と β に $\frac{2\pi}{11}$ を代入して，次を得る．

$$2\cos^2\frac{2\pi}{11} = \cos\frac{4\pi}{11} + \cos 0.$$

よって，

$$a^2 = -b + 2.$$

同様にして，α に $\frac{2\pi}{11}$，β に $\frac{4\pi}{11}$ を代入すると，

$$ab = -c - a$$

11.3 円分方程式　167

となり，…．以上のように α と β に異なった値 $\frac{2k\pi}{11}$ ($k=1,\ldots,5$) を逐次的に代入すると，三角関数の等式 (11.4) は根の積に対する 1 次式の表現を与える．これらの表現を考察して，ヴァンデルモンドは，彼に 1 の 11 乗根に対するベキ根表現を求めることを可能にした驚くべき結論を引き出している．ここに彼の論文の終わりから 2 番目の論説にヴァンデルモンド自身の言葉がある [59, pp. 415-416]．

　　根の間に成り立つ方程式のある特別な場合において，一般解の公式に頼らなくても，ちょうど今説明した方法を用いて解くことが可能なことがある．方程式 $r^{11} - 1 = 0$ は 1 つの例を我々に提供する．それは次の方程式を導く（論説 VI）．

$$X^5 - X^4 - 4X^3 + 3X^2 + 3X - 1 = 0.$$

a, b, c, d, e によってその根を表せば，論説 VI から容易に次のことがわかる．

$$a^2 = -b+2, \quad b^2 = -d+2, \quad c^2 = -e+2, \quad d^2 = -c+2,$$
$$e^2 = -a+2,$$
$$ab = -a-c, \quad bc = -a-e, \quad cd = -a-d, \quad de = -a-b,$$
$$ac = -b-d, \quad bd = -b-e, \quad ce = -b-c$$
$$ad = -c-e, \quad be = -c-d,$$
$$ae = -d-e.$$

また $[\,a\ b\ c\ d\ e\,]$ という形のすべての部分的型は純粋に有理的
　　　　　v i iv ii iii
な値をもつであろう．このようにして，論説 XXVIII のいたるところで $[\,\alpha\ \beta\ \gamma\ \delta\ \epsilon\,]$ のかわりに $[\,\alpha\ \beta\ \epsilon\ \delta\ \gamma\,]$ をとれば，我々
　　　　　　　　　　　v iii iv i ii　　　　　　　　　v i iv ii iii
は次のようなものを得るであろう．[…]

$$X = \frac{1}{5}\left[1 + \Delta' + \Delta'' + \Delta''' + \Delta^{iv}\right].$$

ただし，

$$\Delta' = \sqrt[5]{\frac{11}{4}\left(89 + 25\sqrt{5} - 5\sqrt{-5+2\sqrt{5}} + 45\sqrt{-5-2\sqrt{5}}\right)},$$

$$\Delta'' = \sqrt[5]{\frac{11}{4}\left(89 + 25\sqrt{5} + 5\sqrt{-5+2\sqrt{5}} - 45\sqrt{-5-2\sqrt{5}}\right)},$$

$$\Delta''' = \sqrt[5]{\frac{11}{4}\left(89 - 25\sqrt{5} - 5\sqrt{-5+2\sqrt{5}} - 45\sqrt{-5-2\sqrt{5}}\right)},$$

$$\Delta^{iv} = \sqrt[5]{\frac{11}{4}\left(89 - 25\sqrt{5} + 5\sqrt{-5+2\sqrt{5}} + 45\sqrt{-5-2\sqrt{5}}\right)}.$$

ヴァンデルモンドのすばらしい（しかしきわめて明瞭であるというわけではないが）考察は，置換 $a \mapsto b \mapsto d \mapsto c \mapsto e \mapsto a$ が根の間の関係を保存するというものである．たとえば，この置換を次の関係式に適用する．

$$a^2 = -b + 2.$$

すなわち，a を b に，そして b を d に変えると

$$b^2 = -d + 2$$

を得る．この関係は実際成り立つ！ （練習問題 2 と比較せよ）．

根の間の関係は a, b, c, d, e に関する任意の多項式の次数を下げるために用いられ，ついには 1 次式の表現を与えることになるので，このことはきわめて重要である．したがって f を 5 つの変数の（任意の次数の）多項式と仮定する．根の間の関係を用いて，最後に f の係数から具体的に決定されるある数 $A, B, \ldots, F$ によって

$$f(a, b, c, d, e) = Aa + Bb + Cc + Dd + Ee + F \tag{11.5}$$

を求めることができる．今，置換 $a \mapsto b \mapsto d \mapsto c \mapsto e \mapsto a$ は $f(a, b, c, d, e)$ の表現を簡単にするために用いられた関係式を保存するので，各段階で a を b に，b を d に，d を c に，c を e に，e を a に変える同じ単純化の手続きを実行することができる．最後に，次のものに至る．

$$f(b, d, e, c; a) = Ab + Bd + Ce + Dc + Ea + F.$$

$f(a,b,c,d,e)$ の表現 (11.5) は一意的でないから，この点は少し微妙である．実際，(11.3) における Z^4 の係数はすべての根の和の符号と反対であるから，次のようになる．

$$a+b+c+d+e=1. \tag{11.6}$$

したがって，たとえば次のようになる．

$Aa+Bb+Cc+Dd+Ee+F$
$\quad =(A+F)a+(B+F)b+(C+F)c+(D+F)d+(E+F)e.$

しかしながら，$f(a,b,c,d,e)$ と（置換 $a \mapsto b \mapsto d \mapsto c \mapsto e \mapsto a$ の後）$f(b,d,e,c,a)$ を単純化するために同じ手続きを用いる限り，このことはあまり重要ではない．

この考察をヴァンデルモンド（–ラグランジュ）の分解式

$$V_i(a,b,c,d,e)^5 = \left(\rho_1^i a + \rho_2^i b + \rho_3^i c + \rho_4^i d + \rho_5^i e\right)^5$$

に適用すると次を得る．ただし，$\rho_1, \ldots, \rho_5$ は 1 の 5 乗根である．

$$V_i(a,b,c,d,e)^5 = Aa + Bb + Cc + Dd + Ee + F. \tag{11.7}$$

ただし，$A, B, \ldots, F$ は $\rho_1, \ldots, \rho_5$ の有理式である．

4 回置換を適用すると次を得る．

$$\begin{aligned}
V_i(b,d,e,c,a)^5 &= Ab + Bd + Ce + Dc + Ea + F, \\
V_i(d,c,a,e,b)^5 &= Ad + Bc + Ca + De + Eb + F, \\
V_i(c,e,b,a,d)^5 &= Ac + Be + Cb + Da + Ed + F, \\
V_i(e,a,d,b,c)^5 &= Ae + Ba + Cd + Db + Ec + F.
\end{aligned} \tag{11.8}$$

今，ω を 1 のある原始 5 乗根として，$\rho_1 = 1, \rho_2 = \omega, \rho_3 = \omega^3, \rho_4 = \omega^2, \rho_5 = \omega^4$ を選ぶと，

$$V_i(a,b,c,d,e) = a + \omega^i b + \omega^{2i} d + \omega^{3i} c + \omega^{4i} e$$

となり，このとき置換 $a \mapsto b \mapsto d \mapsto c \mapsto e \mapsto a$ によって $V_i(a,b,c,d,e)^5$ は不変である．実際，この置換は $V_i(a,b,c,d,e)$ を

$$V_i(b,d,e,c,a) = b + \omega^i d + \omega^{2i} c + \omega^{3i} e + \omega^{4i} a$$

に変える．$\omega^5 = 1$ であるから，

$$V_i(b, d, e, c, a) = \omega^{-i} V_i(a, b, c, d, e).$$

となる（定理 10.7, p. 156 の証明と比較せよ）．ゆえに，

$$V_i(b, d, e, c, a)^5 = V_i(a, b, c, d, e)^5.$$

同様にして，式 (11.7) と (11.8) の左辺はすべて $V_i(a, b, c, d, e)^5$ に等しくなる．したがって，これらすべての式を合計すると，次を得る．

$$5V_i(a, b, c, d, e)^5 = (A + B + C + D + E)(a + b + c + d + e) + 5F.$$

(11.6) を用いて，次のように結論できる．

$$V_i(a, b, c, d, e)^5 = \frac{1}{5}(A + B + C + D + E) + F.$$

すでにベキ根によって表されている ω より（§7.3 を参照せよ），$A, B, \ldots, F$ は有理的に計算できるので，関数 V_i^5 はベキ根によって表される．したがって，a, b, c, d, e もまたベキ根によって表される．すなわち，§11.2（と (11.6)）の公式 $F_5(a, b, c, d, e)$ を用いて，次を得る．

$$a, b, c, d, e = \frac{1}{5}\Big(1 + \sum_{i=1}^{4} \sqrt[5]{V_i^5}\Big).$$

後から振り返り，またより高次の円分方程式への一般化へ向けての考察をすると，上記の計算において決定的に重要なことは次のようである．

(a) 根の間にある関係式の存在．これは，各根の多項式表現を次数 1 に帰着させるために用いられる．
(b) 上の関係式を保存する根の間の巡回置換の存在．

　(a) と (b) が与えられたとき，巡回置換を

$$x_1 \longmapsto x_2 \longmapsto x_3 \longmapsto \cdots \longmapsto x_n \longmapsto x_1$$

となるように根の番号をつけると，上と同様な議論によって，1 の任意の n 乗根 ω に対して，

$$t(\omega) = x_1 + \omega x_2 + \omega^2 x_3 + \cdots + \omega^{n-1} x_n$$

の形のラグランジュ分解式の n 乗は ω の有理的表現であることがわかる．帰納的な議論によって，ω に対してベキ根による表現が求められたと仮定することができる．そのとき，$t(\omega)^n$ はベキ根によって表現され，根 $x_1, \ldots, x_n$ もまたラグランジュの公式（p. 145）によってベキ根によって求められる．すなわち，

$$x_i = \frac{1}{n}\Big(\sum_\omega \omega^{-(i-1)} t(\omega)\Big).$$

さて，任意の素数 p に対する円分方程式 $\Phi_p = 0$, あるいはむしろド・モアブルの変数変換 $Y = X + X^{-1}$ により得られる方程式，この根は $2\cos\frac{2k\pi}{p}$, $k = 1, \ldots, \frac{p-1}{2}$ である，に対して (a) は明らかである．実際，同じ三角関数による方程式 (11.4) は必要な関係式を与える．しかし，条件 (b) は明瞭であることからはほど遠い！それでもヴァンデルモンドは簡単に次のように述べている [59, p. 416].

> 次の方程式
>
> $$X^m - X^{m-1} - (m-1)X^{m-2} + \cdots = 0$$
>
> を解くための問題はせいぜい無関係にその根の 1 つである量を決定することであり（論説 VI），決してそれらの根の間での入れ替えに無関心であるよう並べるということではない．それゆえ，この解法は常に非常に簡単であろう．

そして，彼はそこでそれをそのままに放置した．

それでも彼は確かに，その関係式が根の任意の置換によって保存されることはない，ということに気がついていた．その関係式を保存する巡回置換の存在は非常に注目すべきかつきわめて神秘的な円分方程式の性質であり，これはヴァンデルモンドの好奇心を目覚めさせたことであろう．もし彼がこの性質を考察していたならば，彼がガウスに先立つ 30 年前に円分法の理論を発展させていたかもしれない．

さらに，ヴァンデルモンドはガロア理論における非常に基本的な考えを正確に指摘していた．すなわち，最終的にそれがベキ根によって解けるかどうかを決定して，方程式の「構造」を決定すること，およびその困難さをより一般的に評価するためには，それらの根の間の置換を調べなければならない．ところが，多くの人は根の間の関係式を保存する置換を考察することだけを必要とし

ている†.

　これは完全に無駄になった深い洞察の顕著な 1 つの例である．この章を終えるにあたり，ルベーグの言葉を引用するのが最も適当であろう [41, pp. 222-223].

> 確かに，真に重要なあるものを発見した人が自分自身の発見したものに取り残されてしまうということがある．彼自身はほとんどそれを理解せず，長い間それを熟考していただけであった．しかし，ヴァンデルモンドは彼の代数学的研究に二度ともどらなかった．なぜなら，まず第 1 に彼はそれらの**重要性**を理解していなかったし，もし彼が後になってそれを理解したとしても，それは彼がそれらについて深く思考したからではない．彼はすべてのものに興味があり，すべてのものに関わって忙しかった．彼はあらゆるものの根底に悠揚とせまっていくことができなかった．[...] ヴァンデルモンドが理解したことを正確に評価し，彼が捕らえることのできなかったことを理解するために，人は 18 世紀に生きた人間の精神だけではなく，彼が天才のひらめきを得，そして彼の時代を超えた瞬間のヴァンデルモンドの心を再構成しなければならないであろう．それをすることによって，人は常にヴァンデルモンドに対して過大な評価を与えるか，あるいは過小評価を与えることになるであろう．

練習問題

1. 次の部分的型においてすべての項を列挙せよ．

$$[\alpha\ \beta\ \gamma\ \delta\ \epsilon],\quad [\alpha\ \epsilon\ \delta\ \beta\ \gamma],$$
$$\text{v iii iv i ii}\qquad \text{v iii iv i ii}$$
$$[\alpha\ \gamma\ \beta\ \epsilon\ \delta],\quad [\alpha\ \delta\ \epsilon\ \gamma\ \beta].$$
$$\text{v iii iv i ii}\qquad \text{v iii iv i ii}$$

これらの部分的型のすべての和も，再び部分的型となることを示せ．この新しい部分的型を不変にする S_5 の部分群は何か？ [59, Art. 23, p. 391].

2. 置換 $a \mapsto b \mapsto c \mapsto d \mapsto e \mapsto a$ は $a = 2\cos\frac{2\pi}{11}$, $b = 2\cos\frac{4\pi}{11}$, $c =$

---

†この制限は一般方程式に対しては現れない．なぜなら，それらの根は独立な変数であるから，この場合，保存すべき関係はないので，すべての置換は許容的 (admissible) である．

$2\cos\frac{6\pi}{11}$, $d = 2\cos\frac{8\pi}{11}$, $e = 2\cos\frac{10\pi}{11}$ の間の関係式を保存しないことを示せ.

3. 置換 $a \mapsto b \mapsto c \mapsto a$ は $a = 2\cos\frac{2\pi}{7}$, $b = 2\cos\frac{4\pi}{7}$, $c = 2\cos\frac{6\pi}{7}$ の間の関係式を保存することを示せ.

4. $k = 1, \ldots, 6$ に対して数 $2\cos\frac{2k\pi}{13}$ の間の関係式を保存する置換を求めよ.

第12章

ガウスの円分方程式

12.1 はじめに

カール・フリードリッヒ・ガウス (Carl Friedrich Gauss, 1777-1855) による方程式の理論への貢献は，彼が多くのほかの研究分野において成し遂げた著しい進歩と伍するものである．しかしながら，それらはガウスの初期に達成されたものなので，彼の業績の中では特別な位置を占めている．それらは次の2つの主題に分けられる．1つはすでに第9章で論じられた代数学の基本定理（1799）と，もう1つは円分方程式の解法である．

円分方程式についてのガウスの業績は，1のベキ根に対して帰納的にベキ根による表現を与えて，ヴァンデルモンドの議論をいかに完成させたかということを示している（系 12.29, p. 203）．しかし，それらはこの目的をはるかに越えていた．実際，それらは素数指数の円分方程式をより低い次数の方程式へ帰着させる可能性についての完全な記述を与えている．このようにしてガウスの結果は，根のある関数を逐次的に決定することによって方程式を解くという，ラグランジュが構想した計画をすばらしいやり方で成し遂げた．ガウスが示しているように，$\Phi_p(X) = 0$ の解法は $p-1$ の素因数に等しい次数をもつ方程式の解法に帰着される．特に $17-1 = 2^4$ であるから，1の17乗根は4つの2次方程式を逐次的に解くことにより決定される．この結果の応用として，正17角形は定規とコンパスで作図されることがわかる．この結果は1796年に早くもガウスによって得られており，そのことは彼の職業を選ぶ際に決定的であったといわれている（Bühler [9, p. 10] を参照せよ）．この応用についてはこの章の付録で論じられている．

円分方程式についてのガウスの結果の最終的な報告は，整数論についての彼

の画期的な著作『整数論考究』("Disquisitiones Arithmeticae")(1801) の第 7 節と最終節として出版された．整数論についての本の中に，このような代数的な結果を包めることについてガウス自身は序文の中で次のように述べている [24, p. 8]．

> 第 VII 節で扱われている円または正多角形の分割の理論はそれ自身算術に属するものではないが，しかしその諸原理は高等算術以外には見出すことのできないものである．これは幾何学者にとっては，それから得られる新しい真理と同じくらい予期しないように見えるかもしれない．私は彼らがそれを喜んで理解することを望んでいる．

したがって，我々がガウスの結果についての評価をする前に，いくつかの整数論的な準備を先にすることが必要になる．その後，『整数論考究』の第 7 節の内容を 3 つの部分に分ける．最初に，素数指数の円分多項式の既約性を証明する．これはガウスの研究の鍵となる結果である．次に，円分方程式の可能な還元法について論じ，最後に円分方程式と補助方程式のベキ根による可解性で終える．ガウスの証明におけるいくつかの段階を証明するために，いくつかの余録が最後の節に見出されるであろう．

我々は方程式の理論に直接関係のある，『整数論考究』の第 7 節の諸結果のみを概観するだけであることに注意しよう．応用の見地から，整数論にとって意味があるいくつかの詳細については省略する．

12.2 整数論的準備

『整数論考究』のまさに冒頭で [24, Art. 2]，ガウスは次の記号を導入した．この記号は広く受け入れられ，以下において繰り返し用いられる．すなわち，a, b, n を整数とし，$n \neq 0$ とする．$a - b$ が n で割り切れるとき，

$$a \equiv b \pmod{n}$$

と表す．このとき，整数 a と b は n **を法として合同** (congruent modulo n) であるという．特に混乱のおそれがないとき，法 n についての明確な言及はときどき省略される．この関係は同値関係であって，整数の和と積とは適合していることがすぐに確かめられる．すなわち，$a_1 \equiv b_1 \pmod{n}$ かつ $a_2 \equiv b_2 \pmod{n}$ ならば $a_1 + a_2 \equiv b_1 + b_2 \pmod{n}$ かつ $a_1 a_2 \equiv b_1 b_2 \pmod{n}$ が成り立つ．

以下においては法 n が素数である場合を主に考える．この場合は非常に特徴的な性質をもっている．特に，次の結果を証明しよう．これは円分方程式におけるガウスの研究において鍵となる役割を果たす．

定理 12.1 任意の素数 p に対して，ある整数 g が存在して，そのベキ $g^0, g^1, g^2, \ldots, g^{p-2}$ は p を法として $1, 2, \ldots, p-1$ に合同となる（必ずしもその順序通りではないが）．

この定理を証明する中で，整数 g が定理の条件を満たすための必要十分条件は

$$g^{p-1} \equiv 1 \pmod{p}, \qquad g^i \not\equiv 1 \pmod{p} \quad (i = 1, \ldots, p-2)$$

であることがわかるであろう．したがって，このような g を p の**原始根** (primitive root) という（少し長い表現になるが，p を法として 1 の原始 $p-1$ 乗根と呼ぶのがより正確である）．たとえば，2 は 11 の原始根である．なぜならば，11 を法として次のように計算される．

$$2^0 \equiv 1, \quad 2^1 \equiv 2, \quad 2^2 \equiv 4, \quad 2^3 \equiv 8, \quad 2^4 \equiv 5,$$
$$2^5 \equiv 10, \quad 2^6 \equiv 9, \quad 2^7 \equiv 7, \quad 2^8 \equiv 3, \quad 2^9 \equiv 6.$$

2 と対照的に，3 は 11 の原始根ではない．なぜなら $3^5 \equiv 1 \pmod{11}$ であるから，$3^6 \equiv 3, 3^7 \equiv 3^2, 3^8 \equiv 3^3, \ldots$ となり，11 を法とすると 3 のベキは値として $3^0 \equiv 1, 3^1 \equiv 3, 3^2 \equiv 9, 3^3 \equiv 5, 3^4 \equiv 4$ だけしかとらないからである．

定理 12.1 の証明はこの節の残り全部を占める．我々は，ガウスが『整数論考究』の中で示した 2 つの証明の 1 つに非常に近い形で証明する [24, Art. 55]．

補題 12.2 ([24, ART.14]) a と b を整数とし，p を素数とする．このとき，

$$ab \equiv 0 \pmod{p}$$

ならば，$a \equiv 0 \pmod{p}$ かまたは $b \equiv 0 \pmod{p}$ が成り立つ．

これは実質上次のよく知られた事実，素数が整数の積を割り切るときそれはその因数の 1 つを割り切る，と同じである．これを証明するためには，多項式のかわりに整数で置き換えて補題 5.9 (p.55) の証明を真似すれば十分である．

命題 12.3 ([24, ART.43]) p を素数とし，$a_0, a_1, \ldots, a_d$ を整数とする．$a_d \not\equiv 0 \pmod{p}$ ならば，次の合同方程式

$$a_d X^d + a_{d-1} X^{n-1} + \cdots + a_1 X + a_0 \equiv 0 \pmod{p} \qquad (12.1)$$

は p を法として高々 d 個の互いに合同でない解をもつ．

証明 d についての帰納法によって証明する．$d=0$ の場合は自明であるから，帰納的に，次数 $d-1$ のすべての合同方程式は p を法として高々 $d-1$ 個の解をもつと仮定する．

方程式 (12.1) が p を法として互いに相異なる $d+1$ 個の解 $x_1,\ldots,x_{d+1}$ をもつならば，変数変換 $Y=X-x_1$ は方程式 (12.1) を次数 d の別の方程式

$$a_d Y^d + a'_{d-1} Y^{d-1} + \cdots + a'_1 Y + a'_0 \equiv 0 \pmod{p}$$

に変換する．この方程式は同じ最高次の係数 a_d をもち，かつ $d+1$ 個の解

$$0, \quad x_2 - x_1, \quad \ldots, \quad x_{d+1} - x_1$$

をもつ．0 は 1 つの根であるから，したがって $a'_0 \equiv 0 \pmod{p}$ となり，Y に関する方程式は次のように表される．

$$Y\bigl(a_d Y^{d-1} + a'_{d-1} Y^{d-2} + \cdots + a'_1\bigr) \equiv 0 \pmod{p}.$$

さて，$x_2-x_1, x_3-x_1, \ldots, x_{d+1}-x_1$ はこの方程式の 0 でない根である．ゆえに，補題 12.2 より，それらは 2 番目の因数 $a_d Y^{d-1} + \cdots + a'_1$ の根であり，この因数の次数は $d-1$ である．これは帰納法の仮定に矛盾する． □

注意 12.4 ほかのすべての同値関係のように，合同式はその上で定義されている集合を同値類に分割する．n を法とする整数 m の剰余類は，n を法として m と合同であるすべての整数，すなわち $kn+m\,(k\in\mathbb{Z})$ なる形のすべての整数からなる．

合同式は整数の和と積に関して適合しているので，これらの演算は整数の剰余類の集合の上に矛盾なく定義された演算を定義する．この集合は $\mathbb{Z}$ の可換環の構造を受け継ぐことが容易に確かめられる．n を法とする剰余類のつくる環は $\mathbb{Z}/n\mathbb{Z}$ によって表される（§9.2 と比較せよ）．この環は有限個の要素，すなわち，n を法として，$0,1,\ldots,n-1$ の剰余類からなる．

素数 p に対して補題 12.2 は $\mathbb{Z}/p\mathbb{Z}$ は整域であることを主張しており，そして命題 12.3 における議論はさらに一般的に，ある整域に係数をもつ次数 d の方程式はその整域内に高々 d 個の解をもつことを示している．

実際，$\mathbb{Z}/n\mathbb{Z}$ は有限であるから，それが整域になるときはいつでも体になることが容易にわかる．$aX \equiv 0 \pmod{n}$ が $X \equiv 0 \pmod{n}$ を意味しているな

らば，x を $0, 1, \ldots, n-1$ と動かすとき，積 ax は n を法として互いに相異なる．したがって，これらの積の 1 つは n を法として 1 に合同である．このことは a が n を法として可逆元であることを示している．それゆえ，素数 p に対して，環 $\mathbb{Z}/p\mathbb{Z}$ は体となり，これは $\mathbb{F}_p$ で表される．

定理 12.1 の証明に対して，ピエール・ド・フェルマー (Pierre de Fermat, 1601-1665) による次の結果が必要である．また，この結果は [24, Art. 50] においてガウスによって証明された．

定理 12.5（フェルマー） p を任意の素数，a を整数とする．このとき，$a \not\equiv 0 \pmod{p}$ ならば，$a^{p-1} \equiv 1 \pmod{p}$ が成り立つ．

証明（オイラー） すべての整数 a に対して，

$$a^p \equiv a \pmod{p} \tag{12.2}$$

が成り立つことを証明しよう．もし，これが示されると，すべての整数 a に対して，

$$a(a^{p-1} - 1) \equiv 0 \pmod{p}$$

が成り立つ．よって補題 12.2 より，$a \not\equiv 0 \pmod{p}$ であるとき，$a^{p-1} - 1 \equiv 0 \pmod{p}$ が得られる．

基本的に重要なことは，$i = 1, \ldots, p-1$ に対して，2 項係数 $\binom{p}{i} = \frac{p!}{i!(p-i)!}$ はすべて p で割り切れるということである．ゆえに，すべての整数 a に対して

$$(a+1)^p \equiv a^p + 1 \pmod{p}$$

が成り立つ．したがって，a についての帰納法によって，(12.2) はすべての正の整数 a に対して成り立つことが容易に導かれる．すべての整数 a と素数 p に対して

$$(-a)^p \equiv -a^p \pmod{p}$$

が成り立つので，負の整数 a に対してもこの性質は簡単に証明される ($p = 2$ に対しては $-1 \equiv 1 \pmod{2}$ であることに注意せよ)． □

系 12.6 p を素数とする．このとき，整数 g について次の条件は同値である．

(a) $g^{n-1} \equiv 1 \pmod{p}$ かつ $g^i \not\equiv 1 \pmod{p}$ $(i = 1, \ldots, p-1)$.

(b) g のベキ $g^0, g^1, \ldots, g^{p-2}$ は p を法として $1, 2, \ldots, p-1$ という値をとる.

証明 (a) $\Rightarrow$ (b). $g^{p-1} \equiv 1 \pmod{p}$ ならば, $g \not\equiv 0 \pmod{p}$ である. ゆえに, 補題 12.2 より, ベキ乗 $g^0, g^1, \ldots, g^{p-2}$ の p を法とする値は $\{1, 2, \ldots, p-1\}$ の中を動く. したがって, (b) を示すためには, $i = 0, 1, \ldots, p-2$ に対して, p を法としてすべてのベキ乗 g^i が互いに相異なることを示せば十分である.

そうでないと仮定する. すなわち, 0 と $p-2$ の間にあり, かつ $i < j$ を満たすある整数 i, j に対して

$$g^i \equiv g^j \pmod{p}$$

と仮定する. そのとき,

$$g^i(1 - g^{j-i}) \equiv 0 \pmod{p}.$$

すると, 補題 12.2 より

$$g^{j-i} \equiv 1 \pmod{p}.$$

ここで, $j - i$ は 1 と $p-2$ の間にある整数であるから, この関係式は (a) に矛盾する.

(b) $\Rightarrow$ (a). (b) より明らかに, $g \not\equiv 0 \pmod{p}$ である. ゆえに, 定理 12.5 より

$$g^{p-1} \equiv 1 \pmod{p}.$$

さらに条件 (b) は $i = 1, \ldots, p-2$ に対して $g^i \not\equiv g^0$ を保証しているから,

$$g^i \not\equiv 1 \pmod{p} \quad (i = 1, \ldots, p-2).$$

(命題 7.11, p. 94 と比較せよ.) □

前に注意したように, 系 12.6 における同値条件 (a) と (b) を満たしているすべての整数 g は p の**原始根** (primitive root of p) と呼ばれる.

ここで, 次のような技術的な定義を導入する. 任意の素数 p と, p と互いに素である任意の整数 a に対して, (p を法とする) a の**指数** (exponent) を $a^e \equiv 1 \pmod{p}$ を満たす最小の正の整数 e として定義する. このようにして, 指数 $p-1$ の整数は p の原始根である. そして, すべての素数 p に対して, 指数 $p-1$ の整数の存在することが示されている (定義 7.7, p. 92 と比較せよ).

補題 12.7 p を素数とする．p と互いに素である整数 a の（p を法とする）指数を e とし，m を整数とする．このとき，$a^m \equiv 1 \pmod{p}$ であるための必要十分条件は，e が m を割り切ることである．特に，e は $p-1$ を割り切る．

証明 補題 7.9 (p.93) の証明と同じ議論を適用すればよい． □

もちろん，$p-1$ の任意の約数 e に対して e を指数とする整数が存在するということは演繹的 (a priori) に明らかなことではない．定理 12.1 の証明における最初の部分のように，e がある素数のベキである場合にこのような整数が存在することを示そう．

補題 12.8 ([24, ART.55])　p と q を素数とする．q のあるベキ乗 q^m が $p-1$ を割り切るならば，（p を法として）指数 q^m の整数が存在する．

証明 命題 12.3 より，合同方程式 $X^{(p-1)/q} \equiv 1 \pmod{p}$ は（p を法として）高々 $(p-1)/q$ 個の解をもつ．ゆえに，この方程式の根ではなく，かつ p と互いに素な整数 x を求めることができる．そこで，$a = x^{(p-1)/q^m}$ とおく．フェルマーの定理（定理 12.5）によって，$x^{p-1} \equiv 1 \pmod{p}$ が成り立つので，

$$a^{q^m} \equiv 1 \pmod{p}.$$

このとき，補題 12.7 より，a の指数は q^m を割り切ることがわかる．一方，

$$a^{q^{m-1}} = x^{(p-1)/q} \not\equiv 1 \pmod{p}$$

であるから，a の指数は q^{m-1} を割り切らない．q は素数であるから，q^m を割り切り，q^{m-1} を割り切らない唯一つの（正の）整数は q^m である．したがって，a の指数は q^m に等しい． □

定理 12.1 の証明　$q_1, \ldots, q_r$ を互いに相異なる素数として，

$$p - 1 = q_1^{m_1} \cdots q_r^{m_r}$$

を $p-1$ の素因数への分解とする．補題 12.8 により p を法として，それぞれ指数を $q_1^{m_1}, \ldots, q_r^{m_r}$ とする整数 $a_1, \ldots, a_r$ を求めることができる．定理を証明するために，積 $a_1 \cdots a_r$ が指数 $p-1$ をもつことを示す．したがって，これが p の原始根となる．

e を $a_1\cdots a_r$ の指数とする.補題 12.7 より e は $p-1$ を割り切る.$e \neq p-1$ ならば,e は $p-1$ の素因数の少なくとも 1 つは欠けているから,ある $i = 1,\ldots,r$ に対して $(p-1)/q_i$ を割り切る.たとえば,e は $(p-1)/q_1$ を割り切ると仮定しよう.このとき,補題 12.7 より次が成り立つ.

$$(a_1\cdots a_r)^{(p-1)/q_1} \equiv 1 \pmod{p}. \tag{12.3}$$

さて,$i = 2,\ldots,r$ に対して a_i の指数 $q_i^{m_i}$ は $(p-1)/q_1$ を割り切るので,

$$a_i^{(p-1)/q_1} \equiv 1 \pmod{p}, \quad (i = 2,\ldots,r).$$

ゆえに,合同式 (12.3) より

$$a_1^{(p-1)/q_1} \equiv 1 \pmod{p}.$$

補題 12.7 より,この合同式は a_1 の指数 $q_1^{m_1}$ が $(p-1)/q_1$ を割り切ることを示している.したがって,$p-1$ は $q_1^{m_1+1}$ によって割り切れる.ところが,これは矛盾であり,このことは $e \neq p-1$ と仮定したことが不合理であることを示している($e = p-1$ という主張は別証明として,命題 7.10, p. 94 と同様な議論によっても証明される). □

注意 12.9 **(a)** g が奇素数 p の原始根ならば,$g^{(p-1)/2} \equiv -1 \pmod{p}$ が成り立つ.実際,

$$\left(g^{(p-1)/2}\right)^2 \equiv g^{p-1} \equiv 1 \pmod{p}$$

であるから,$g^{(p-1)/2}$ は次の合同方程式の根である.

$$X^2 \equiv 1 \pmod{p}.$$

今,この方程式は p を法として 2 つの根 1 と -1 をもつ(命題 12.3 を参照せよ).よって,

$$g^{(p-1)/2} \equiv \pm 1 \pmod{p}.$$

g は原始根であるから,$p-1$ より小さい指数の累乗では 1 と合同ではない.ゆえに,$g^{(p-1)/2} \equiv 1 \pmod{p}$ は不可能である.したがって,$g^{(p-1)/2} \equiv -1 \pmod{p}$ を得る.

(b) フェルマーの定理(定理 12.5)は次のようなラグランジュの定理(定理 10.3, p.149)から得られる次のような命題によって証明することもできる.

すなわち（乗法）群 G の任意の要素 a に対して，a の**位数** (order) （すなわち**指数**）を G において $a^e = 1$ となる最小の正の整数として定義する．a の位数を有限として，これを e で表すと，集合

$$S = \{1, a, a^2, \ldots, a^{e-1}\} \subset G$$

は G の部分群であり，系 12.6 または命題 7.11 (p. 94) の議論により $1, a, \ldots, a^{e-1}$ は互いに相異なり，したがって $|S| = e$ となる．ラグランジュの定理によって，e は $|G|$ を割り切る（$|G|$ が有限ならば）．特に，G が有限ならば，すべての $a \in G$ に対して $a^{|G|} = 1$ が成り立つ．

フェルマーの定理は，この結果を p 個の元からなる乗法群 $\mathbb{F}_p^\times = \mathbb{F}_p - \{0\}$ に適用すれば得られる（注意 12.4 と比較せよ）．

(c) 定理 12.1 の証明を通して振り返ってみると，必要とする $\mathbb{F}_p$ についての情報は（$\mathbb{F}_p$ がアーベル群であるという事実を除いて），方程式 $X^{(p-1)/q} = 1$ は $(p-1)/q$ より多くの解をもたない，ということだけのように見える．したがって，この証明の議論は次の結果を与える．すなわち，有限アーベル群 G は，任意の n に対して方程式 $X^n = 1$ が G で高々 n 個の解をもつならば，G は巡回群である．すなわち，G は 1 つの元によって生成される．これは次のように表される．ある元 $a \in G$ によって，

$$G = \{1, a, a^2, \ldots, a^{|G|-1}\}.$$

特に，体の乗法群のすべての有限部分群は巡回群である．

12.3　素数指数の円分多項式の既約性

この節の目的は次の定理の証明を与え，かつその結果のいくつかを発展させることである．

定理 12.10　すべての素数 p に対して，円分多項式（すなわち，円周等分多項式）

$$\Phi_p(X) = X^{p-1} + X^{p-2} + \cdots + X + 1$$

は有理数体上で既約である．

この定理は最初に『整数論考究』の中の論説 341 においてガウスによって証明された．そのとき以来，それは一般化され，またそのときの証明はアイゼン

シュタイン (Eisenstein), クロネッカー (Kronecker), マーテンス (Mertens), ランダウ (Landau), シューア (Schur) を含む何人かの数学者によって単純化されてきた. いくつかの場合において注意深い分析を必要とする次のガウス自身の証明のかわりに, 我々はアイゼンシュタインの考え方に従って証明する. それらは単純で, ある意味で一般的であり, それらは $\mathbb{Q}$ 上の多項式の既約性に対する有用な十分条件を与えている. デデキント (Dedekind) とクロネッカーに従って, §12.6 においてこの定理のいくつかの一般化を証明する. そこで与えられる証明は定理 12.10 の別証明を与えることになる. すべての証明の出発点は「ガウスの補題」として知られている次の命題である [24, Art. 42].

補題 12.11 (ガウス) $\mathbb{Q}[X]$ のモニック多項式が整係数のモニック多項式を割り切るとき, その係数はすべて整数である.

証明 モニック多項式 $f = X^n + a_{n-1}X^{n-1} + \cdots + a_1 X + a_0 \in \mathbb{Q}[X]$ がモニック多項式 $P \in \mathbb{Z}[X]$ を割り切ると仮定すると, ある多項式 $g \in \mathbb{Q}[X]$ があって

$$fg = P \in \mathbb{Z}[X]$$

と表される. P と f はモニックであるから, g もそうである.

$$g = X^m + b_{m-1}X^{m-1} + \cdots + b_1 X + b_0 \in \mathbb{Q}[X]$$

とする. f の係数 $a_0, a_1, \ldots, a_{n-1}$ がすべて整数となることを示さねばならない. そうでないと仮定して, d を $a_0, \ldots, a_{n-1}$ の分母の最小公倍数とする. すると, 互いに素である整数 $d, a'_{n-1}, \ldots, a'_0$ によって, f は

$$f = \frac{1}{d}(dX^n + a'_{n-1}X^{n-1} + \cdots + a'_1 X + a'_0)$$

と表される. 同様にして, $e, b'_{m-1}, \ldots, b'_0$ を互いに素な整数として, g は

$$g = \frac{1}{e}(eX^m + b'_{m-1}X^{m-1} + \cdots + b'_1 X + b'_0)$$

と表される. d を割り切る素数を p とする. $d, a'_{n-1}, \ldots, a'_0$ は互いに素であるから, p が a'_k を割り切らない最大の添え字 k がある. 同様に, p が b'_ℓ を割り切らない最大の添え字を ℓ とする (p が e を割り切らないとき, $\ell = m$ かつ $b'_m = e$ とする). $fg = P \in \mathbb{Z}[X]$ だから,

$$(dX^n + a'_{n-1}X^{n-1} + \cdots + a'_0)(eX^m + b'_{m-1}X^{m-1} + \cdots + b'_0) \in de\mathbb{Z}[X].$$

特に，p は d を割り切るので，この積における $X^{k+\ell}$ の係数は p で割り切れる．すなわち，

$$\sum_{i+j=k+\ell} a'_i b'_j \equiv 0 \pmod{p}.$$

$i > k$ に対して，$a'_i \equiv 0 \pmod{p}$，また $j > \ell$ に対して $b'_j \equiv 0 \pmod{p}$ であるから，

$$\sum_{i+j=k+\ell} a'_i b'_j \equiv a'_k b'_\ell \equiv 0 \pmod{p}.$$

したがって，前の式より

$$a'_k b'_\ell \equiv 0 \pmod{p}.$$

p は a'_k も b'_ℓ も割り切らないので，これは矛盾である． □

定理 12.12（アイゼンシュタイン） P を整係数のモニック多項式とする．

$$P = X^t + c_{t-1} X^{t-1} + \cdots + c_1 X + c_0 \in \mathbb{Z}[X].$$

ある素数 p が存在して，$i = 0, \ldots, t-1$ に対して p は c_i を割り切るが，p^2 は c_0 を割り切らないとすると，P は $\mathbb{Q}$ 上既約である．

証明 結論を否定すると，それぞれ次数 n と m の定数でない多項式 $f, g \in \mathbb{Q}[X]$ が存在して

$$P = fg$$

と表される．P はモニックだから，f と g は2つともモニックであると仮定してよい．ゆえに，ガウスの補題（補題 12.11）より，f と g は整係数をもつ．

$$f = X^n + a_{n-1} X^{n-1} + \cdots + a_1 X + a_0 \in \mathbb{Z}[X],$$
$$g = X^m + b_{m-1} X^{m-1} + \cdots + b_1 X + b_0 \in \mathbb{Z}[X]$$

とする．$a_0 b_0 = c_0$ であるから，p は a_0 かまたは b_0 を割り切る．ところが，p^2 は c_0 を割り切らないので，p は a_0 と b_0 を2つとも割り切ることはない．f と g は交換可能であるから，一般性を失わずして p は a_0 を割り切るが，b_0 を割り切らないと仮定してよい．

このとき, i を p が a_i を割り切る最大の添え字とする.したがって, p は $k \le i$ に対して a_k を割り切り, $k = i+1$ に対して p は a_k を割り切らない ($i = n-1$ のとき, $a_{i+1} = 1$ とする).さて,ガウスの補題の証明におけるように,その考え方は積 fg の中のうまく選んだ項の係数を調べることである.すなわち, X^{i+1} の係数を考察する.この係数は次のようである.

$$c_{i+1} = a_{i+1}b_0 + a_i b_1 + a_{i-1}b_2 + \cdots + a_0 b_{i+1}. \tag{12.4}$$

($b_m = 1$ で, $j > m$ のとき $b_j = 0$ とする.) $i+1 \le n < t$ であるから,仮定より c_{i+1} は p で割り切れる.ところが, $a_i, a_{i-1}, \ldots, a_0$ はすべて p で割り切れるから,上の (12.4) より p は $a_{i+1}b_0$ を割り切る.ところが, p は a_{i+1} または b_0 を割り切らないと仮定しているので,これは矛盾である. □

定理 12.10 の証明 $\Phi_p(X)$ が既約でないとすると,定数でない多項式 $f, g \in \mathbb{Q}[X]$ があって

$$\Phi_p(X) = f(X)g(X)$$

なる分解がある.変数変換 $X = Y+1$ によりこの式は次のように変換される.

$$\Phi_p(Y+1) = f(Y+1)g(Y+1).$$

$f(Y+1)$ と $g(Y+1)$ は $\mathbb{Q}[Y]$ における定数でない多項式であるから, $\Phi_p(Y+1)$ は $\mathbb{Q}[Y]$ で可約である.ところが,

$$\Phi_p(Y+1) = \frac{(Y+1)^p - 1}{(Y+1) - 1}$$

であるから,分子を展開することによって

$$\Phi_p(Y+1) = Y^{p-1} + pY^{p-2} + \binom{p}{2}Y^{p-3} + \cdots + \binom{p}{2}Y + p.$$

(ここで, $\binom{p}{i} = \frac{p!}{i!(p-i)!}$ は 2 項係数である.) この多項式はアイゼンシュタインの判定法により既約であることが容易にわかる.したがって, $\Phi_p(X)$ は既約である. □

この定理の重要性は,それによって 1 の p 乗根におけるすべての有理表現が標準的な形に還元されるということにある. §7.3 のように, 1 の p 乗根の集合

を μ_p で表し，またこれらの 1 の p 乗根に関する有理表現で表される複素数の集合を $\mathbb{Q}(\mu_p)$ によって表す．すなわち，

$$\mu_p = \{\rho_1, \ldots, \rho_p\}$$

とおけば，

$$\mathbb{Q}(\mu_p) = \left\{ \frac{f(\rho_1, \ldots, \rho_p)}{g(\rho_1, \ldots, \rho_p)} \,\middle|\, f, g \in \mathbb{Q}[X_1, \ldots, X_p],\ g(\rho_1, \ldots, \rho_p) \neq 0 \right\}.$$

この集合は和，差，積，また 0 でない元による割り算に関して閉じているので，明らかに $\mathbb{C}$ の部分体である．

命題 7.11 (p.94)（また，系 7.14, p.96）から次のことを思い起こそう．すなわち，ζ を 1 と異なる 1 の任意の p 乗根とすれば，1 のすべての p 乗根は 0 と $p-1$ の間にある指数をもつ ζ のベキとして表される．このようにして，

$$\mu_p = \{1,\ \zeta,\ \zeta^2,\ \ldots,\ \zeta^{p-1}\}$$

であり，上で $\rho_1, \ldots, \rho_p$ によって表された複素数は ζ のベキで表される．したがって，$\rho_1, \ldots, \rho_p$ のすべての有理表現は ζ の有理表現となり，また逆も成り立つ．ゆえに，

$$\mathbb{Q}(\mu_p) = \left\{ \frac{f(\zeta)}{g(\zeta)} \,\middle|\, f, g \in \mathbb{Q}[X],\ g(\zeta) \neq 0 \right\}.$$

定理 12.13 $\mathbb{Q}(\mu_p)$ のすべての元は，有理数を係数とする 1 と異なる 1 のすべての p 乗根の 1 次結合として一意的に表される．すなわち，

$$a_1\zeta + a_2\zeta^2 + \cdots + a_{p-1}\zeta^{p-1} \quad (a_i \in \mathbb{Q}).$$

この証明の中で用いられる議論のいくつかは，さまざまな場面で役に立つことになるので，それらを完全に一般化した形で述べておこう．

補題 12.14 P と Q をある体 F に係数をもつ多項式で，P は $F[X]$ で既約であると仮定する．P と Q が F を含んでいるある体で 1 つの共通根をもてば，P は Q を割り切る（ガウス [24, Art. 346] と比較せよ）．

証明 P が Q を割り切らないとすれば，P が既約であるから，P と Q は互いに素である．すると，系 5.4 (p.53) より，$F[X]$ の多項式 U と V が存在して次が成り立つ．

$$P(X)U(X) + Q(X)V(X) = 1.$$

この等式で，不定元 X に対して P と Q の共通根 u を代入すると，K において次を得る．

$$P(u)U(u) + Q(u)V(u) = 1.$$

$P(u) = Q(u) = 0$ であるから，この等式より K において $0 = 1$ となる．この矛盾は P が Q を割り切ることを示している． □

さて，次に体 F と，F を含んでいるある体 K の元 u を考える．$\mathbb{Q}(\mu_p)$ の上記定義を一般化し，$F(u)$ によって，F に係数をもつ u の有理式である K の元の集合を表す．すなわち，

$$F(u) = \left\{ \frac{f(u)}{g(u)} \in K \,\middle|\, f, g \in F[X],\ g(u) \neq 0 \right\}.$$

この集合 $F(u)$ は和，差，積，0 でない元による割り算に関して閉じていることは自明であるから，$F(u)$ は K の部分体である．

u を 0 でないある多項式 $P \in F[X]$ の根とすれば，それは P のある既約因数の根である．実際，$P = cP_1 \cdots P_r$ を定理 5.8（p.54）よる P の素因数への分解とすれば，式 $P(u) = 0$ は少なくとも 1 つの添え字 i に対して $P_i(u) = 0$ を意味している．したがって，必要ならば P のかわりに適当なモニック既約因数で置き換えて，P 自身が既約でかつモニックであると仮定することができる．

命題 12.15 $u \in K$ を次数 d の既約多項式の根とすれば，$F(u)$ のすべての要素は次のような形に一意的に表される．

$$a_0 + a_1 u + a_2 u^2 + \cdots + a_{d-1} u^{d-1}, \quad a_i \in F.$$

証明 $f(u)/g(u)$ を $F(u)$ の任意の要素とする．$g(u) \neq 0$ だから，多項式 g は P によって割り切れない．P は既約であるから，g は P と互いに素である．系 5.4（p.53）によって，ある多項式 h と U が存在して $F[X]$ において次が成り立つ．

$$g(X)h(X) + P(X)U(X) = 1.$$

この方程式の変数 X に u を代入して，$P(u) = 0$ であることを考慮すると，K において次を得る．

$$g(u)h(u) = 1.$$

これより，$f(u)/g(u)$ は K において u の多項式表現として表されることがわかる．

$$\frac{f(u)}{g(u)} = f(u)h(u).$$

さて，fh を P によって割った剰余を R とすれば，$F[X]$ において

$$fh = PQ + R, \quad \deg R \leq d-1.$$

$P(u) = 0$ であるから，K において

$$f(u)h(u) = R(u).$$

$R \in F[X]$ は次数が高々 $d-1$ の多項式であるから，任意の有理式 $f(u)/g(u) \in F(u)$ は次のような形の多項式表現として表すことができる．

$$a_0 + a_1 u + \cdots + a_{d-1} u^{d-1}, \quad a_i \in F.$$

この表現の一意性を示すために，$a_0, \ldots, a_{d-1}, b_0, \ldots, b_{d-1} \in F$ として

$$a_0 + a_1 u + \cdots + a_{d-1} u^{d-1} = b_0 + b_1 u + \cdots + b_{d-1} u^{d-1}$$

と仮定する．すべての項を1つの辺に移項すると，u は次の多項式の根になることがわかる．

$$V(X) = (a_0 - b_0) + (a_1 - b_1)X + \cdots + (a_{d-1} - b_{d-1})X^{d-1} \in F[X].$$

補題 12.14 より，P は V を割り切る．ところが，$\deg V \leq d-1$ であるから，$V = 0$ でなければ，これは不可能である．したがって，

$$a_0 - b_0 = a_1 - b_1 = \cdots = a_{d-1} - b_{d-1} = 0. \qquad \square$$

注意 12.16 u を根としてもつ唯一つのモニック既約多項式 $P \in F[X]$ が存在する．実際 $Q \in F[X]$ を同じ性質をもつもう1つの多項式とすれば，補題 12.14 により P は Q を割り切り，P と Q の役割を逆転すれば Q は P を割り切ることがわかる．P と Q は2つともモニックであるから，$P = Q$ となる．さらに，u を根としてもつ $F[X]$ の0でない多項式の中で，P はほかのすべてを割り切るので最小の次数をもつ多項式である．したがって，u を根としてもつこの（唯一つの）モニック既約多項式 $P \in F[X]$ は F 上 u の**最小多項式** (minimal polynomial) と呼ばれている．

定理 12.13 の証明 すでに上で $\mathbb{Q}(\mu_p) = \mathbb{Q}(\zeta)$ であることを示した．ζ は Φ_p の根であり，Φ_p は定理 12.10 より既約で，その次数は $p-1$ である．よって，命題 12.15 より，すべての元 $a \in \mathbb{Q}(\mu_p)$ は次の形に一意的に表される．

$$a = a_0 + a_1\zeta + a_2\zeta^2 + \cdots + a_{p-2}\zeta^{p-2}, \quad a_i \in \mathbb{Q}. \tag{12.5}$$

定理で述べられている形を得るためには，

$$\Phi_p(\zeta) = 1 + \zeta + \zeta^2 + \cdots + \zeta^{p-1} = 0 \tag{12.6}$$

という事実を使えば十分である．この式より

$$a_0 = -a_0(\zeta + \zeta^2 + \cdots + \zeta^{p-1})$$

と表されているから，上の (12.5) にこれを代入すると，

$$a = (a_1 - a_0)\zeta + (a_2 - a_0)\zeta^2 + \cdots + (a_{p-2} - a_0)\zeta^{p-2} + (-a_0)\zeta^{p-1}$$

を得る．この表現の一意性は (12.5) の一意性から得られる．なぜならば，

$$a_1\zeta + \cdots + a_{p-1}\zeta^{p-1} = b_1\zeta + \cdots + b_{p-1}\zeta^{p-1}$$

とすれば，(12.6) を用いて ζ^{p-1} を消去すると，次を得る．

$$-a_{p-1} + (a_1 - a_{p-1})\zeta + \cdots + (a_{p-2} + a_{p-1})\zeta^{p-2}$$
$$= -b_{p-1} + (b_1 - b_{p-1})\zeta + \cdots + (b_{p-2} - b_{p-1})\zeta^{p-2}.$$

表現 (12.5) の一意性によって，両辺における $1, \zeta, \zeta^2, \ldots, \zeta^{p-2}$ の係数は等しいので，

$$a_{p-1} = b_{p-1}, \quad a_1 = b_1, \quad \ldots, \quad a_{p-2} = b_{p-2}. \qquad \square$$

注意 12.17 後で使うために，定理 12.13 で指定された形の有理数の表現に注意しよう．すなわち，(12.6) より任意の元 $a \in \mathbb{Q}$ は次のように表される．

$$a = (-a)\zeta + (-a)\zeta^2 + \cdots + (-a)\zeta^{p-1}.$$

12.4 円分方程式の周期

p を素数として，$\zeta \in \mathbb{C}$ を 1 の原始 p 乗根とする（すなわち，1 と異なる 1 の p 乗根，系 7.14, p.96 を参照せよ）．m と n を $m \equiv n \pmod{p}$ を満たす整数とすると，$\zeta^m = \zeta^n$ が成り立つ．

今，g を p の原始根とする．整数 $g^0, g^1, g^2, \ldots, g^{p-2}$ は（ある順序で）p を法として $1, 2, 3, \ldots, p-1$ に合同であるから，次の複素数

$$\zeta^{g^0}, \ \zeta^{g^1}, \ \zeta^{g^2}, \ \ldots, \ \zeta^{g^{p-2}}$$

は適当な順序で次の数と同じになる．

$$\zeta, \ \zeta^2, \ \zeta^3, \ \ldots, \ \zeta^{p-1}.$$

したがって，記号を簡単にするために，$i = 0, \ldots, p-2$ に対して $\zeta_i = \zeta^{g^i}$ とおけば，1 の p 乗根の集合は次のようである．

$$\mu_p = \{1, \ \zeta_0, \ \zeta_1, \ \ldots, \ \zeta_{p-2}\}.$$

1 の原始 p 乗根 $\zeta_0, \zeta_1, \ldots, \zeta_{p-2}$ のこの新しい順序付けは §11.3 においてヴァンデルモンドの議論が実行されたときのまさにその順序である．より正確にいうと，要点は次のようである．$\sigma(1) = 1$ とおくことによって，μ_p に拡張された巡回置換

$$\sigma : \zeta_0 \longmapsto \zeta_1 \longmapsto \cdots \longmapsto \zeta_{p-2} \longmapsto \zeta_0$$

は根 $\zeta_0, \ldots, \zeta_{p-2}$ の間の関係を保存する．このことは次の命題の核心の部分である．

命題 12.18 $\rho, \omega \in \mu_p$ に対して，次が成り立つ．

$$\sigma(\rho\omega) = \sigma(\rho)\sigma(\omega).$$

証明 $i = 0, \ldots, p-3$ に対して，$\sigma(\zeta_i) = \zeta_{i+1}$ であるから，ζ_i と ζ_{i+1} の定義によって

$$\sigma(\zeta_i) = \zeta_i^g.$$

$\zeta_{p-2}^g = \zeta^{g^{p-1}}$ であり，フェルマーの定理（定理 12.5, p. 178）より $g^{p-1} \equiv g^0 \pmod{p}$ であるから，この等式は $i = p-2$ に対しても成り立つ．ζ_i を 1 としても明らかにこの式は成り立つ．以上より，すべての $\rho \in \mu_p$ に対して次が成り立つ．

$$\sigma(\rho) = \rho^g.$$

$\rho, \omega \in \mu_p$ に対して，$\rho\omega \in \mu_p$ であるから，

$$\sigma(\rho\omega) = (\rho\omega)^g = \sigma(\rho)\sigma(\omega), \quad \rho, \ \omega \in \mu_p. \qquad \square$$

たとえば，$p=11$ のとき，定理 12.1（p. 176）を述べた後の例の中で見たように g として $g=2$ を選ぶことができる．$\zeta = \cos \frac{2\pi}{11} + i \sin \frac{2\pi}{11}$ とすれば，1 の原始 11 乗根の対応している順序付けは次のようである．

$$\zeta_0 = \zeta, \quad \zeta_1 = \zeta^2, \quad \zeta_2 = \zeta^4, \quad \zeta_3 = \zeta^8, \quad \zeta_4 = \zeta^5$$
$$\zeta_5 = \zeta^{10}, \quad \zeta_6 = \zeta^9, \quad \zeta_7 = \zeta^7, \quad \zeta_8 = \zeta^3, \quad \zeta_9 = \zeta^6.$$

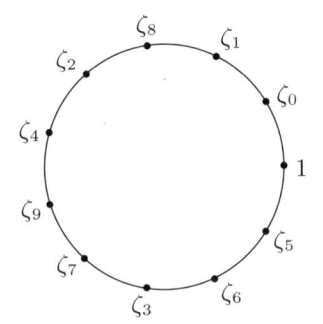

§11.3 で a, b, c, d, e で表された $2\cos \frac{2k\pi}{11}$ の値は，したがって次のように与えられる．

$$a = 2\cos \frac{2\pi}{11} = \zeta_0 + \zeta_5,$$
$$b = 2\cos \frac{4\pi}{11} = \zeta_1 + \zeta_6,$$
$$c = 2\cos \frac{6\pi}{11} = \zeta_3 + \zeta_8,$$
$$d = 2\cos \frac{8\pi}{11} = \zeta_2 + \zeta_7,$$
$$e = 2\cos \frac{10\pi}{11} = \zeta_4 + \zeta_9.$$

置換 $\sigma : \zeta_0 \mapsto \zeta_1 \mapsto \cdots \mapsto \zeta_9 \mapsto \zeta_0$ は次のような $a, \ldots, e$ の置換を引き起こす．

$$a \longmapsto b \longmapsto d \longmapsto c \longmapsto e \longmapsto a.$$

これは §11.3 で重要な役割を果たした置換である．

$\Phi_{11}(X) = 0$ のヴァンデルモンドの解法に対する我々の解説における議論の真似をすれば，すべての素数 p に対して円分方程式 $\Phi_p(X) = 0$ はベキ根によって可解であることを見るのは難しいことではない．しかしながら，この結果はガウスの考察における第 2 番目のものとして現れるので，その証明は次の節に延期する．ガウスの主要な関心は円分方程式の解をできるだけ単純な部分に分解することであった．

この分解は次のようにして成し遂げられる．次の式

$$ef = p - 1$$

を満たす任意の 2 つの正の整数 e, f に対して，ガウスは **f 項の周期** (periods of f terms) と彼が呼ぶ e 個の複素数を定義している．

$$\begin{aligned}
\eta_0 &= \zeta_0 + \zeta_e + \zeta_{2e} + \cdots + \zeta_{e(f-1)}, \\
\eta_1 &= \zeta_1 + \zeta_{e+1} + \zeta_{2e+1} + \cdots + \zeta_{e(f-1)+1}, \\
\eta_2 &= \zeta_2 + \zeta_{e+2} + \zeta_{2e+2} + \cdots + \zeta_{e(f-1)+2}, \\
&\cdots \\
\eta_{e-1} &= \zeta_{e-1} + \zeta_{2e-1} + \zeta_{3e-1} + \cdots + \zeta_{p-2}.
\end{aligned}$$

特に 1 項の周期は根 $\zeta, \zeta_1, \ldots, \zeta_{p-2}$ であり，$p-1$ 項の（唯一つの）周期は 1 と異なるすべての 1 の p 乗根の和，すなわち Φ_p のすべての根の和である．したがって，この周期は有理数で，それは Φ_p の最初の係数とは符号が反対のものである．すなわち，

$$\zeta_0 + \zeta_1 + \cdots + \zeta_{p-2} = -1.$$

さらに，次の例として $p \geq 3$ に対して，2 項の周期は $k = 1, \ldots, \frac{(p-1)}{2}$ に対して $2\cos\frac{2k\pi}{p}$ の値であることがわかる．これは $p = 11$ に対してすでに示されているが，一般にはこれらの周期の形を考察することによって示すことができる．

$$\eta_j = \zeta_j + \zeta_{j + \frac{(p-1)}{2}}.$$

添え字の付け方の定義によって，

$$\zeta_{j + \frac{(p-1)}{2}} = (\zeta_j)^{g^{(p-1)/2}}.$$

また，注意 12.9 (a) より $g^{(p-1)/2} \equiv -1 \pmod{p}$ であるから，次が成り立つ．

$$\eta_j = \zeta_j + \zeta_j^{-1}.$$

したがって，2 項の $\frac{p-1}{2}$ 個の周期は，$Y = X + X^{-1}$ とおくことによって $\Phi_p(X) = 0$ から得られる次数 $\frac{p-1}{2}$ の方程式のすべての根である．注意 7.6 (p. 91) を考慮すれば，このことより主張が証明される．

ガウスが示しているように，このようにして定義された f 項の周期は次のような著しい性質をもっている．

12.4 円分方程式の周期

性質 12.19 f 項の任意の周期は，ほかの任意の f 項の周期から有理的に決定される．

性質 12.20 f と g を $p-1$ の 2 つの約数とし，f が g を割り切ると仮定する．このとき f 項の任意の周期は，係数が 1 つの g 項の周期の有理式として表される次数 g/f の方程式の根である．

これらの性質は以下で示される．系 12.24（p.198）と系 12.26（p.199）を参照せよ．

以上見てきたように，この周期という考えはラグランジュによって構想されたように，方程式の解を一歩一歩着実に求めていくという驚くべき例を与えるために用いられる．整数の列を次のように固定する．

$$f_0 = p-1, \quad f_1, \quad \ldots, \quad f_{r-1}, \quad f_r = 1.$$

ただし，$i = 1,\ldots,r$ に対して f_i は f_{i-1} を割り切るものとする．次に，$i = 0,\ldots,r$ に対して V_i を（任意に選ばれた）f_i 項の周期とする．このとき，V_0 は有理数であり，$i = 1,\ldots,r$ に対して複素数 V_i はその係数が V_{i-1} の有理表現である次数 f_{i-1}/f_i の 1 つの方程式を解くことによって決定される．V_r は 1 項の周期であるから，この手続きは最後に 1 の原始 p 乗根を与える．ほかの 1 の p 乗根はこのベキ乗として容易に得られる．

性質 12.19 より，f_i 項の周期はお互いに有理式で表されるから，f_i 項の周期の中で V_i の選び方は本質的にその解に影響を与えない．

もちろん，V_{i-1} から V_i を決定するために用いられた方程式が，ベキ根によって可解であるということは演繹的に明らかではない．なぜなら，f_{i-1}/f_i は 5 を超える可能性があるからである．しかし，ガウスはさらに，これらの方程式は，実際 $p-1$ を含めて（$r=1$ ならばこの場合が起こる），f_{i-1}/f_i の任意の値に対してベキ根によって可解であるということを証明している．もし，できる限り小さい次数の方程式を扱いたいと思えば，逐次的な商 f_{i-1}/f_i が $p-1$ を割り切る素因数となるように列 $f_0, f_1, \ldots, f_r$ を選ぶことができる．ところが，これは少しも必然的ではない．

たとえば，$p = 37$ をとり，$p-1 = 2^2 \cdot 3^2$ の約数の束 (lattice) を見てみよう．

```
            36
           /  \
         18    12
        /  \  /  \
       9    6    4
        \  / \  /
         3    2
          \  /
           1
```

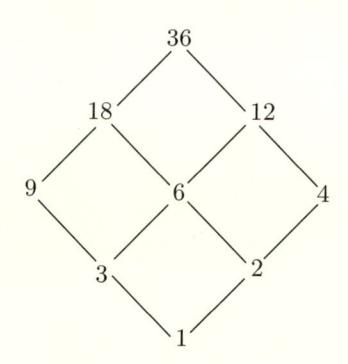

(この図では，直線は整除の関係を示している.) 36 から 1 のほうへ下がっていくすべての道に対して（途中で上がることはしない），逐次的な方程式による $\Phi_{37}(X) = 0$ の解法の 1 つの方式が対応している．ここで，その方程式の次数は逐次的な商である．たとえば，36, 12, 6, 1 という道を選んだとき，最初に次数 $36/12 = 3$ の方程式による 12 項の周期を，次に次数 $12/6 = 2$ の方程式による 6 項の周期を，そして最後に，1 項の周期を決定する．すなわち，次数 6 の方程式による 1 の原始 37 乗根を決定する．

この最後の方程式を直接的に解くかわりに，次数 $6/3 = 2$ の方程式によって 3 項の周期を，そして次数 3 の方程式によって 1 項の周期を決定することもできるだろう．これは結局のところ，与えられた道をさらに細かくして 36, 12, 6, 3, 1 という道をとることと同じになる．

$p = 17$ に対して，$p - 1 = 2^4$ の約数のつくる束ははるかに単純になり，次のようである．

```
16
 |
 8
 |
 4
 |
 2
 |
 1
```

このようにして，1 の原始 17 乗根は 4 つの 2 次方程式を逐次的に解くことによって決定される．このことは定規とコンパスによって正 17 角形を作図する

ときに鍵となる事実である (付録参照).

性質 12.19 と 12.20 の証明に目を向けよう. この証明は初等線形代数[†]の要点がつけ加えられているガウス自身の議論を用いて示す. はじめに線形性によって, μ_p 上で定義されている写像 σ を拡張して体 $\mathbb{Q}(\mu_p)$ からそれ自身の上への写像を定義する (命題 12.18, p. 190 の前の σ の定義を参照せよ). そこで,

$$\sigma(a_0\zeta_0 + \cdots + a_{p-2}\zeta_{p-2}) = a_0\sigma(\zeta_0) + \cdots + a_{p-2}\sigma(\zeta_{p-2})$$

とおく. すなわち,

$$\sigma(a_0\zeta_0 + a_1\zeta_1 + \cdots + a_{p-3}\zeta_{p-3} + a_{p-2}\zeta_{p-2})$$
$$= a_0\zeta_1 + a_1\zeta_2 + \cdots + a_{p-3}\zeta_{p-2} + a_{p-2}\zeta_0.$$

定理 12.13 より, $\mathbb{Q}(\mu_p)$ 全体の上で σ を定義するためには, これで十分であることがわかる.

命題 12.21 写像 σ は $\mathbb{Q}$ のすべての元を不変にする $\mathbb{Q}(\mu_p)$ の体としての自己同型写像である.

証明 σ が全単射であること, また $a,b \in \mathbb{Q}(\mu_p)$ と $u,v \in \mathbb{Q}$ に対して,

$$\sigma(ua+vb) = u\sigma(a) + v\sigma(b)$$

であること (すなわち, σ が $\mathbb{Q}$ 線形であること) は σ の定義よりすぐに得られる. さらに, 注意 12.17 より有理数 $a \in \mathbb{Q}$ は

$$a = (-a)\zeta_0 + (-a)\zeta_1 + \cdots + (-a)\zeta_{p-2}$$

と表されるので, 定義よりすべての有理数は σ によって不変であることもわかる.

以上より, すべての $a,b \in \mathbb{Q}(\mu_p)$ に対して,

$$\sigma(ab) = \sigma(a)\sigma(b)$$

[†]ガウス自身の議論も線形代数を用いているが, 連立 1 次方程式による初等的な方法で表現されている. [24, Art. 346] を参照せよ.

が成り立つことを証明することだけが残っている．これは，$a, b \in \mu_p$ である特別な場合には，命題 12.18 の中ですでに証明されている．この場合より，一般の場合は次のようにして導かれる．

$$a = \sum_{i=0}^{p-2} a_i \zeta_i, \qquad b = \sum_{j=0}^{p-2} b_j \zeta_j$$

とする．ただし，すべての i, j に対して $a_i, b_j \in \mathbb{Q}$ である．このとき，

$$ab = \sum_{i,j=0}^{p-2} a_i b_j \zeta_i \zeta_j$$

であり，σ は $\mathbb{Q}$ 線形であるから，

$$\sigma(ab) = \sum_{i,j=0}^{p-2} a_i b_j \sigma(\zeta_i \zeta_j).$$

一方，次が成り立つ．

$$\sigma(a)\sigma(b) = \sum_{i,j=0}^{p-2} a_i b_j \sigma(\zeta_i) \sigma(\zeta_j).$$

したがって，命題 12.18 より $\sigma(ab) = \sigma(a)\sigma(b)$ が成り立つ． □

注意 上記証明において，Φ_p の既約性が本質的に用いられたが，どちらかというと潜在的なやり方であった．実際，写像 σ が $\mathbb{Q}(\mu_p)$ 上で矛盾なく定義されることは，$\mathbb{Q}(\mu_p)$ における元の表現 $a_0 \zeta_0 + \cdots + a_{p-2} \zeta_{p-2}$ が一意的であるという事実に起因する．定理 12.13 において，この事実の証明は最終的に Φ_p の既約性に依存している．

今，e と f を次の式を満たす（正の）整数とする．

$$ef = p - 1.$$

σ^e によって不変な $\mathbb{Q}(\mu_p)$ の元の集合を K_f によって表すことにする．σ そしてまた σ^e も $\mathbb{Q}$ 上で恒等写像となる $\mathbb{Q}(\mu_p)$ の体としての自己同型写像であるから，集合 K_f は $\mathbb{Q}$ を含んでおり，和，差，積，そして 0 でない元による割り算によって明らかに閉じている．言い換えると，K_f は $\mathbb{Q}$ を含んでいる $\mathbb{Q}(\mu_p)$ の部分体である．$\mathbb{Q}(\mu_p)$ の元の標準形を使えば，K_f の元に対する標準形は次の命題が示しているように容易に求められる．

12.4 円分方程式の周期

命題 12.22 K_f のすべての元は有理係数をもつ e 個の f 項の周期の 1 次結合として一意的に表される.

証明 a を $\mathbb{Q}(\mu_p)$ の任意の元として,これを次のように表す.

$$\begin{aligned}
a = \; & a_0\zeta_0 + a_1\zeta_1 + \cdots + a_{e-1}\zeta_{e-1} \\
& + a_e\zeta_e + a_{e+1}\zeta_{e+1} + \cdots + a_{2e-1}\zeta_{2e-1} \\
& + \cdots \\
& + a_{e(f-1)}\zeta_{e(f-1)} + a_{e(f-1)+1}\zeta_{e(f-1)+1} + \cdots + a_{p-2}\zeta_{p-2}.
\end{aligned}$$

このとき,σ の定義によって

$$\begin{aligned}
\sigma^e(a) = \; & a_0\zeta_e + a_1\zeta_{e+1} + \cdots + a_{e-1}\zeta_{2e-1} \\
& + a_e\zeta_{2e} + a_{e+1}\zeta_{2e+1} + \cdots + a_{2e-1}\zeta_{3e-1} \\
& + \cdots \\
& + a_{e(f-1)}\zeta_0 + a_{e(f-1)+1}\zeta_1 + \cdots + a_{p-2}\zeta_{e-1}.
\end{aligned}$$

$\sigma^e(a) = a$ とすると,定理 12.13 より上の 2 つの表現における ζ_i $(i = 0, \ldots, p-2)$ の係数は同じであるから,

$$\begin{aligned}
a_0 &= a_e = a_{2e} = \cdots = a_{e(f-1)}, \\
a_1 &= a_{e+1} = a_{2e+1} = \cdots = a_{e(f-1)+1}, \\
& \quad \cdots \\
a_{e-1} &= a_{2e-1} = a_{3e-1} = \cdots = a_{p-2}.
\end{aligned}$$

したがって,すべての元 $a \in K_f$ は次のように表される.

$$\begin{aligned}
a = \; & a_0 \left(\zeta_0 + \zeta_e + \cdots + \zeta_{e(f-1)}\right) \\
& + a_1 \left(\zeta_1 + \zeta_{e+1} + \cdots + \zeta_{e(f-1)+1}\right) \\
& + \cdots \\
& + a_{e-1} \left(\zeta_{e-1} + \zeta_{2e-1} + \cdots + \zeta_{p-2}\right).
\end{aligned}$$

括弧の中の表現は f 項の周期であるから,これは a がそれらの周期の 1 次結合であることを示している.

a のこの表現の一意性は,$\mathbb{Q}(\mu_p)$ のすべての元が $\zeta_0, \ldots, \zeta_{p-2}$ の 1 次結合として一意的に表せることを主張している定理 12.13 から容易に従う. □

命題 12.23 η を f 項の 1 つの周期とする．このとき，K_f のすべての元は，適当な $a_0,\ldots,a_{e-1} \in \mathbb{Q}$ によって次のように表される．

$$a_0 + a_1\eta + a_2\eta^2 + \cdots + a_{e-1}\eta^{e-1}.$$

証明 K_f は $\mathbb{Q}$ を含んでいる体であるから，自然なやり方で $\mathbb{Q}$ 上のベクトル空間と見ることができる．そのベクトル空間の演算は体の演算から誘導されるものである．この命題を証明するためには，明らかに $1, \eta, \ldots, \eta^{e-1}$ が $\mathbb{Q}$ 上 K_f の基底であることを示せば十分である．実際，命題 12.22 より e 個の f 項の周期は $\mathbb{Q}$ 上 K_f の基底であるから，$\dim_\mathbb{Q} K_f = e$ となっているので，$1, \eta, \ldots, \eta^{e-1}$ が $\mathbb{Q}$ 上で 1 次独立であることさえ示せば十分である．

この 1 次独立性を証明するために，適当な有理数 $a_0, \ldots, a_{e-1}$ に対して

$$a_0 + a_1\eta + \cdots + a_{e-1}\eta^{e-1} = 0 \tag{12.7}$$

と仮定する．このとき，η は次の多項式の根である．

$$P(X) = a_0 + a_1 X + \cdots + a_{e-1} X^{e-1}.$$

σ，次に $\sigma^2, \sigma^3, \ldots$ を σ^{e-1} となるまで (12.7) の両辺に適用し，その係数 a_i は σ によって不変であることを考慮すれば，$\sigma(\eta), \sigma^2(\eta), \ldots, \sigma^{e-1}(\eta)$ もまた $P(X)$ の根であることがわかる．さて，e 個の $\eta, \sigma(\eta), \sigma^2(\eta), \ldots, \sigma^{e-1}(\eta)$ は f 項のすべての周期であり，これらは命題 12.22 より互いに相異なっている．多項式 $P(X)$ は次数が高々 $e-1$ であるから，それが 0 多項式ではない限り，e 個の f 項の周期を根としてもつことはできない．したがって，

$$a_0 = \cdots = a_{e-1} = 0.$$

これは $1, \eta, \ldots, \eta^{e-1}$ の 1 次独立性を示している． □

系 12.24 η と η' を f 項の周期とすると，適当な有理数 $a_0, \ldots, a_{e-1}$ によって次のように表される．

$$\eta' = a_0 + a_1\eta + \cdots + a_{e-1}\eta^{e-1}.$$

証明 $\eta' \in K_f$ であるから，これは容易に命題から導かれる． □

この系より，周期の性質 12.19 が示される．性質 12.20 を証明するために，次のような条件を満たすもう 1 組の整数の対 g, h を考える．

$$gh = p - 1.$$

そしてさらに，f は g を割り切ると仮定する．このとき，$k = g/f = e/h$ とおけば，

$$\sigma^e = \left(\sigma^h\right)^k.$$

したがって，σ^h によって不変なすべての元は σ^e によっても不変である．これは次のことを意味している．

$$K_g \subset K_f.$$

命題 12.25 f と g を $p-1$ の約数とする．f が g を割り切ると仮定すれば，K_f のすべての元は K_g に係数をもつ次数 g/f のある多項式の根である．

証明 $a \in K_f$ に対して，上記と同じ記号を用いて次の多項式

$$P(X) = (X-a)(X-\sigma^h(a))(X-\sigma^{2h}(a))\cdots(X-\sigma^{h(k-1)}(a))$$

を考える．この多項式は次数 $k = g/f$ で，その係数は $a, \sigma^h(a), \sigma^{2h}(a), \ldots, \sigma^{h(k-1)}(a)$ に関する基本対称多項式である．

$$\sigma^h(\sigma^{h(k-1)}(a)) = \sigma^e(a) = a$$

であるから，写像 σ^h は $a, \sigma^h(a), \ldots, \sigma^{h(k-1)}(a)$ をそれらの間で置換する．ゆえに，P の係数は σ^h によって不変である．このことより，P の係数は K_g に属することがわかる．以上より，多項式 P は求める性質を満足する． □

いまや性質 12.20 の性質の証明を完成させることができる．

系 12.26 f と g を $p-1$ の約数とし，η と ξ をそれぞれ f 項および g 項の周期とする．f が g を割り切れば，η は，その係数が ξ の有理式である次数 g/f の多項式の根である．

証明 $\xi \in K_g$ かつ $\eta \in K_f$ であるから，この系は命題 12.25 と 12.23 から容易に導かれる． □

ガロア理論の現代的な枠組みへ向けた見方によって，次のことに留意することは有益であろう．すなわち，部分体 K_f は $\mathbb{Q}(\mu_p)$ の部分体の束をつくり，さらに，$K_g \subset K_f$ であるための必要十分条件は f が g を割り切ることであるから，上の束は $p-1$ の約数のつくる束に反同型 (anti-isomorphic) である．したがって，たとえば $p = 37$ に対して，それらの周期は次のような $\mathbb{Q}(\mu_{37})$ の部分体の束を定義する．

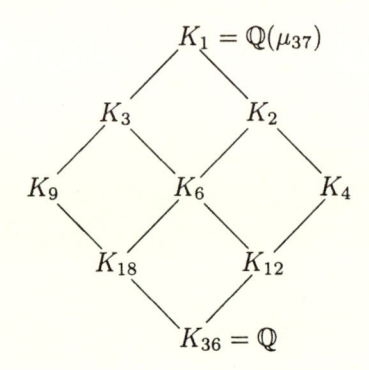

$$
\begin{array}{c}
K_1 = \mathbb{Q}(\mu_{37}) \\
K_3 \quad K_2 \\
K_9 \quad K_6 \quad K_4 \\
K_{18} \quad K_{12} \\
K_{36} = \mathbb{Q}
\end{array}
$$

(直線は包含関係を意味している．)

12.5 ベキ根による可解性

円分方程式の周期とそれらの性質を綿密に分析した後，ガウスは『整数論考究』の論説 359-360 において，与えられた方程式は，周期がその方程式によって決定されるとき，ベキ根によって可解であることを示している．彼のこの部分における説明は，以下で指摘されている自明でないこの問題点に対して，いくつかの点においてより概略的であり不明瞭である．

前節の記号を用いて説明しよう．特に，e, f と g, h を次の式を満たす 2 つの整数の組とする．

$$ef = gh = p - 1.$$

g は f で割り切れると仮定し，次のようにおく．

$$k = \frac{g}{f} = \frac{e}{h}.$$

$\eta_0, \ldots, \eta_{e-1}$ (それぞれ $\xi_0, \ldots, \xi_{h-1}$) によって，f 項 (それぞれ g 項) の周期を表すことにする．

$$\eta_i = \zeta_i + \zeta_{e+i} + \zeta_{2e+i} + \cdots + \zeta_{e(f-1)+i},$$
$$\xi_j = \zeta_j + \zeta_{h+j} + \zeta_{2h+j} + \cdots + \zeta_{h(g-1)+j}.$$

系 12.26 において，それらの周期 $\xi_0, \ldots, \xi_{h-1}$ がわかっているとき，任意の周期 η_i は次数 g/f のある方程式によって決定されることを見た．この節の目的は，この方程式がベキ根によって可解であることを示すことである．

たとえば，η_0 を与える方程式を考えよう（ほかの周期に対する議論はまったく同じであるが，その記号はより複雑になる）．この次数 k の方程式を $P(X) = 0$ によって表す．P の係数は K_g に属しているから，それらは σ^h によって不変である．よって，等式 $P(\eta_0) = 0$ の両辺に σ^h を繰り返し適用することによって次を得る．

$$P(\sigma^h(\eta_0)) = 0, \quad P(\sigma^{2h}(\eta_0)) = 0, \quad \ldots, \quad P(\sigma^{h(k-1)}(\eta_0)) = 0.$$

したがって，P の根は η_0 と $\sigma^h, \sigma^{2h}, \ldots, \sigma^{h(k-1)}$ によるその像 $\eta_h, \eta_{2h}, \ldots, \eta_{h(k-1)}$ である．

$P(X) = 0$ がベキ根によって可解であることを証明するためには，ラグランジュの公式（p. 145）に従って，ラグランジュ分解式

$$t(\omega) = \eta_0 + \omega \eta_h + \omega^2 \eta_{2h} + \cdots + \omega^{k-1} \eta_{h(k-1)}$$

の k 乗が g 項の周期から計算できることを示せば十分である（ただし，ω は 1 の k 乗根である）．

命題 12.27 1 のすべての k 乗根 ω に対して，複素数 $t(\omega)^k$ は ω と g 項の周期による有理式で表される．

証明 最初に，命題 12.22 より f 項の任意の 2 つの周期の積は f 項の周期の 1 次結合で表される．したがって，それらの周期の間に関係があり，これは周期に関する任意の多項式表現の次数を 1 に帰着させるために用いられる．特に，

$$\begin{aligned}
t(\omega)^k &= \left(\eta_0 + \omega \eta_h + + \cdots + \omega^{k-1} \eta_{h(k-1)}\right)^k \\
&= a_0 \eta_0 + \cdots + a_{h-1} \eta_{h-1} \\
&\quad + a_h \eta_h + \cdots + a_{2h-1} \eta_{2h-1} \\
&\quad + \cdots \\
&\quad + a_{h(k-1)} \eta_{h(k-1)} + \cdots + a_{e-1} \eta_{e-1}.
\end{aligned} \tag{12.8}$$

ただし，係数 $a_0, \ldots, a_{e-1}$ は $\mathbb{Q}$ 上 ω の有理式（実際に多項式）である．

命題 12.21 より，周期 $\eta_0, \cdots, \eta_{e-1}$ の間の関係式は σ^h によって保存されるので，上の $t(\omega)^h$ の計算において，η_0 を $\sigma^h(\eta_0) = \eta_h$，$\eta_1$ を $\sigma^h(\eta_1) = \eta_{h+1}$，な

どによって置き換えることができる．以上より，

$$
\begin{aligned}
(\eta_h + \omega\eta_{2h} + \cdots + \omega^{k-1}\eta_0)^k = {} & a_0\eta_h + \cdots + a_{h-1}\eta_{2h-1} \\
& + a_h\eta_{2h} + \cdots + a_{2h-1}\eta_{3h-1} \\
& + \cdots \\
& + a_{h(k-1)}\eta_0 + \cdots + a_{e-1}\eta_{h-1}.
\end{aligned}
\tag{12.9}
$$

これは $\bigl(\sigma^h(t(\omega))\bigr)^k$ の1つの表現を与える．しかし，

$$\sigma^h(t(\omega)) = \omega^{-1} t(\omega)$$

であるから，

$$\bigl(\sigma^h(t(\omega))\bigr)^k = t(\omega)^k$$

が成り立つ．よって，(12.8) と (12.9) は $t(\omega)^k$ の2つの表現である．$t(\omega)^k$ の最初の計算において，周期 η_i を $\sigma^{2h}(\eta_i)$ で，次に $\sigma^{3h}(\eta_i), \ldots, \sigma^{h(k-1)}(\eta_i)$ ($i = 0, \ldots, e-1$) によって置き換えれば，さらに $t(\omega)^k$ のほかの $k-2$ 個の表現も求めることができる．よく調べてみると，これらさまざまな表現において与えられた周期 η_i の係数は $a_i, a_{i+h}, a_{i+2h}, \ldots, a_{i+h(k-1)}$ であることがわかる．したがって，これらのすべての表現をまとめると，次を得る．

$$
\begin{aligned}
k t(\omega)^k = {} & (a_0 + \cdots + a_{h(k-1)})(\eta_0 + \cdots + \eta_{h(k-1)}) \\
& + (a_1 + \cdots + a_{h(k-1)+1})(\eta_1 + \cdots + \eta_{h(k-1)+1}) \\
& + \cdots \\
& + (a_{h-1} + \cdots + a_{e-1})(\eta_{h-1} + \cdots + \eta_{e-1}).
\end{aligned}
$$

$i = 0, \ldots, h-1$ に対して，$\eta_i + \eta_{h+i} + \cdots + \eta_{h(k-1)+i} = \xi_i$ であるから，$t(\omega)^k$ は ω と $\xi_0, \ldots, \xi_{h-1}$ によって次のように有理的に表現される．

$$t(\omega)^k = \frac{1}{k}((a_0 + \cdots + a_{h(k-1)})\xi_0 + \cdots + (a_{h-1} + \cdots + a_{e-1})\xi_{h-1}). \quad \square$$

注意 12.28 上の証明はガウスのそれときわめて似ているが，最後の推論は異なっている．ガウスは次のように論じている．すなわち，等式 (12.8) と (12.9) は $t(\omega)^k$ の表現であるから，これら2つの右辺は一致していることを確認した後で，彼は，任意の与えられた周期の係数は2つの表現において同じことであ

ること，したがって次の結論を得ている．

$$
\begin{aligned}
a_0 &= a_h = a_{2h} = \cdots = a_{h(k-1)}, \\
a_1 &= a_{h+1} = a_{2h+1} = \cdots = a_{h(k-1)+1}, \\
&\cdots \\
a_{h-1} &= a_{2h-1} = a_{3h-1} = \cdots = a_{e-1}.
\end{aligned}
$$

これらの等式は (12.8) を簡単にするために用いられて，$t(\omega)^k$ は次のようになる．

$$
\begin{aligned}
t(\omega)^k = {} & a_0 \left(\eta_0 + \eta_h + \cdots + \eta_{h(k-1)}\right) \\
& + a_1 \left(\eta_1 + \eta_{h+1} + \cdots + \eta_{h(k-1)+1}\right) \\
& + \cdots \\
& + a_{h-1} \left(\eta_{h-1} + \eta_{2h-1} + \cdots + \eta_{e-1}\right).
\end{aligned}
$$

右辺の括弧の中の表現は g 項の周期であるから，これより命題の証明は完成する．

しかしながら，上の命題 12.22 の証明の中でも用いられた係数の比較は，$\eta_0, \ldots, \eta_{e-1}$（より一般的には，$\zeta_0, \ldots, \zeta_{p-2}$）の 1 次結合としての元の表現が一意的であることが知られている限りにおいてのみ正しい．このことは有理係数の 1 次結合に対して定理 12.13（p.186）の中で示された．命題 12.22 を証明するためにはこれで十分であったが，ここではそのスカラーは 1 の k 乗根 ω の有理式であり，ゆえに新しい議論が必要とされる．

定理 12.13 の証明より，最終的にこの一意性が依存している重要な事実は Φ_p の既約性であることは明らかである．それゆえ，ガウスの議論が正しいためには，Φ_p の既約性が有理数体 $\mathbb{Q}$ 上のみならず $\mathbb{Q}(\omega)$ 上で成り立つことを証明することが必要である．ただし，ω は $p-1$ のある約数 k に対する 1 の k 乗根である．これは次の節で証明される．系 12.33（p.208）を参照せよ．

この節を完全なものとするために，ガウス [24, Art. 360] によって次のことを見てみよう．1 の累乗根がベキ根によって表される，ということだけを示すのが目的であれば周期の完全な一般化は必要がない．

系 12.29 任意の整数 n に対して，1 の n 乗根はベキ根によって表される．

証明 n についての帰納法によって示す．$n=1$ または 2 のときは自明であるから，すべての整数 $k<n$ に対して 1 の k 乗根はベキ根によって表されると仮定してよい．n が素数でなければ，定理 7.3 (p. 88) と帰納法の仮定より，1 の n 乗根はベキ根によって表される．したがって，n は素数であると仮定してよい．このとき，1 と異なる 1 の n 乗根を §12.4 のはじめにしたように，n の原始根の助けを借りて順序づけ，ラグランジュ分解式を考える．

$$t(\omega) = \zeta_0 + \omega\zeta_1 + \cdots + \omega^{n-2}\zeta_{n-2}.$$

(ここで，ω は 1 の 1 つの $(n-1)$ 乗根である)．帰納法の仮定によって，ω はベキ根によって表される．前の命題 ($k=g=n-1$) より，$t(\omega)^{n-1}$ は ω の有理式で表されるので，ベキ根によって表される．すると，ラグランジュの公式 (p. 145) より，1 の n 乗根に対してベキ根による表現は次の式で与えられる．

$$\zeta_i = \frac{1}{n-1}\Big(\sum_\omega \omega^{-i}\sqrt[n-1]{t(\omega)^{n-1}}\Big). \qquad \Box$$

12.6　円分多項式の既約性

p を素数とし，k を p と互いに素である整数とする．この節の目的は，$\mathbb{Q}(\mu_k)$ 上で円分多項式，すなわち円周等分多項式 Φ_p が既約であることを証明して，ガウスの議論 (注意 12.28 を参照せよ) が正しいことを示すことである．

この結果の証明は 1854 年にクロネッカーによって最初に公表された．我々が与えるその証明は，デデキント (Dedekind) のある考えから影響を受けたものである (ファン・デル・ヴェルデン [61,§60]，ウェーバー [67,§174])．実際，p のかわりに任意の整数に対しても，それは成り立つ．その本質的な部分は $\mathbb{Q}$ 上 Φ_n の既約性の証明にあり，これは，素数でない n に対しては 1808 年にガウスによって最初に証明された (Bühler[9, p. 74] を参照せよ)．

補題 12.30　f を $\mathbb{Q}[X]$ における Φ_n のモニック既約因数，p を n の約数でない素数とする．$\omega \in \mathbb{C}$ が f の根ならば，ω^p も f の根である．すなわち，

$$f(\omega) = 0 \Longrightarrow f(\omega^p) = 0.$$

証明　これが成り立たない，すなわち，$f(\omega) = 0$ でかつ $f(\omega^p) \neq 0$ と仮定する．Φ_n は $X^n - 1$ を割り切るので，ある多項式 $g \in \mathbb{Q}[X]$ があって

$$X^n - 1 = fg \tag{12.10}$$

と表される．$f(\omega) = 0$ であるから，$\omega^n = 1$ となる．ゆえに，両辺を p 乗すると，

$$(\omega^p)^n = 0.$$

言い換えると，ω^p は $X^n - 1$ の根である．一方，$f(\omega^p) \neq 0$ と仮定されているから，等式 (12.10) は

$$g(\omega^p) = 0$$

を意味している．この式は ω が $g(X^p)$ の根であることを示している．ゆえに，補題 12.14（p. 186）より，$f(X)$ は $g(X^p)$ を割り切る．$h(X) \in \mathbb{Q}[X]$ を次の式を満たすモニック多項式とする．

$$g(X^p) = f(X)h(X). \tag{12.11}$$

ガウスの補題（補題 12.11, p. 183）と等式 (12.10) と (12.11) より，f, g, h は整係数をもつ．したがって，それぞれ f, g, h の係数の p を法とする剰余類，すなわちそれらの係数の $\mathbb{F}_p$ における像（$\mathbb{F}_p = \mathbb{Z}/p\mathbb{Z}$，注意 12.4, p. 177 を参照せよ）を係数とする多項式 $\overline{f}, \overline{g}, \overline{h}$ を考えることができる．p を法として考えると，等式 (12.10) と (12.11) は $\mathbb{F}_p[X]$ で次のようになる．

$$X^n - 1 = \overline{f}(X)\overline{g}(X), \tag{12.12}$$

$$\overline{g}(X^p) = \overline{f}(X)\overline{h}(X). \tag{12.13}$$

さて，フェルマーの定理（定理 12.5, p. 178）より，すべての $a \in \mathbb{F}_p$ に対して $a^p = a$ である．したがって，

$$\overline{g}(X) = a_0 + a_1 X + \cdots + a_{r-1} X^{r-1} + X^r$$

とすれば，

$$\overline{g}(X) = a_0^p + a_1^p X + \cdots + a_{r-1}^p X^{r-1} + X^r$$

も成り立つ．ゆえに，

$$\overline{g}(X^p) = a_0^p + a_1^p X^p + \cdots + a_{r-1}^p X^{p(r-1)} + X^{p r}.$$

$\mathbb{F}_p$ においては $(u+v)^p = u^p + v^p$ であるから（なぜならば，2 項係数 $\binom{p}{i}$ は $i = 1, \ldots, p-1$ のとき p で割り切れるから），$\mathbb{F}_p[X]$ において次のようになる．

$$\overline{g}(X^p) = (a_0 + a_1 X + \cdots + a_{r-1} X^{r-1} + X^r)^p = \overline{g}(X)^p.$$

以上のようにして，等式 (12.13) は次のように書き直される．

$$\overline{g}^p = \overline{f}\,\overline{h}.$$

これは $\overline{f}$ と $\overline{g}$ が互いに素ではないことを表している．$\varphi(X) \in \mathbb{F}_p[X]$ を $\overline{f}$ と $\overline{g}$ の定数でない共通因数とする．等式 (12.12) は φ^2 が $X^n - 1$ を割り切ることを示している．ゆえに，$\mathbb{F}_p[X]$ において

$$X^n - 1 = \varphi^2 \psi$$

と表される．両辺の微分を比較することにより次を得る．

$$nX^{n-1} = \varphi \cdot (2\partial\varphi \cdot \psi + \varphi \cdot \partial\psi).$$

したがって，φ は $X^n - 1$ と nX^{n-1} を割り切る．ところが，$X^n - 1$ と nX^{n-1} は $\mathbb{F}_p[X]$ において互いに素であるから，これは不可能である（ここでは，p が n を割り切らないという仮定は必要である）．この矛盾は仮定 $f(\omega^p) \neq 0$ が不合理であることを示している． □

定理 12.31 任意の整数 $n \geq 1$ に対して，円分多項式 Φ_n は $\mathbb{Q}$ 上既約である．

証明 f を $\mathbb{Q}[X]$ における Φ_n のモニック既約因数とする．$\mathbb{C}$ における Φ_n のすべての根は f の根であることを示そう．Φ_n の根は単根であるから，このとき命題 5.10 (p. 56) より Φ_n は f を割り切ることになる．f と Φ_n は互いに他方を割り切り，またこの 2 つはモニックであるから，$\Phi_n = f$ となる．

ζ を f の 1 つの根とする．すると，ζ は Φ_n の根であり，このことは ζ が 1 の原始 n 乗根であることを意味している．命題 7.12 (p. 95) より，ほかの 1 の原始 n 乗根は ζ^k という形をしていることを思い出そう．ただし，k は n と互いに素である 0 と n の間の整数である．k を次のように素数の積に分解する（必ずしも異ならなくてもよい）．

$$k = p_1 \cdots p_s.$$

前の補題を逐次的に適用すれば，

$$f(\zeta) = 0 \Rightarrow f(\zeta^{p_1}) = 0 \Rightarrow f(\zeta^{p_1 p_2}) = 0 \Rightarrow \cdots$$
$$\Rightarrow f(\zeta^{p_1 \cdots p_{s-1}}) = 0 \Rightarrow f(\zeta^k) = 0.$$

したがって，f は 1 のすべての原始 n 乗根を根としてもつ．すなわち，f は Φ_n のすべての根を根としてもつ． □

12.6 円分多項式の既約性　207

定理 12.32　m と n を互いに素な整数とすれば，Φ_n は $\mathbb{Q}(\mu_m)$ 上で既約である．

証明　f を $\mathbb{Q}(\mu_m)[X]$ における Φ_n のモニック既約因子とし，$\zeta \in \mathbb{C}$ を f の根とする．上と同様の議論によって，n と互いに素な 0 と n の間の任意の整数 k に対して，次を示せば十分であることがわかる．

$$f(\zeta^k) = 0.$$

η を 1 の原始 m 乗根とする．定理 12.13（p.186）の前に調べたように，$\mathbb{Q}(\mu_m) = \mathbb{Q}(\eta)$ が成り立つから，命題 12.15 より，f のすべての係数は有理数係数の η に関する多項式表現である．したがって，ある多項式 $\varphi(Y, X) \in \mathbb{Q}[Y, X]$ によって，次のように表される．

$$f(X) = \varphi(\eta, X).$$

さて，$\rho = \zeta\eta$ とおく．m と n は互いに素であるから，命題 7.10（p.94）より，ρ は 1 の原始 mn 乗根である．さらに，m と n は互いに素であるから，定理 7.8（p.92）より，ある整数 r と s が存在して次が成り立つ．

$$mr + ns = 1.$$

$\zeta^n = 1$ かつ $\eta^m = 1$ であるから，この等式より

$$\zeta = \zeta^{mr} = \rho^{mr} \quad \text{かつ} \quad \eta = \eta^{ns} = \rho^{ns}$$

であることがわかる．$f(\zeta) = 0$ であるから，$\varphi(\eta, \zeta) = 0$. すなわち

$$\varphi(\rho^{ns}, \rho^{mr}) = 0.$$

このとき補題 12.14（p.186）と前定理より，$\Phi_{mn}(X)$ は $\varphi(X^{ns}, X^{mr})$ を割り切る．したがって，1 のすべての原始 mn 乗根 ω に対して次を得る．

$$\varphi(\omega^{ns}, \omega^{mr}) = 0. \tag{12.14}$$

0 と n の間にある n と互いに素な任意の整数 k に対して，

$$\ell = kmr + ns$$

とおく．$mr + ns = 1$ だから，$mr \equiv 1 \pmod{n}$ かつ $ns \equiv 1 \pmod{m}$ が成り立つ．ゆえに，

$$\ell \equiv k \pmod{n} \quad \text{かつ} \quad \ell \equiv 1 \pmod{m}. \tag{12.15}$$

したがって，$\zeta^\ell = \zeta^k$ かつ $\eta^\ell = \eta$ となる．すでに $\zeta = \rho^{mr}$ かつ $\eta = \rho^{ns}$ であることはわかっているので，

$$\rho^{\ell mr} = \zeta^k \quad \text{かつ} \quad \rho^{\ell ns} = \eta.$$

一方，(12.15) の合同式は ℓ が mn と互いに素であることも示している．ゆえに，ρ^ℓ は 1 の原始 mn 乗根であり，方程式 (12.14) より

$$\varphi(\rho^{\ell ns}, \rho^{\ell mr}) = 0$$

を得る．言い換えると $\varphi(\eta, \zeta^k) = 0$, すなわち $f(\zeta^k) = 0$ が得られる． □

系 12.33 p を素数とし，$p-1$ を割り切る整数を k とする．$\zeta \in \mathbb{C}$ を 1 の原始 p 乗根とする．このとき，$\mathbb{Q}(\mu_k)(\mu_p)$ のすべての元は適当な $a_1, \cdots, a_{p-1} \in \mathbb{Q}(\mu_k)$ によって

$$a_1 \zeta + a_2 \zeta^2 + \cdots + a_{p-1} \zeta^{p-1}$$

という形に一意的に表される．

証明 k についての仮定は，k と p が互いに素であることを保証する．ゆえに，前定理によって Φ_p は $\mathbb{Q}(\mu_k)$ 上で既約である．このとき，系は定理 12.13 (p. 186) の証明と同様な議論によって証明される． □

付録：正多角形の定規とコンパスによる作図

平面上で，定規とコンパスのみを用いて正多角形を作図する方法を見つけることを目的とする．この作図の方法は，その多角形の中心（すなわち，外接円の中心）とそれらの頂点の 1 つが任意に与えられたとき，常に可能でなければならないことは明らかである．したがって，中心 O と頂点の 1 つ A が与えられたものと仮定して，ほかの頂点を作図しなければならない．2 つの与えられた点 O と A から，新しい点は次のような 2 つの種類の（有限回の）操作の結果として作図される．

(1) すでに作図された 2 つの点を通る直線を引くこと．
(2) すでに作図された 1 つの点を中心とし，すでに作図された 2 つの点の間の距離を半径とする円を描くこと．

新しい点は，(1) と (2) により得られる直線または円の交点として作図される．このようにして作図された点は**作図可能な点** (constructible points) と呼ばれる．

問題は中心を O とし，A を頂点の 1 つとする正 n 角形の n 個の頂点の値が作図可能であることを決定することである．この問題を解決するために，はじめ以下のようにして作図した適当な基底による座標によって，作図可能な点の代数的特徴づけを与える．O を通り OA に垂直な直線を考え，この垂線と，中心を O とし半径 OA の円との交点の 1 つを B によって表す．

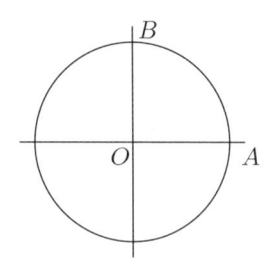

（点 B は作図可能であることに注意しよう．）

命題　平面上における 1 点が，点 O と A から定規とコンパスのみによって作図可能であるための必要十分条件は，基底 (OA, OB) によるそれぞれの座標が 0 と 1 から次の 2 種類の操作の（有限）列によって得られることである．

(i) 有理的な操作．
(ii) 平方根の開平．

証明　はじめに，それらの座標が上の条件を満たしている点は作図可能であることを示そう．

与えられた直線に対して，与えられた 1 点を通る垂直な直線は定規とコンパスで作図可能であるから，座標 (a, b) をもつ 1 点が作図可能であるための（必要十分）条件は，点 $(a, 0)$ と点 $(0, b)$ が作図可能であることである．さらに，$(0, b)$ は軸 OB と $(b, 0)$ を通り中心 O の円との交点であるから，座標 $(u, 0)$ をもつ点を考えれば十分である．したがって，u が 0 と 1 から上記 (i) と (ii) の操作の列によって得られるならば，座標 $(u, 0)$ をもつ点は定規とコンパスで作図可能であることを証明しなければならない．

操作の数について帰納的に議論する．したがって，$(u, 0)$ と $(v, 0)$ が作図可

能ならば $(u+v,0)$, $(u-v,0)$, $(uv,0)$, $(uv^{-1},0)$ ($v \neq 0$ と仮定して), $(\sqrt{u},0)$ ($u \geq 0$ と仮定して) が作図可能であることを証明しよう.

これは $(u+v,0)$ と $(u-v,0)$ に対しては明らかである. $(uv,0)$ と $(uv^{-1},0)$ を作図するために, 以下の図を考える.

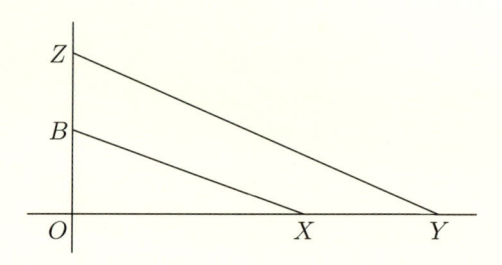

BX と YZ は平行だから,

$$\frac{OX}{OB} = \frac{OY}{OZ}.$$

$B = (0,1)$ だから, $X = (x,0)$, $Y = (y,0)$, $Z = (0,z)$ と表せば次が成り立つ.

$$x = yz^{-1} \quad \text{すなわち} \quad y = xz.$$

したがって, X と Z を与えられたものと見なせば, Z を通り BX に平行な直線を引くことによって Y を作図することができる. この作図より $(x,0)$ と $(0,z)$ (あるいは, 同値であるが $(z,0)$) から $(xz,0)$ が得られる. 一方, Y と Z を与えられたものと見なせば, B を通り YZ に平行な直線を引くことにより X を作図することができる. これより, $(yz^{-1},0)$ は $(y,0)$ と $(0,z)$ (または $(z,0)$) から得られることがわかる.

十分性の証明を完成させるために, $(\sqrt{u},0)$ が $(u,0)$ ($v \geq 0$ と仮定して) から作図されることを示すことが残っている. これは次のように実行される.

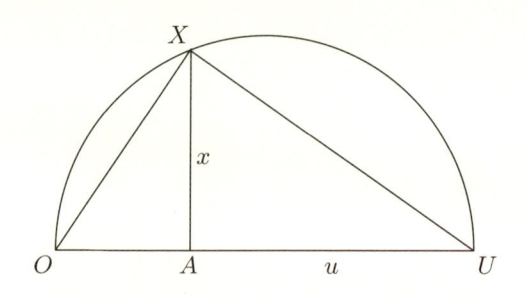

U を座標 $(1+u, 0)$ をもつ点とし，X を A を通り OU に垂直な直線と直径を OU とする円の交点の1つとする．このようにして，ある x に対して $X = (1, x)$ と表される．三角形 OAX と XAU は相似であるから，

$$\frac{AX}{OA} = \frac{AU}{AX}.$$

ゆえに

$$\frac{x}{1} = \frac{u}{x} \qquad \text{すなわち}, \qquad x = \sqrt{u}.$$

点 $(x, 0)$ は $(1, x)$ から容易に作図できるので，このつくり方より $(\sqrt{u}, 0)$ は $(u, 0)$ から作図される．

以上で，その座標が 0 と 1 から有理的操作と平方根の開平によって得られる点が作図可能であることを証明した．

逆を証明するために，はじめに，次のことに注目しよう．1つの直線が2点 (a_1, b_1) と (a_2, b_2) を通るならば，その方程式は

$$\alpha X + \beta Y = \gamma$$

という形をしている．ただし α, β, γ は a_1, a_2, b_1, b_2 の有理式である（正確にいうと，$\alpha = b_2 - b_1$, $\beta = a_1 - a_2$, $\gamma = a_1 b_2 - b_1 a_2$）．同様にして，中心が (a_1, b_1) で，(a_2, b_2) と (a_3, b_3) の間の距離を半径とする円の方程式は

$$(X - a_1)^2 + (Y - b_1)^2 = (a_2 - a_3)^2 + (b_2 - b_3)^2$$

であるから，それは

$$X^2 + Y^2 = \alpha X + \beta Y + \gamma$$

という形をしている．ただし，α, β, γ は $a_1, a_2, a_3, b_1, b_2, b_3$ の有理式である．今，直接的な計算によって2つの直線

$$\alpha_1 X + \beta_1 Y = \gamma_1 \qquad \text{と} \qquad \alpha_2 X + \beta_2 Y = \gamma_2$$

の交点の座標は，$\alpha_1, \beta_1, \gamma_1, \alpha_2, \beta_2, \gamma_2$ の有理式であることがわかる．以上のようにして，ある点が与えられた点を通る2つの直線の交点として作図されれば，その座標は与えられた点の座標の有理式である．

同様にして，直線と円

$$\alpha_1 X + \beta_1 Y = \gamma_1 \qquad \text{と} \qquad X^2 + Y^2 = \alpha_2 X + \beta_2 Y + \gamma_2$$

の交点の座標は $\alpha_1, \beta_1, \gamma_1, \alpha_2, \beta_2, \gamma_2$ から有理的演算と平方根の開平によって得られる．したがって，ある点が与えられた点を通る直線と，与えられた点を中心とし与えられた点の間の距離を半径とする円の交点ならば，その座標は与えられた点の座標から有理的演算と平方根の開平によって得られる．

最後に2つの円
$$X^2 + Y^2 = \alpha_1 X + \beta_1 Y + \gamma_1, \quad と \quad X^2 + Y^2 = \alpha_2 X + \beta_2 Y + \gamma_2$$
の交点は円
$$X^2 + Y^2 = \alpha_1 X + \beta_1 Y + \gamma_1$$
と直
$$\alpha_1 X + \beta_1 Y + \gamma_1 = \alpha_2 X + \beta_2 Y + \gamma_2$$
の交点として得られる．したがって，前の場合と同じ結論が成り立つ．これらの議論は，作図可能な点の座標は O と A の座標，すなわち 0 と 1 から操作 (i) と (ii) によって得られることを示している．

この作図可能性の判定法は最初にピエール・ローラン・バンツェル (Pierre Laurent Wantzel, 1814-1848) によって 1837 年に発表されたが，それは 1796 年頃には明らかにガウスによって（おそらく，ほかの人たちにも）知られていた．

定理　p が $p = 2^m + 1 \, (m \in \mathbb{N})$ の形の素数ならば，正 p 角形は定規とコンパスで作図可能である．

証明　$p-1$ は 2 のベキ乗であるから，$p-1$ の約数のつくる束は 1 つの線形順序となる．

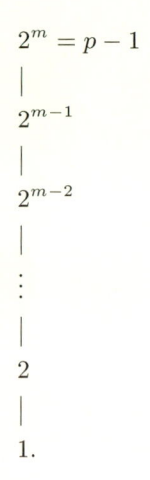

$$\begin{array}{c} 2^m = p-1 \\ | \\ 2^{m-1} \\ | \\ 2^{m-2} \\ | \\ \vdots \\ | \\ 2 \\ | \\ 1. \end{array}$$

したがって，§12.4 の結果より，2 項の周期は 2 次方程式の列を解くことによって決定される．p.192 で考察したように，2 項の周期は $k = 1, \ldots, \frac{p-1}{2}$ に対する値 $\cos \frac{2k\pi}{p}$ であり，2 次方程式の解は有理演算と平方根の開平だけしか必要としないので，$\cos \frac{2\pi}{p}$ は整数（0 と 1 からでさえ）から有理演算と平方根の開平によって得られる．このとき，前命題より座標 $\left(\cos \frac{2\pi}{p}, 0\right)$ をもつ点は作図可能であることがわかる．

このとき，点 $P = \left(\cos \frac{2\pi}{p}, \sin \frac{2\pi}{p}\right)$ は，中心を O とし半径 OA の円と，$\left(\cos \frac{2\pi}{p}, 0\right)$ を通り OA に垂直な直線との交点として得られる．点 P は正 p 角形の 1 つの頂点である．実際，それは A に最も近い 2 つの頂点の 1 つであり，そのほかの頂点はその円上で距離 AP を模写することによって求めることができる． □

素数 p が $2^m + 1$ という形のとき，m は 2 の累乗であることが容易にわかる．実際，m がある奇数 k によって割り切れれば，$2^m + 1$ は $2^{m/k} + 1$ によって割り切れる．このことは

$$X^k + 1 = (X + 1)(X^{k-1} - X^{k-2} + \cdots - X + 1)$$

という式で $X = 2^{m/k}$ とおけば容易にわかる．したがって，命題の仮定を満たす素数は実際，ある整数によって $p = 2^{2^n} + 1$ という形をしている．これらの素数はフェルマーにちなんで，**フェルマーの素数** (Fermat prime) と呼ばれている．彼はすべての素数 n に対して整数 $F_n = 2^{2^n} + 1$ は素数であると予想した．$n = 0, 1, 2, 3, 4$ のとき，この公式より 3, 5, 17, 257, 65537 が得られ，これらは実際素数である．しかし，1732 年に，オイラーは $F_5 = 614 \cdot 6700417$ と分解されることを示した．その時以来フェルマー数 F_n は n のさまざまな値に対して合成数であることが示されている．そして，いかなる新しいフェルマーの素数も発見されていない．しかし，いかなるほかのフェルマーの素数も存在しないということは証明されていないが，少なくとも 65538 と 10^{39456} の間にこのような素数が存在しないことが知られている（すなわち，$5 \leq n \leq 16$ に対して F_n は素数ではない）．

系 n が異なるフェルマーの素数と 2 のベキ乗の積であるならば，正 n 角形は定規とコンパスで作図可能である．

証明 n が 2 のベキ乗か（繰り返し角を 2 等分することによって），または n がフェルマーの素数ならば，正 n 角形は作図可能であるから（前定理によって），

n_1 と n_2 が互いに素で，正 n_1 角形と正 n_2 角形が作図可能のとき，正 $n_1 n_2$ 角形も作図可能であることを示せば十分である．

n_1 と n_2 が互いに素であるならば，定理 7.8（p. 92）よりある整数 m_1 と m_2 が存在して $m_1 n_1 + m_2 n_2 = 1$ が成り立つ．両辺に $\frac{2\pi}{n_1 n_2}$ をかけると，次を得る．

$$m_1 \frac{2\pi}{n_2} + m_2 \frac{2\pi}{n_1} = \frac{2\pi}{n_1 n_2}.$$

したがって，角 $\frac{2\pi}{n_1 n_2}$ は適当な回数，角 $\frac{2\pi}{n_1}$ と $\frac{2\pi}{n_2}$ を複製すれば作図できる．これより，容易に正 $n_1 n_2$ 角形は正 n_1 角形と正 n_2 角形から作図できることがわかる． □

注意 上の定理と系の逆が成り立つことも証明できる．このようにして，正 n 角形が定規とコンパスで作図できるための必要十分条件は，n が異なったフェルマー素数と 2 の累乗の積になることである．この結果はガウスによって明確に（証明なしに）述べられているが [24, Art. 366]，これらの逆の円滑な証明は体の拡大次数の詳細な分析を必要とし，これは本題からあまりにも離れてしまうであろう．したがって，それにに興味のある読者には Carrega [12, Chap. 4] かまたはスチュアート (Stewart) [56, Chap. 17] を引用しておこう．正 17 角形を定規とコンパスで具体的に作図することに関してはハーディ (Hardy) とライト (Wright) [29, §5.8] を引用しておく．

練習問題

1. 第 7 章の練習問題 7 より，すべての整数 $n \geq 2$ に対して，0 と n の間の整数で n と互いに素である整数の個数は $\varphi(n)$ で表されたことを思い出そう．フェルマーの定理（定理 12.5, p. 178）の次のような一般化（オイラーによる）を証明せよ．すなわち，すべての整数 $n \geq 2$ と，n と互いに素であるすべての整数 a に対して $a^{\varphi(n)} \equiv 1 \pmod{n}$ が成り立つ．

2. ジラールの定理（定理 6.1, p. 71）はガウスの補題（補題 12.11, p. 183）から容易に導かれることを示せ．

3. 偶数項の周期は実数であることを証明せよ．

4. f 項のすべての周期の集合は p の原始根の選び方にも，1 の原始 p 乗根の選び方にも無関係であることを証明せよ．より正確にいうと，ζ と $\zeta' \in \mathbb{C}$ を 1 の

原始 p 乗根とし, $g, g' \in \mathbb{Z}$ を p の原始根とする. 適当な正の整数 e, f に対して $p - 1 = ef$ とする. $i = 0, \ldots, p-2$ に対して $\zeta_i = \zeta^{g^i}$ かつ $\zeta_i' = \zeta'^{g'^i}$ と表す. このとき, 任意の $i = 0, \cdots, f-1$ に対して, 0 と $f-1$ の間にある整数 j が存在して次が成り立つことを示せ.

$$\zeta_i + \zeta_{e+i} + \cdots + \zeta_{e(f-1)+i} = \zeta_j' + \zeta_{e+j}' + \cdots + \zeta_{e(f-1)+j}'.$$

5. 命題 12.22 (p.197) の記号を使う. $K_g \subset K_f$ ならば, f は g を割り切ることを示せ. さらに, この場合 $\dim_{K_g} K_f = g/f$ であることを示せ.

6. 次の問題は系 12.29 (p.203) の証明に対する補完的な考察を与える.

系 12.29 と同じ記号を用いる. このとき, $t(\omega) \neq 0$ であること, また $k \in \mathbb{Z}$ に対して $t(\omega^k) t(\omega)^{-k}$ は ω の有理式であることを示せ (第 10 章の練習問題 4 と比較せよ). 1つの $(n-1)$ 乗根を求めて ζ_i を決定すれば十分であることを結論せよ.

7. 1 の 5 乗根の代数的表現を調べて, 正 5 角形を定規とコンパスで作図せよ. また, 正 20 角形も作図せよ.

第13章

一般方程式におけるルフィニとアーベル

13.1　はじめに

　ラグランジュの研究は主に「一般方程式」の解法を目的としたものであった．すなわち，それは次のような文字を係数とする方程式を対象としていた．

$$X^n - s_1 X^{n-1} + s_2 X^{n-2} - \cdots + (-1)^n s_n = 0.$$

（定義 8.1, p.104 を参照せよ）．ガウスが円の分割から生ずる特別な種類の方程式（円分方程式として知られている）の解法を完成させたと同じ頃，ラグランジュの考えた方向に沿った研究はパオロ・ルフィニ (Paolo Ruffini, 1765-1822) の手によって新しい成果を生み出した．1799 年にルフィニは「方程式の一般理論」("Teoria Generale delle Equazioni") と題された大分の 2 巻の論文を出版した [51, t. 1, pp. 1-324]．そこで，彼は少なくとも次数が 5 の一般方程式は，ベキ根によって解くことはできないことを証明している．

　ルフィニの証明は数学社会に懐疑の目をもって受け止められた．実際，その証明は全体を通して理解することはかなり難しかった．出版後数年して否定的な意見が出されたが，ルフィニが失望したことには，明確で焦点の合った反対意見はまったく出されなかった．ルフィニが彼の主張を確かに証明したという評価は，漠然とした批評によって拒まれた．このような否定的な反応は，ルフィニに証明の簡略化を促し，彼は最後に非常に明確な論証を考え出したが，ルフィニの仕事への疑念は静まらなかった．この点に関しては次の逸話がある．すなわち，明確な動機付けられた意見をフランス科学学士院から得るために，ルフィニは 1810 年に同学士院に 1 通の論文を提出した．1 年後になっても，論文審査員（ラグランジュ，ラクロア (Lacroix)，そしてルジャンドル (Legendre)）は

13.1 はじめに

まだ彼らの結論を出さなかった．ルフィニはそのときのフランス科学学士院の秘書であったデランブル (Delambre) にそれへの論文を取り戻したいと書いている．それへの返答の中で，デランブルは論文審査員の態度を説明している．

> あなたの論文の審査員たちがどんな結論に達したとしても，彼らはあなたの証明を承認するかまたは論破するために相当働かなければなりません．あなたは理解のための時間がいかに貴重であるか，また同じく大抵の幾何学者たちは長い時間お互いの仕事に対して従事するのをいかに嫌がるか，ということを知っているでしょう．そして，もし彼らがあなたの考えに賛成でなかったとすれば，彼らは一人の非常に学識のある熟練した幾何学者に反対する人たちの中に入るために，きわめて強力な動機によって動かねばならなかったでしょう．[51, t. 3, p. 59]

少なくとも，それに説得力はなかったのだが，ルフィニの証明は一般方程式に対する当時通用している次のような意見の逆を完成させたように思われた．すなわち，18世紀の中葉におけるベズーとオイラーの仕事は，一般方程式は可解であり，そして5次方程式の解を求めることは単なる巧妙な変数変換の問題であるという考えに基礎を置いていた．それに反対する意見は19世紀初頭になって一般的になった (Ayoub [4, p. 274])．ガウスのいくつかの論評はこの点において大きな影響を及ぼした．代数学の基本定理の彼の証明の中で [23, §9]，ガウスは次のように書いている．

> 多くの幾何学者の仕事はこれまでに一般方程式の代数的な解法に成功するという希望をあまり残さなかった．その後，この解法はますます不可能となり，矛盾したものになりつつあるように思われる．

彼は『整数論考究』の論説 359 の中で再び同じ懐疑を表明している．

ルフィニの功績は置換の理論における進歩をも含んでいる．これは彼の証明の中では非常に重要であった．この方面におけるルフィニの結果は間もなくコーシーによって一般化された．ちなみに，コーシーはルフィニの仕事を大いに評価し，彼はルフィニの証明は正しいとしてその主張を支持したということは注目すべきである（[51, t. 3, pp. 88-89] を参照せよ）．実際，現在ではルフィニの証明は重大な飛躍があることは明白である．以下でこれを指摘しよう．

218　第13章　一般方程式におけるルフィニとアーベル

　1824年，新しい証明がニールス・ヘンリック・アーベル (Niels-Henrik Abel , 1802-1829) によってルフィニの仕事とは独立に発見された [1, n°3]．アーベルの証明の拡張された論文が1826年クレレジャーナル (Crelle's journal)[†]に発表された [1, n°7]．この証明はいくつかの小さな欠陥を含んでいたが [1, vol.2, pp. 292-293])，しかしそれは一般方程式の可解性の問題を本質的に解決した．

　アーベルの解決の方法は著しく方法論的である．彼はそれを次の論文「方程式の代数的解法」("Sur la résolution algébrique des équations") (1828) の序文において詳細に説明している [1, n°18] ．

　　　これらの方程式（高々次数4の）を解くために，普遍的な方法が発見された．そして，それは任意次数の方程式に適用できると信じられている．しかし，ラグランジュやほかの卓越した幾何学者たちの努力にもかかわらず，その目的に到達することはできなかった．これより，一般方程式の代数的解法は不可能であるという推定に導かれる．しかし，用いられた方法は，その方程式が可解であるという場合以外には確定的な結論を与えることはできないのであるから，それは解決されないであろう．実際，その目的はそれが可能であるかどうかわからないときに方程式を解くことであった．この場合，それが全然確実でないときでさえ解を得ることもあるだろう．しかし，たまたま不運にして解法が不可能であるとすると，解を見つけられず永久に捜すことになるであろう．したがって，この問題において間違いなくあるものを得るためには，別の方法をとらざるを得ない．この問題を，それが常に解くことが可能であるような形に直し，任意の問題に対して適用できるようにしなければならない．それが存在するかどうかわからない関係を求めるかわりに，このような関係が実際あり得るのかどうかを研究しなければならない．たとえば，積分計算において一種の予見または試行錯誤によって微分の式を積分するかわりに，むしろそれらをこの方法または別の方法で積分できるかどうかを調べなければならない．1つの問題がこのように提示されると，その命題はそれ自身解法の種子を含み，またとるべき方法を示すことになる．そして，その計算があまりにも複雑であるがゆえにその問題を完全に解決できないときでさえも，多少重要である命題で

───────
[†]訳者注：雑誌の正式な名前は "Journal für die reine und angewandte Mathematik" であるが，通称 Crelle's journal と呼ばれている．

結論に至らない場合はほとんどない．

このようにしてアーベルによって提案された方法は，代数方程式の分野での一種の一般的方法として解釈することができる．想定している解の最も一般的な形を求め，そしてそれに取り組み，それがその一般方程式の解であるとき，どのような情報がこの表現に基づいて得られるかを考察していかなければならない．アーベルは次のことを複雑な帰納的議論によって証明している．ベキ根による表現がある次数の一般方程式の解であるとき，その表現を構成しているすべての関数はそれらの根の有理式である（正確な表現については，定理 13.13, p. 232 を参照せよ）．これはルフィニの飛躍した部分を満足している．変数の置換による関数の値の数に関するいくつかの微妙な議論と，特に，ルフィニの初期の結果を一般化したコーシーの定理によりその証明は完成される．この証明の最後の部分は，バンツェル (Wantzel) が後で指摘したように，ルフィニの証明の最後の部分からの議論を用いて意義深い合理化がなされている．続く節においてこの簡単にされたものを提示しよう．しかし，またこの方法による説明はルフィニの初期の仕事によって促進された置換の理論（すなわち，対称群 S_n の研究）における進歩を，不幸にも低く見てしまうことになるのを指摘しておきたい．

13.2　ベキ根拡大

次数が 4 より高い一般方程式は可解でないという証明における最初の段階として，この節と次の節において論じようとしている．ベキ根による表現をもつアーベルの計算は拡大体の言葉で適切に表現することができる．このような考え方は，そのほうがおそらく現代の読者にとってはより教育的であろうと思われるので，終始用いられるであろう．

　ベキ根による表現は，4 つの普通の算術的演算と根の開方によって，既知のものと見なされているいくつかの量（今の場合，方程式の係数）から組み立てられている．このことは，任意のこのような表現が，既知量の有理式のつくる体にある順序で逐次的に根を添加することにより得られる体に属するということを意味している．実際，$n = p_1 \cdots p_r$ を正の整数 n の素因数分解とするとき，

$$a^{1/n} = \left(\cdots \left((a^{1/p_1})^{1/p_2} \right) \cdots \right)^{1/p_r}$$

であるから，明らかに素数次数の根を考えれば十分である．このことは，任意の

元 a の n 乗根は a の p_1 乗根 a^{1/p_1}, 次に a^{1/p_1} の p_2 乗根を開方し, 次々にこれを行うことによって得られることを示している. さらに, 明らかに p 乗ではない元の p 乗根を開方すれば十分である. そうでないときは基礎体は拡大されない. このようにして, ベキ根拡大の概念に至る. この概念を数学的術語によって書き表す前に, 次のことに注意しよう. ある技術的問題を避けるために, この章では, 考える範囲を標数 0 の体に限定する. 言い換えると, $1+1+\cdots+1 \neq 0$, すなわち, 考察するすべての体は有理数体 $\mathbb{Q}$ (の同型な体) を含んでいると仮定しよう. これはもちろん古典的な場合であり, ルフィニとアーベルによって考えられたのはこの場合だけである.

定義 13.1 R を体 F を含んでいる体とする. ある素数 p と, F の元の p 乗ではない元 a, そして元 $u \in R$ が存在して,

$$R = F(u), \qquad u^p = a$$

を満たすとき, R は F の**高さ 1 のベキ根拡大** (radical extension of height 1) という. このとき, 元 u は $a^{1/p}$ または $\sqrt[p]{a}$ と表される. この表記に従えば上のことは次のように表される.

$$R = F(a^{1/p}) \quad \text{または} \quad R = (\sqrt[p]{a}).$$

元 u は a と p によって一意的に定まらないので, 実はこれは記号の不正使用である. 実際 p 個の相異なる a の p 乗根がある. さらに悪いことには, 体 R それ自身, 一般には F と a, p によって一意的に定まらない. たとえば, $\mathbb{Q}(2^{1/3})$ と同じ資格のある $\mathbb{C}$ の 3 つの部分体がある (練習問題 4 と 5 を参照せよ). したがって, 上の記号は注意して用いられる.

任意の正の整数 h に対して, 高さ h のベキ根拡大は, 高さ $h-1$ のベキ根拡大の高さ 1 のベキ根拡大として帰納的に定義される. より正確にいえば, 体 F を含んでいる体 R は, R と F の中間体 R_1 が存在して, R は R_1 の高さ 1 のベキ根拡大で, かつ R_1 は F の高さ $h-1$ のベキ根拡大であるとき, F の**高さ h のベキ根拡大** (radical extension of height h) という. このようにして, このとき R と F の間の体の列が得られる.

$$R \supset R_1 \supset R_2 \supset \cdots \supset R_{h-1} \supset F.$$

$R = R_0, F = R_h$ とおけば, $i = 0, \ldots, h-1$ に対して, 適当な素数 p_i と R_{i+1} の元の p_i 乗でない元 $a_i \in R_{i+1}$ が存在して次のように表される.

$$R_i = R_{i+1}(a_i^{1/p_i}).$$

ある（有限の）高さの任意のベキ根拡大を単に**ベキ根拡大**という．より厳密には，任意の体はそれ自身高さ **0** のベキ根拡大という．

上の定義は，ベキ根の表現に関する問題を数学的に分析できる術語に翻訳するためにはきわめて便利である．たとえば，複素数 z がベキ根による表現をもつということは，z を含んでいる有理数体 $\mathbb{Q}$ のベキ根拡大が存在するということを意味している．さらに一般的に，体 L の元 v は，v を含んでいる F のベキ根拡大が存在するとき，L に含まれているある体 F 上ベキ根による**表現をもつ**あるいは体 L の元 v は体 F 上ベキ根によって**表される**ということにしよう．

$P(X)$ を体 F 上の多項式とする．このとき，同様にして，P の 1 つの根を含んでいる F のベキ根拡大が存在するとき，多項式方程式 $P(X) = 0$ は F 上で**ベキ根によって可解** (solvable by radicals) であるという．一般方程式

$$P(X) = (X - X_1) \cdots (X - X_n) = X^n - s_1 X^{n-1} + \cdots + (-1)^n s_n = 0$$

の場合，係数 $s_1, \ldots, s_n$ だけに関係するベキ根表現にしか興味がないので，基礎体 F は $s_1, \ldots, s_n$（注意 8.8 (a), p. 111 によれば，これらは独立な不定元と見なされる）の有理分数式の体となる．より正確には，その有理分数式がそれらの係数をとることが許されている関連の体を明確に述べなければならない．必然的な選択としてはもちろん有理数体 $\mathbb{Q}$ である．しかし，現実に，我々は否定的な結果を目指しているので，関連する体は任意に大きく選ぶことができる．実際，1 つの方程式がある体 F 上ベキ根によって可解であるならば，それは F を含んでいるすべての体 L 上でベキ根によって可解であることを示す．したがって，次数 n の一般方程式が $\mathbb{C}(s_1, \ldots, s_n)$ 上で可解でないとすると，それは $\mathbb{Q}(s_1, \ldots, s_n)$ 上でも可解でないことになる．

もちろん，ルフィニとアーベルは関連する体を指定する問題をこれらの術語で述べてはいないが，彼らの 1 のベキ根の自由な使用は，1 のすべてのベキ根はその基礎体の中で彼らが自由に使えるということを示唆している．それゆえ，$F = \mathbb{C}(s_1, \ldots, s_n)$ という選択はルフィニとアーベルの精神に近いように思われる．

基礎体が 1 のすべてのベキ根を含むという仮定は技術的に有利な点をももっている．すなわち，次の結果が示しているように，そのことはベキ根拡大を扱う際により柔軟に考えることを可能にするからである．

命題 13.2 R を体 F を含んでいる体とする．R がある整数 n に対して $u^n \in F$ を満たしているような元 u によって，$R = F(u)$ と表され，かつ F は 1 の原始

n 乗根を含んでいるとするならば（このときほかの根はこの原始根のベキであるから，すべての 1 の n 乗根を含んでいる），R は F のベキ根拡大である．

言い換えると，ベキ根拡大の定義において，F が 1 の原始 n 乗根を含めば，指数 n が素数であることは必要ないし，また u^n が F の元の n 乗でないということも必要ない．

証明 n についての帰納法によって証明する．$n=1$ のとき，$u \in F$ となるので $R=F$ であり，このとき R は F の高さ 0 のベキ根拡大である．したがって，$n \geq 2$ で，かつ u の指数が高々 $n-1$ までのときに命題が正しいと仮定できる．

n が素数でなければ，ある（正の）整数 $r, s < n$ によって $n = rs$ と表される．帰納法の仮定によって，$F(u)$ は $F(u^r)$ のベキ根拡大であり，また u^r は $(u^r)^s \in F$ を満たすので $F(u^r)$ は F のベキ根拡大である．ここで，定義よりベキ根拡大の性質は推移的である．すなわち，体の拡大の列 $F \subset K \subset L$ において，L は K のベキ根拡大であり，かつ K は F のベキ根拡大ならば，L は F のベキ根拡大である．このことより，$F(u)$ は F のベキ根拡大となる．

n が素数のとき，u^n が F の元の n 乗であるかないかによって 2 つの場合を考える．そうでないときは，定義によって R は F のベキ根拡大である．u^n が F の元の n 乗のとき，ある $b \in F$ によって

$$u^n = b^n$$

と表される．$b=0$ とすると，$u=0$ で $R=F$ となるので，これは高さ 0 の F のベキ根拡大である．$b \neq 0$ ならば，上の等式より

$$\left(\frac{u}{b}\right)^n = 1.$$

ゆえに，u/b は 1 の n 乗根である．1 のすべての n 乗根は F に属しているから，$u/b \in F$．よって，$u \in F$ となり，再び $R=F$ で，これは高さ 0 の F のベキ根拡大である． □

1 つの応用として，次の結果がある．これは後でその系を通して役に立つ．

命題 13.3 R と L を体 K の部分体で，2 つとも部分体 F を含んでいるものとする．F は複素数体 $\mathbb{C}$ を含んでいると仮定する．したがって，1 のすべてのベキ根は F に属している．R が F のベキ根拡大ならば，K の部分体で R を含んでいる L のベキ根拡大 S が存在する．

証明 R の高さについての帰納法によって証明する．高さが 0 ならば，$R = F$ であるから，$S = L$ とすればよい．したがって，R の高さは $h \geq 1$ で，指数の高さが高々 $h-1$ のベキ根拡大に対しては命題が成り立つと仮定してよい．高さ h のベキ根拡大の定義により，R の中に高さ $h-1$ の F のベキ根拡大 R_1 と元 u が存在し，ある素数 p に対して次が成り立つ．

$$R = R_1(u), \qquad u^p \in R_1.$$

帰納法の仮定により，K において R_1 を含んでいる L のベキ根拡大 S_1 が存在する．このとき，$u^p \in S_1$ であり，命題 13.2 より，$S_1(u)$ は L のベキ根拡大である．$u \in K$ かつ $S_1 \subset K$ であるから，この拡大は K に含まれている．また，$R = R_1(u)$ かつ $R_1 \subset S$ だから，$S_1(u)$ は R を含んでいる．以上より，必要な条件が満足された． □

系 13.4 $v_1, \ldots, v_n$ を体 F を含んでいる体 K の元とする．F は $\mathbb{C}$ を含み，かつ $v_1, \ldots, v_n$ の各元はそれぞれ K に含まれる F のあるベキ根拡大体に属していると仮定する．このとき，K において $v_1, \ldots, v_n$ のすべてを含んでいる F の 1 つのベキ根拡大が存在する．

証明 n についての帰納法によって証明する．$n = 1$ ならば証明すべきことは何もないので，$n \geq 2$ として，この系の主張が $n-1$ 個の元に対して成り立つと仮定する．ゆえに，K において $v_1, \ldots, v_{n-1}$ を含んでいる F のベキ根拡大 L が存在する．K において，v_n を含んでいる F のベキ根拡大を R とする．上記命題より，K において R を含んでいる L のベキ根拡大 S が存在する．S は L と R を含んでいるので，$v_1, \ldots, v_n$ を含んでいる．さらに，S は L のベキ根拡大であり，L は F のベキ根拡大であるから，S は F のベキ根拡大である． □

これまで，1 のベキ根が基礎体に含まれている場合のみを扱ってきた．さらに一般的な場合をこの場合に帰着させるために，1 のすべての根はベキ根による表現をもつというガウスの結果を使わねばならない．我々は今「ベキ根による表現」に対する形式的な定義を与えたので，この枠組みの中でガウスの議論が実際いかに適しているかを詳細に説明するのは意味があるように思われる．

命題 13.5 任意整数 n と任意の体 F に対して，1 の n 乗根はすべて F のあるベキ根拡大の中にある．

証明 1の原始 n 乗根 ζ が F のあるベキ根拡大の中にあることを示せば十分である．というのは，ほかの1の n 乗根は ζ のベキ乗であり，したがって ζ と同じベキ根拡大の中にあるからである．

n についての帰納法によって示す．$n=1$ のとき，$\zeta=1$ であるから，ζ は F に属しており，F はそれ自身高さ 0 のベキ根拡大である．したがって，$n \geq 2$ として，命題が n より小さい指数をもつ1のベキ根に対して成り立つと仮定する．

n が素数でなければ，ある（正の）整数 $r,s < n$ によって $n = rs$ と表される．このとき，ζ^r は1の s 乗根である．すると，帰納法の仮定によって，ζ^r を含んでいる F のベキ根拡大 R_1 が存在する．再び，帰納法の仮定によって，1 の原始 r 乗根を含んでいる R_1 の（ゆえに F の）ベキ根拡大 R_2 が存在する．このとき，$\zeta^r \in R_2$ であるから，命題 13.2 より，$R_2(\zeta)$ は R_2 の，ゆえに，F のベキ根拡大である．したがって，この場合に命題は証明された．

n が素数のとき，ガウスの結果を使わなければならない．はじめに，帰納法の仮定によって，1の $(n-1)$ 乗根全体を含んでいる F のベキ根拡大 R_1 が存在する．このとき，系 12.29, p. 203 の証明のようにしてラグランジュ分解式 $t(\omega)$ を考える．命題 12.27（p. 201）より，1のすべての $(n-1)$ 乗根 ω に対して次が成り立つ．

$$t(\omega)^{n-1} \in R_1.$$

したがって，命題 13.2 より，$R_1(t(\omega))$ は R_1 のベキ根拡大である．逐次的にすべてのラグランジュ分解式を添加すれば，R_1 の，ゆえに F のベキ根拡大 R_2 を得る．R_2 はすべての $\omega \in \mu_{n-1}$ に対して $t(\omega)$ を含んでいる．ラグランジュ公式 (p. 145) より，ζ はラグランジュの分解式から有理的に計算することができるので，$\zeta \in R_2$ となる．よって，証明は完結した． □

我々はここで前に述べた事実，ある体 F 上での方程式のベキ根による可解性は任意のより大きな体 L 上でのベキ根による可解性を意味している，を証明することを目的にしている．F の元を含んでいるすべてのベキ根による表現は L の元を含んでいるベキ根による表現であるから，この事実は明らかであるように思われる．しかしながら，それは注意深く，正当であるとする証明が必要である．すなわち，問題の要点は次のようである．ベキ根拡大やベキ根による表現をつくる際に，F の p 乗でない元の p 乗根の開方のみを許容したが，これらの元はさらに大きな体 L の元の p 乗になり得る可能性があるということである．

命題 13.6 L を体 F を含んでいる体とする．F の任意のベキ根拡大 R に対して，L のベキ根拡大 S が存在して，R は S の部分体と同一視できる．

証明 R の高さ h についての帰納法によって証明する．$h = 0$ ならば $R = F$ であるから，$S = L$ とすればよい．

$h = 1$ のとき，F の p 乗でない元 $a \in F$ に対して，$u^p = a$ なる元を u として，$R = F(u)$ とおく．K を L を含んでいる体で，K 上で多項式 $X^p - a$ が 1 次因数に分解するようなものとする（このような体 K の存在はジラールの定理（定理 9.3, p.123）より従う）．u は $X^p - a$ の根の 1 つであるから，K の元と同一視できる．また，F に係数をもつ u のすべての有理分数式，すなわち R のすべての元は，K のある元と同一視される．以上より，R は K に含まれると仮定することができる．

a が L の元の p 乗でないとき，$L(u)$ は L の高さ 1 のベキ根拡大である．この拡大は F と u を含んでいるので R を含む．したがって，$L(u)$ は必要な条件を満足している．

a が L の元の p 乗であるとき，$b \in L$ を a の p 乗根の 1 つとする．

$$b^p = a.$$

u と b の p 乗は等しいから，

$$\left(\frac{u}{b}\right)^p = 1.$$

したがって，u/b は 1 の p 乗根である．命題 13.5 より，u/b を含んでいる L のベキ根拡大 S が存在する．$b \in L$ であるから，$u \in S$ となり，ゆえに $R \subset S$．これで R の高さ h が 1 の場合に証明は完結した．

$h \geq 2$ のとき，補題は上の場合と帰納法の仮定より容易に従う．実際，R において，その部分体 R_1 が存在して，R_1 は高さ $h - 1$ の F のベキ根拡大で，かつ R は R_1 の高さ 1 のベキ根拡大である．帰納法の仮定によって，R_1 は L のベキ根拡大 S_1 に含まれる．すでに考察された $h = 1$ の場合により，R は S_1 のベキ根拡大 S の部分体に同一視される．このとき，体 S は L のベキ根拡大であり，これは補題の条件を満足する． □

定理 13.7 P を体 F に係数をもつ多項式とする．$P(X) = 0$ が F 上ベキ根によって可解であるならば，それは F を含んでいるすべての体 L 上ベキ根によって可解である．

証明 R を P の根 r を含んでいる F のベキ根拡大とする．前補題より，R は L のあるベキ根拡大 S に含まれていると仮定することができる．このとき，ベキ根拡大 S は根 r を含んでいる．したがって，$P(X) = 0$ は L 上ベキ根によって可解である． □

この定理の次の特別な場合は，この章に対して特に直接的に関連する．

系 13.8 次数 n の一般方程式

$$P(X) = (X - x_1) \cdots (X - x_n) = X^n - s_1 X^{n-1} + \cdots + (-1)^n s_n = 0$$

が $\mathbb{C}(s_1, \ldots, s_n)$ 上でベキ根によって可解でないとすれば，それは $\mathbb{Q}(s_1, \ldots, s_n)$ 上においてもベキ根によって可解ではない．

以上より，これからは基礎体が 1 のすべてのベキ根を含んでいると仮定することができる．

13.3 自然な無理量についてのアーベルの定理

ある次数の一般方程式がベキ根によって可解であることの証明は，どんなものでも明らかに不合理を生ずる．そこで，背理法によって証明するために，一般方程式

$$(X - x_1) \cdots (X - x_n) = X^n - s_1 X^{n-1} + s_2 X^{n-2} - \cdots + (-1)^n s_n = 0$$

の 1 つの根 x_i を含んでいる $\mathbb{C}(s_1, \ldots, s_n)$ のベキ根拡大 R が存在すると仮定する．アーベルの証明の最初の部分は（ルフィニの証明に欠けていた），R が $\mathbb{C}(x_1, \ldots, x_n)$ に含まれると仮定できることを示すことであった．このことは次のことを意味している．次数 n の一般方程式の根に対するベキ根による表現として現れる無理量は自然 (natural) であるように選ぶことができる．ここでいう自然は $\mathbb{C}(x_1, \ldots, x_n)$ に属さない $\mathbb{C}(s_1, \ldots, s_n)$ の拡大体の元を表している．補助的な無理量 (accessory irrationalities) に対立する言葉である（Ayoub [4, p. 268] を参照せよ）．「自然」と「補助的無理量」という言葉はクロネッカーによって造り出された．

この節の目的は，[1, n°7, §2] におけるアーベルの方法に従って，この上記結果を証明することである．

補題 13.9 p を素数とし，a をある体 F の元で F の元の p 乗でないものとする．このとき，

(a) $k = 1, \ldots, p-1$ に対して，k 乗 a^k はどれも F の元の p 乗ではない．
(b) 多項式 $X^p - a$ は F 上で既約である．

証明 (a) k が 1 と $p-1$ の間にある整数ならば，それは p と互いに素である．ゆえに，定理 7.8 (p. 92) より，ある整数 ℓ と q が存在して $pq + k\ell = 1$ が成り立つ．このとき，

$$a = (a^q)^p (a^k)^\ell.$$

したがって，ある $b \in F$ に対して $a^k = b^p$ ならば

$$a = (a^q b^\ell)^p$$

となる．ところが，これは a が F の元の p 乗ではないという仮定に矛盾する．この矛盾により (a) が示された．

(b) P と Q を次の式を満たす $F[X]$ の多項式とする．

$$X^p - a = PQ.$$

P と Q はモニックであると仮定できる．このとき，P または Q が定数多項式 1 であることを示さねばならない．K を $X^p - a$ が 1 次因数に分解するような F の拡大体とする．（このような体の存在はジラールの定理（定理 9.3, p. 123）から保証される．）$X^p - a$ の根は a の p 乗根で，これらの p 乗根はそれらの任意の 1 つに 1 のすべての p 乗根をかけることによって得られるから（§7.3 を参照せよ），K において a の p 乗根の 1 つを $u \in K$ とすれば，$K[X]$ で次のように表される．

$$\prod_{\omega \in \mu_p} (X - \omega u) = PQ.$$

この式は P と Q が $K[X]$ で因数 $X - \omega u$ の積に分解されることを示している．より正確には，μ_p は $\mu_p = I \cup J$, $I \cap J = \emptyset$ と分割され，P と Q は次のように表される．

$$P = \prod_{\omega \in I} (X - \omega u), \qquad Q = \prod_{\omega \in J} (X - \omega u).$$

このとき、P の定数項を考え、これを b で表す. I の元の個数を k とすると、P についての上の因数分解より次が成り立つ.

$$b = \Big(\prod_{\omega \in I} \omega\Big)(-u)^k.$$

任意の $\omega \in I$ に対して、$\omega^p = 1$ であるから、この等式の両辺を p 乗すると、

$$\big((-1)^k b\big)^p = a^k.$$

補題の前半 (a) より、$k = 0$ または $k = p$ となる. 最初の場合は $P = 1$ で、後者の場合は $P = X^p - a$ となるので、$Q = 1$ である. □

今、R をある体 F の高さ 1 のベキ根拡大とする. このとき定義によって、ある元 $u \in R$ が存在して、$R = F(u)$ でかつ F の元の p 乗ではないある元 $a \in F$ に対して $u^p = a$ となっている. 前補題を用いると、R の元に対して標準的な形を与えることができる.

系 13.10 すべての元 $v \in R$ は、適当な元 $v_0, v_1, \dots, v_{p-1} \in F$ によって次のような形に一意的に表される.

$$v = v_0 + v_1 u + v_2 u^2 + \cdots + v_{p-1} u^{p-1}.$$

証明 前補題によって、これは命題 12.15 (p.187) から容易に導かれる. □

実際、$v \in R$ が前もって F に属さない元として与えられれば、元 u は、今これから証明するように、上の表現において $v_1 = 1$ であるように選ぶことができる.

補題 13.11 R を体 F の高さ 1 のベキ根拡大で $v \in R$ とする. $v \notin F$ ならば、$R = F(u)$ かつ $u^p \in F$ を満たす元 $u \in R$ は、適当な元 $v_0, v_1, \dots, v_{p-1} \in F$ によって

$$v = v_0 + u + v_2 u^2 + \cdots + v_{p-1} u^{p-1}$$

が成り立つように選ぶことができる.

証明 u' を R の元で、$R = F(u')$ で、かつ F の元の p 乗でない元 $a' \in F$ に対して $u'^p = a'$ を満たしているものとする. 系 13.10 より、ある元 $v'_0, \dots, v'_{p-1} \in F$ によって、

$$v = v'_0 + v'_1 u' + v'_2 u'^2 + \cdots + v'_{p-1} u'^{p-1}$$

と表すことができる. $v \notin F$ であるから, $v'_0, \ldots, v'_{p-1}$ のすべては 0 でない. k を 1 と $p-1$ の間にある添え字で $v'_k \neq 0$ として, 次のようにおく.

$$u = v'_k u'^k. \tag{13.1}$$

この等式の両辺を p 乗すると, 次を得る.

$$u^p = v'^p_k a'^k.$$

この式は, $a = v'^p_k a'^k \in F$ とおけば式 $u^p = a$ を満足することを示している.

a が F の元の p 乗であるならば, 上式より a'^k もまた F の元の p 乗であることを示している. ところがこのとき, 補題 13.9 (a) より, a' はそれ自身 F の元の p 乗となり, これは u' についての仮定に矛盾する. したがって, a は F の元の p 乗ではない.

$u \in R$ だから, 明らかに $F(u) \subset R$. このとき $R = F(u)$ であることを示すために, R のすべての元は F に係数をもつ有理式で表されることを示せば十分である. はじめに, u' のベキはこのような表現をもつことを示す. 任意の $i = 0, \ldots, p-1$ に対して, 式 (13.1) の両辺を i 乗とすると次を得る.

$$u^i = v'^i_k u'^{ki}. \tag{13.2}$$

さて, $\{0, 1, \ldots, p-1\}$ の置換 σ_k は 0 と $p-1$ の間のすべての整数 i を

$$\sigma_k(i) \equiv ik \pmod{p}$$

を満たす 0 と $p-1$ の間の唯一の整数 $\sigma_k(i)$ に移す置換であることを思い出そう (命題 10.6, p.155 を参照せよ). $\sigma_k(i)$ の定義によって, ある整数 m が存在して

$$ik - \sigma_k(i) = pm$$

を満たす. よって,

$$u'^{ik} = (u'^p)^m u'^{\sigma_k(i)}.$$

したがって, $u'^p = a'$ であることを思い出し, $i = 0, \ldots, p-1$ に対して $b_i = (v'^i_k a'^m)^{-1}$ とおけば, 式 (13.2) より $i = 0, \ldots, p-1$ に対して

$$b_i u^i = u'^{\sigma_k(i)}$$

を得る.さて,すべての $x \in R$ は $i = 0, \ldots, p-1$ に対して $x_i \in F$ として

$$x = \sum_{i=0}^{p-1} x_i u'^i$$

という表現をもつ.これは σ_k が $\{0, \ldots, p-1\}$ の置換であるから,次のように書き換えられる.

$$x = \sum_{i=0}^{p-1} x_{\sigma_k(i)} u'^{\sigma_k(i)}.$$

$u'^{\sigma_k(i)}$ に $b_i u^i$ を代入すれば,次を得る.

$$x = \sum_{i=0}^{p-1} x_{\sigma_k(i)} b_i u^i.$$

これは,R のすべての元は F に係数をもつ u の有理式で表されることを意味しており,したがって,$R = F(u)$ となる.与えられた $v \in R$ に対して,この表現における u の係数は 1 となる.なぜなら,上記計算において $i = 1$ とすれば,$\sigma_k(1) = k$ でかつ $m = 0$ となるので $b_1 = v_k'^{-1}$ を得る.これより証明は完結した. □

補題 13.12 補題 13.11 と同じ記号を用い,さらに F は 1 の原始 p 乗根 ζ を含んでいると仮定する (ほかのものは ζ の累乗になるので,このとき 1 のすべての p 乗根を含む).v が F に係数をもつ方程式の根ならば,R はこの方程式の p 個の根を含み,かつ $u, v_0, v_1, \cdots, v_{p-1}$ は $\mathbb{Q}(\zeta)$ に係数をもつこれらの根の有理式で表される.

証明 $P \in F[X]$ を $P(v) = 0$ なるものとする.補題 13.11 のように v の表現を用いると,P から F に係数をもつ別の多項式 Q をつくることができる.

$$Q(Y) = P(v_0 + Y + v_2 Y^2 + \cdots + v_{p-1} Y^{p-1}) \in F[Y].$$

この定義は式 $P(v) = 0$ ならば $Q(u) = 0$ が得られるように考えられている.一方,u は多項式 $Y^p - a$ の根でもある.この多項式は補題 13.9 (b) より既約である.したがって,補題 12.14 (p. 186) より,$Y^p - a$ は $Q(Y)$ を割り切るので,$Y^p - a$ のすべての根は $Q(Y)$ の根である.$Y^p - a$ の根は a の p 乗根で,$i = 0, \cdots, p-1$ に対してこれらは $\zeta^i u$ という形をしているから,次が成り立つ.

$$Q(\zeta^i u) = 0, \qquad i = 0, \cdots, p-1. \tag{13.3}$$

このとき, $i = 0, \cdots, p-1$ に対して

$$z_i = v_0 + \zeta^i u + v_2 \zeta^{2i} u^2 + \cdots + v_{p-1} \zeta^{(p-1)i} u^{p-1}$$

とおく. 式 (13.3) より

$$P(z_i) = 0, \qquad i = 0, \ldots, p-1$$

が得られ, これは R が P の p 個の根を含んでいることを示している. さて, 証明を完成させるために, $u, v_0, v_2, \ldots, v_{p-1}$ が $z_0, \ldots, z_{p-1}$ の有理式であることをラグランジュの公式 (p.145) を暗示している計算によって示そう. $\zeta^{-ik} z_i$ の和において, 与えられた因数 $v_j u^j$ を含んでいる項をまとめると,

$$\sum_{i=0}^{p-1} \zeta^{-ik} z_i = \sum_{j=0}^{p-1} \Big(\sum_{i=0}^{p-1} \zeta^{(j-k)i} \Big) v_j u^j, \quad k = 0, \ldots, p-1. \tag{13.4}$$

ただし, $v_1 = 1$ である. $j \neq k$ ならば, ζ^{j-k} は 1 と異なる 1 の p 乗根である. よって, それは

$$\Phi_p(X) = \sum_{i=0}^{p-1} X^i$$

の根である. したがって,

$$\sum_{i=0}^{p-1} \zeta^{(j-k)i} = 0.$$

このことより, (13.4) の右辺において添え字 $j \neq k$ であるすべての項は 0 となり, 次が残る.

$$\sum_{i=0}^{p-1} \zeta^{-ik} z_i = p v_k u^k, \qquad k = 0, \ldots, p-1.$$

これは, $v_k u^k$ は $\mathbb{Q}(\zeta_p)$ に係数をもつ $z_0, \ldots, z_{p-1}$ の有理式 (実際 1 次式) であることを示している. 特に, $k = 1$ に対して, u はこのような表現であることがわかる. また, $v_k = (v_k u^k) u^{-k}$ であるから, $v_0, v_2, \ldots, v_{p-1}$ もまた $\mathbb{Q}(\zeta_p)$ に係数をもつ $z_0, \cdots, z_{p-1}$ の有理式であることがわかる. □

さて, $x_1, \ldots, x_n$ を $\mathbb{C}$ 上の独立な不定元として,

$$K = \mathbb{C}(x_1, \ldots, x_n)$$

を考え，F によって対称分数式のつくる部分体を表すことにする．定理 8.3 (p. 105) より，$s_1,\ldots,s_n$ を $x_1,\ldots,x_n$ に関する基本対称多項式とすると次が成り立つ．

$$F = \mathbb{C}(s_1,\ldots,s_n).$$

定理 13.13（自然な無理量についての定理） 元 $v \in K$ が F のベキ根拡大に属しているとき，K の中に v を含んでいる F のベキ根拡大が存在する．

証明 v を含む F のベキ根拡大 R の高さについての帰納法によって証明する．R の存在は仮定されている．R の高さが 0 のとき（すなわち，$R = F$ のとき），この場合 R は K に含まれるので証明すべきことは何もない．したがって，R の高さが $h \geq 1$ と仮定する．このとき，R をある部分体 R_1 の高さ 1 のベキ根拡大として考える．ただし，R_1 は F の高さ $h - 1$ のベキ根拡大である．

$v \in R_1$ ならば，帰納法の仮定により証明は完了する．したがって，証明の残りにおいて $v \notin R_1$ と仮定してよい．このとき，補題 13.11 より，（ある素数 p に対して）$u^p \in R_1$ を満たす適当な元 u によって

$$R = R_1(u)$$

と表され，かつ適当な元 $v_0, v_2, \ldots, v_{p-1} \in R_1$ によって

$$v = v_0 + u + v_2 u^2 + \cdots + v_{p-1} u^{p-1} \tag{13.5}$$

と表される．さて，命題 10.1 (p. 139)（とその証明）より，K のすべての元は F に係数をもつ多項式の根である．この多項式は K 上で 1 次因数の積に分解する（それらの根は $x_1,\ldots,x_n$ の置換によって定まるもとの元のさまざまな「値」である）．特に，v は F に係数をもつ（ゆえに R_1 に係数をもつ）方程式の根であり，その方程式の根はすべて K に属する．したがって，補題 13.12 を適用して，$u, v_0, v_2, \ldots, v_{p-1} \in K$ であると結論することができる．

ところが，$u^p, v_0, v_2, \ldots, v_{p-1}$ もまた R_1 に属しており，R_1 は F の高さ $h-1$ のベキ根拡大である．帰納法の仮定によって，$u^p, v_0, v_2, \ldots, v_{p-1}$ はすべて K の中にある F のベキ根拡大に含まれる．系 13.4 (p. 223) より，K の中で $u^p, v_0, v_2, \ldots, v_{p-1}$ を含んでいる F の 1 つのベキ根拡大 R' が存在する．$u^p \in R'$ であるから，体 $R'(u)$ は R' のベキ根拡大である．ゆえに，それは F のベキ根拡大である．さらに，すでに $u \in K$ は確かめてあるので，$R'(u) \subset K$ が成り立つ．すると，式 (13.5) は $v \in R'(u)$ であることを示している．これより証明は完結する． □

13.4　5次以上の一般方程式の不可解性の証明

5次以上の一般方程式がベキ根によって可解でないことを証明するために，上記定義 13.1 に従って，$n \geq 5$ に対して次の次数 n の一般方程式

$$(X - x_1) \cdots (X - x_n) = X^n - s_1 X^{n-1} + \cdots + (-1)^n s_n = 0$$

の1つの根 x_i を含む $\mathbb{C}(s_1, \ldots, s_n)$ のいかなるベキ根拡大も存在しない，ということを証明しなければならない．以下に与える証明はルフィニの最後の証明（1813年）[51, vol. 2, pp. 162-170] に基づいている．バンツェルはルフィニの論文に依存していたが（Ayoub [4, p. 270] 参照），それはしばしばアーベルの証明のバンツェル修正版と呼ばれている（[51, vol.2, p. 505] と Serret [53, n°516] を参照せよ）．

補題 13.14　u と a を $\mathbb{C}(x_1, \ldots, x_n)$ の元で，ある素数 p に対して

$$u^p = a$$

を満たし，$n \geq 5$ と仮定する．a が次の2つの置換

$$\sigma : x_1 \mapsto x_2 \mapsto x_3 \mapsto x_1; \quad x_i \mapsto x_i \ (i > 3 \text{ に対して}),$$

$$\tau : x_3 \mapsto x_4 \mapsto x_5 \mapsto x_3; \quad x_i \mapsto x_i \ (i = 1, 2 \text{ かつ } i > 5)$$

によって不変ならば，u もそうである．

証明　等式 $u^p = a$ の両辺に σ を適用すると，$\sigma(u)^p = a$ が得られるので，

$$\sigma(u)^p = u^p.$$

$u = 0$ ならば補題は明らかであるから，$u \neq 0$ と仮定することができる．この両辺を u^p で割ると次の式を得る．

$$\left(\frac{\sigma(u)}{u}\right)^p = 1.$$

ゆえに，1 のある p 乗根 ω_σ に対して

$$\sigma(u) = \omega_\sigma u$$

となる．この式の両辺に σ を適用すると，$\sigma^2(u) = \omega_\sigma^2 u$ が得られ，同様にして次に $\sigma^3(u) = \omega_\sigma^3 u$ が得られる．σ^3 は恒等写像であるから，$\sigma^3(u) = u$ となるので，

$$\omega_\sigma^3 = 1. \tag{13.6}$$

σ のかわりに τ について同様の推論によって

$$\tau(u) = \omega_\tau u$$

が成り立ち,したがって

$$\omega_\tau^3 = 1. \tag{13.7}$$

これらの等式より次の式を導き出すことができる.

$$\sigma \circ \tau(u) = \omega_\sigma \omega_\tau u, \qquad \sigma^2 \circ \tau(u) = {\omega_\sigma}^2 \omega_\tau u.$$

しかしながら,

$$\sigma \circ \tau : x_1 \mapsto x_2 \mapsto x_3 \mapsto x_4 \mapsto x_5 \mapsto x_1 \,;\; x_i \mapsto x_i \; (i > 5),$$

$$\sigma^2 \circ \tau : x_1 \mapsto x_3 \mapsto x_4 \mapsto x_5 \mapsto x_2 \mapsto x_1 \,;\; x_i \mapsto x_i \; (i > 5),$$

であるから,$(\sigma \circ \tau)^5 = (\sigma^2 \circ \tau)^5 = \mathrm{Id}$ (恒等写像) が成り立つ.ゆえに,上の議論より次が成り立つ.

$$(\omega_\sigma \omega_\tau)^5 = (\omega_\sigma^2 \omega_\tau)^5 = 1. \tag{13.8}$$

また,

$$\omega_\sigma = \omega_\sigma^6 \left(\omega_\sigma \omega_\tau\right)^5 \left(\omega_\sigma^2 \omega_\tau\right)^{-5}$$

であるから,等式 (13.6) と (13.8) より

$$\omega_\sigma = 1$$

となる.このとき,(13.8) より $\omega_\tau^5 = 1$ も導かれる.さらに,

$$\omega_\tau = \omega_\tau^6 \omega_\tau^{-5}$$

であるから,式 (13.7) より $\omega_\tau = 1$ が得られる.これは u が σ と τ によって不変であること示している. □

系 13.15 R を $\mathbb{C}(x_1, \ldots, x_n)$ に含まれる $\mathbb{C}(s_1, \ldots, s_n)$ のベキ根拡大とする.$n \geq 5$ ならば,R のすべての元は補題 13.14 の置換 σ と τ によって不変である.

証明 R の高さ h についての帰納法によって証明する.$h = 0$ ならば,$R = \mathbb{C}(s_1, \ldots, s_n)$ であるから,系は明らかである.$h \geq 1$ のとき,ある元 $u \in R$ と $\mathbb{C}(s_1, \ldots, s_n)$ の高さ $h-1$ のベキ根拡大 R_1 が存在して,適当な素数 p に対して

$$R = R_1(u), \qquad u^p \in R_1$$

が成り立つ.帰納法によって,R_1 のすべての元は σ と τ によって不変であると仮定してよい.このとき補題より,u もまた σ と τ によって不変である.また,R の元は u の有理式として表されるので,R のすべての元は σ と τ によって不変であることは容易に従う. □

以上より次の結論が得られる.

定理 13.16 $n \geq 5$ とするとき,次数 n の一般方程式

$$P(X) = (X - x_1) \cdots (X - x_n) = X^n - s_1 X^{n-1} + \cdots + (-1)^n s_n = 0$$

は $\mathbb{Q}(s_1, \ldots, s_n)$ 上ベキ根によって可解ではないし,また $\mathbb{C}(s_1, \ldots, s_n)$ 上でもベキ根によって可解ではない.

証明 系 13.8 により,$P(X) = 0$ は $\mathbb{C}(s_1, \ldots, s_n)$ 上ベキ根によって可解でないことを示せば十分である.反対に,P の 1 つの根 x_i を含んでいる $\mathbb{C}(s_1, \ldots, s_n)$ のベキ根拡大が存在すると仮定しよう.もし必要であれば,$x_1, \ldots, x_n$ の番号を付け替えて,$i = 1$ と仮定してよい.さらに,自然な無理量の定理(定理 13.13)によって,このベキ根拡大 R は $\mathbb{C}(x_1, \ldots, x_n)$ の中にあると仮定できる.このとき,系 13.15 より,R のすべての元は σ と τ によって不変である.ところが,$x_1 \in R$ であり,x_1 は σ によって不変ではない.これは矛盾である. □

練習問題

1. $\mathbb{R}$ 上かつ $\mathbb{C}$ 上で,任意次数のすべての方程式はベキ根によって可解であることを示せ.

2. 一般 3 次方程式

$$(X - x_1)(X - x_2)(X - x_3) = X^3 - s_1 X^2 + s_2 X - s_3 = 0$$

は $\mathbb{Q}(s_1, s_2, s_3)$ 上ベキ根によって可解であることを示せ．この3次方程式の根の1つを含む $\mathbb{Q}(s_1, s_2, s_3)$ のベキ根拡大を具体的につくり，このベキ根拡大が $\mathbb{Q}(x_1, x_2, x_3)$ に含まれていないことを示せ．このようにして，$\mathbb{Q}(s_1, s_2, s_3)$ 上のベキ根による一般3次方程式の解は補助的無理量に関係してくる．

次数4の一般方程式に対して同様のことを考察せよ．

3. ζ_7（それぞれ ζ_3）を1の原始7乗根（それぞれ3乗根）とする．$\mathbb{Q}(\zeta_7)$ は $\mathbb{Q}$ のベキ根拡大ではないが，$\mathbb{Q}(\zeta_7, \zeta_3)$ は $\mathbb{Q}$ のベキ根拡大であることを示せ．

4. R を体 F のベキ根拡大で，その形は F の元の p 乗ではない適当な $a \in F$ によって $R = F(a^{1/p})$ と表されるものとする．F 上で恒等写像となる同型写像を求めよ．

$$F[X]/(X^p - a) \xrightarrow{\sim} R.$$

$F(a^{1/p})$ という形のすべての体は，F を不変にする同型写像によって同型であることを結論せよ．

5. $\mathbb{Q}(2^{1/3})$ の形をしている $\mathbb{C}$ の3つの異なる部分体が存在することを示せ．F が1の原始 p 乗根を含んでいる $\mathbb{C}$ の部分体ならば，F の元の p 乗でない任意の元 $a \in F$ に対して，$F(a^{1/p})$ という形の $\mathbb{C}$ の唯一つの部分体が存在することを示せ．

6. ルフィニとコーシーの研究において，群論の初期段階における詳細の欠如した部分を部分的に補い完全にするために，次の演習問題は不定元の置換による有理分数式の値の個数に関するコーシーの1つの結果を与える．これは，一般方程式はベキ根によって可解でないというアーベルの証明において用いられた．

n を整数として，$n \geq 3$ とする．$\Delta = \Delta(x_1, \cdots, x_n)$ を §8.3 で定義された多項式とし，$I(\Delta) \subset S_n$ を Δ の固定部分群とする．すなわち，

$$I(\Delta) = \{\sigma \in S_n \mid \sigma(\Delta) = \Delta\}.$$

(S_n のこの部分群は $\{1, \cdots, n\}$ に関する **交代群** (alternating group) といい，A_n によって表される．)

(a) n 個の元の任意の置換は，2つの元を入れ替え，ほかの元を動かさない置換の合成であることを示せ．（このような置換を **互換** (transposition) という．)

(b) ある置換が Δ を不変にするための必要十分条件は，それが偶数個の互換の合成であることを示せ．
(c) p を $p \leq n$ を満たす素数とする．このとき，長さ p の巡回置換

$$i_1 \longmapsto i_2 \longmapsto \cdots \longmapsto i_p \longmapsto i_1$$

の集合は $I(\Delta)$ を生成することを示せ（ここで，$i_1, \ldots, i_p \in \{1, \ldots, n\}$ である）．

[ヒント： (b) によって，任意の 2 つの互換の合成は長さ p の巡回置換の合成であることを示せば十分である．]

(d) 再び p を $p \leq n$ を満たす奇素数とする．V を $x_1, \cdots, x_n$ に関する有理分数式で，$x_1, \cdots, x_n$ の置換によってとる V の値の個数は p より小さいものとする．このとき，R と S を対称有理分数式として V は $V = R + \Delta S$ という形に表されることを示せ．したがって，V の値の個数は 1 または 2 である．

[ヒント： V は長さ p の巡回置換によって不変であることを示せ．]

(e) 上の事実を次のような純粋に群論的な言葉に翻訳せよ．すなわち，$G \subset S_p$ が指数 $< p$ （p は素数）の部分群ならば，G は交代群 A_p を含む．

[ヒント： 命題 10.5（p.155）を使う．]

第14章

ガロア

14.1 はじめに

ガウス，ルフィニそしてアーベルの後，方程式の2つの大きな種類が完全に論じられて，次のように異なった結果が得られた．すなわち，一方で任意次数の円分方程式はベキ根によって可解であり，他方で少なくとも次数が5の一般方程式は可解ではない．このようにして，次の明白な問題が生じた．ではどのような方程式がベキ根によって可解であるのか？

アーベル自身この問題と取り組み，彼が "thème favori" [1, t. II, p. 260] と呼んだ方程式の理論に何度も立ちもどっている．ガウスによる手がかりに従って，彼は可解な方程式の大きな種類を発見した．これは特に円分方程式を含んでいる．ガウスは円分方程式を論じている『整数論考究』の第7章に対する序文の中で，次のように述べている [24, Art. 335]．

> さらに，我々が正に説明しようとしている理論の原理は，ここで見るよりもはるかに発展していく．実際，それらは円関数（三角関数）のみならず，同じくたくさんのほかの超越関数に適用され成功している．たとえば，積分 $\int \frac{dx}{\sqrt{1-x^4}}$ に依存している超越関数や，さまざまな種類の合同式に対しても適用される．

積分 $\int \frac{dx}{\sqrt{1-x^2}} = \sin^{-1} x$ が円の弧の長さを計算するときに現れるように，積分 $\int \frac{dx}{\sqrt{1-x^4}}$ はレムニスケートの弧の長さに対して現れる．

この手がかりに従って，アーベルは円分方程式に対するガウスの方法はレムニスケートの分割から生じる方程式にも適用できることを理解した．定規とコン

パスによる正多角形の作図問題 についてのガウスの結果の完全な類推によって，アーベルは，さらに $2^n + 1$ が素数のとき，定規とコンパスによってレムニスケートが $2^n + 1$ 個の等しい部分に分割されることを証明した（[1, t. II, p. 261], Rosen [49] を参照せよ）．彼の研究を押し進めて，アーベルは次の偉大な一般化に到達した（1829 年に公表された）[1, t. I, p. 479]：

定理（アーベル） $r_1, \ldots, r_n$ を根としてもつ多項式を P とする．根 $r_2, \ldots, r_n$ が r_1 の有理式で表されるならば，すなわち，

$$r_i = \theta_i(r_1), \quad i = 2, \ldots, n$$

を満たす有理分数式 $\theta_2, \ldots, \theta_n$ が存在し，さらにすべての i, j に対して

$$\theta_i \theta_j(r_1) = \theta_j \theta_i(r_1)$$

を満たすならば，方程式 $P(X) = 0$ はベキ根によって可解である．

この定理は特に素数 p に対する円分方程式，

$$\Phi_p(X) = X^{p-1} + X^{p-2} + \cdots + X + 1 = 0$$

に適用される．実際，Φ_p の根はすべて 1 の原始 p 乗根であり，その根の 1 つを ζ によって表すと，ほかの根は ζ の累乗である．したがって，上で述べたような有理分数式 $\theta_2, \ldots, \theta_{p-1}$ は次のように選ぶことができる．

$$\theta_i(X) = X^i, \quad i = 2, \ldots, p-1.$$

上記の条件は

$$\theta_i \theta_j(\zeta) = \zeta^{ij} = \theta_j \theta_i(\zeta)$$

であるから，明らかに成り立つ．さらにこれらの結果を精巧に練り上げて，アーベルは方程式がベキ根によって可解であるための一般的な必要十分条件に迫りつつあった．彼が 1829 年に結核で若い命を落としたとき，彼はこの問題についての総合的な論文を書きつつあった [1, t, II, n°18]．

この問題に対する完全な解答を発見するという栄誉は，ついに別の若い天才エヴァリスト・ガロア (Évariste Galois, 1811-1832) の上に輝いた．彼が 1830 年に方程式の理論についての論文をフランス科学学士院に提出したとき，彼はわずか 18 歳だった．この論文の中で彼は現在方程式のガロア群として知られてい

るものを説明し，この新しい道具を適用して方程式がベキ根によって可解であるための条件を導き出している．このときの論文審査員はジャン・バティスト・ジョゼフ・フーリエ (Jean-Baptiste Joseph Fourier, 1768-1830) で，彼は数週間後に亡くなっている．ガロアの論文はこのときフーリエの論文の中に紛れてしまった（しかしながら，ガロアの論文集 [21, pp. 103-109] を参照せよ）．翌年，2番目の論文がガロアによって投稿されたが，それは十分展開されていないという理由で同科学学士院より拒否された．ガロアは彼の考えのより完全な（というよりむしろ，概略的でない）解説を投稿する機会をもたないまま翌年決闘で亡くなった．「ベキ根による方程式の可解性の条件についての研究報告」("Mémoire sur les conditions de résolubilité des équatioms par radicaux") [21, pp. 43 ff] は実際非常に簡潔であり（Edward [20, App. 1] も参照せよ），読むのはかなり難しい．幸運にも，ジョゼフ・リウヴィル (Joseph Liouville, 1809-1882) が寛大にもガロアの論文を解読する労をとり，彼自身の解説をつけて 1846 年にそれを公表した．このようにして，ガロア理論は完全な忘却から救われた．

ガロアの基本的な考えは，任意[†]の方程式に対してそれらの根の置換群を結びつけるというものである．この群はそれらの根の間の関係を保存するすべての置換から構成される．それはどの範囲まで，それらの根が交換可能であるかを示している．ガロアのすばらしい洞察力は，この群が方程式を解く難しさの効果的な基準を与えるということを見抜いた．特に，ベキ根による方程式の可解性はその対応している群の言葉に翻訳される．このことは基礎体の拡大による群の挙動を記述することによって得られる．これらの豊かな考えから，ガロアは次のことを証明して1つの応用を提示している．すなわち，素数次数の既約多項式がベキ根によって可解であるための必要十分条件は，それらの任意の根の1つがその中の根の2つによって有理的に表現されることである．

ガロアの論文のこの簡単な要約は，それが含んでいる考えの目新しさを十分に伝えていない．実際，この一般的な状況の中で根の間の関係を保存する置換をいかに特徴つけるか，ということは少しも明らかではない（円分方程式の特別な場合については §11.3 と §12.4 を参照せよ）．体の概念の使用を避けようとすると，この困難さは特に圧倒的であるように思われる．体の概念はガロア理論の中では中心的なものであるが，ガロアが彼の論文を書いた時点では利用できなかった．ガロアはこの問題を畏敬すべき名人の妙技により多項式の既約性を用いて解決した．体（と体の拡大）の概念は彼の論文の最初の数行で明白なものとなり，彼はそこで，既約性についての彼の議論において，基礎体は任意

[†]ほとんど任意，実際，§14.2 の冒頭を参照せよ．

であることを強調している.

定義 方程式は，それが有理的な因数をもつとき**可約** (reducible) であるといい，そうでないとき**既約** (irreducible) であるという.
　有理的 (rational) という言葉は非常に頻繁に現れるので，それが何を意味しているか説明する必要がある.

　方程式が，有理数である係数をもつとき，それが可約であるのは，単にその方程式が有理数の係数をもつ整式に分解されることを意味している.

　しかし，方程式の係数のす・べ・てが有理数ではないとき，有理因数とは，与えられた方程式の係数の有理関数として表される係数をもつ整式のことである．そして，さらに一般的に有理量とは，与えられた方程式の係数の有理関数を係数とするものである．

　さらに，演繹的に既知であると仮定されているいくつかの定まった量の有理関数を，すべて有理的であると見なすこともできる．たとえば，全体の中から特別な根を1つ選び，この根のすべての有理関数を有理的であると見なすこともできる．

　このようなやり方である量を既知であると見なすとき，与えられた方程式にそれらを**添加** (adjoin) するといい，また，これらの量はその方程式に**添加される**という．

　これらの約束によって，その方程式の係数と，任意に同意されたいくつかの添加された量の有理関数として表現される任意の量を**有理的**と呼ぶ．

　さらに，方程式の性質と困難さは，それに添加される量に依存して，まったく異なってくる可能性がある．[20, pp.101-102]

ガロアの論文についての我々の議論は，ガロア自身による命題の順序に従っている．よって，方程式のガロア群の定義から始めて，次に基礎体の拡大によるガロア群の挙動を考察し，方程式がベキ根によって可解であるための必要十分条件をガロア群の言葉で導き出す．最後の節で，素数次数の既約多項式に対するこの条件の応用を説明しよう．付録で，現代記号から逸脱していた置換群に対するガロアの記号を再考する．

14.2 方程式のガロア群

前の章と同様に，この章でも標数 0 の体のみを考える．したがって，気にせず 0 でない整数で割ることができる．もう 1 つの注意事項：有理分数式 $f \in F(x_1, \ldots, x_n)$ における不定元 $x_1, \ldots, x_n$ に対して，しばしば F の元 $a_1, \ldots, a_n$ を代入することが必要である．この結果 1 つの元 $f(a_1, \ldots, a_n) \in F$ が得られる．この代入が実行されるとき，暗黙に次のことが仮定されている．有理分数式 f は，$F[x_1, \ldots, x_n]$ の多項式 P, Q で $Q(a_1, \ldots a_n) \neq 0$ を満たすものによって $f = P/Q$ という形に表される．このとき，次のようにおく．

$$f(a_1, \ldots, a_n) = \frac{P(a_1, \ldots, a_n)}{Q(a_1, \ldots, a_n)}.$$

以下で指摘する技術的な理由によって（補題 14.6 を参照せよ），ガロアは単根のみをもつ方程式に対して群を結びつけた．これは重大な制限ではない．なぜならば，フッデの方法は，任意の方程式を単根をもつ方程式に変換するからである．定理 5.21 (p.61) と注意 5.23 (p.61) を参照せよ．したがって，この節の残りにおいて，体 F 上次数 n のモニック既約多項式 $P(X)$ を考えることにする．ただし，$P(X)$ は F を含んでいる適当な体の中で相異なる n 個の根をもつものとする（ジラールの定理を参照せよ（定理 9.3, p.123））．すなわち，$a_1, \ldots, a_n \in F$ で $r_1, \ldots, r_n$ を F を含んでいる体に属している元として，次の多項式を考える．

$$\begin{aligned} P(X) &= X^n - a_1 X^{n-1} + a_2 X^{n-2} - \cdots + (-1)^n a_n \\ &= (X - r_1) \cdots (X - r_n). \end{aligned}$$

命題 12.15 (p.187) の記号を少し拡張し，$F(r_1, \ldots, r_n)$ によって，F に係数をもつ $r_1, \ldots, r_n$ に関する有理分数式のつくる体を表すものとする．すなわち，

$$F(r_1, \ldots, r_n) = \{f(r_1, \ldots, r_n) \mid f \in F(x_1, \ldots, x_n)\}.$$

$r_1, \ldots, r_n$ は F 上独立な不定元ではないので，$F(r_1, \ldots, r_n)$ の 1 つの元は 2 つ以上の $f(r_1, \ldots, r_n)$ という形で表されることもあり得る，ということを強調しておくことは価値がある．たとえば，任意 $i = 1, \ldots, n$ に対して 0 は $P(r_i)$ と表すこともできる．このことは $r_1, \ldots, r_n$ の置換 σ を考えるという事実を考慮すれば大変重要である．$x_i = \sigma(r_i)$ としたとき，分母が 0 でない任意の有理分数式 $f \in F(x_1, \ldots, x_n)$ に対して $f(\sigma(r_1), \ldots, \sigma(r_n))$ は矛盾なく定義されるが，

$$\sigma(f(r_1, \ldots, r_n)) = f(\sigma(r_1), \ldots, \sigma(r_n)) \tag{14.1}$$

によって $\sigma\bigl(f(r_1,\ldots,r_n)\bigr)$ を定義するときには注意を要する．というのは，この式の右辺は $f(r_1,\ldots,r_n)$ のみに依存し，有理分数式 $f(x_1,\ldots,x_n)$ に依存するのではない，ということは明らかでないからである．より正確にいうと，g を

$$g(r_1,\ldots,r_n) = f(r_1,\ldots,r_n).$$

を満たすもう 1 つの有理分数式とするならば

$$g(\sigma(r_1),\ldots,\sigma(r_n)) = f(\sigma(r_1),\ldots,\sigma(r_n))$$

となることを示さねばならない．もし，これが成り立たないとすると，等式 (14.1) は意味をもたない．

元 $f(r_1,\ldots,r_n)$ の形式（すなわち，有理分数式 $f(x_1,\ldots,x_n)$）とその値（$F(r_1,\ldots,r_n)$ における）との差異はガロア自身によって強調されている [21, p. 50], [20, p. 104]：

> ここで，我々は 1 つの関数を，その形式がそれらの根を置換したとき不変であるのみならず，これらの置換が実行されたとき，その数値的値も不変であるとき，不変であるという．

方程式 $P(X) = 0$ のガロア群を定義するために，いくつかの予備的な結果が必要である．これらの結果の証明は，推論の道筋を長い証明によって妨げることを避けるために，後で与えられるであろう．

結果 1 ある元 $V \in F(r_1,\ldots,r_n)$ が存在して次を満たす．

$$r_i \in F(V), \quad i = 1,\ldots,n.$$

証明は後で与えられる．命題 14.7（p. 253）を参照せよ．

この条件を満たす元 V は体 F 上の方程式 $P(X) = 0$ の**ガロア分解式** (Galois resolvent) と呼ばれる．この術語は（もちろん，これはガロアによるものではない），P のすべての根 $r_1,\ldots,r_n$ は V の有理分数式であるから，方程式 $P(X) = 0$ を解くためには V を決定すれば十分であるという考察に由来する．

結果 2 すべての元 $u \in F(r_1, \ldots, r_n)$ に対して，$\pi(u) = 0$ を満たす唯一のモニック既約多項式 $\pi \in F[X]$ が存在する．この多項式 π は $F(r_1, \ldots, r_n)$ 上で1次因数の積に分解する．

証明は後の命題 14.8（p. 255）において与えられる．

この多項式 π は F 上 u の**最小多項式** (minimal polynomial) と呼ばれている（注意 12.16, p. 188 と比較せよ）．

体 F 上の方程式 $P(X) = 0$ のガロア群は次のように記述される．V をガロア分解式とすると，$i = 1, \ldots, n$ に対して適当な有理分数式 $f_i(X) \in F(X)$ があって

$$r_i = f_i(V)$$

となっている．F 上 V の最小多項式のすべての根を $V_1, \ldots, V_m \in F(r_1, \ldots, r_n)$ とする（たとえば，$V = V_1$ とする）．

結果 3 任意の $j = 1, \ldots, m$ に対して，元 $f_1(V_j), f_2(V_j), \ldots, f_n(V_j)$ は適当な順番で P のすべての根 $r_1, \ldots, r_n$ となる．

この証明は後の命題 14.10（p. 257）で与えられる．

この結果より，$j = 1, \ldots, m$ に対して，写像

$$\sigma_j : r_i \longmapsto f_i(V_j), \qquad i = 1, \ldots, n$$

は $r_1, \ldots, r_n$ の置換である．集合 $\{\sigma_1, \ldots, \sigma_m\}$ を F 上 $P(X) = 0$ の**ガロア群** (Galois group) といい，$\mathrm{Gal}(P/F)$ で表される．この術語を正当化するために，次のことを証明しよう．

結果 4 集合 $\mathrm{Gal}(P/F)$ は $r_1, \ldots, r_n$ のすべての置換のつくる群の部分群である．それはガロア分解式 V の選び方に依存しない．

証明は後の系 14.13（p. 261）と系 14.14（p. 262）で与えられる．

上で m によって表されるガロア群 $\mathrm{Gal}(P/F)$ の位数が，ガロア分解式 V の最小多項式 π の次数に等しい，ということは注意すべきことである．P についてのそれ以上の条件がなければ，この位数はいずれにしても少しも P の次数 n に関係してこない（しかしながら，練習問題 1 を参照せよ）．

結果 4 を証明する中で（これはガロアの論文の中で明瞭な形で現れていない），次のようなガロア群の主要な性質を証明しよう．これはガロアの論文 [21, p.51]，[20, p.104] における命題 1 である．

結果 5 $f(x_1,\ldots,x_n)$ を F に係数をもつ n 個の不定元 $x_1,\ldots,x_n$ の有理分数式とする．このとき，
$$f(r_1,\ldots,r_n) \in F$$
であるための必要十分条件は，すべての $\sigma \in \mathrm{Gal}(P/F)$ に対して次の式が成り立つことである．
$$f(r_1,\ldots,r_n) = f(\sigma(r_1),\ldots,\sigma(r_n)).$$

証明は後の定理 14.11（p.258）で与えられる．

この結果はさらに，$\sigma \in \mathrm{Gal}(P/F)$ に対して等式
$$\sigma(f(r_1,\ldots,r_n)) = f(\sigma(r_1),\ldots,\sigma(r_n))$$
（等式 (14.1) を参照せよ）が意味をもち，また σ を F のすべての元を不変にする $F(r_1,\ldots,r_n)$ の自己同型写像に拡張することを可能にする．

方程式のガロア群を構成するためのいくつかの段階を説明するために，次のようなやさしい例を考えてみよう．
$$\begin{aligned}P(X) &= (X-1)(X^2-2)(X^2-3)\\ &= (X-1)(X-\sqrt{2})(X+\sqrt{2})(X-\sqrt{3})(X+\sqrt{3}).\end{aligned}$$
P のすべての根を次のように表す．
$$r_1 = 1,\quad r_2 = \sqrt{2},\quad r_3 = -\sqrt{2},\quad r_4 = \sqrt{3},\quad r_5 = -\sqrt{3}.$$
有理数体 $\mathbb{Q}$ 上 $P(X) = 0$ のガロア群を決定するために，はじめにガロア分解式を選ぶ．我々は次の元
$$V = \sqrt{2} + \sqrt{3} = r_2 + r_4$$

が必要な条件を満たしていることを示そう．このために，等式 $V - r_2 = r_4$ の両辺を 2 乗すると次を得る．

$$V^2 - 2r_2 V + 2 = 3. \tag{14.2}$$

このとき，r_2 が V の有理式として得られ，$r_3 = -r_2$ だから r_3 も得られる．すなわち，

$$r_2 = \frac{V^2 - 1}{2V}, \qquad r_3 = \frac{1 - V^2}{2V}.$$

同様にして，$V - r_4 = r_2$ より次を得る．

$$r_4 = \frac{V^2 + 1}{2V}, \qquad r_5 = -\frac{V^2 + 1}{2V}.$$

$r_1 = 1$ は V による r_1 の（自明な）有理式であるから，以上より P のすべての根は V の有理式であることがわかった．したがって，V は $\mathbb{Q}$ 上 $P(X) = 0$ のガロア分解式であり，これが示そうとすることであった．

次の段階は $\mathbb{Q}$ 上 V の最小多項式を求めることである．等式 (14.2) から，V に関する有理数係数の等式は，r_2 を含んでいる項を一方に分離し，両辺を 2 乗することによって得られる．このようにして，

$$V^4 - 10V^2 + 1 = 0$$

が得られ，ゆえに V は多項式 $X^4 - 10X^2 + 1 \in \mathbb{Q}[X]$ の根である．この多項式は次のように分解される．

$$X^4 - 10X^2 + 1$$
$$= (X - (\sqrt{2} + \sqrt{3}))(X - (\sqrt{2} - \sqrt{3}))(X - (-\sqrt{2} + \sqrt{3}))(X - (-\sqrt{2} - \sqrt{3})).$$

また，右辺の因数のいくつかによって $X^4 - 10X^2 + 1$ の有理数係数の因数を与えることはない，ということは容易に確かめられる．したがって，$X^4 - 10X^2 + 1$ は既約であり，ゆえに $\mathbb{Q}$ 上 V の最小多項式である．

同様に，この多項式の根は次のようなものである．

$$V_1 = V = \sqrt{2} + \sqrt{3}, \qquad V_2 = \sqrt{2} - \sqrt{3},$$
$$V_3 = -\sqrt{2} + \sqrt{3}, \qquad V_4 = -\sqrt{2} - \sqrt{3}.$$

$P(X) = 0$ のガロア群の決定は今や単なる計算だけの問題である．すなわち，$i = 1, \ldots, 5$ に対して，$r_i = f_i(V)$ を満たす有理分数式 $f(X)$ において，

$$f_1(X) = 1, \qquad f_2(X) = \frac{X^2 - 1}{2X}, \qquad f_3(X) = -f_2(X),$$
$$f_4(X) = \frac{X^2 + 1}{2X}, \qquad f_5(X) = -f_4(X).$$

X に逐次的に V_1, V_2, V_3, V_4 を代入すると，

$$\sigma_j : r_i \longmapsto f_i(V_j), \qquad j = 1, \ldots, 4$$

として $\mathrm{Gal}(P/\mathbb{Q})$ のすべての元を得ることができる．具体的には次のようである．

$$\sigma_1 = \mathrm{Id} \quad (\text{恒等写像})$$

$$\sigma_2 : \begin{cases} r_1 \mapsto r_1 \\ r_2 \mapsto r_2 \\ r_3 \mapsto r_3 \\ r_4 \mapsto r_5 \\ r_5 \mapsto r_4 \end{cases} \quad \sigma_3 : \begin{cases} r_1 \mapsto r_1 \\ r_2 \mapsto r_3 \\ r_3 \mapsto r_2 \\ r_4 \mapsto r_4 \\ r_5 \mapsto r_5 \end{cases} \quad \sigma_4 : \begin{cases} r_1 \mapsto r_1 \\ r_2 \mapsto r_3 \\ r_3 \mapsto r_2 \\ r_4 \mapsto r_5 \\ r_5 \mapsto r_4 \end{cases}.$$

以上のように，$\mathbb{Q}$ 上 $P(X) = 0$ のガロア群は r_1 を不変にし，かつ一方で r_2 と r_3 を，他方で r_4 と r_5 を不変にするかまたは入れ替える $r_1, \cdots, r_5$ の置換からなる．

このことは，ガロア群に属している置換は根の間の関係を保存する，という帰納的な観点から予想できることである．実際，根 $\sqrt{2}$ と $-\sqrt{2}$ は有理数と同じ役割を果たしており，有理数であることによって一方を他方から区別することができない．したがって，それらはガロア群によって交換可能である．同じ推論は $\sqrt{3}$ と $-\sqrt{3}$ に対しても成り立つが，P の因数 $X - 1, X^2 - 2$，そして $X^2 - 3$ のすべての根が入れ替わることはできない．なぜならば，たとえば r_2 は $r_2{}^2 - 2 = 0$ を満たすが，r_4 はそうでないからである．ゆえに，根の間の関係を保存する置換は上記 $\sigma_1, \sigma_2, \sigma_3, \sigma_4$ だけである．

以上の考察より，方程式のガロア群を決定する際の最も注意を要する点は次のようである．

(a) 与えられた方程式の根を求める．
(b) ガロア分解式を求める．

(c) その最小多項式を決定する．
(d) その最小多項式の根を求める．

ガロア分解式の存在の証明（これは後の命題 14.7, p. 253 で与えられる）はそれを見つける方法を提供するほど十分具体的であるから，実際に (b) はそれほど困難な問題ではない．同様に，最小多項式の存在証明（以下の命題 14.8, p.255 を参照せよ）はガロア分解式がその根であるような多項式を与える．したがって，ガロア分解式を根としてもつこの多項式の既約因子を求めれば十分である．しかしながら，これは困難な問題であるかもしれない．同様に，それに続く計算が実行できるように十分明瞭に与えられた方程式とその最小多項式の根を具体的に求めることは，やっかいな問題であるかもしれない．

もちろん，ガロアは十分これらの問題について気がついていた．

> あなたがあなたの好みで選んだ 1 つの方程式に対して，その方程式がベキ根によって可解であるかどうか知りたいと思ったとき，私はあなたの問題に答える方法を指し示す以上のことはできないし，私自身あるいはほかの誰かにそれを実行する仕事を押しつけたいとは思わない．一言でいえば，その計算は実行不可能なほど面倒である．
>
> 以上のことから，我々が提案している解法から引き出せる果実はないように思われる．実際，問題が通常この観点から生ずるのであれば，それはそうだろう．しかし，代数解析の応用において，多くの場合，人はすべての性質を前もって知っている方程式に導かれる．それらの性質を使い，我々がこれから説明しようとしている規則によってその問題に答えることは常に容易である．[. . .] この理論を美しくし，また同時に難しくしているところのすべては，人は [計算] を実行しなくても常に分析の過程を示すことができ，かつその結果を予見することができる，ということなのである．[21, pp. 39-40]

これら上記の注意は次の例から明らかになる．

例 14.1 （ある定数体 k 上の）$s_1, \ldots, s_n$ に関する有理分数式のつくる体 F 上次数 n の一般方程式

$$P(X) = X^n - s_1 X^{n-1} + \cdots + (-1)^n s_n = (X - s_1) \cdots (X - s_1) = 0$$

のガロア群は，$x_1,\ldots,x_n$ のすべての置換のつくる群である．したがって，これは n 次対称群 S_n と同一視される．

実際，背理法により $\mathrm{Gal}\,(P/F)$ が $x_1,\ldots,x_n$ のすべての置換のつくる群ではないと仮定すると，命題 10.5 (p.155) によってある有理分数式 $f(x_1,\ldots,x_n)\in k(x_1,\ldots,x_n)(=F(x_1,\ldots,x_n))$ が存在して，$f(x_1,\ldots,x_n)$ は対称的でなく（すなわち，F に属さない），またすべての $\sigma\in\mathrm{Gal}\,(P/F)$ に対して次を満たす．

$$f\bigl(\sigma(x_1),\ldots,\sigma(x_1)\bigr)=f(x_1,\ldots,x_n).$$

このことは前に述べた結果 5 に矛盾する．

例 14.2 素数指数 p の円分方程式

$$\Phi_p(X)=X^{p-1}+X^{p-2}+\cdots+X+1=0$$

の $\mathbb{Q}$ 上のガロア群は位数 $p-1$ の巡回群である．

これを示すために，ガロア群を決定した各段階をもう一度振り返ってみよう．ζ を 1 の任意の原始 p 乗根，すなわち $\Phi_p(X)$ の任意の根とする．$\Phi_p(X)$ のほかの根は ζ のベキ乗であるから，$\Phi_p(X)$ のガロア分解式として ζ それ自身をとることができる．$\Phi_p(X)$ は既約であるから，ζ の最小多項式は $\Phi_p(X)$ である．p の原始根の 1 つを g として，§12.4 と同じく次のように表す．

$$\zeta_i=\zeta^{g^i},\qquad i=0,\ldots,p-2.$$

このようにして，$\Phi_p(X)$ の根は $\zeta_0,\ldots,\zeta_{p-2}$ と表され，その有理分数式 f_i は次のようになる．

$$f_i(X)=X^{g^i}.$$

定義によって (p.244)，$\mathrm{Gal}\,(\Phi_p/\mathbb{Q})$ の元は次のようである．

$$\sigma_j:\zeta_i\longmapsto f_i(\zeta_j),\qquad j=0,\ldots,p-2.$$

ここで，

$$f_i(\zeta_j)=\bigl(\zeta^{g^j}\bigr)^{g^i}=\zeta^{g^{i+j}}$$

であり，また，フェルマーの定理によって（定理 12.5, p.178），$g^{p-1}\equiv g^0\ (\mathrm{mod}\ p)$ であるから，σ_j の上記の表現は次のように単純化される．

$$\sigma_j:\zeta_i\longmapsto\zeta_{i+j}.$$

下付きの添え字 $i+j$ は法 $p-1$ で考える（すなわち，$i+j \geq p-1$ ならば $i+j$ に合同な 0 と $p-2$ の間の整数で置き換える）．したがって，次が成り立つ．

$$\sigma_j = \sigma_1^j, \qquad j = 0, \ldots, p-2.$$

ゆえに，$\mathrm{Gal}(\Phi_p/\mathbb{Q})$ は 1 つの元 σ_1 によって生成される（これは §12.4 において σ によって表されていた）．したがって，それは位数 $p-1$ の巡回群である．

例 14.3 P を単根 $r_1, \ldots, r_n$ をもつ多項式とし，それらの根に対してアーベルの条件（§14.1 において述べられた定理における）が成り立つものとする．すなわち，次のような条件を満たす有理分数式 $\theta_i(X) \in F(X)$ が存在すると仮定する．

$$r_i = \theta_i(r_1) \quad (i = 2, \ldots, n),$$
$$\theta_i \theta_j(r_1) = \theta_j \theta_i(r_1) \quad (\text{すべての } i, j \text{ に対して}).$$

このとき，F 上の方程式 $P(X) = 0$ のガロア群は可換である（これがなぜ可換群が多くの場合アーベル群と呼ばれているかという理由である）．

実際，この場合ガロア分解式として r_1 を選ぶことができる．r_1 は P の根であるから，補題 12.14 (p.186) によって P はその最小多項式によって割り切れる．ゆえに，r_1 の最小多項式の根は $r_1, \ldots, r_n$ の中にある．もし必要ならば番号を付け替えて，それらの根を $r_1, \ldots, r_m (m \leq n)$ と仮定してもよい．ガロア群の定義 (p.244) によって，$\mathrm{Gal}(P/F)$ の元は $\sigma_1, \ldots, \sigma_m$ である．ただし，$i = 1, \ldots, n$ と $j = 1, \ldots, m$ に対して

$$\sigma_j : r_i \longmapsto \theta_i(r_j).$$

ここで，

$$\theta_i(r_j) = \theta_i \theta_j(r_1)$$

であり，アーベルの条件が成り立つので

$$\theta_i(r_j) = \theta_j \theta_i(r_1) = \theta_j(r_i).$$

よって，

$$\theta_j : r_i \longmapsto \theta_i(r_j), \qquad i = 1, \ldots, n, \; j = 1, \ldots, m.$$

したがって，1 と m の間にあるすべての j, k に対して

$$\sigma_j \circ \sigma_k : r_i \longmapsto \theta_j \theta_k (r_i) = \theta_j \theta_k \theta_i (r_1).$$

また，

$$\sigma_k \circ \sigma_j : r_i \longmapsto \theta_k \theta_j (r_i) = \theta_k \theta_j \theta_i (r_1).$$

以上より，$\mathrm{Gal}(P/F)$ の可換性はアーベルの条件からすぐにわかる．

さて我々は上で引用した結果の証明に目を向けよう．まずはじめに補題 12.14 (p.186) を少し精密化した次の結果を証明しよう．これは以下において繰り返し用いられる．

補題 14.4 $f \in F(X)$ を体 F 上 1 変数の有理分数式とし，V を（F を含んでいるある体の中で）ある既約多項式 $\pi \in F[X]$ の根とする．このとき $f(V) = 0$ ならば，π のすべての根 W に対して $f(W) = 0$ となる．

証明 f は適当な多項式 $P, Q \in F[X]$ によって $f = P/Q$ と表され，$Q(V) \neq 0$ かつ $P(V) = 0$ を満たすものとする．補題 12.14 (p.186) によって，この最後の等式は π が P を割り切ることを意味しており，ゆえに π のすべての根 W に対して $P(W) = 0$ となる．一方，π の任意の根 W に対して $Q(W) = 0$ ならば，同じ推論によって $Q(V) = 0$ を得るが，これは矛盾である．したがって，$P(W) = 0$ でかつ $Q(W) \neq 0$．よって，$f(W) = 0$ を得る． □

（ガロアの論文 [21, p. 47]，[20, p. 102] の補題 1 と比較せよ．）

補題 14.5 g をある体 K 上 n 個の不定元 $x_1, \ldots, x_n$ の多項式とする．g が $x_2, \ldots, x_n$ のすべての置換によって不変ならば，g は x_1 と，$x_1, \ldots, x_n$ の基本対称多項式 $s_1, \ldots, s_{n-1}$ の多項式として表される．

証明 g を $K[x_1]$ に係数をもつ $x_2, \ldots, x_n$ の多項式と考える．このとき，定理 8.4 (p.105) と注意 8.8 (b) (p.112) より，g は $K[x_1]$ に係数をもつ $x_2, \ldots, x_n$ の基本対称多項式 $s'_1, \ldots, s'_{n-1}$ の多項式として表される．これより次の条件を満たす多項式 g' が存在する．

$$g(x_1, \ldots, x_n) = g'(x_1, s'_1, \ldots, s'_{n-1}). \tag{14.3}$$

ただし,

$$s'_1 = x_2 + \cdots + x_n, \quad s'_2 = x_2 x_3 + \cdots + x_{n-1} x_n, \quad \ldots, \quad s'_{n-1} = x_2 x_3 \cdots x_n.$$

証明を完成させるためには, $s'_1, \ldots, s'_{n-1}$ を x_1 と $s_1, \ldots, s_{n-1}$ の多項式で置き換えることができることを示せば十分である. $s'_1, \ldots, s'_{n-1}$ に対する具体的な公式を得るための簡単な方法は一般多項式

$$(X - x_1) \cdots (X - x_n) = X^n - s_1 X^{n-1} + \cdots + (-1)^n s_n$$

を $X - x_1$ で割り, その結果を

$$(X - x_2) \cdots (X - x_n) = X^{n-1} - s'_1 X^{n-2} + \cdots + (-1)^{n-1} s'_{n-1}$$

と係数比較すればよい. このようにして, 次を得る.

$$\begin{aligned} s'_1 &= s_1 - x_1, \\ s'_2 &= s_2 - s_1 x_1 + x_1{}^2, \\ s'_3 &= s_3 - s_2 x_1 + s_1 x_1{}^2 - x_1{}^3, \\ &\cdots \\ s'_{n-1} &= s_{n-1} - s_{n-2} x_1 + \cdots + (-1)^{n-1} x_1{}^{n-1}. \end{aligned}$$

等式 (14.3) において $s'_1, \ldots, s'_{n-1}$ に代入すると,

$$g(x_1, \ldots, x_n) = g'(x_1, s_1 - x_1, \ldots, s_{n-1} - s_{n-2} x_1 + \cdots + (-1)^{n-1} x_1^{n-1})$$

が得られ, この右辺は x_1 と $s_1, s_2, \ldots, s_{n-1}$ の多項式である. □

この観点から, この節のはじめに定義した一連の記号を使うことができる. このようにして, P はある体 F 上次数 n の多項式であり, F を含んでいるある体で相異なる根 $r_1, \ldots, r_n$ をもつ.

$$P(X) = X^n - a_1 X^{n-1} + \cdots + (-1)^n a_n = (X - r_1) \cdots (X - r_n).$$

補題 14.6 不定元 $x_1, \ldots, x_n$ に対して $n!$ 個のすべての方法で $r_1, \ldots, r_n$ を多項式 $f \in F[x_1, \ldots, x_n]$ に代入するとき, f から得られる $F(r_1, \ldots, r_n)$ のすべての元が相異なるような多項式 f が存在する.

証明 $A_1,\ldots,A_n$ を不定元とし，$L(x_1,\ldots,x_n) = A_1 x_1 + \cdots + A_n x_n$ とする．あるやり方で $x_1,\ldots,x_n$ に $r_1,\ldots,r_n$ を代入することによって得られる L の 2 つの値の間の等式は ($F(r_1,\ldots,r_n)$ に係数をもつ) $A_1,\ldots,A_n$ の 1 次方程式である．これらの可能なすべての 1 次方程式を書き出せば，それらは有限個 (実際 $\binom{n!}{2}$ 個) の $A_1,\ldots,A_n$ に関する同次 1 次方程式が得られる．$r_1,\ldots,r_n$ は相異なるので，これらのどの方程式も自明ではない．F^n におけるこれらの連立方程式の解は F^n の真の (ベクトル) 部分空間の和集合をつくる．ところが，F は無限集合であるから (その標数は 0 であると仮定している)，F^n は有限個の真の部分空間の和集合とはならない．したがって，F^n のある n 列 $(\alpha_1,\ldots,\alpha_n)$ が存在して，$A_1,\ldots,A_n$ に関するどの方程式も満足しない．このようにして，得られた多項式

$$f(x_1,\ldots,x_n) = \alpha_1 x_1 + \cdots + \alpha_n x_n$$

は補題の条件を満足する． □

この補題はガロアの論文 [21, p.47], [20, p.102] における補題 2 である．重根を認めれば，言い換えると，$r_1,\ldots,r_n$ の中に同じものがあれば，この補題は明らかに成り立たない．我々は今，ガロア分解式が存在することを主張している結果 1 (p.243) を証明することができる．

命題 14.7 次の条件を満たす $V \in F(r_1,\ldots,r_n)$ が存在する．

$$r_i \in F(V), \qquad i = 1,\ldots,n.$$

証明 $f \in F[x_1,\ldots,x_n]$ を補題 14.6 におけるような多項式とし，

$$V = f(r_1,\ldots,r_n) \in F(r_1,\ldots,r_n)$$

とする．$r_1,\ldots,r_n$ は $F(V)$ に属していることを示す．根 $r_1,\ldots,r_n$ の中の 1 つ，たとえば r_1 に対する推論を詳細に述べれば十分である．なぜならば，単なる番号の付け替えによってその同じ証明をその他のどれに対しても適用できるからである．

次のような多項式を考える．

$$g(x_1,\ldots,x_n) = \prod_\sigma \bigl(V - f(x_1, \sigma(x_2),\ldots,\sigma(x_n))\bigr) \in F(V)[x_1,\ldots,x_n].$$

ただし, σ は $x_2, \ldots, x_n$ のすべての置換を動く. g は $x_2, \ldots, x_n$ に関して対称であるから, 補題 14.5 より, g は x_1 と, $x_1, \ldots, x_n$ の基本対称多項式 $s_1, \ldots, s_{n-1}$ の多項式として表される. そこで, $F(V)$ に係数もつ多項式 h によって,

$$g(x_1, x_2, \ldots, x_n) = h(x_1, s_1, \ldots, s_{n-1})$$

とおく. それゆえ, 不定元 $x_1, \ldots, x_n$ に対してさまざまなやり方で P の根 $r_1, \ldots, r_n$ を代入すると, これは $s_1, \ldots, s_{n-1}$ に $a_1, \ldots, a_{n-1} \in F$ を代入することであるから,

$$g(r_1, r_2, \ldots, r_n) = h(r_1, a_1, \ldots, a_{n-1}) \tag{14.4}$$

と,

$$g(r_i, r_1, r_2, \ldots, r_{i-1}, r_{i+1}, \ldots, r_n) = h(r_i, a_1, \ldots, a_{n-1}) \tag{14.5}$$

を得る. ここで, f は補題 14.6 の性質を満足し, $V = f(r_1, \ldots, r_n)$ であるから, $i \neq 1$ と $\{r_1, \ldots, r_{i-1}, r_{i+1}, \ldots, r_n\}$ の任意の置換 σ に対して

$$V \neq f(r_i, \sigma(r_1), \sigma(r_2), \ldots, \sigma(r_{i-1}), \sigma(r_{i+1}), \ldots, \sigma(r_n))$$

が成り立つ. したがって, $i \neq 1$ に対して

$$g(r_i, r_1, r_2, \ldots, r_{i-1}, r_{i+1}, \ldots, r_n) \neq 0.$$

一方, g と V の定義により容易に

$$g(r_1, \ldots, r_n) = 0$$

であることがわかる. 等式 (14.4) と (14.5) を考えると, 上記の関係より多項式

$$h(X, a_1, \ldots, a_{n-1}) \in F(V)[X]$$

は $X = r_1$ のとき 0 となるが, $i \neq 1$ なる $X = r_i$ のとき 0 にはならない. ゆえに, この多項式は $X - r_1$ で割り切れるが, $i \neq 1$ なる $X - r_i$ では割り切れない.

次に, $F(V)[X]$ で $P(X)$ と $h(X, a_1, \ldots, a_{n-1})$ のモニックな最大公約数 $D(X)$ を考える. $F(r_1, \ldots, r_n)[X]$ において,

$$P(X) = (X - r_1) \cdots (X - r_n)$$

が成り立つから,D は $F(r_1,\ldots,r_n)$ 上で因数 $X-r_i$ の積に分解する.$X-r_1$ は $P(X)$ と $h(X,a_1,\ldots,a_{n-1})$ の 2 つとも割り切るから,それは D を割り切る.一方,$h(X,a_1,\ldots,a_{n-1})$ は $i \neq 1$ のとき $X-r_i$ によって割り切れないから,D は $X-r_1$ のほかの因数をもたない.したがって,$D = X-r_1$ となり,$D \in F(V)[X]$ であったから $r_1 \in F(V)$ を得る. □

この命題はガロアの論文 [21, p. 49], [20, p. 103] の中の補題 3 である.さて次に,最小多項式の存在に関する結果 2 (p. 244) の証明に移ろう.

命題 14.8 (a) すべての元 $u \in F(r_1,\ldots,r_n)$ は $r_1,\ldots,r_n$ に関する多項式表現をもつ.すなわち,適当な多項式 $\varphi \in F[x_1,\ldots,x_n]$ によって次のように表される.

$$u = \varphi(r_1,\ldots,r_n).$$

(b) すべての元 $u \in F(r_1,\ldots,r_n)$ に対して,$\pi(u) = 0$ を満たす唯一つのモニック既約多項式 $\pi \in F[X]$ が存在する.この多項式 π は $F(r_1,\ldots,r_n)$ 上で 1 次因数の積に分解する.

証明 これら 2 つの結果の証明は互いに絡み合っている.はじめに $r_1,\ldots,r_n$ の多項式表現をもつ元 u に対して (b) を証明し,それから (a) を導き出す.(b) の証明はそのあとに完成する.

第 1 段 $r_1,\ldots,r_n$ による多項式表現をもつ元に対する (b) の証明.$u \in F(r_1,\ldots,r_n)$ を適当な多項式 $\varphi \in F[x_1,\ldots,x_n]$ に対して

$$u = \varphi(x_1,\ldots,x_n)$$

を満たすものとする.命題 12.15 (p. 187) と注意 12.16 (p. 188) によって,u が F に係数をもつある多項式の根で,その多項式は $F(r_1,\ldots,r_n)$ 上で 1 次因数に分解していることを示せば十分である.

$$\Theta(X, x_1,\ldots,x_n) = \prod_{\sigma}\Big(X - \varphi(\sigma(x_1),\ldots,\sigma(x_n))\Big)$$

とする.ただし,σ は $x_1,\ldots,x_n$ のすべての置換の集合を動く.Θ は $x_1,\ldots,x_n$ に関して対称的であるから,定理 8.4 (p. 105) と注意 8.8 (b) (p. 112) によっ

て，Θ は X と $x_1,\ldots,x_n$ の基本対称多項式の多項式として表すことができる．そこで，F に係数をもつ適当な多項式 Ψ によって次のようにおく．

$$\Theta(X, x_1, \ldots, x_n) = \Psi(X, s_1, \ldots, s_n).$$

不定元 $x_1, \ldots, x_n$ に $r_1, \ldots, r_n$ を代入すると次を得る．

$$\Theta(X, r_1, \ldots, r_n) = \Psi(X, a_1, \ldots, a_n) \in F[X].$$

Θ の定義によって，

$$\Theta(u, r_1, \ldots, r_n) = 0$$

であるから，$\Psi(X, a_1, \ldots, a_n)$ は u を根としてもつ $F[X]$ の多項式である．さらに，$\Theta(X, r_1, \ldots, r_n)$ は 1 次因数の積であるから，$\Psi(X, a_1, \ldots, a_n)$ は $F(r_1, \ldots, r_n)$ 上で 1 次因数の積に分解する．

（φ を多項式とする理由は，そのとき $\Theta(X, x_1, \ldots, x_n)$ が多項式となり，ゆえに $\Theta(X, r_1, \ldots, r_n)$ が定義されるからである．そうでないとすると，$x_1, \ldots, x_n$ に $r_1, \ldots, r_n$ を代入したとき，どの分母も 0 にならないということは明らかではない．）

第 2 段 (a) の証明．$V \in F(r_1, \ldots, r_n)$ を命題 14.7 の証明において定義されたものとする．$r_1, \ldots, r_n$ は V の有理分数式として表されているので，u も V の有理分数式である．ゆえに，$u \in F(V)$．V は $r_1, \ldots, r_n$ の多項式表現をもつので，第 1 段と命題 12.15 (p. 187) を適用することができ，u は V の多項式として表される．そこで，適当な多項式 $Q \in F[X]$ によって

$$u = Q(V)$$

とおく．V に $f(r_1, \ldots, r_n)$ を代入すると，次を得る．

$$u = Q(f(r_1, \ldots, r_n)).$$

Q と f は多項式だから，これは $r_1, \ldots, r_n$ の多項式表現である．　　　□

系 14.9 V を F 上 $P(X) = 0$ のガロア分解式とし，$V_1, \ldots, V_m$ を F 上 V の最小多項式の根とする（V はその中の 1 つである）．このとき，次が成り立つ．

$$F(r_1, \ldots, r_n) = F(V) = F(V_1, \ldots, V_m).$$

証明 $r_1,\ldots,r_n$ は V の有理分数式であるから,

$$F(r_1,\ldots,r_n) \subset F(V).$$

一方, 前の命題によって, V の最小多項式の根 $V_1,\ldots,V_m$ は $F(r_1,\ldots,r_n)$ に属しているから,

$$F(V_1,\ldots,V_m) \subset F(r_1,\ldots,r_n).$$

包含関係

$$F(V) \subset F(V_1,\ldots,V_m)$$

は明らかであるから (V は $V_1,\ldots,V_m$ の中にある), これら 3 つの包含関係より

$$F(r_1,\ldots,r_n) = F(V) = F(V_1,\ldots,V_m). \qquad \square$$

次に, 結果 3 (p. 244) を証明しよう. これはガロアの論文 [21, p. 49], [20, p. 104] では補題 4 である. V を $P(X)=0$ のガロア分解式とし, $i=1,\ldots,n$ に対して適当な有理分数式 $f_i(X) \in F(X)$ によって

$$r_i = f_i(V)$$

と表す. F 上 V の最小多項式 π の根を $V_1=V, V_2,\ldots,V_m$ によって表す. これらは結果 2 より $F(r_1,\ldots,r_n)$ に属している.

命題 14.10 $i=1,\ldots,n$ と $j=1,\ldots,m$ に対して, 元 $f_i(V_j)$ は P の根である. さらに任意の $j=1,\ldots,m$ に対して, 根 $f_1(V_j),\ldots,f_n(V_j)$ は相異なり, したがって

$$\{f_1(V_j),\ldots,f_n(V_j)\} = \{r_1,\ldots,r_n\}.$$

証明 $i=1,\ldots,n$ に対して, $f_i(V_1)=r_i$ であるから, $P(f_i(V_1))=0$. したがって, 補題 14.4 を有理分数式 $P(f_i(X)) \in F(X)$ に適用すれば,

$$P(f_i(V_j))=0, \qquad j=1,\ldots,m.$$

(この推論から, 同時に $f_i(V_j)$ が定義されることがわかる.)

さらに, 適当な $i,k=1,\ldots,n$ と $j=1,\ldots,m$ に対して

$$f_i(V_j) = f_k(V_j)$$

が成り立つならば, V_j は有理分数式 $f_i - f_k$ の根である. ゆえに, 再び補題 14.4 によって

$$f_i(V_1) = f_k(V_1).$$

このことより, $r_i = r_k$ であることがわかる. 根 $r_1, \ldots, r_n$ が相異なると仮定されているので $i = k$ を得る. □

この命題は, $j = 1, \ldots, m$ に対して写像

$$\sigma_j : r_i = f_i(V_1) \longmapsto f_i(V_j), \qquad i = 1, \ldots, n$$

が $r_1, \ldots, r_n$ の置換であることを示している.

$$\mathrm{Gal}(P/F) = \{\sigma_1, \ldots, \sigma_m\}$$

とおき (この段階で, この集合がガロア分解式 V の選び方に依存しないということはまだ明らかではない), $\mathrm{Gal}(P/F)$ に関する次の重要な性質を証明しよう. これは p. 245 で結果 5 として予告されたものである.

定理 14.11 $f(x_1, \ldots, x_n)$ を F に係数をもつ n 変数の有理分数式とする. $\sigma \in \mathrm{Gal}(P/F)$ に対して, $f(r_1, \ldots, r_n)$ が定義されるときはいつでも次の元

$$f(\sigma(r_1), \ldots, \sigma(r_n)) \in F(r_1, \ldots, r_n)$$

は常に定義される. さらに,

$$f(r_1, \ldots, r_n) \in F$$

であるための必要十分条件は, すべての $\sigma \in \mathrm{Gal}(P/F)$ に対して

$$f(\sigma(r_1), \ldots, \sigma(r_n)) = f(r_1, \ldots, r_n)$$

が成り立つことである.

証明 $\varphi, \psi \in F[x_1, \ldots, x_n]$ として, $f = \varphi/\psi$ とおく. はじめに, $\psi(r_1, \ldots, r_n) \neq 0$ ならば, すべての $\sigma \in \mathrm{Gal}(P/F)$ に対して $\psi(\sigma(r_1), \ldots, \sigma(r_n)) \neq 0$ であることを示す. $r_1, \ldots, r_n$ にそれらの V の有理式を代入すると, ある適当な有理分数式 $g \in F(X)$ によって次のように表される.

$$\psi(r_1, \ldots, r_n) = \psi(f_1(V), \ldots, f_n(V)) = g(V).$$

σ を $\mathrm{Gal}(P/F)$ の置換の 1 つとする. V' が

$$\sigma : r_i \longmapsto f_i(V')$$

であるような π の根とすれば,次が成り立つ.

$$\psi\bigl(\sigma(r_1),\ldots,\sigma(r_n)\bigr) = \psi\bigl(f_1(V'),\ldots,f_n(V')\bigr) = g(V').$$

したがって,$\psi\bigl(\sigma(r_1),\ldots,\sigma(r_n)\bigr) = 0$ ならば,V' は g の根であり,補題 14.4 より $g(V) = 0$,よって $\psi(r_1,\ldots,r_n) = 0$ となる.

このことは $f(r_1,\ldots,r_n)$ が定義されるとき,$f\bigl(\sigma(r_1),\ldots,\sigma(r_n)\bigr)$ が定義されることを示している.残りの証明をするために,$f(r_1,\ldots,r_n)$ において $r_1,\ldots,r_n$ にそれらの V の有理式を代入して次を得る.

$$f(r_1,\ldots,r_n) = f\bigl(f_1(V),\ldots,f_n(V)\bigr) = h(V).$$

ただし,

$$h(X) = f\bigl(f_1(X),\ldots,f_n(X)\bigr) \in F(X).$$

$f(r_1,\ldots,r_n) \in F$ であれば,

$$h(X) - f(r_1,\ldots,r_n) \in F(X).$$

この有理分数式は $X = V$ に対して 0 になるから,補題 14.4 より $X = V_1,\ldots,V_m$ に対しても 0 となる.したがって,

$$h(V_j) = f\bigl(f_1(V_j),\ldots,f_n(V_j)\bigr) = f(r_1,\ldots,r_n), \quad j = 1,\ldots,m.$$

これより,σ_j の定義を用いて

$$f\bigl(\sigma_j(r_1),\ldots,\sigma_j(r_n)\bigr) = f(r_1,\ldots,r_n), \quad j = 1,\ldots,m.$$

逆に,この最後の式が成り立つならば,

$$f(r_1,\ldots,r_n) = h(V_j), \quad j = 1,\ldots,m.$$

ゆえに,

$$f(r_1,\ldots,r_n) = \frac{1}{m}\bigl(h(V_1) + \cdots + h(V_m)\bigr). \tag{14.6}$$

この有理分数式 $h(x_1) + \cdots + h(x_m)$ は不定元 $x_1, \ldots, x_m$ に関して明らかに対称的であるから，それは基本対称多項式 $s_1, \ldots, s_m$ の有理分数式として表すことができる．したがって，$x_1, \ldots, x_m$ に $V_1, \ldots, V_m$ を代入すると，(14.6) の右辺の式は $V_1, \ldots, V_m$ を根としてもつ最小多項式 π の係数から有理的に計算される．ゆえに，式 (14.6) より次のことがわかる．

$$f(r_1, \ldots, r_n) \in F. \qquad \square$$

系 14.12 任意の置換 $\sigma \in \mathrm{Gal}(P/F)$ は，$f(r_1, \ldots, r_n)$ が定義される任意の有理分数式 $f(x_1, \ldots, x_n)$ に対して

$$\sigma(f(r_1, \ldots, r_n)) = f(\sigma(r_1), \ldots, \sigma(r_n))$$

とおくことによって，F のすべての元を不変にする $F(r_1, \ldots, r_n)$ の自己同型写像に拡張される．

証明 この節の最初に指摘したように，$\sigma(f(r_1, \ldots, r_n))$ が上記の等式によって矛盾なく定義されること，すなわち，それは実際有理分数式 $f \in F(x_1, \ldots, x_n)$ には依存せず，$f(r_1, \ldots, r_n)$ にのみ依存する，ということを証明しなければならない．そこで，ある有理分数式 $f, g \in F(x_1, \ldots, x_n)$ に対して

$$f(r_1, \ldots, r_n) = g(r_1, \ldots, r_n)$$

と仮定する．このとき，有理分数式 $f - g$ は $x_i = r_i\,(i = 1, \ldots, n)$ に対して 0 になる．すなわち，

$$(f - g)(r_1, \ldots, r_n) = 0 \in F.$$

前定理によって，すべての $\sigma \in \mathrm{Gal}(P/F)$ に対して

$$(f - g)(\sigma(r_1), \ldots, \sigma(r_n)) = (f - g)(r_1, \ldots, r_n) = 0$$

が成り立つので，

$$f(\sigma(r_1), \ldots, \sigma(r_n)) = g(\sigma(r_1), \ldots, \sigma(r_n)).$$

このことは，$f(\sigma(r_1), \ldots, \sigma(r_n))$ は元 $f(r_1, \ldots, r_n) \in F(r_1, \ldots, r_n)$ の値にのみ依存して，それを表す有理分数式の選び方には無関係であることを示している．

σ は明らかに $F(r_1, \ldots, r_n)$ 上で全単射であり,

$$f(\sigma(r_1), \ldots, \sigma(r_n)) + g(\sigma(r_1), \ldots, \sigma(r_n)) = (f+g)(\sigma(r_1), \ldots, \sigma(r_n))$$

と

$$f(\sigma(r_1), \ldots, \sigma(r_n)) \cdot g(\sigma(r_1), \ldots, \sigma(r_n)) = (fg)(\sigma(r_1), \ldots, \sigma(r_n))$$

が成り立つので, 定義より σ は $F(r_1, \ldots, r_n)$ の自己同型写像であることがわかる. □

系 14.13 集合 $\mathrm{Gal}(P/F)$ はガロア分解式 V の選び方には依存しない.

証明 $V' \in F(r_1, \ldots, r_n)$ を $P(X) = 0$ のもう1つのガロア分解式とし, π' を F 上 V' の最小多項式とする. $i = 1, \ldots, n$ に対して, $f_i' \in F(X)$ を

$$r_i = f_i'(V'), \qquad i = 1, \ldots, n \tag{14.7}$$

を満たす有理分数式とする. V を用いて上で定義された $\mathrm{Gal}(P/F)$ のすべての元は, V' に関して定義される $\mathrm{Gal}(P/F)$ の元でもあることを示さなければならない. この逆は V と V' を交換すれば明らかである.

そこで $\sigma \in \mathrm{Gal}(P/F)$ とする. π' のある根 W' に対して,

$$\sigma : r_i \longmapsto f_i'(W')$$

であることを示さねばならない. 適当な W' を見出すために, σ の $F(r_1, \ldots, r_n)$ への拡張を用いる. 等式 (14.7) の両辺に σ を施すと, σ は F のすべての元を不変にするから

$$\sigma(r_i) = f_i'(\sigma(V')).$$

同様にして, V' は π' の根であるから,

$$\pi'(\sigma(V')) = 0$$

が成り立つ. すなわち, $\sigma(V')$ は π' の根である. 以上より, 元 $W' = \sigma(V')$ は求める条件を満足している. □

ここで我々は結果4 (p.244) の証明を完成させよう. これで, この節のはじめにおいて予告された結果のすべての証明を終えることになる.

系 14.14 $\mathrm{Gal}(P/F)$ は $r_1, \ldots, r_n$ のすべての置換のつくる群の部分群である．

証明 ガロア群の定義において (p. 244) σ_1 は恒等写像であるから，恒等写像が $\mathrm{Gal}(P/F)$ に属していることは明らかである．したがってあとは，$\mathrm{Gal}(P/F)$ が写像の合成と逆写像をとる操作に関して閉じていることを示すことだけが残っている．

$\sigma \in \mathrm{Gal}(P/F)$ とする．$\mathrm{Gal}(P/F)$ の定義によって，適当な $j = 1\ldots, m$ に対して次が成り立つ．

$$\sigma(r_i) = f_i(V_j).$$

命題 14.10 より，V_j は $P(X) = 0$ のガロア分解式でもあることがわかる．よって，$V = V_1$ のかわりに V_j を用いて $\mathrm{Gal}(P/F)$ を定義することができる．V_1 と V_j は同じ最小多項式 π の根であるから，写像

$$f_i(V_j) \longmapsto f_i(V_1)$$

は $\mathrm{Gal}(P/F)$ の元でもある．この写像は σ の逆写像である．ゆえに，$\mathrm{Gal}(P/F)$ は逆写像をとる操作に関して閉じていることを示したことになる．

任意の $\tau \in \mathrm{Gal}(P/F)$ に対して，合成写像 $\tau \circ \sigma$ もまた $\mathrm{Gal}(P/F)$ に属することを示すために，V_j に関する $\mathrm{Gal}(P/F)$ の定義を再び考察する．すると，適当な $k = 1, \ldots, m$ に対して

$$\tau : f_i(V_j) \longmapsto f_i(V_k)$$

となる．したがって，

$$\tau \circ \sigma : r_i \longmapsto f_i(V_k).$$

以上より，$\tau \circ \sigma \in \mathrm{Gal}(P/F)$ となる． $\square$

14.3 体の拡大におけるガロア群

方程式のガロア群の定義において，基礎体 F はどちらかというと目立たないが，それでも重要な役割を果たしている．この節の目的は基礎体に焦点をあて，補助多項式の根の添加によって基礎体が拡大されたとき，ガロア群にどのようなことが起こるかを考察することである．ベキ根による可解性の問題へ応用する際，決定的に重要なのは元の p 乗根の添加，すなわち，$X^p - a$ の形の補助方

程式の根を追加する場合である（ここで, p は素数であるようにとることができる. §13.2 のはじめのところを参照せよ）.

前節のように, P によってある体 F 上次数 n のモニックな多項式を表す. P は F を含んでいる適当な体 S において n 個の異なる根 $r_1,\ldots,r_n$ をもつ.

$$P(X) = X^n - a_1 X^{n-1} + \cdots + (-1)^n a_n = (X - r_1)\cdots(X - r_n).$$

このような体 S の存在はジラールの定理（定理 9.3, p. 123）から得られる. 実際, 部分体 $F(r_1,\ldots,r_n)$ のみが F 上 $P(X) = 0$ のガロア群の決定に対しては重要であるから, この体 S は任意に十分大きく選ぶことができる. それゆえ, F を含んでいるある体 K が与えられたとき, S は K を含んでいると仮定できる. 実際, F のかわりに基礎体を K としてジラールの定理を適用すれば十分である. このことは計算において K の元と $F(r_1,\ldots,r_n)$ の元を一緒にして考えることを可能にし, 特に, K に係数をもつ $r_1,\ldots,r_n$ の有理分数式の体 $K(r_1,\ldots,r_n)$ を考えることを可能にする. このとき, 前節の方法によって, F 上と同様に K 上 $P(X) = 0$ のガロア群を決定することができる.

命題 14.15 K が F を含んでいる体ならば, $\mathrm{Gal}(P/K)$ は $\mathrm{Gal}(P/F)$ の部分群である.

証明 V を F 上 $P(X) = 0$ のガロア分解式とする. $i = 1,\ldots,n$ に対して,

$$r_i \in F(V)$$

でかつ, $F(V) \subset K(V)$ であるから, P のすべての根 r_i は K に係数をもつ V の有理分数式である. ゆえに, V は K 上 $P(X) = 0$ のガロア分解式でもある. $i = 1,\ldots,n$ に対して, r_i が適当な有理分数式 $f_i \in F(X)$ によって

$$r_i = f_i(V)$$

と表されるならば, 同じ分数式 f_i は $\mathrm{Gal}(P/K)$ と $\mathrm{Gal}(P/F)$ を決定するために用いられる. その差異は, F 上 V の最小多項式 π は K 上で既約ではないこともあり得るということである. K 上 V の最小多項式を θ によって表せば, θ はそのとき π とは異なるかもしれないが, いずれにしても, 補題 12.14 (p. 186) によって, θ は π を割り切る. したがって, θ のすべての根は π の根の中にある.

$\mathrm{Gal}(P/K)$ の置換は V' を θ の根として

$$\sigma : r_i \longmapsto f_i(V'), \qquad i = 1,\ldots,n$$

という形をしている．これに対して $\mathrm{Gal}(P/F)$ の置換は同じ形をしているが，V' は π の根である．したがって，$\mathrm{Gal}(P/K) \subset \mathrm{Gal}(P/F)$ となる． □

この節の残りにおける目的は，K についてのいくつかの仮定のもとに $\mathrm{Gal}(P/K)$ と $\mathrm{Gal}(P/F)$ の間の関係についての追加の情報を得ることである．より正確に述べると，K が既約な補助方程式 $T(X) = 0$ の1つの根を添加することによって得られるとき，次の商

$$\frac{|\mathrm{Gal}(P/F)|}{|\mathrm{Gal}(P/K)|},$$

すなわち，群 $\mathrm{Gal}(P/F)$ における部分群 $\mathrm{Gal}(P/K)$ の指数[†]は T の次数を割り切る．一方，体 K が方程式 $T(X) = 0$ のすべての根をつけ加えることによって得られるならば，$\sigma \in \mathrm{Gal}(P/F)$ と $\tau \in \mathrm{Gal}(P/K)$ に対して次の性質が成り立つ．

$$\sigma \circ \tau \circ \sigma^{-1} \in \mathrm{Gal}(P/K).$$

この性質は，$\mathrm{Gal}(P/K)$ が $\mathrm{Gal}(P/F)$ の**正規部分群** (normal subgroup) であるという言い方によって表現される．

補題 14.16 π を体 F 上の既約多項式，K を F を含んでいる体で，π が K 上で1次因数の積に分解しているようなものとする．$f, g, h \in F[X, Y]$ とする．K における π のある根 V に対して，$K[X]$ において

$$f(X, V) = g(X, V)h(X, V)$$

と分解するならば，$K[X]$ において π のすべての根 W に対し次が成り立つ．

$$f(X, W) = g(X, W)h(X, W).$$

証明 f, g と h を $F[Y]$ 上1変数の多項式と見なせば，適当な多項式 $c_r(Y), \ldots, c_0(Y) \in F[Y]$ によって次のように表すことができる．

$$f(X, Y) - g(X, Y)h(X, Y) = c_r(Y)X^r + \cdots + c_0(Y).$$

$f(X, V) = g(X, V)h(X, V)$ という仮定は次のことを意味している．

$$c_i(V) = 0, \qquad i = 0, \ldots, r.$$

[†]定理 10.3 (p. 149) の証明から，次のことを思い起こそう．群 G における部分群 H の**指数** (index) とは，G における H の（左）剰余類の濃度のことであり，$(G:H)$ で表される，G が有限ならば，ラグランジュの定理（定理 10.3）の証明より，$(G:H) = |G|/|H|$ と同値であることがわかる．

したがって，補題 14.4（p.251）より，π のすべての根 W に対して

$$c_i(W) = 0, \qquad i = 0, \dots, r.$$

よって，

$$f(X, W) = g(X, W)h(X, W). \qquad \square$$

これより後，F 上次数 t の既約多項式を T によって表すことにする．系 5.22 （p.61）より，T は F を含んでいる任意の体において単根のみをもつことがわかる．以上より，適当な体上で

$$T(X) = (X - u_1) \cdots (X - u_t)$$

と表される．ただし，$u_1, \dots, u_t$ はすべて相異なる．

定理 14.17 ガロア群 $\mathrm{Gal}(P/F)$ における部分群 $\mathrm{Gal}(P/F(u_1))$ の指数は t を割り切る．

証明 V を F 上 $P(X) = 0$ のガロア分解式とする．命題 14.15 の証明で見たように，V は $F(u_1)$ 上 $P(X) = 0$ のガロア分解式でもある．θ（それぞれ π）を $F(u_1)$（それぞれ F）上 V の最小多項式とする．$\mathrm{Gal}(P/F)$ の置換と π のすべての根との間に 1 対 1 対応があり，また $\mathrm{Gal}(P/F(u_1))$ の置換と θ の根との間に 1 対 1 対応があるから，

$$\frac{\deg \pi}{\deg \theta} \quad \text{は t を割り切る}$$

ことを示せばよい．補題 12.14（p.186）より，θ が π を割り切ることはわかっている．このとき，適当な多項式 $\lambda \in F(u_1)[X]$ によって

$$\pi = \theta \lambda \tag{14.8}$$

と表される．また，

$$\theta(X) = X^r + b_{r-1} X^{r-1} + \cdots + b_1 X + b_0$$

とおく．$b_0, \dots, b_{r-1} \in F(u_1)$ であるから，命題 12.15（p.187）によってこれらの元は u_1 による多項式表現をもつ．よって，適当な多項式 $\theta_i \in F[Y]$ によって

$$b_i = \theta_i(u_1), \qquad i = 0, \dots, r-1$$

と表される.このとき,

$$\Theta(X,Y) = X^r + \theta_{r-1}(Y)X^{r-1} + \cdots + \theta_1(Y)X + \theta_0(Y) \in F[X,Y]$$

とおけば,次を得る.

$$\Theta(X,u_1) = \theta(X).$$

λ に対して同様に実行すれば,

$$\Lambda(X,u_1) = \lambda(X)$$

を満たす多項式 $\Lambda(X,Y) \in F[X,Y]$ をつくることができる.このとき,式 (14.8) は次のように書き表すことができる.

$$\pi(X) = \Theta(X,u_1)\Lambda(X,u_1).$$

すると,前補題より次を得る.

$$\pi(X) = \Theta(X,u_i)\Lambda(X,u_i), \qquad i = 1,\ldots,t.$$

これらの等式を辺々かければ,$F(u_1,\ldots,u_t)[X]$ において次を得る.

$$\pi(X)^t = \Theta(X,u_1)\cdots\Theta(X,u_t)\Lambda(X,u_1)\cdots\Lambda(X,u_t). \qquad (14.9)$$

実は,積 $\Theta(X,u_1)\cdots\Theta(X,u_t)$ は F に係数をもつ多項式であることを示そう.実際,多項式

$$\Theta(X,Y_1)\cdots\Theta(X,Y_t)$$

は不定元 $Y_1,\ldots,Y_t$ に関して明らかに対称的であるから,X と,$Y_1,\ldots,Y_t$ の基本対称多項式に関する多項式として表すことができる.したがって,$Y_1,\ldots,Y_t$ に $u_1,\ldots,u_t$ を代入することによって,$u_1,\ldots,u_t$ を根としてもつ方程式 $T(Y) = 0$ の係数から計算して係数を求めることのできる X の多項式を得る.T の係数は F に属しているから,

$$\Theta(X,u_1)\cdots\Theta(X,u_t) \in F[X]$$

となり,これが示そうとしていることであった.

等式 (14.9) は,この積が $\pi(X)^t$ を割り切ることを示している.π は F 上既約であるから,1 と t の間にある適当な整数 k によって

$$\Theta(X,u_1)\cdots\Theta(X,u_t) = \pi(X)^k \qquad (14.10)$$

と表される．両辺の次数を比較すれば

$$tr = k \deg \pi.$$

また，$r = \deg \theta$ であるから，

$$\frac{\deg \pi}{\deg \theta} \text{ は } t \text{ を割り切る}$$

ことがわかる． □

同じ記号を用いて，この節のはじめに予告したほかの性質を証明しよう．

定理 14.18 $\mathrm{Gal}(P/F(u_1,\ldots,u_t))$ は $\mathrm{Gal}(P/F)$ の正規部分群である．すなわち，$\sigma \in \mathrm{Gal}(P/F)$ と $\tau \in \mathrm{Gal}(P/F(u_1,\ldots,u_t))$ に対して次が成り立つ．

$$\sigma \circ \tau \circ \sigma^{-1} \in \mathrm{Gal}(P/F(u_1,\ldots,u_t)).$$

証明 V を F 上 $P(X) = 0$ のガロア分解式とする（ゆえに，$F(u_1,\ldots,u_t)$ 上のガロア分解式でもある）．φ（それぞれ π）を $F(u_1,\ldots,u_t)$ 上（それぞれ F 上）V の最小多項式を表し，$f_1,\ldots,f_n \in F(X)$ を次の条件を満たす有理分数式とする．

$$r_i = f_i(V), \qquad i = 1,\ldots,n.$$

このとき，任意の置換 $\tau \in \mathrm{Gal}(P/F(u_1,\ldots,u_t))$ は次の形をしている．

$$\tau : r_i = f_i(V) \longmapsto f_i(V'), \quad i = 1,\ldots,n. \tag{14.11}$$

ただし，V' は φ の根である．

$\sigma \in \mathrm{Gal}(P/F)$ とするとき，系 14.12 より，σ は F のすべての元を不変にする $F(u_1,\ldots,u_t)$ の自己同型写像に拡張される．したがって，σ を式

$$\pi(V) = 0$$

の両辺に施すと次を得る．

$$\pi(\sigma(V)) = 0.$$

これは $\sigma(V)$ が π の根であることを示している．ゆえに，命題 14.10 より，P のすべての根 $r_1,\ldots,r_n$ は $\sigma(V)$ の有理分数式である．言い換えると，$\sigma(V)$ は

F 上 $P(X) = 0$ のガロア分解式である. したがって, $F(u_1, \ldots, u_t)$ 上でもそうである.

$\mathrm{Gal}(P/F(u_1, \ldots, u_t))$ はガロア分解式の選び方に依存しないから (系 14.13), その元を表すために簡単に見出せる任意のガロア分解式を選ぶことができる. $\sigma(V)$ は $\sigma \circ \tau \circ \sigma^{-1}$ を表現するためにきわめて適当なものであることがわかる. 実際, (14.11) より容易に次のことがわかる.

$$\sigma \circ \tau \circ \sigma^{-1} : f_i(\sigma(V)) \longmapsto f_i(\sigma(V')).$$

したがって, $\sigma \circ \tau \circ \sigma^{-1} \in \mathrm{Gal}(P/F(u_1, \ldots, u_t))$ であることを示すためには, $\sigma(V')$ が $F(u_1, \ldots, u_t)$ 上 $\sigma(V)$ の最小多項式の根であることを示せば十分である.

W を $T(X) = 0$ のガロア分解式とし, F 上その最小多項式の根を $W_1, \ldots, W_s$ とする (W はその中の 1 つである). 系 14.9 より次が成り立つ.

$$F(u_1, \ldots, u_t) = F(W) = F(W_1, \ldots, W_s).$$

実際, W は $W_1, \ldots, W_s$ の中のどれでもよいから, 任意の $i = 1, \ldots, s$ に対して次の式も成り立つ.

$$F(u_1, \ldots, u_t) = F(W_i).$$

このようにして, 拡大体 $F(u_1, \ldots, u_t)$ は F に 1 つの元 W_1 を添加した拡大体と見ることができる. 前出定理 14.17 の証明における推論を繰り返せば

$$\varphi(X) = \Phi(X, W_1) \in F(u_1, \ldots, u_t)[X]$$

を満たす多項式 $\Phi(X, Y) \in F[X, Y]$ をつくることができ, この証明の中で (14.10) と同様な式を得る. すなわち, 1 と s の間にある適当な整数 ℓ によって,

$$\Phi(X, W_1) \cdots \Phi(X, W_s) = \pi(X)^\ell.$$

$\sigma(V)$ は π の根であるから, この等式は $\sigma(V)$ がある因数 $\Phi(X, W_k)$ の根であることを示している.

$\Phi(X, W_k)$ が $F(u_1, \ldots, u_t)$ 上 $\sigma(V)$ の最小多項式であることを示すためには, この多項式が既約であることを証明すれば十分である. それが $F(u_1, \ldots, u_t)$ 上で分解すれば, $F(u_1, \ldots, u_t) = F(W_k)$ であるから, この分解は適当な F に係数をもつ多項式 Γ, Δ によって次の形に表される.

$$\Phi(X, W_k) = \Gamma(X, W_k) \Delta(X, W_k).$$

ゆえに，補題 14.16 より

$$\Phi(X, W_1) = \Gamma(X, W_1) \Delta(X, W_1).$$

$\Phi(X, W_1) = \varphi(X)$ は既約であるから，上の分解は自明である．よって，$\Phi(X, W_k)$ の分解もそうである．したがって，$\Phi(X, W_k)$ は $F(u_1, \ldots, u_t)$ 上 $\sigma(V)$ の最小多項式である．

以上より，V のように，V' が $\Phi(X, W_1)$ $(= \varphi(X))$ の根であることを仮定して，$\sigma(V)$ と同じく $\sigma(V')$ が $\Phi(X, W_k)$ の根であることを示さなければならない．

系 14.9 (p. 256) より $F(r_1, \ldots, r_t) = F(V)$ であるから，適当な有理分数式 $g(X) \in F(X)$ によって次が成り立つ．

$$V' = g(V). \tag{14.12}$$

実際，命題 12.15 (p. 187) より，g を $F[X]$ の中の多項式であるように選ぶことができる．$\Phi(V', W_1) = 0$ であるから

$$\Phi(g(V), W_1) = 0$$

が成り立つ．ゆえに，V は多項式 $\Phi(g(X), W_1) \in F(u_1, \ldots, u_t)[X]$ の根であり，補題 12.14 (p. 186) より，$\Phi(X, W_1)$ は $\Phi(g(X), W_1)$ を割り切る．適当な多項式 $\Psi \in F[X, Y]$ によって

$$\Phi(g(X), W_1) = \Phi(X, W_1) \Psi(X, W_1)$$

とおく．このとき，補題 14.16 (p. 264) より

$$\Phi(g(X), W_k) = \Phi(X, W_k) \Psi(X, W_k)$$

であることがわかる．$\sigma(V)$ は $\Phi(X, W_k)$ の根であるから次が成り立つ．

$$\Phi(g(\sigma(V)), W_k) = 0.$$

そこで，σ を (14.12) の両辺に施すと次を得る．

$$\sigma(V') = g(\sigma(V)).$$

前の等式より $\sigma(V')$ は $\Phi(X, W_k)$ の根であることがわかり，これが証明すべきことであった． □

注意 14.19 この定理はガロア群 $\mathrm{Gal}(P/F)$ における部分群 $\mathrm{Gal}(P/F(u_1,\ldots,u_t))$ の指数を与えるわけではないが，ある情報を定理 14.17 から得ることはできる．実際に，u_2 は次数 $t-1$ の次の多項式，

$$\frac{T(X)}{X-u_1} \in F(u_1)[X]$$

の根であるから，$F(u_1)$ 上 u_2 の最小多項式の次数は高々 $t-1$ である．よって，定理 14.17 より

$$\bigl(\mathrm{Gal}(P/F(u_1)) : \mathrm{Gal}(P/F(u_1,u_2))\bigr) \leq t-1.$$

同様にして，u_3 は次数 $t-2$ の多項式

$$\frac{T(X)}{(X-u_1)(X-u_2)} \in F(u_1,u_2)[X]$$

の根であるから，

$$\bigl(\mathrm{Gal}(P/F(u_1,u_2)) : \mathrm{Gal}(P/F(u_1,u_2,u_3))\bigr) \leq t-2.$$

以下同様にできる．

さて，ガロア群 $\mathrm{Gal}(P/F)$ における部分群 $\mathrm{Gal}(P/F(u_1,\ldots,u_t))$ の指数は次のようにして計算される．

$$\begin{aligned}&\frac{|\mathrm{Gal}(P/F)|}{|\mathrm{Gal}(P/F(u_1,\ldots,u_t))|}\\&=\frac{|\mathrm{Gal}(P/F)|}{|\mathrm{Gal}(P/F(u_1))|}\cdot\frac{|\mathrm{Gal}(P/F(u_1))|}{|\mathrm{Gal}(P/F(u_1,u_2))|}\cdots\frac{|\mathrm{Gal}(P/F(u_1,\ldots,u_{t-1}))|}{|\mathrm{Gal}(P/F(u_1,\ldots,u_t))|}.\end{aligned}$$

ゆえに，上記不等式と定理 14.17 より次の不等式が得られる．

$$\bigl(\mathrm{Gal}(P/F) : \mathrm{Gal}(P/F(u_1,\ldots,u_t))\bigr) \leq t!.$$

例 14.20 定理 14.17 と 14.18 の説明として，次数 4 の一般方程式のガロア群が，3 次分解式の 1 つの根またはすべての根を添加することによって，どのような影響を受けるかを示そう．s_1, s_2, s_3, s_4 の有理分数式のつくる体

$$F = k(s_1, s_2, s_3, s_4)$$

を基礎体として，次数 4 の一般方程式

$$\begin{aligned}P(X) &= (X-x_1)(X-x_2)(X-x_3)(X-x_4)\\&= X^4 - s_1 X^3 + s_2 X^2 - s_3 X + s_4 = 0\end{aligned}$$

を考える (k は定数体である．たとえば $k = \mathbb{Q}$ または $\mathbb{C}$ とする)．例 14.1 (p. 248) によって，ガロア群 $\mathrm{Gal}(P/F)$ は x_1, x_2, x_3, x_4 のすべての置換のつくる群であり，これは対称群 S_4 と同一視することができる．

$$\mathrm{Gal}(P/F) = S_4.$$

4 次方程式の解法に関するラグランジュの議論より (§10.2 を参照せよ)，フェラーリの 3 次分解式の根は次のようである．

$$\begin{aligned}
u_1 &= -\frac{1}{2}\left(x_1 + x_2\right)\left(x_3 + x_4\right), \\
u_2 &= -\frac{1}{2}\left(x_1 + x_3\right)\left(x_2 + x_4\right), \\
u_3 &= -\frac{1}{2}\left(x_1 + x_4\right)\left(x_2 + x_3\right).
\end{aligned}$$

これらの根のどれも F に属さないから，系 5.13 (p. 57) より，3 次分解方程式は F 上既約である．したがって定理 14.17 と定理 14.18 (かつ注意 14.19) を適用して，$\mathrm{Gal}(P/F(u_1))$ は $\mathrm{Gal}(P/F)$ において指数 3 (ゆえに位数 8 となる) の部分群であり，また $\mathrm{Gal}(P/F(u_1, u_2, u_3))$ は $\mathrm{Gal}(P/F)$ における指数が高々 6 の正規部分群である．

実際，これから示すように，これらの群を具体的に決定することはそれほど難しくない．定理 14.11 より，$\mathrm{Gal}(P/F(u_1))$ の置換は u_1 を不変にする．したがって，§10.3 のように，u_1 を不変にするすべての置換からなる S_4 の部分群を $I(u_1)$ によって表せば次が成り立つ．

$$\mathrm{Gal}(P/F(u_1)) \subset I(u_1).$$

ラグランジュの定理によって (定理 10.2, p. 146)，S_4 における $I(u_1)$ の指数は 3 であるから (すなわち，S_4 の置換による u_1 の値の個数)，次が成り立つ．

$$\left| I(u_1) \right| = \left| \mathrm{Gal}(P/F(u_1)) \right|.$$

ゆえに，

$$\mathrm{Gal}(P/F(u_1)) = I(u_1).$$

さらに具体的にいうと，$I(u_1)$ に属する置換は，正方形を全体として不変にする等長変換によって正方形の頂点の集合上に誘導された置換の全体である．

```
 1   3
  □
 4   2
```

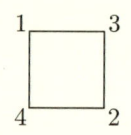

このような群を位数 8 の **2 面体群** (dihedral group) という．S_4 の部分群 $I(u_1), I(u_2)$, と $I(u_3)$ は正方形の頂点の同等でない 3 つの番号付けに対応している．

　群 $I(u_1)$ は S_4 の正規部分群でない．実際，$\sigma \in S_4$ が u_1 を u_2 に移す置換としたとき，

$$\sigma \circ I(u_1) \circ \sigma^{-1} = I(u_2) \quad (\neq I(u_1)).$$

これに対して，部分群 $\mathrm{Gal}(P/F(u_1, u_2, u_3))$ は S_4 の正規部分群であり，定理 14.11 より，u_1, u_2 と u_3 はすべてこの群に属している置換によって不変である．したがって，

$$\mathrm{Gal}(P/F(u_1, u_2, u_3)) \subset I(u_1) \cap I(u_2) \cap I(u_3).$$

$I(u_1) \cap I(u_2) \cap I(u_3)$ の置換は容易に求められる．それらは，Id（恒等写像）と $1, 2, 3, 4$ を 2 つずつ対で入れ替えるような置換である．すなわち，

$$\sigma_1 : \begin{cases} 1 \leftrightarrow 2, \\ 3 \leftrightarrow 4, \end{cases} \quad \sigma_2 : \begin{cases} 1 \leftrightarrow 3, \\ 2 \leftrightarrow 4, \end{cases} \quad \sigma_3 : \begin{cases} 1 \leftrightarrow 4, \\ 2 \leftrightarrow 3. \end{cases}$$

以上より

$$|\mathrm{Gal}(P/F(u_1, u_2, u_3))| \leq |I(u_1) \cap I(u_2) \cap I(u_3)| = 4.$$

一方，$\mathrm{Gal}(P/F(u_1, u_2, u_3))$ の S_4 における指数は高々 6 であるから，

$$|\mathrm{Gal}(P/F(u_1, u_2, u_3))| \geq 4$$

が成り立つ．したがって，

$$\mathrm{Gal}(P/F(u_1, u_2, u_3)) = \{\mathrm{Id},\ \sigma_1,\ \sigma_2,\ \sigma_3\}.$$

　この節を終えるために，定理 14.17 と 14.18 から得られる簡単な結果を述べておこう．

系 14.21 K を F の高さ 1 のベキ根拡大とする．すなわち，素数 p と F の元の p 乗ではない適当な元 $a \in F$ によって

$$K = F(u), \qquad u^p = a$$

と表されているとする．F が 1 の原始 p 乗根を含んでいるならば，$\mathrm{Gal}(P/K)$ は $\mathrm{Gal}(P/F)$ における指数 1 または p の正規部分群である．

証明 上の結果を次の多項式に適用する．

$$T(X) = X^p - a.$$

これは補題 13.9（p. 227）より既約である．F は 1 の原始 p 乗根 ζ を含んでいるから，ほかの根は $\zeta u, \zeta^2 u, \ldots, \zeta^{p-1} u$ と表されるので，T の根の 1 つである u を添加することは T のすべての根を添加することと同じになる．ゆえに，

$$K = F(u) = F(u, \zeta u, \zeta^2 u, \ldots, \zeta^{p-1} u).$$

したがって，定理 14.17 より，$\mathrm{Gal}(P/K)$ は $\mathrm{Gal}(P/F))$ において指数 p の部分群であり，また定理 14.18 より正規部分群になる． □

注意 ベキ根による方程式の可解性を適用するときは，定理 14.17 と 14.18 を上記の系を通してのみ用いる．実際，証明の概略のついているガロアの論文の原文においては，定理 14.18 のかわりにこの系の特別な場合だけが述べられている．後のある時期，おそらく決闘の前夜に，「人はその証明を見出すであろう」という注釈をつけて，それは定理 14.18 の一般的な叙述によって置き換えられた．上記の証明はエドワード (Edwards) [20] による．

14.4　ベキ根による可解性

　ベキ根による方程式の可解性は，今や方程式のガロア群についての条件に翻訳される．しかしながら，ガロアの論文におけるベキ根による可解性の概念は §13.2 のそれとは若干異なっている．そこでガロアは方程式のすべての根（それらの 1 つのかわりに）がベキ根による表現をもつことを要請している．§13.2 の条件とこの条件を区別するために，与えられた方程式のすべての根を含んでいる F のベキ根拡大が存在するとき，体 F に係数をもつ多項式方程式は F 上（ベキ根によって）**完全可解** (completely solvable) であるということにする．

この区別は，任意の方程式を扱うとき，特に左辺が可約な多項式である方程式 $P(X) = 0$ を扱うときに重要になってくる．この場合，方程式を解くことは実質上 P の 1 つの因数の根を求めることに等しく，このような根を求めるための困難さは完全に因数ごとに異なっている可能性がある．たとえば，$\mathbb{C}(s_1, \ldots, s_n)$ 上で次の方程式

$$(X-1)(X^n - s_1 X^{n-1} + s_2 X^{n-2} - \cdots + (-1)^n s_n) = 0$$

は $X - 1$ が可解であるからベキ根によって可解である．ところが，少なくとも次数 5 の一般方程式はベキ根によって可解でないから（定理 13.16, p.235），$n \geq 5$ のとき，上記方程式はベキ根によって完全可解ではない．

しかしながら，多項式 P が F 上既約であるとき次のことを証明しよう．すなわち，方程式 $P(X) = 0$ が F 上でベキ根によって可解であるための必要十分条件は，P が F 上でベキ根により完全可解になることである．

彼の論文で，ガロアは重根のない方程式の完全可解性のみを考察している．決定的に重要な場合は既約方程式の解法であり（与えられた方程式を既約分解することによってこの場合に帰着される），この場合両者の概念は同値であるから，ベキ根による方程式の可解性についてのさらに一般的な概念を考察するためにガロアの結果は実際十分であることがわかる．

この節の主要な結果は次のようである．

定理 14.22 P を体 F 上の多項式とし，P は F を含んでいる任意の体において単根だけをもつと仮定する．方程式 $P(X) = 0$ が F 上完全可解であるための必要十分条件は，そのガロア群 $\mathrm{Gal}(P/F)$ が次のような部分群の列

$$\mathrm{Gal}(P/F) = G_0 \supset G_1 \supset G_2 \supset \cdots \supset G_t = \{\mathrm{Id}\}$$

を含み，かつ $i = 1, \ldots, t$ に対して部分群 G_i は G_{i-1} において素数指数の正規部分群になることである（$t = 0$ も可，すなわち，$\mathrm{Gal}(P/F) = \{\mathrm{Id}\}$）．

したがって，有限群 G はこの定理の条件を満足しているとき，すなわち，有限群 G が G で始まり $\{\mathrm{Id}\}$ で終わる部分群の列を含み，その各部分群が前の部分群において素数指数をもつ正規部分群であるとき，**可解** (solvable) であるという．

上記の結果はガロアの論文 [21, pp. 57ff], [20, pp. 108-109] における命題 5 である．その証明は，実際に P の根の 1 つ r がベキ根による表現をもつための必

要十分条件を実際に与えるために適合している．この条件は，G_t が単位元だけに縮小されることを必要とせず，かわりに r を不変にするような置換のみを含んでいるということを除いて同じである．

必要条件であることは前の結果から比較的容易に得られ，十分条件であることは少し準備が必要である．特に，群論のいくつかの結果が必要である．はじめに，定理 10.3（p. 149）の証明より次のことを思い起そう．群 G の部分群 H の（左）剰余類とは

$$\sigma H = \{\sigma\xi \mid \xi \in H\}, \quad \sigma \in G$$

の形の G の部分集合のことであり，G における H の異なった剰余類の個数が指数 $(G : H)$ である．G が有限のとき，ラグランジュの定理（定理 10.3, p.149）より，この指数は商 $|G|/|H|$ に等しい．

補題 14.23 $\sigma H = \tau H$ であるための必要十分条件は $\sigma^{-1}\tau \in H$ である．

証明 $\sigma H = \tau H$ と仮定すると，特に $\tau \cdot 1 \in \sigma H$ となる．ゆえに，ある $\xi \in H$ によって，$\tau = \sigma\xi$ と表されるので

$$\sigma^{-1}\tau = \xi \in H.$$

逆に，$\sigma^{-1}\tau \in H$ とすると，等式

$$\sigma\xi = \tau((\sigma^{-1}\tau)^{-1}\xi), \quad \xi \in H$$

より $\sigma H \subset \tau H$ となる．一方，等式

$$\tau\xi = \sigma((\sigma^{-1}\tau)\xi), \quad \xi \in H$$

より $\tau H \subset \sigma H$ が得られる． □

補題 14.24 $G_1 \supset G_2 \supset G_3$ を群の列とする．G_1 が有限ならば，

$$(G_1 : G_3) = (G_1 : G_2)(G_2 : G_3).$$

特に，G_3 が G_1 において素数指数ならば，$G_2 = G_1$ であるかまたは $G_2 = G_3$ となる．

証明 G_3 の G_1 における指数は次の式で計算されることから明らかである．

$$\frac{|G_1|}{|G_3|} = \frac{|G_1|}{|G_2|} \cdot \frac{|G_2|}{|G_3|}.$$ □

注意 この補題は G_1 が有限であるという仮定がなくても成り立つが，その証明はより高度の技術を要する．このより一般的な場合はこの本では必要としない．

命題 14.25 H と N を群 G の部分群とし，次のように G の部分集合 $H \cdot N$ を定義する．

$$H \cdot N = \{\xi\nu \mid \xi \in H, \nu \in N\}.$$

N が G の正規部分群ならば，$H \cdot N$ は G の部分群であり，かつ $H \cap N$ は H の正規部分群である．さらに，N が G において素数指数をもち，かつ G が有限集合ならば $H \cdot N = N$ かまたは $H \cdot N = G$ のいずれかが成り立つ．

$H \cdot N = N$ のとき，$H \subset N$ となり，ゆえに $H \cap N = H$ である．

$H \cdot N = G$ のとき，$H \cap N$ の H における指数は N の G における指数に等しい．すなわち，次が成り立つ．

$$(H : H \cap N) = (G : N).$$

さらに，この場合 G における N のすべての剰余類は適当な $\xi \in H$ によって ξN という形で表される．

証明 $H \cap N$ の H における正規性は N の G における正規性から従う．$H \cdot N$ が G の部分群であることを示すのは簡単な作業である．はじめに，単位元 1 は元 $1 \in H$ と $1 \in N$ の積として表されるので $H \cdot N$ に属する．

次に，$\xi_1, \xi_2 \in H$ と $\nu_1, \nu_2 \in N$ に対して

$$(\xi_1\nu_1)(\xi_2\nu_2) = (\xi_1\xi_2)((\xi_2^{-1}\nu_1\xi_2)\nu_2)$$

と表され，N が正規部分群であるから $\xi_2^{-1}\nu_1\xi_2 \in N$．したがって，$H \cdot N$ は積に関して閉じている．

最後に，$\xi \in H$ と $\nu \in N$ に対して

$$(\xi\nu)^{-1} = \xi^{-1}(\xi\nu^{-1}\xi^{-1})$$

と表されるので，$H \cdot N$ はその任意の元の逆元を含んでいる．以上より部分群の包含関係

$$G \supset H \cdot N \supset N$$

が成り立つ．N の G における指数が素数ならば，補題 14.24 から $H \cdot N = N$ または $H \cdot N = G$ のいずれかが成り立つ．この最初の場合，H は明らかに $H \cdot N$ に含まれているので $H \subset N$ である．後者の場合，すべての元 $\sigma \in G$ に対して，元 $\xi \in H$ と $\nu \in N$ が存在して次のように表される．

$$\sigma = \xi \nu.$$

補題 14.23 より

$$\sigma N = \xi N$$

が成り立つ．ゆえに，G における N のすべての剰余類は適当な $\xi \in H$ によって ξN と表される．

残りの部分を示すために，H における $H \cap N$ の剰余類の集合と，N の G における剰余類の集合への全単射を次のように定義しよう．

$$\xi(H \cap N) \longmapsto \xi N, \quad \xi \in H.$$

N のすべての剰余類はある $\xi \in H$ によって ξN という形に表されるという先の考察から，この写像は全射であることがわかる．単射であることを示すために，$\xi_1, \xi_2 \in H$ に対して，$\xi_1 N = \xi_2 N$ と仮定する．補題 14.23 より

$$\xi_1^{-1} \xi_2 \in N$$

となり，ξ_1 と ξ_2 は 2 つとも H に属しているので

$$\xi_1^{-1} \xi_2 \in H \cap N.$$

再び補題 14.23 を適用すると，次を得る．

$$\xi_1(H \cap N) = \xi_2(H \cap N).$$

以上で次のことが証明された．

$$(G : N) = (H : H \cap N). \qquad \square$$

注意 この命題における結果は，正規部分群による**剰余群** (factor group) の概念を用いることによって多少見通しをよくすることができる．この命題は本質的に H から $H \cdot N$ への包含関係による単射は，次のような剰余群の間の同型写像を引き起こすということを主張している．

$$\frac{H}{H \cap N} \xrightarrow{\sim} \frac{H \cdot N}{N}.$$

この結果は G が無限であっても成り立つ．しかしながら我々はこの表現を避けた．なぜなら，剰余群の概念はガロアの論文に現れていなかったし，おそらくガロアにとっては未知のものであったからである．

系 14.26 N を有限群 G における素数指数 p の正規部分群とする．σ を N に属さない G の元とするとき，$\sigma^p \in N$ となる．

証明 $p+1$ 個の剰余類を考える．
$$N, \quad \sigma N, \quad \ldots, \quad \sigma^p N.$$
N の G における指数は p であるから，これらの剰余類はすべてが相異なることはできない．ゆえに，0 と p の間の整数 m, n $(m < n)$ が存在して次を満たす．
$$\sigma^m N = \sigma^n N.$$
このとき，補題 14.23 より
$$\sigma^{n-m} \in N.$$
したがって，$\sigma^k \in N$ となる最小の整数 $k > 0$ を考えることができる．前の推論より $k \leq p$．証明を完成させるために，$k \geq p$ を示せば十分である．このために，N の G におけるすべての剰余類は次のうちの 1 つであることを示そう．
$$N, \quad \sigma N, \quad \ldots, \quad \sigma^{k-1} N.$$
このとき，容易に G における N の指数 p は高々 k であることがわかる．$H = \{\sigma^i \mid i \in \mathbb{Z}\}$ とおく．これは明らかに G の部分群である．$\sigma \notin N$ であるから，$H \cdot N \neq N$．したがって，前命題より $H \cdot N = G$ でかつ N の G における任意の剰余類は，ある $i \in \mathbb{Z}$ によって $\sigma^i N$ という形に表される．k によって i を割ると，ある整数 q と r が存在して $i = kq + r$ と表される．ただし，$0 \leq r < k$ である．すると，
$$\sigma^{i-r} = (\sigma^k)^q \in N$$
と表されるので，補題 14.23 より
$$\sigma^i N = \sigma^r N.$$
r は $0 \leq r \leq k-1$ であるから，これより主張していることは示された． □

さらに,命題 14.25 から得られるものとして,次の結果を追加しよう.これは帰納法の証明においてきわめて役に立つであろう.

系 14.27 (有限) 可解群 G のすべての部分群は可解群である.

証明 G における部分群の列

$$G = G_0 \supset G_1 \supset \cdots \supset G_t = \{1\}$$

において,各部分群はその 1 つ前の部分群において素数指数の正規部分群であるようなものとする.このとき,H において同じ性質をもつ部分群の列の存在することを示さねばならない.次のような部分群の列を考えよう.

$$H = H \cap G_0 \supseteq H \cap G_1 \supseteq \cdots \supseteq H \cap G_t = \{1\}. \tag{14.13}$$

G のかわりに G_i,N のかわりに G_{i+1},H のかわりに $H \cap G_i$ として,命題 14.25 を適用すると,$H \cap G_{i+1}$ は $H \cap G_i$ の正規部分群であって,次のいずれかが成り立つことがわかる.

$$H \cap G_{i+1} = H \cap G_i \quad \text{または} \quad (H \cap G_i : H \cap G_{i+1}) = (G_i : G_{i+1}).$$

したがって,列 (14.13) において繰り返しの部分を除けば,求める性質をもつ H の部分群の列が得られる. □

以上で群論に関するすべての準備をしたので,ベキ根による方程式の解法にもどろう.前節と同じ記号を用いる.したがって,F に係数 $a_1, \ldots, a_n$ をもち,F を含んでいる適当な体に属している相異なる根 $r_1, \ldots, r_n$ をもつ次のような多項式を考える.

$$P(X) = X^n - a_1 X^{n-1} + a_2 X^{n-2} - \cdots + (-1)^n a_n = (X - r_1) \cdots (X - r_n).$$

次の結果は系 14.21 の一種の逆命題である.

補題 14.28 N を $\mathrm{Gal}(P/F)$ における素数指数 p の正規部分群とする.F が 1 の原始 p 乗根を含んでいるならば,$F(r_1, \ldots, r_n)$ に含まれる F のベキ根拡大 K が存在して,K は適当な元 $a \in F$ によって

$$K = F(a^{1/p})$$

と表され,また次の条件を満たす.

$$\mathrm{Gal}(P/K) = N.$$

証明 いくつかの段階に分けて証明する．最初に，σ を $\mathrm{Gal}(P/F)$ に属している置換で N に属さないものとする．

第1段 $x \in F(r_1, \ldots, r_n)$ を，すべての $\nu \in N$ に対して $\nu(x) = x$ を満たすものとする．このとき，次を示す．

- $\sigma(x) = x$ ならば $x \in F$．
- $\sigma(x) \neq x$，かつ $\tau \in \mathrm{Gal}(P/F)$ が $\tau(x) = x$ ならば，$\tau \in N$．

x を不変にする $\mathrm{Gal}(P/F)$ の置換全体の集合を X とする．すなわち，

$$X = \{\tau \in \mathrm{Gal}(P/F) \mid \tau(x) = x\}.$$

この集合は明らかに群であり，仮定より N を含んでいる．次の包含関係

$$\mathrm{Gal}(P/F) \supset X \supset N$$

と，$\mathrm{Gal}(P/F)$ における N の指数は素数であるという仮定より，補題14.24を用いて次の性質を導き出すことができる．

$$X = N \quad \text{または} \quad X = \mathrm{Gal}(P/F).$$

$\sigma(x) = x$ ならば，$\sigma \in X$ となり，また $\sigma \notin N$ であるから $X \neq N$ である．したがって，$X = \mathrm{Gal}(P/F)$ が得られる．ゆえに，定理14.11 (p.258) より $x \in F$ となる．

$\sigma(x) \neq x$ ならば，$\sigma \notin X$ で，ゆえに $X \neq \mathrm{Gal}(P/F)$．したがって，$X = N$ となる．これは，x を不変にする $\mathrm{Gal}(P/F)$ のすべての置換は N に属することを意味している．

第2段 N のすべての置換によって不変である元 $v \in F(r_1, \ldots, r_n)$ で F に属さないものが存在する．

$f(x_1, \ldots, x_n)$ を補題14.6 (p.252) の性質をもつ $F[x_1, \ldots, x_n]$ の多項式とする．すなわち，不定元 $x_1, \ldots, x_n$ にすべての可能なやり方で $r_1, \ldots, r_n$ を代入して得られる $n!$ 個の $F(r_1, \ldots, r_n)$ の元は相異なる．$V = f(r_1, \ldots, r_n)$ とおく．命題14.7 (p.253) の証明より，V は F 上で $P(X) = 0$ のガロア分解式である．ゆえに，F 上その最小多項式の次数は $|\mathrm{Gal}(P/F)|$ に等しい．このと

き，次の多項式を考える．

$$\prod_{\nu \in N}(X - \nu(V)).$$

この多項式の係数は明らかに N によって不変である．それらがすべて F に属しているならば，V は F 上次数 $|N|$ の多項式の根となるはずである．ところが，F 上 V の最小多項式の次数は $|N|$ より大きいからこれは不可能である．したがって，それらの係数の少なくとも1つは N によって不変ではあるが，F に属していない．この係数を v として選ぶことができる．

1 のすべての p 乗根 $\omega \in F$ に対して，一種のラグランジュの分解式を定義する．

$$t(\omega) = v + \omega\sigma(v) + \cdots + \omega^{p-1}\sigma^{p-1}(v).$$

第3段 $\sigma(t(\omega)) = \omega^{-1}t(\omega)$ であり，またすべての $\nu \in N$ に対して，$\nu(t(\omega)) = t(\omega)$ が成り立つ．

ω のベキ乗は F に属しており，ゆえに定理 14.11（p. 258）によって，$\mathrm{Gal}(P/F)$ のすべての置換によって不変である．したがって，σ を施すと

$$\sigma\bigl(t(\omega)\bigr) = \sigma(v) + \omega\sigma^2(v) + \cdots + \omega^{p-1}\sigma^p(v)$$

が得られる．これを書き換えると

$$\sigma\bigl(t(\omega)\bigr) = \omega^{-1}\bigl(\sigma^p(v) + \omega\sigma(v) + \cdots + \omega^{p-1}\sigma^{p-1}(v)\bigr).$$

また，すべての $\nu \in N$ に対して，ν を施すと

$$\nu\bigl(t(\omega)\bigr) = \nu(v) + \omega\nu\sigma(v) + \cdots + \omega^{p-1}\nu\sigma^{p-1}(v).$$

系 14.26 より，$\sigma^p \in N$ であるから，$\sigma^p(v) = v$. これより容易に次がわかる．

$$\sigma\bigl(t(\omega)\bigr) = \omega^{-1}t(\omega).$$

一方，N は $\mathrm{Gal}(P/F)$ の正規部分群であるから，すべての $\nu \in N$ とすべての $i = 0, \ldots, p-1$ に対して

$$\sigma^{-i} \circ \nu \circ \sigma^i \in N$$

が成り立つ．ゆえに，すべての $\nu \in N$ とすべての $i = 0, \ldots, p-1$ に対して次が成り立つ．

$$\sigma^{-i} \circ \nu \circ \sigma^i(v) = v.$$

σ^i をこの等式の両辺に施すと，すべての $\nu \in N$ とすべての $i = 0, \ldots, p-1$ に対して次の式を得る．

$$\nu \circ \sigma^i(v) = \sigma^i(v).$$

ゆえに，すべての $\nu \in N$ に対して次が成り立つ．

$$\nu\bigl(t(\omega)\bigr) = t(\omega).$$

第4段 1のすべての p 乗根 ω に対して $t(\omega)^p \in F$ が成り立つ．また，$t(\omega) \neq 0$ である1の p 乗根 $\omega \neq 1$ が存在する．

第3段より，$t(\omega)^p$ は σ と N のすべての置換によって不変である．ゆえに第1段より $t(\omega)^p$ は F に属する．

1のすべての p 乗根 $\omega \neq 1$ に対して $t(\omega) = 0$ と仮定すると，ラグランジュの公式 (p.145)

$$v = \frac{1}{p}\Bigl(\sum_\omega t(\omega)\Bigr)$$

より

$$v = \frac{1}{p} t(1)$$

が得られ，第3段より，この等式は v が σ によって不変であることを示している．それは N によっても不変であるから，第1段より v は F に属する．ところが，第2段より v は F に属さないように選んであるから，これは矛盾である．

以上より，1の p 乗根 ω を $\omega \neq 1$ でかつ $t(\omega) \neq 0$ であるようなものとする．ここで次のようにおく．

$$K = F\bigl(t(\omega)\bigr).$$

第4段と命題 13.2 (p.221) より，K は $F(a^{1/p})$ という形をした F のベキ根拡大である．証明を完成させるためには次を示せば十分である．

第 5 段 $\mathrm{Gal}(P/K) = N$.

$t(\omega) \neq 0$ かつ $\omega \neq 1$ であるから，第 3 段より $t(\omega)$ は σ によって不変ではない．ゆえに，$K \neq F$ となるから，K は F の高さ 1 のベキ根拡大である．したがって，系 14.21 (p. 273) より，$\mathrm{Gal}(P/K)$ は $\mathrm{Gal}(P/F)$ において指数 p の部分群である．よって，

$$|\mathrm{Gal}(P/K)| = |N|.$$

さらに，$\sigma\bigl(t(\omega)\bigr) \neq t(\omega)$ であるから，第 1 段より $t(\omega)$ を不変にする $\mathrm{Gal}(P/F)$ のすべての置換は N に属する．$t(\omega) \in K$ であるから，定理 14.11 (p. 258) より，$\mathrm{Gal}(P/K)$ のすべての置換は $t(\omega)$ を不変にする．ゆえに，

$$\mathrm{Gal}(P/K) \subseteq N.$$

これらの群は同じ位数をもつので，$\mathrm{Gal}(P/K)$ は N の真部分集合ではあり得ない．よって

$$\mathrm{Gal}(P/K) = N. \qquad \square$$

定理 14.22 の証明 $|\mathrm{Gal}(P/F)|$ についての帰納法によって，最初に方程式 $P(X) = 0$ が F 上完全可解ならば，$\mathrm{Gal}(P/F)$ は可解であることを示す．$|\mathrm{Gal}(P/F)| = 1$ ならば $\mathrm{Gal}(P/F) = \{\mathrm{Id}\}$ であり，この群は明らかに可解群である．そこで，F 上 $P(X) = 0$ のガロア群の位数より低い位数のガロア群をもつ完全可解な方程式は，可解なガロア群をもつことを仮定する．R を P のすべての根を含んでいる F のベキ根拡大とする．定理 14.11 (p. 258) より，R のすべての元は $\mathrm{Gal}(P/R)$ によって不変である．したがって，P のすべての根は $\mathrm{Gal}(P/R)$ の置換によって不変である．これは $\mathrm{Gal}(P/R) = \{\mathrm{Id}\}$ を意味している．このことより，次の条件を満たす F のベキ根拡大 K の存在がわかる．

$$|\mathrm{Gal}(P/K)| < |\mathrm{Gal}(P/F)|.$$

したがって，p 乗根の開方が P のガロア群の位数を下げるような最小の素数 p を考えることができる．具体的には，F のベキ根拡大 L で

$$\mathrm{Gal}(P/L) = \mathrm{Gal}(P/F)$$

を満たし，かつ L の元の p 乗でない適当な元 $a \in L$ によって

$$|\mathrm{Gal}(P/L(a^{1/p}))| < |\mathrm{Gal}(P/F)|$$

を満たすような素数の中の最小のものを p とする．

命題 13.5（p.223）より，1 の原始 p 乗根を含んでいる L のベキ根拡大が存在する．さらに，この命題の証明を点検すると，このような拡大 R' は素数 $q < p$ に対して，q 乗根の開方によって L から得られることがわかる．したがって，p の定義によって次が成り立つ．

$$\mathrm{Gal}(P/R') = \mathrm{Gal}(P/L) = \mathrm{Gal}(P/F).$$

さらに，命題 14.15（p.263）より

$$\mathrm{Gal}(P/R'(a^{1/p})) \subset \mathrm{Gal}(P/L(a^{1/p})).$$

ゆえに，

$$|\mathrm{Gal}(P/R'(a^{1/p}))| < |\mathrm{Gal}(P/F)|.$$

R' は 1 の原始 p 乗根を含んでいるから，系 14.21（p.273）より $\mathrm{Gal}(P/R'(a^{1/p}))$ は $\mathrm{Gal}(P/R') = \mathrm{Gal}(P/F)$ において指数 p の正規部分群である．$P(X) = 0$ は F 上完全可解であるから，定理 13.7（p.225）より（この定理の証明は可解性のかわりに完全可解性に対しても変更なしに成り立つことに注意しよう），それは $R'(a^{1/p})$ 上でも完全可解である．したがって，帰納法の仮定によって，各部分群は 1 つ前の部分群において素数指数をもつ正規部分群である次のような部分群の列が存在する．

$$\mathrm{Gal}(P/R'(a^{1/p})) \supset G_2 \supset \cdots \supset G_t = \{\mathrm{Id}\}.$$

このとき，次の列

$$\mathrm{Gal}(P/F) \supset \mathrm{Gal}(P/R'(a^{1/p})) \supset G_2 \supset \cdots \supset \{\mathrm{Id}\}$$

を考えれば，$\mathrm{Gal}(P/F)$ が可解であることがわかる．

さて逆に，$\mathrm{Gal}(P/F)$ の可解性は F 上ベキ根による $P(X) = 0$ の完全可解性を意味していることを示す．再び，$|\mathrm{Gal}(P/F)|$ についての帰納法によって証明する．

$|\mathrm{Gal}(P/F)| = 1$ のとき，$\mathrm{Gal}(P/F)$ の置換は唯一つ恒等写像のみであり，これはすべての根を不変にする．ゆえに，定理 14.11（p.258）より，P のすべての根は F に属する．F はそれ自身高さ 0 のベキ根拡大である．

したがって，帰納法によって，F 上 P のガロア群よりも低い位数の可解なガロア群をもつ方程式は完全可解であると仮定する．$\mathrm{Gal}(P/F)$ は可解群であるから，それは素数指数の正規部分群 N を含んでいる．そこで，

$$p = (\mathrm{Gal}(P/F) : N)$$

とおく．命題 13.5（p.223）より，1 のすべての p 乗根を含んでいる F のベキ根拡大 R が存在する．ここでもし，

$$|\mathrm{Gal}(P/R)| < |\mathrm{Gal}(P/F)|$$

ならば，系 14.27（p.279）より $\mathrm{Gal}(P/R)$ は可解群であるから，帰納法の仮定を用いることができる．以上より，方程式 $P(X) = 0$ は R 上で完全可解である．ゆえに，P のすべての根を含んでいる R のベキ根拡大 R' が存在する．体 R' も F のベキ根拡大であるから，この場合は証明は完成する．そうでないとき，すなわち，

$$\mathrm{Gal}(P/R) = \mathrm{Gal}(P/F)$$

のとき，補題 14.28 によれば，R のベキ根拡大 R'' が存在して $\mathrm{Gal}(P/R'') = N$ となることがわかる．このとき，

$$|\mathrm{Gal}(P/R'')| < |\mathrm{Gal}(P/F)|$$

であるから，帰納法の仮定より上と同様に結論することができる． □

注意 14.29 1 のすべてのベキ根が基礎体 F に属していると仮定する．このとき，上記証明の最後の部分より，ガロア群 $\mathrm{Gal}(P/F)$ が可解であるならば，すなわち部分群の列

$$\mathrm{Gal}(P/F) = G_0 \supset G_1 \supset \cdots \supset G_t = \{Id\}$$

が存在して，$i = 1,\ldots,t$ に対して G_i は G_{i-1} において素数指数の正規部分群であるならば，P のすべての根を含んでいる F のベキ根拡大は t 個の根の開方によって得られる．最初に，そのガロア群が G_1 に縮小するような $(G_0 : G_1)$ 乗根の開方，次にそのガロア群が G_2 に縮小するような $(G_1 : G_2)$ 乗根の開方，$\cdots$，この作業を続ければよい．

例 14.30 これから見ていくように，定理 14.22（p.274）は次数 3 と 4 の方程式のベキ根による解法を明らかにする．はじめに，任意の整数 $n \geq 2$ に対して

対称群 S_n の部分群 A_n を定義する．この群は判別式（§8.3 を参照せよ）の定義において用いられた多項式

$$\Delta(x_1, \ldots, x_n) = \prod_{1 \leq i < j \leq n} (x_i - x_j)$$

を不変にする S_n のすべての置換のつくる群である．したがって，§10.2 の記号によれば，次のように表される．

$$A_n = I(\Delta).$$

群 A_n は $\{1, \ldots, n\}$ についての**交代群** (alternating group) という（第 13 章の練習問題 6 を参照せよ）．

§8.3 で指摘されているように，それらの不定元の任意の置換は Δ を不変にするか，またはその符号反対の $-\Delta$ にするかのどちらかである．したがってラグランジュの定理によって（定理 10.2, p. 146），部分群 A_n は S_n において指数 2 をもち，

$$|A_n| = \frac{n!}{2}$$

となる．さらに，容易にわかるように，A_n は S_n の正規部分群である．このためには，すべての $\sigma \in S_n$ とすべての $\tau \in A_n$ に対して，$\sigma \circ \tau \circ \sigma^{-1} \in A_n$ が成り立つことを示さねばならない．$\sigma \in A_n$ ならば A_n は積に関して閉じているから，これは明らかである．反対に $\sigma \notin A_n$ とすると，$\sigma^{-1} \notin A_n$ であるから

$$\sigma(\Delta) = \sigma^{-1}(\Delta) = -\Delta.$$

したがって

$$\sigma \circ \tau \circ \sigma^{-1}(\Delta) = -\sigma \circ \tau(\Delta) = -\sigma(\Delta) = \Delta.$$

これより，$\sigma \circ \tau \circ \sigma^{-1} \in A_n$ となり，A_n は S_n の正規部分群である．

さて，次に $F = \mathbb{C}(s_1, \ldots, s_n)$ 上の次数 n の一般方程式 を考える．

$$P(X) = (X - x_1) \cdots (X - x_n) = X^n - s_1 X^{n-1} + \cdots + (-1)^n s_n = 0.$$

（定数体を $\mathbb{C}$ であるように選べば，1 のベキ根はすべて F に属する．）例 14.1 (p. 248) によって，ガロア群 $\mathrm{Gal}(P/F)$ は S_n と同一視される．Δ^2 は判別式で

$$\Delta^2 = D(s_1, \ldots, s_n) \in F$$

であるから，Δ は次の多項式の根である．

$$X^2 - D(s_1, \ldots, s_n) \in F[X].$$

ゆえに，定理 14.17 (p. 265) によって，$\mathrm{Gal}(P/F(\Delta))$ は $\mathrm{Gal}(P/F) = S_n$ において指数 2 の部分群である．$\mathrm{Gal}(P/F(\Delta))$ の元は Δ を不変にするから（定理 14.11, p. 258），

$$\mathrm{Gal}(P/F(\Delta)) \subseteq A_n.$$

ここで，これら 2 つの群は S_n において指数 2 をもつので，同じ個数の元をもつ．よって，

$$\mathrm{Gal}(P/F(\Delta)) = A_n.$$

(2 次方程式の根の 1 つを添加することはその方程式の 2 つの根を添加することと同じであるから，A_n が S_n の正規部分群であるという事実は定理 14.18 (p. 267) より従う．)

今 $n = 3$ とする．次のような部分群の列

$$S_3 \supset A_3 \supset \{\mathrm{Id}\}$$

より S_3 は可解群であることがわかる．なぜならば，S_3 における A_3 の指数は 2 であり，A_3 における $\{\mathrm{Id}\}$ の指数は $|A_3| = 3$ であるから．したがって，次数 3 の一般方程式 はベキ根によって完全可解である．これらすべての根を含んでいる F のベキ根拡大は根の 2 つの開方によって得られる．すなわち，最初に平方根の開平，これはガロア群を S_3 から A_3 に縮小する．次に 3 乗根の開方，これはガロア群を $\{\mathrm{Id}\}$ に縮小する．より正確に述べると，実際 $\mathrm{Gal}(P/F(\Delta)) = A_3$ であるから，上に述べた議論より，最初に開平されねばならない平方根は判別式 $D(s_1, s_2, s_3)$ の平方根である（カルダーノの公式では，平方根による表現が実際判別式である．§8.3 を参照せよ）．

さて次に $n = 4$ を考察する．例 14.20 (p. 270) において，フェラーリの 3 次分解式のすべての根を F に添加することにより，そのガロア群を

$$V = \{\mathrm{Id},\ \sigma_1,\ \sigma_2,\ \sigma_3\}$$

に縮小させることができることを見た．ただし，$\sigma_1, \sigma_2, \sigma_3$ は可換であり，また $\sigma_1^2 = \sigma_2^2 = \sigma_3^2 = \mathrm{Id}$ を満足している．したがって，$\{\mathrm{Id}, \sigma_1\}, \{\mathrm{Id}, \sigma_2\}, \{\mathrm{Id}, \sigma_3\}$

は V において指数 2 の正規部分群である．さらに，直接的な計算によって，$\sigma_1, \sigma_2, \sigma_3$ は Δ を不変にすることがわかるので，

$$V \subset A_4.$$

元の数を数えると，次が得られる．

$$(A_4 : V) = 3.$$

さらに，V は S_4 の正規部分群であるから（例 14.20, p. 270 を参照せよ），それは当然
A_4 の正規部分群である．次の部分群の列

$$S_4 \supset A_4 \supset V \supset \{\mathrm{Id}, \sigma_1\} \supset \{\mathrm{Id}\}$$

より，S_4 は可解群であることがわかる．したがって，次数 4 の一般方程式は F 上でベキ根によって完全可解である．さらに，上記部分群の列より，すべての根を含んでいる F のベキ根拡大は次の手順によって得られることがわかる．

(1) 判別式 $D(s_1, s_2, s_3, s_4)$ の平方根を求めること，これはそのガロア群を A_4 に縮小する．
(2) 3 乗根を求めること，これはそのガロア群を V に縮小する．
(3) と (4) 2 つの平方根を逐次的に求めること，これはそのガロア群を $\{\mathrm{Id}, \sigma_1\}$ に縮小し，次いで $\{\mathrm{Id}\}$ にする．

実際に，はじめの 2 つの手続きはフェラーリの 3 次分解式を解くことによって達せられる．これは最初にその判別式の平方根を求めることを必要とする．ゆえに，$D(s_1, s_2, s_3, s_4)$ の平方根を求めることは 3 次分解式の判別式の平方根を求めることに帰着する．さらに，直接的な計算によって，これらの 2 つの判別式は等しいことが容易に確かめられる（第 8 章の練習問題 3 を参照せよ）．

上記の推論によって，同時に次数 3 または 4 のすべての方程式はベキ根によって完全可解であることがわかる．なぜならば，このような方程式のガロア群はその根の置換のつくる群であり，根の番号を付け替えることによって S_3 または S_4 の部分群に同一視される．ゆえに，系 14.27（p. 279）によってそれは可解群である．

この節を終えるために，ベキ根による方程式の（必ずしも完全でない）可解性に目を向けよう．

定理 14.31 r を体 F 上の多項式 P の根とし，P は F を含んでいる任意の体において単根しかもたないと仮定する．根 r が体 F 上でベキ根による表現をもつための必要十分条件は，$\mathrm{Gal}(P/F)$ が次のような部分群の列を含んでいることである．

$$\mathrm{Gal}(P/F) = G_0 \supset G_1 \supset G_2 \supset \cdots \supset G_t.$$

ただし，$i = 1, \ldots, t$ に対して G_i は G_{i-1} において素数指数の正規部分群で，かつ r は G_t のすべての置換によって不変である（$t = 0$ でもよい）．

$|\mathrm{Gal}(P/F)|$ とは異なる整数についての帰納法を用いるところ以外は，定理 14.22（p.274）の証明と同じである．必要条件に対して，次の集合の元の個数についての帰納法を用いる．

$$\{\sigma(r) \mid \sigma \in \mathrm{Gal}(P/F)\}.$$

（これを $\mathrm{Gal}(P/F)$ による r の**軌道** (orbit) という．）十分条件であることの証明については，$\mathrm{Gal}(P/F)$ の部分群の列の長さ t についての帰納法を使う．詳細は読者に残しておく．

この節のはじめのところで述べたように，この定理と定理 14.22（p.274）を用いると，次のことを証明することができる．すなわち，既約多項式に対しては，ベキ根によるこの 2 つの可解性についての概念は同値である．このために，ガロア群による次のような既約多項式についての特徴づけが必要となる．

命題 14.32 F の任意の拡大において定数でなく重根をもたない多項式 $P \in F[X]$ が F 上で既約であるための必要十分条件は，そのガロア群 $\mathrm{Gal}(P/F)$ が P の根全体の集合上で推移的であること，すなわち，P の任意の 2 つの根 r_i, r_j に対して次のような置換 $\sigma \in \mathrm{Gal}(P/F)$ が存在することである．

$$\sigma(r_i) = r_j.$$

証明 P が既約でないとすると，定数ではない多項式ある $P_1, P_2 \in F[X]$ によって，

$$P = P_1 P_2$$

と表される．r_1 が P_1 の根ならば，

$$P_1(r_1) = 0$$

であるから，すべての $\sigma \in \mathrm{Gal}(P/F)$ に対して，σ をこの等式の両辺に施せば

$$P_1(\sigma(r_1)) = 0.$$

以上より，$\mathrm{Gal}(P/F)$ のいかなる置換も r_1 を P_2 の根に移さない．したがって，この群は P の根全体の集合上で推移的ではない．逆に，$\mathrm{Gal}(P/F)$ が P の根全体の集合上で推移的でないと仮定する．すると，P の根 r_i, r_j で $\mathrm{Gal}(P/F)$ のいかなる置換によっても r_i が r_j に移されない．そこで，

$$R = \{\sigma(r_i) \mid \sigma \in \mathrm{Gal}(P/F)\},$$
$$P_1 = \prod_{r \in R}(X - r)$$

とおく．P_1 の係数はすべて $\mathrm{Gal}(P/F)$ によって不変であるから，定理 14.11 (p.258) により，それらは F に属する．さらに，R の元は P の根であるから，P_1 は P を割り切る．一方，r_i, r_j についての仮定より $r_j \notin R$ である．ゆえに，P_1 の根でない P の根がある．よって，P_1 の次数は P の次数よりも小さい．したがって，P は $F[X]$ で既約ではない． □

命題 14.33 P をある体 F 上の既約多項式とする．方程式 $P(X) = 0$ が F 上でベキ根によって完全可解であるための必要十分条件は，$P(X) = 0$ が F 上ベキ根によって可解になることである．

証明 明らかに十分条件であることを示せば十分である．はじめに次のことを注意しよう．定理 5.21 (p.61) によって，既約多項式は基礎体のいかなる拡大においても重根をもたない．したがって，定理 14.22 (p.274) と定理 14.31 を命題 14.32 と一緒に用いて，この命題を次のような純粋に群論的な命題として述べることができる．

主張 G を集合 $\{r_1, \ldots, r_n\}$ の置換のつくる推移的な群とする．G が部分群の列

$$G = G_0 \supset G_1 \supset \cdots \supset G_t \tag{S}$$

を含み，かつ $i = 1, \ldots, t$ に対して G_i は G_{i-1} において素数指数の正規部分群であり，最後の G_t のすべての置換はそれらの元の 1 つ（たとえば r_1）を不変にするならば，G は可解群である．

G は推移的であるから，$i = 2, \ldots, n$ に対して，次のような置換 $\sigma_i \in G$ が存在する．

$$\sigma_i(r_1) = r_i.$$

このとき G の内部自己同型写像 $\tau \mapsto \sigma_i \circ \tau \circ \sigma_i^{-1}$ を用いて，与えられた部分群の列を次のような列に変換することができる．

$$G = G_0 \supset (\sigma_i \circ G_1 \circ \sigma_i^{-1}) \supset \cdots \supset (\sigma_i \circ G_t \circ \sigma_i^{-1}). \quad (S_i)$$

この列においては，各部分群は前の部分群において素数指数の正規部分群であり，かつ最後の部分群 $\sigma_i \circ G_t \circ \sigma_i^{-1}$ は r_i を不変にする．

列 (S_2) におけるすべての部分群と G_t の共通部分をとると，次の列が得られる．

$$G_t \supseteq (G_t \cap (\sigma_2 \circ G_1 \circ \sigma_2^{-1})) \supseteq (G_t \cap (\sigma_2 \circ G_2 \circ \sigma_2^{-1})) \supseteq \cdots$$
$$\supseteq (G_t \cap (\sigma_2 \circ G_t \circ \sigma_2^{-1})). \quad (S_2')$$

命題 14.25（p. 276）より（系 14.27, p. 279 の証明も参照せよ），各部分群は 1 つ前の部分群において指数 1 かまたは素数指数の正規部分群である．与えられた列 (S) はこのようにして $G_t \cap (\sigma_2 \circ G_t \circ \sigma_2^{-1})$ まで続けることができ，これは r_1 と r_2 の 2 つとも不変にする．

列 (S_3) のすべての部分群と $(G_t \cap (\sigma_2 \circ G_t \circ \sigma_2^{-1}))$ との共通部分をとれば，(S_2') と同様な列が得られる．この列は $(G_t \cap (\sigma_2 \circ G_t \circ \sigma_2^{-1}))$ で始まり

$$G_t \cap (\sigma_2 \circ G_t \circ \sigma_2^{-1}) \cap (\sigma_3 \circ G_t \circ \sigma_3^{-1})$$

で終わる．この部分群は r_1, r_2 と r_3 を不変にする．この列は前につくられた列を拡張するときに用いることができる．同様にしてこれを続ければ（繰り返しを除いて），次のような G のある部分群の列をつくることができる．すなわち，その列の各部分群は 1 つ前の部分群において素数指数の正規部分群で，次のもので終わる．

$$G_t \cap (\sigma_2 \circ G_t \circ \sigma_2^{-1}) \cap \cdots \cap (\sigma_n \circ G_t \circ \sigma_n^{-1}).$$

この群は，$r_1, \ldots, r_n$ のすべてを不変にするので，$\{\mathrm{Id}\}$ に縮小する．このようにしてつくられた部分群の列は G が可解群であることを示している． □

14.5　応用

ガロア理論の2つの応用を説明しよう．すなわち，最初のものはガロア自身によるもので，これは素数次数の既約多項式を扱っている．第2のものは§14.1で述べられたアーベルの定理，言い換えるとアーベルの条件を満足している方程式はベキ根によって可解であるという定理を証明するものである．

ガロアの論文の最後の部分で，彼はベキ根によって可解である素数次数の既約多項式のガロア群を決定している（完全可解である場合，あるいはそうでない場合の両方において決定している．これらの性質は命題 14.33 によって同値である）．定理 14.22（p. 274）と命題 14.32 を考慮すると，これは実質的に素数 p に対して p 個の元の置換のつくる群で推移的かつ可解である群，すなわち，S_p の推移的な可解群を決定することに帰着される．

ガロアの結果を論ずる前に，以下において決定的な役割を果たすいくつかの置換群ついての基本的な結果を振り返って考察してみよう．

定義 14.34　G を集合 E の置換群とする．任意の $a \in E$ に対して，a が G の置換によって移される E の元全体の集合を，G による a の**軌道** (orbit) と定義する．すなわち，

$$G(a) = \{\sigma(a) \mid \sigma \in G\}.$$

また，a を不変にする G のすべての置換の集合

$$I_G(a) = \{\sigma \in G \mid \sigma(a) = a\}$$

を G における a の**固定部分群** (isotropy subgroup) と定義する（§10.3 と比較せよ）．

ラグランジュの定理（定理 10.2, p. 146）の証明と同様の議論によって，次の結果が得られる．

定理 14.35　G が有限集合ならば，任意の $a \in E$ に対して次が成り立つ．

$$|G| = |G(a)| \cdot |I_G(a)|.$$

証明　任意の $b \in E$ に対して，

$$I_G(a \mapsto b) = \{\sigma \in G \mid \sigma(a) = b\}$$

とおく．a がどこに移されるかによって G の元を分類すると，G を次のような共通部分のない部分集合に分割できる．

$$G = \bigcup_{b \in G(a)} I_G(a \mapsto b).$$

ゆえに，

$$|G| = \sum_{b \in G(a)} |I_G(a \mapsto b)|. \tag{14.14}$$

今，$b \in G(a)$ とすると，ある $\sigma \in G$ によって $b = \sigma(a)$ となり，

$$I_G(a \mapsto b) = \sigma \circ I_G(a)$$

であることが容易に確かめられる．したがって，$b \in G(a)$ に対してすべての集合 $I_G(a \mapsto b)$ は $I_G(a)$ と同じ個数の元をもつ．このとき，(14.14) より次を得る．

$$|G| = |G(a)| \cdot |I_G(a)|. \qquad \square$$

G による軌道についての次の考察は，以下においてしばしば役に立つであろう．

命題 14.36 定義 14.34 と同じ記号を用いて，次が成り立つ．

(a) 任意の $x \in G(a)$ に対して，$G(x) = G(a)$ が成り立つ．
(b) G による任意の軌道は共通部分がないか，または一致している．
(c) 集合 E は共通部分のない G による軌道の和集合に分解される．

証明 (a) ある $\sigma \in G$ に対して，$x = \sigma(a)$ とおく．このとき，

$$G(x) = G(\sigma(a)) = (G \circ \sigma)(a).$$

右から σ と合成すると，これは G から G の上への全単射であるから，$G \circ \sigma = G$ となる．ゆえに，

$$G(x) = G(a).$$

(b) $a, b \in E$ を $G(a) \cap G(b) \neq \phi$ であるようなものとする．すると，$x \in G(a) \cap G(b)$ なる元が存在する．(a) によって，$G(x) = G(a)$ でかつ $G(x) = G(b)$ であるから，$G(a)$ と $G(b)$ は一致する．

(c) これは (b) から容易に従う. 実際, A を G による各軌道の元を 1 つ含んでいる E の部分集合とすると,

$$E = \bigcup_{a \in A} G(a)$$

と表される. ここで, 軌道 $G(a)$ はすべて相異なる. □

以上より S_p の推移的な部分群についての最初の結果が得られる.

系 14.37 G を p (p は素数) 個の元をもつ集合 E の推移的な置換群とし, N を G の正規部分群とする. このとき, $N \neq \{\mathrm{Id}\}$ ならば, N は E 上で推移的である.

証明 E を N による共通部分のない軌道の和集合に分割する.

$$E = \bigcup_{a \in A} N(a).$$

元の個数を数えると, 次が成り立つ.

$$p = \sum_{a \in A} |N(a)|.$$

証明を完成させるためには, 任意の 2 つの軌道は同じ個数の元をもつということを示せば十分である. 実際, この数を n によって表すと, 上の等式より次が成り立つ.

$$p = n \cdot |A|.$$

p は素数だから, 2 つの可能性, $n = 1$ かまたは $n = p$, がある. $n = 1$ のとき, N は E のすべての元を不変にし, ゆえに $N = \{\mathrm{Id}\}$ となる. $n = p$ のとき, $|A| = 1$ となり, これは N が E 上で推移的であることを意味している. したがって, 次のことを証明することだけが残っている.

主張 任意の $a, b \in E$ に対して, $|N(a)| = |N(b)|$ が成り立つ.

G は E 上推移的であるから, $\sigma(a) = b$ を満たす置換 $\sigma \in G$ が存在する. すると,

$$\sigma \circ N \circ \sigma^{-1}(b) = \sigma \circ N(a).$$

一方，N は G の正規部分群であるから，$\sigma \circ N \circ \sigma^{-1} = N$．ゆえに，

$$N(b) = \sigma \circ N(a).$$

したがって，置換 σ との合成によって，$N(a)$ から $N(b)$ の上への全単射を誘導する．これで主張が示された． □

S_p の推移的な可解部分群についてのガロアによる分類を述べる前に，定理 10.7（p.156）の前で定義された群 GA(p) を思い出そう．記号を簡略化するために，S_p を（$\{1,\ldots,p\}$ のかわりに）集合 $\{0,1,\ldots,p-1\}$ の置換群として考察する．このとき，τ を次のように定義する．

$$\tau : 0 \longmapsto 1 \longmapsto \cdots \longmapsto p-1 \longmapsto 0.$$

p を法とする合同式を用いて，τ の定義を次のように書き直す．すなわち，$(p-1)+1 \equiv 0 \pmod{p}$ であるから，$x \in \{0,\ldots,p-1\}$ に対して

$$\tau : x \longmapsto x+1 \pmod{p}$$

によって定義する．$i = 1,\ldots,p-1$ に対して，置換 σ_i も

$$\sigma_i : x \longmapsto ix \pmod{p}$$

として定義する（定理 10.7, p.156 の前の定義と比較せよ）．群 GA(p) は $\sigma_1,\ldots,\sigma_{p-1}$ と τ によって生成される S_p の部分群である．GA(p) の元は次のような形をした置換であることは容易に確かめられる．

$$x \longmapsto ax + b \pmod{p}.$$

ただし，$a \in \{1,\ldots,p-1\}$ かつ $b \in \{0,\ldots,p-1\}$ である（§10.3 で主張されているように，これは $|\mathrm{GA}(p)| = p(p-1)$ であることを示している）．

ガロアの結果は（彼の論文 [21, pp. 65ff], [20, pp.111-112] の命題 7 における），GA(p) だけが本質的に S_p の推移的な可解群であることを主張している．

定理 14.38 S_p のすべての推移的な可解群は GA(p) のある部分群に共役である．すなわち，ある $\alpha \in S_p$ と GA(p) のある部分群 H によって $\alpha \circ H \circ \alpha^{-1}$ という形に表される．特に，このような群の位数は $p(p-1)$ を割り切る．逆に，GA(p) の部分群に共役な S_p のすべての部分群は可解である．

ラグランジュの考察から見た，この定理の1つの解釈は，定理 10.7（p. 156）における次数 $(p-2)!$ の方程式を超えてこれ以上還元することはできないということである．$\mathrm{GA}(p)$ についての次の性質は，この定理の証明において非常に重要である．

補題 14.39 $\tau \in \mathrm{GA}(p)$ を上記のように

$$\tau(x) = x + 1 \pmod{p}, \quad x \in \{0, \ldots, p-1\}$$

によって定義し，$\theta \in S_p$ とする．このとき，$\theta \circ \tau \circ \theta^{-1} \in \mathrm{GA}(p)$ ならば，$\theta \in \mathrm{GA}(p)$ となる．

証明 はじめに，$\theta \circ \tau \circ \theta^{-1}$ は τ のベキ乗であることを示す．そうでないとすると，ある $a \not\equiv 0, 1 \pmod{p}$ に対して

$$\theta \circ \tau \circ \theta^{-1} : x \longmapsto ax + b \pmod{p}.$$

このとき，i についての帰納法によって容易に次のことがわかる．

$$(\theta \circ \tau \circ \theta^{-1})^i : x \longmapsto a^i x + (a^{i-1} + \cdots + a + 1)b \pmod{p}.$$

特に，

$$(\theta \circ \tau \circ \theta^{-1})^{p-1} : x \longmapsto a^{p-1} x + (a^{p-2} + \cdots + a + 1)b \pmod{p}.$$

さて，$a \not\equiv 0 \pmod{p}$ だから，フェルマーの定理（定理 12.5, p.178）より $a^{p-1} \equiv 1 \pmod{p}$ が成り立つ．さらに，$a - 1$ を b の係数にかけると次を得る．

$$(a-1)(a^{p-2} + \cdots + a + 1) = a^{p-1} - 1 \equiv 0 \pmod{p}.$$

$a - 1 \not\equiv 0 \pmod{p}$ であるから，上記 b の係数は $0 \pmod{p}$ である．ゆえに，

$$(\theta \circ \tau \circ \theta^{-1})^{p-1} = \mathrm{Id}.$$

ところが，

$$(\theta \circ \tau \circ \theta^{-1})^{p-1} = \theta \circ \tau^{p-1} \circ \theta^{-1}$$

と表されるから，この最後の等式より $\tau^{p-1} = \mathrm{Id}$ となるが，これは矛盾である．したがって，主張しているように，1 と $p-1$ の間のある整数 i に対して次が成り立つ．

$$\theta \circ \tau \circ \theta^{-1} = \tau^i.$$

この両辺に右側から θ を合成すると,次を得る.

$$\theta \circ \tau = \tau^i \circ \theta.$$

これは次のことを意味している.すなわち,すべての $x = 0, \ldots, p-1$ に対して,

$$\theta(x+1) = \theta(x) + i \pmod{p}.$$

x についての帰納法によって,すべての $x = 0, \ldots, p-1$ に対して

$$\theta(x) = ix + \theta(0) \pmod{p}$$

が成り立つ.これより,$\theta = \tau^{\theta(0)} \circ \sigma_i$ となり,ゆえに $\theta \in \mathrm{GA}(p)$ を得る. □

定理 14.38 の証明 G を S_p の推移的な可解部分群とし,部分群の列

$$G = G_0 \supset G_1 \supset \cdots \supset G_t = \{\mathrm{Id}\} \tag{14.15}$$

を,各部分群はその 1 つ前の部分群において素数指数の正規部分群であるような列とする.G が推移的であるから,系 14.37(p. 294)より,G_1 は推移的である($G_1 = \{\mathrm{Id}\}$,すなわち,$t = 1$ でないとすれば).ゆえに,G_2 も推移的である($G_2 = \{\mathrm{Id}\}$,すなわち,$t = 2$ でないとすれば).これを続ければ G_{t-1} に至る.

定理 14.35(p. 292)より,$\{0, \ldots, p-1\}$ の任意の元の軌道に属する元の個数は $|G_{t-1}|$ を割り切る.G_{t-1} は $\{0, \ldots, p-1\}$ 上で推移的であるから,p は $|G_{t-1}|$ を割り切る.ところが,G_{t-1} の位数は G_{t-1} における G_t の指数で,これは素数である.ゆえに,

$$|G_{t-1}| = p.$$

G_{t-1} の部分群の位数は p の約数であるから,Id と異なる任意の元によって生成される G_{t-1} の部分群は G_{t-1} に一致する.したがって,G_{t-1} は 1 つの置換によって生成される.この置換は長さ p の巡回置換である.すなわち,置換

$$\gamma : i_1 \longmapsto i_2 \longmapsto \cdots \longmapsto i_p \longmapsto i_1$$

である.ただし,$i_1, i_2, \ldots, i_p$ は $0, 1, \ldots, p-1$ をある順序で並べたものであ

る．$\alpha \in S_p$ を次のような置換とする．

$$\alpha : \begin{cases} 0 \longmapsto i_1 \\ 1 \longmapsto i_2 \\ \vdots \\ p-1 \longmapsto i_p. \end{cases}$$

すると，

$$\alpha^{-1} \circ \gamma \circ \alpha : 0 \longmapsto 1 \longmapsto 2 \longmapsto \cdots \longmapsto p-1 \longmapsto 0.$$

すなわち，上と同じ記号を用いると

$$\alpha^{-1} \circ \gamma \circ \alpha = \tau.$$

$i = 0, 1, \ldots, t$ に対して，G'_i を S_p の内部自己同型写像 $\xi \mapsto \alpha^{-1} \circ \xi \circ \alpha$ による G_i の像とする．

$$G'_i = \alpha^{-1} \circ G_i \circ \alpha.$$

この内部自己同型写像によって与えられた列 (14.15) を変換すると，同様な列

$$G'_0 \supset G'_1 \supset \cdots \supset G'_t = \{\mathrm{Id}\}$$

を得る．ただし各部分群は前の部分群において素数指数の正規部分群である．さらに，G_{t-1} は γ によって生成されるから，最後の 1 つ前の部分群 G'_{t-1} は τ によって生成される．したがって，$G'_{t-1} \subset \mathrm{GA}(p)$ を得る．

部分群 G'_{t-1} は G'_{t-2} の正規部分群であるから，任意の $\theta \in G'_{t-2}$ に対して，

$$\theta \circ \tau \circ \theta^{-1} \in G'_{t-1}$$

を満たす．上で見たように，$G'_{t-1} \subset \mathrm{GA}(p)$ であるから，したがってすべての $\theta \in G'_{t-2}$ に対して，

$$\theta \circ \tau \circ \theta^{-1} \in \mathrm{GA}(p)$$

となる．このとき，補題 14.39 より，$G'_{t-2} \subset \mathrm{GA}(p)$ であることがわかる．G'_{t-1} と G'_{t-2} のかわりに G'_{t-2} と G'_{t-3} に対して同じ議論を適用することができ，$G'_{t-3} \subset \mathrm{GA}(p)$ が得られる．必要なだけ同じ推論を繰り返せば，最終的に，

$G'_0 \subset \mathrm{GA}(p)$ を得る．$G = \alpha \circ G'_0 \circ \alpha^{-1}$ であるから，G は $\mathrm{GA}(p)$ の部分群 G'_0 に共役であることがわかる．

逆に，$\mathrm{GA}(p)$ のある部分群に共役である S_p のすべての部分群が可解であることを証明するためには，系 14.27 (p. 279) によって，$\mathrm{GA}(p)$ それ自身が可解であることを示せば十分である．証明を完結させるために，p の原始根の 1 つ g を選び（定理 12.1, p. 176 を参照），また $p-1$ の任意の約数 e に対して次のような $\mathrm{GA}(p)$ の部分集合 H_e を定義する．

$$H_e = \Big\{ x \mapsto g^{ei} x + c \pmod{p} \mid c = 0, \dots, p-1 \text{ かつ} \\ i = 0, \dots, (p-1)e^{-1} - 1 \Big\}.$$

簡単な確認によって，この集合は $\mathrm{GA}(p)$ の正規部分群であることがわかる．さらに，明らかに次が成り立つ．

$$|H_e| = \frac{p(p-1)}{e}.$$

e, e' を $p-1$ の約数で，e が e' を割り切るとき，

$$H_e \supset H_{e'}.$$

これらの群の位数を比較すると，H_e における $H_{e'}$ の指数は e'/e である．今，

$$p-1 = q_1 \cdots q_r$$

を $p-1$ の素因数分解とし（重複可），また

$$e_0 = 1, \quad e_1 = q_1, \quad e_2 = q_1 q_2, \quad \dots, \quad e_{r-1} = q_1 \cdots q_{r-1}, \quad e_r = p-1$$

とおく．すると，$i = 1, \dots, r$ に対して e_{i-1} は e_i を割り切り，その商 $e_i/e_{i-1} = q_i$ は素数である．このとき，次の部分群の列

$$\mathrm{GA}(p) = H_{e_0} \supset H_{e_1} \supset \cdots \supset H_{e_r} \supset \{\mathrm{Id}\}$$

より $\mathrm{GA}(p)$ は可解群であることがわかる． □

S_p の推移的な可解部分群のもう 1 つの特徴づけは，前定理から導かれる．

定理 14.40 S_p の推移的な部分群 G が可解であるための必要十分条件は，恒等写像を除いて G のいかなる置換も $\{0, \dots, p-1\}$ の 2 つの元を不変にしないことである．

証明 G が可解群であると仮定する．定理 14.38 によって，次の条件を満たす置換 $\alpha \in S_p$ が存在する．

$$\alpha^{-1} \circ G \circ \alpha \subset \mathrm{GA}(p).$$

$\theta \in G$ が 2 つの元 u, v を不変にするならば，$\alpha^{-1} \circ \theta \circ \alpha \in \mathrm{GA}(p)$ は $\alpha^{-1}(u)$ と $\alpha^{-1}(v)$ を不変にする．ところが容易に確かめられるように，恒等写像を除く

$$x \longmapsto ax + b, \qquad a \in \{1, \ldots, p-1\}, \qquad b \in \{0, \ldots, p-1\}$$

という形のいかなる置換も（すなわち，$\mathrm{GA}(p)$ のいかなる置換も），2 つの元を不変にしない．したがって，$\alpha^{-1} \circ \theta \circ \alpha = \mathrm{Id}$ となり，$\theta = \mathrm{Id}$ を得る．

逆に恒等写像を除く G のいかなる置換も 2 つの元を不変にしないならば，$u, v \in \{0, \ldots, p-1\}$ かつ $u \neq v$ なる元に対して

$$I_G(u) \cap I_G(v) = \{\mathrm{Id}\}.$$

ゆえに，1 つの元を不変にする Id 以外の G の置換の集合は，次のような共通部分のない G の部分集合に分割される．

$$\bigcup_{u \in \{0, \ldots, p-1\}} (I_G(u) - \{\mathrm{Id}\}). \tag{14.16}$$

この集合の置換の個数を計算するために，次のことに注目する．G が推移的であるから，すべての $u \in \{0, \ldots, p-1\}$ に対して，

$$G(u) = \{0, \ldots, p-1\}.$$

したがって，定理 14.35 より，すべての $u \in \{0, \ldots, p-1\}$ に対して

$$p \cdot |I_G(u)| = |G|.$$

$u \in \{0, \ldots, p-1\}$ に対して，$q = |I_G(u)|$ とおけば

$$|G| = pq$$

となる．分割 (14.16) を使うと，1 つの元を不変にする Id 以外の G の元の個数は $p(q-1)$ であることがわかる．したがって，いかなる元も不変にしない $p-1$ 個の置換が G に存在する．そこで，θ をこのような置換とする．

主張 θ は長さ p の巡回置換である．すなわち，

$$\theta: i_1 \longmapsto i_2 \longmapsto \cdots \longmapsto i_p \longmapsto i_1.$$

ここで，$i_1, \ldots, i_p$ は $0, 1, \ldots, p-1$ をある順序で並べたものである．さらに，いかなる元も不変にしない G の元は $\theta, \theta^2, \ldots, \theta^{p-1}$ である．

T を θ によって生成された G の部分群とする．

$$T = \{\theta^k \mid k \in \mathbb{Z}\}.$$

はじめに，すべての $u \in \{0, \ldots, p-1\}$ に対して，$I_T(u) = \{\mathrm{Id}\}$ であることを示そう．実際，

$$\theta^k(u) = u$$

とすると，この両辺に θ を施すと次を得る．

$$\theta^k\bigl(\theta(u)\bigr) = \theta(u).$$

ゆえに，$I_T(u)$ のすべての置換は 2 つの元 u と $\theta(u)$ を不変にする．G についての仮定より，$I_T(u) = \{\mathrm{Id}\}$ となる．

定理 14.35 によって，この結果は，すべての $u \in \{0, \ldots, p-1\}$ に対して

$$|T(u)| = |T|$$

であることを意味している．このとき $\{0, \ldots, p-1\}$ の，共通部分のない T による軌道の和集合への分割を考える．すなわち，

$$\{0, \ldots, p-1\} = \bigcup_{u \in U} T(u).$$

元の個数を数えると，異なる軌道の個数を n として次が成り立つ．

$$p = n \cdot |T|.$$

p は素数で，かつ $|T| > 1$ であるから，$|T| = p$ かつ $n = 1$ となるので，θ は長さ p の巡回置換である．このとき $\theta, \theta^2, \ldots, \theta^{p-1}$ はいかなる元も不変にしないし，またこれらは G に属している．前に注意してあるように，G の元全体の個数は $p-1$ であるから，この性質をもつ G の置換はこのほかにはない．これより主張は証明された．

次に，$\alpha \in S_p$ を次のように定義する．

$$\alpha : \begin{cases} 0 \mapsto i_1 \\ 1 \mapsto i_2 \\ \vdots \\ p-1 \mapsto i_p. \end{cases}$$

すると，上と同じ記号を用いて次が成り立つ．

$$\alpha^{-1} \circ \theta \circ \alpha = \tau.$$

ρ を G の任意の元とする．$\rho \circ \theta \circ \rho^{-1}$ は E のいかなる元も不変にしない G の元であるから，θ のベキ乗となる．よって，この元は k を 1 と $p-1$ の間の適当な整数として，

$$\rho \circ \theta \circ \rho^{-1} = \theta^k$$

と表される．S_p の内部自己同型写像 $\xi \mapsto \alpha^{-1} \circ \xi \circ \alpha$ によってこの等式を変換すると，

$$(\alpha^{-1} \circ \rho \circ \alpha) \circ \tau \circ (\alpha^{-1} \circ \rho \circ \alpha)^{-1} = \tau^k.$$

補題 14.39 より $\alpha^{-1} \circ \rho \circ \alpha \in \mathrm{GA}(p)$ であることがわかる．

以上より次のことが証明された．

$$\alpha^{-1} \circ G \circ \alpha \subset \mathrm{GA}(p).$$

ゆえに，G は $\mathrm{GA}(p)$ のある部分群に共役であり，したがって可解群となる．□

もちろん，群の導入を正当化し，かつこの新しい道具の力と有用性を立証するために，それらの叙述の中で群に言及はしていないが，その証明の中で何らかの群論を必要としているいくつかの新しい結果を提供する必要がある．このようなほんの 2, 3 の結果がガロアによって例証として挙げられている．次のものは彼の論文 [21, p. 69], [20, p. 113] における命題 8 である．

系 14.41 P を体 F 上の素数次数の既約多項式とする．方程式 $P(X) = 0$ が F 上ベキ根によって可解であるための必要十分条件は，P のすべての根がそれらの任意の 2 つの根によって F 上有理的に表現されることである．

証明 （F のある拡大体の中で）P の根を $r_1,\ldots,r_p$ によって表し，$P(X)=0$ がベキ根によって可解であるという条件を，定理 14.22（p. 274）（かつ命題 14.33, p. 290）によって，群についての条件に変換すると，$\mathrm{Gal}(P/F)$ が可解群であるための必要十分条件は，任意の $i,j = 1,\ldots,p\ (i \neq j)$ に対して

$$r_1,\ldots,r_p \in F(r_i,r_j)$$

であることを証明しなければならない．まず最初に，P についての既約性の仮定は命題 14.32（p. 289）より $\mathrm{Gal}(P/F)$ が $r_1,\ldots,r_p$ 上で推移的であることを意味している．したがって，S_p の推移的な部分群についての前記結果を適用することが可能である．

$r_1,\ldots,r_p$ が F 上で r_i,r_j の有理式で表されるならば，r_i と r_j を不変にする $\mathrm{Gal}(P/F)$ のすべての置換は必然的に $r_1,\ldots,r_p$ を不変にする．ゆえに，それは恒等写像となる．定理 14.40 における p 個の元の置換のつくる推移的な可解群の特徴づけより，$\mathrm{Gal}(P/F)$ は可解群であることがわかる．

逆に，$\mathrm{Gal}(P/F)$ が可解群ならば，その同じ特徴づけより，任意の $i,j = 1,\ldots,p$ かつ $i \neq j$ に対して

$$\mathrm{Gal}(P/F(r_i,r_j)) = \{\mathrm{Id}\}.$$

なぜならば，定理 14.11（p. 258）より，$\mathrm{Gal}(P/F(r_i,r_j))$ は r_i と r_j を不変にする置換のみを含んでいるからである．したがって，この群は $r_1,\ldots,r_p$ を不変にし，ゆえに定理 14.11 より次を得る．

$$r_1,\ldots,r_p \in F(r_i,r_j). \qquad \square$$

この系はこれから見るように，有理数体 $\mathbb{Q}$ 上の可解でない方程式の例をつくるために効果的に用いられる．

系 14.42 P を $\mathbb{Q}$ 上素数次数の既約多項式とする．P の少なくとも 2 つの根，しかし全部ではない，が実数ならば，$P(X) = 0$ は $\mathbb{Q}$ 上ベキ根によって可解ではない．

証明 $r_1,\ldots,r_p$ を P の根とし，$r_1,r_2 \in \mathbb{R}$ でかつ $r_p \notin \mathbb{R}$ と仮定する．すると，$\mathbb{Q}(r_1,r_2) \subset \mathbb{R}$ であるから，$r_p \notin \mathbb{Q}(r_1,r_2)$ となる．前系より $P(X) = 0$ は $\mathbb{Q}$ 上で可解ではない． $\qquad \square$

特定の例において，P の根についての上記条件を検証することはそれほど難しくはない．P の次数が 4 を法として 1 に合同である素数ならば，それは次の系が示しているように，判別式を用いて純粋に算術的によっても検証される．

系 14.43 P を素数次数 p のモニックな $\mathbb{Q}$ 上の既約多項式とする．$p \equiv 1 \pmod 4$ と仮定する．P の判別式が負であるならば，$P(X) = 0$ は $\mathbb{Q}$ 上でベキ根によって可解ではない．

証明 第 8 章の練習問題 4 によって，判別式の条件より，P の実根の個数は 1 でも p でもないということが容易にわかる． □

特定の例として，p を素数とし，かつ q を $q \geq 2$ である整数（または $q \geq 1$ でかつ $p \geq 13$）とするとき，次の方程式

$$X^5 - pqX + p = 0$$

は $\mathbb{Q}$ 上ベキ根によって可解ではない．なぜならば，アイゼンシュタインの既約判定法（定理 12.12, p.184）により $X^5 - pqX + p$ は $\mathbb{Q}$ 上既約であり，その判別式は負であるからである（この判別式の計算については第 8 章の練習問題 1 を参照せよ）．

素数次数の方程式についてのガロアの考察の最後の応用として，ルフィニ－アーベルの定理 13.16（p.235）の別証明を与えよう．

系 14.44 $n \geq 5$ に対して，n 次の一般方程式は（$k(s_1, \ldots, s_n)$ 上）ベキ根によって可解ではない．

証明 例 14.1（p.248）において，一般 n 次方程式のガロア群はその根のすべての置換のつくる群で，これは S_n に同一視されることを見た．この群は明らかにそれらの根の集合上で推移的であるから，命題 14.32（p.289）より，一般 n 次方程式は既約である（$k(s_1, \ldots, s_n)$ 上で）．ゆえに，この方程式の可解性は完全可解性を意味している（命題 14.33, p.290）．よって，これは S_n の可解性を意味する（定理 14.22, p.274）．

最初に $n = 5$ の場合を考えよう．このとき，$|S_5| > 4 \cdot 5$ であるから，定理 14.38 を適用して，S_5 は可解ではないと結論することができる．

したがって，系 14.27（p.279）より，S_n は $n \geq 5$ に対して可解ではない．なぜならば，S_5 は $\{1, \ldots, 5\}$ を除き $\{1, \ldots, n\}$ のすべての元を不変にする S_n の部分群に同型であるからである． □

さて，§14.1 で引用したアーベルの定理に目を向けよう．

定理 14.45 P をある体 F 上次数 n の多項式とし，F を含んでいる適当な体における P の根を $r_1, \ldots, r_n$ とする．有理分数式 $\theta_2, \ldots, \theta_n \in F(X)$ が存在して
$$r_i = \theta_i(r_1), \qquad i = 2, \ldots, n$$
と表され，かつすべての i, j に対して，
$$\theta_i\bigl(\theta_j(r_1)\bigr) = \theta_j\bigl(\theta_i(r_1)\bigr)$$
が成り立つと仮定すると，方程式 $P(X) = 0$ は F 上ベキ根によって完全可解である．

証明 定理 5.21（p. 61）におけるフッデの巧妙な技術を用いると，一般性を失わずに，根 $r_1, \ldots, r_n$ は相異なると仮定してよい．例 14.3（p. 250）より，ガロア群 $\mathrm{Gal}(P/F)$ はアーベル群である．したがって，定理 14.22（p. 274）より，群論の言葉で表された次の命題を示せば十分であることがわかる．

命題 14.46 すべての（有限な）アーベル群は可解群 である．

証明 アーベル群のすべての部分群は正規であるから，すべての有限アーベル群 $G \neq \{1\}$ が素数指数の部分群 G_1 を含んでいることを示せば十分である．

G の位数についての帰納法によって，次のような部分群の列
$$G \supset G_1 \supset G_2 \supset \cdots \supset G_r = \{1\}$$
をつくろう．ただし，各部分群はその 1 つ前の部分群において素数指数の正規部分群である．このとき，この列より G が可解であることがわかる．

以上より，自明ではない任意の有限アーベル群において素数指数をもつ部分群の存在を証明すればよい．これは次の結果の特別な場合 ($H = \{1\}$) である．

補題 14.47 H を有限アーベル群 G の部分群とする．$H \neq G$ ならば，G において H を含んでいる素数指数の部分群 G_1 が存在する．

証明 指数 $(G : H)$ についての帰納法によって証明する．ただし，$(G : H)$ は少なくとも 2 であると仮定されている．$(G : H) = 2, 3$ またはほかの任意の素

数ならば，$G_1 = H$ は必要な条件を満たしている．そこで $(G:H)$ が素数でないと仮定する．H に属さない G の元 σ をとり，$\sigma^e \in H$ となる最小の指数 $e > 0$ を考える．p を e の素因数として

$$\rho = \sigma^{e/p}$$

とおく．このとき，$\rho \notin H$（そうでないとすると，e は最小でなくなる），かつ $\rho^p \in H$．そこで，次のような集合を考える．

$$H' = \{\rho^i \mu \mid i = 0, \ldots, p-1,\ \mu \in H\}.$$

H' は H を含んでいる G の部分群であり，H' における H の剰余類は $H, \rho H, \rho^2 H,$ $\ldots, \rho^{p-1} H$ であることが容易に確かめられる（系14.26，p.278 の証明と比較せよ）．ゆえに，

$$(H':H) = p.$$

仮定 $(G:H)$ は素数ではないから，$H' \neq G$ となり，ゆえに

$$(G:H') < (G:H).$$

帰納法の仮定より，G において H' を含んでいる素数指数の部分群 G_1 が存在する．ゆえに，G_1 は H も含んでいる． □

注意 命題14.46 は，有限群の場合に，定理14.22（p.274）を述べた後に与えられた可解性の定義が，ほかの同値な定式化をもつことを示すときに用いられる．これらは無限群に対しても同様に意味をもつ．

任意の群 G に対して，**交換子部分群** (derived subgroup) G' を定義する．それは交換子 $\sigma\tau\sigma^{-1}\tau^{-1}$ ($\sigma, \tau \in G$) によって生成された G の部分群である．任意の整数 $n \geq 2$ に対して，n 次の交換子部分群 $G^{(n)}$ は帰納的に $G^{(n-1)}$ の交換子部分群として定義される．

命題 群 G について次の条件は同値である．

(a) $G^{(n)} = \{1\}$ となる整数 n が存在する．
(b) G は次のような部分群の列を含んでいる．

$$G = G_0 \supset G_1 \supset \cdots \supset G_t = \{0\}.$$

ただし，$i = 1, \ldots, r$ に対して各部分群 G_i は 1 つ前の部分群 G_{i-1} において正規であって，かつ剰余群 G_{i-1}/G_i は可換である．

さらに，G が有限集合ならば，これらの条件はさらに次の条件にも同値である．

(c)　G は次のような部分群の列を含んでいる．
$$G = G_0 \supset G_1 \supset \cdots \supset G_r = \{1\}.$$
ただし，各部分群は 1 つ前の部分群において素数指数の正規部分群である．

証明　(a) $\Rightarrow$ (b). $G_i = G^{(i)}$ によって定義される列は必要な条件を満足する．

(b) $\Rightarrow$ (a). G_{i-1}/G_i はアーベル群であるから，$G'_{i-1} \subset G_i$ が成り立つ．したがって，帰納法より $G^{(t)} \subset G_t$ が従う．ゆえに，$G^{(t)} = \{1\}$ が得られる．

(c) $\Rightarrow$ (b). $i = 1, \ldots, r$ に対して，各剰余群 G_{i-1}/G_i は素数の位数をもつので，それはアーベル群である．なぜなら，それらは任意の元（単位元を除く）によって生成されるからである．

G が有限集合であるという条件の下で：

(b) $\Rightarrow$ (c). 命題 14.46 によって各剰余群 G_{i-1}/G_i において部分群の列
$$G_{i-1}/G_i \supset H_{i1} \supset \cdots \supset H_{ir_i} = \{1\}$$
が存在して，各部分群は 1 つ前の部分群において素数指数をもつ．自然な準同型写像 $\pi: G_{i-1} \to G_{i-1}/G_i$ による $H_{i1}, \ldots, H_{ir_i}$ の逆像をとると，次のような部分群の列を得る．
$$G_{i-1} \supset \pi^{-1}(H_{i1}) \supset \cdots \supset \pi^{-1}(H_{ir_i}) = G_i.$$
ここで，各部分群は 1 つ前の部分群において素数指数の正規部分群である．このようにして得られた列の端と端をつなげると，G から始まり $\{1\}$ で終わる部分群の列が生じる．この列の各部分群は 1 つ前の部分群において素数指数の正規部分群である．これより (c) が示された．　　□

付録：ガロアによる置換群の表現

ガロアの結果についての前節までの議論において，置換群は広く用いられたが，ガロアの論文における群の概念は現代におけるものとは少し異なっている．実際，集合 E の置換群に対するガロアの方法において，その中心的役割を担っているのは集合 E の元の**順列**[†](arrangement) である．これは E のすべ

[†] ガロアはここで「順列」と呼んでいるものに対して「置換」を，また今日では通常「置換」と呼ばれているものに対して「代入」という術語を用いている．この混乱のために我々はこの付録においてできる限り「置換」という言葉の使用を避けて，かわりに「順列」と「代入」を用いる．

ての元を 1 列に並べる方法のことであり，他方，今日その基本的な対象は**代入** (substitution) (すなわち置換)，すなわち E からそれ自身の上への 1 対 1 写像のことである．

この付録の目的は群についてのガロアの記述を紹介し，ガロアの定義が現代のものとどのように関係しているかということを指摘することである．

E を有限集合とし，Ω を E の元の順列全体の集合とする．このようにすると，たとえば $E = \{a, b, c\}$ に対して Ω は次のようになる．

$$\Omega = \{abc, acb, bac, bca, cab, cba\}.$$

$\mathrm{Sym}(E)$ によって E の代入全体の集合を表す (これまでこの本で E の置換と呼ばれていたものである)．E の代入は明らかな方法で，次のように Ω の代入を誘導する．すなわち，代入 σ は順列 $\alpha = abc, \ldots$ を $\sigma(\alpha) = \sigma(a)\sigma(b)\sigma(c)$ に変換する．$\mathrm{Sym}(E)$ の Ω 上へのこの作用は次の注目すべき，しかしながら明らかである性質をもつ．すなわち，任意の $\alpha, \beta \in \Omega$ に対して，唯一つの代入 $\sigma \in \mathrm{Sym}(E)$ が存在して $\sigma(\alpha) = \beta$ を満たす (この性質はしばしば次のように表現される．Ω は $\mathrm{Sym}(E)$ による**主等質集合** (principal homogeneous set) である)．

定義 E の**順列群** (group of arrangement) とは，次の性質をもつ Ω の空でない部分集合 A のことである．すなわち，任意の $\xi, \eta, \zeta \in A$ に対して，ξ を η に変換する代入は ζ を A に属している順列に変換する．言い換えると，$\sigma \in \mathrm{Sym}(E)$ がある $\xi \in A$ に対して $\sigma(\xi) \in A$ ならば，すべての $\zeta \in A$ に対して $\sigma(\zeta) \in A$，すなわち $\sigma(A) \subset A$ となる (実際，$\sigma(A)$ の順列の個数は A のそれと同じであるから $\sigma(A) = A$ となる)．

E の**代入群** (group of substitutions) とは $\mathrm{Sym}(E)$ の (通常の) 部分群のことである．

命題 E の代入群と，与えられた順列 α を含んでいる E の順列群の間には 1 対 1 の対応がある．この対応は，任意の代入群 G に対してその軌道 $G(\alpha) \subset \Omega$ を対応させ，任意の順列群 A に対して集合 $\{\sigma \in \mathrm{Sym}(E) \mid \sigma(\alpha) \in A\}$ を対応させるものである．

証明 最初に $G(\alpha)$ は E の順列群であることを示す．$\sigma \in \mathrm{Sym}(E)$ をある $\xi \in G(\alpha)$ に対して，$\sigma(\xi) \in G(\alpha)$ を満たすようなものとする．このとき，

$\sigma(G(\alpha)) = G(\alpha)$ であることを示そう．ξ と $\sigma(\xi)$ は $G(\alpha)$ に属しているという仮定より，適当な $\tau, \theta \in G$ によって

$$\xi = \tau(\alpha), \qquad \sigma(\xi) = \theta(\alpha)$$

と表される．ゆえに，$\sigma \circ \tau(\alpha) = \theta(\alpha)$ となるから，

$$\sigma \circ \tau = \theta.$$

この等式より，$\sigma \in G$ が得られる．よって，$\sigma \circ G = G$ かつ $\sigma(G(\alpha)) = G(\alpha)$ となる．

次に，A が α を含んでいる順列群とすれば，集合

$$S_\alpha(A) = \{\sigma \in \mathrm{Sym}(E) \mid \sigma(\alpha) \in A\}$$

は $\mathrm{Sym}(E)$ の部分群であることを示す．この集合は単位元を含んでいる．なぜならば，

$$\mathrm{Id}(\alpha) = \alpha \in A.$$

$\sigma, \tau \in S_\alpha(A)$ であるとき，$\xi = \alpha$, $\eta = \sigma(\alpha)$, かつ $\zeta = \tau(\alpha)$ として順列群の性質を適用すると，

$$\sigma \circ \tau(\alpha) \in A.$$

ゆえに，$\sigma \circ \tau \in S_\alpha(A)$ を得る．同様にして，$\sigma \in S_\alpha(A)$ とすると，同じ性質を $\xi = \sigma(\alpha)$, $\eta = \alpha$, $\zeta = \alpha$ として適用すれば

$$\sigma^{-1}(\alpha) \in A$$

となるので，$\sigma^{-1} \in S_\alpha(A)$ を得る．これは $S_\alpha(A)$ が代入群であることを示している．

証明を完成させるために，写像

$$G \longmapsto G(\alpha) \quad \text{と} \quad A \longmapsto S_\alpha(A)$$

が互いに逆写像となる全単射であることを示すことだけが残っている．すなわち，

$$S_\alpha(G(\alpha)) = G \tag{14.17}$$

と
$$S_\alpha(A)(\alpha) = A \qquad (14.18)$$
を示せばよい．これらの等式は 2 つとも定義（と Ω は $\mathrm{Sym}(E)$ による主等質集合であるという事実）から容易に導かれる． □

系 α と β が順列群 A に属しているならば，
$$\{\sigma \in \mathrm{Sym}(E) \mid \sigma(\alpha) \in A\} = \{\sigma \in \mathrm{Sym}(E) \mid \sigma(\beta) \in A\}.$$
すなわち，前定理の証明における記号を用いれば次が成り立つ．
$$S_\alpha(A) = S_\beta(A).$$

証明 等式 (14.18) より，
$$\beta \in S_\alpha(A)(\alpha).$$
これは，β が群 $S_\alpha(A)$ による α の軌道に属していることを意味している．したがって，命題 14.36 (a) (p. 293) によって
$$S_\alpha(A)(\alpha) = S_\alpha(A)(\beta)$$
が成り立つので，等式 (14.18) より
$$A = S_\alpha(A)(\beta)$$
となる．S_β によるこの両辺の像をとり，(14.17) を適用すると（α のかわりに β, G のかわりに $S_\alpha(A)$ として），次を得る．
$$S_\beta(A) = S_\alpha(A). \qquad \Box$$

この系は，与えられた順列群 A に対応している代入群 $S_\alpha(A)$ が特に関係した A の順列 α の選び方に無関係であることを示している．対照的に，関係順列 α の選び方は代入群から順列群へ移行するとき重要な役割を果たす．なぜならば，異なる順列群が同じ代入群に対応することもあるからである．たとえば，上の記号で $E = \{a, b, c\}$ でかつ $G = \{\mathrm{Id}, \tau\}$ とする．ここで，τ は a と b を入れ替え，c を不変にするものである．関係する α として順列 abc を選ぶと次のグループを得る．
$$\{abc,\ bac\}.$$

ところが，関係する α として，順列 bca をとれば，次を得る．

$$\{bca, acb\}.$$

このことは，代入群が関係する順列の選び方に依存しないという点において，代入群のほうが順列群よりさらに自然であることを示している．ガロアの論文のある部分は，疑いもなく彼が，基本的な概念は究極的に順列ではなく代入の概念である，ということに気がついていたことを示している．しかしながら，彼は次の引用文からわかるように，彼のより具体的で明確な性格のゆえに順列に甘んじていたように思われる．

次のものは，導入における基本的な考え方からの引用である [21, p. 47], [20, p. 102].

> 代入を記述するために用いる最初の置換は，関数として扱うとき完全に任意である．なぜならば，いくつかの文字の関数において1つの文字がほかのと異なって1つの位置を占める理由はない．それにもかかわらず，置換の考え方なしに代入のそれを理解することは非常に難しいから，置換についてしばしば語ることになり，また代入を1つの置換から別の置換へ移すものとしてのみ考えるだろう．

彼の論文の命題 1 [21, p. 53], [20, p. 106]（すなわち，上記定理 14.11, p.258）の後で，ガロアは次のように書いている．

> 傍注．議論している順列群において，重要なのは明らかに文字の配列ではなく文字の置き換え（代入）である．それによって1つの順列からほかの順列へ移ることができる．

順列群というガロアの記述において，疑いのない明確な点は部分群，特に正規部分群の概念がこれから見ていくようにかなり自然なやり方で発生することである．

H が代入群 G の部分群ならば，対応している順列群 $H(\alpha)$（1 つの関係順列 α から得られる）は明らかに $G(\alpha)$ の部分群である．さらに，R を G における H の剰余類の完全代表系，すなわち各剰余類から唯一の元をとった G の部分集合とすると，G の H による左剰余類への分解

$$G = \bigcup_{\sigma \in R} \sigma \circ H,$$

は次のように順列群 $G(\alpha)$ の分解を与える．

$$G(\alpha) = \bigcup_{\sigma \in R} \sigma(H(\alpha)).$$

$\alpha \in R$ に対して，部分集合 $\sigma(H(\alpha))$ は相異なり，事実 $G(\alpha)$ の部分群である．なぜならば，次の等式

$$\sigma(H(\alpha)) = (\sigma \circ H \circ \sigma^{-1})(\sigma(\alpha))$$

は，$\sigma(H(\sigma))$ が代入群 $\sigma \circ H \circ \sigma^{-1}$ による $\sigma(\alpha)$ の軌道であることを示しているからである．したがって，集合 $\sigma(H(\alpha))$ は $\sigma(\alpha)$ を含んでいる順列群であり，代入群 $\sigma \circ H \circ \sigma^{-1}$ に対応している．

G における H の正規性は次のように言い換えることができる．すなわち，各 $\sigma(H(\alpha))$ に対応している代入群はすべて H に等しい．確かに，この条件はすべての $\sigma \in R$ に対して，

$$\sigma \circ H \circ \sigma^{-1} = H$$

と同じである．また，G のすべての元は適当な $\sigma \in R$ と $\tau \in H$ により $\sigma \circ \tau$ という形をしているから，すべての $\rho \in G$ に対して，

$$\rho \circ H \circ \rho^{-1} = H$$

が成り立つ．たとえば，$E = \{a, b, c\}$，$G = \mathrm{Sym}(E)$，$H = \{\mathrm{Id}, \tau\}$ とする．ただし，τ は a と b を入れ替え，c を不変にするものである．関係順列として $\alpha = abc$ をとる．このとき，$G(\alpha)$ は a, b, c のすべての順列のつくる群であり，3 つの部分群に分解される．それらは $H(\alpha)$ と，$\sigma(H(\alpha))$ という形をしているほかの 2 つの部分群である．この後者は，$H(\alpha)$ のすべての順列に 1 つの代入を施すことによって得られる．

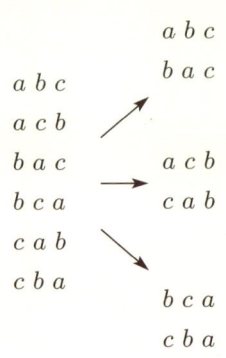

```
                         a b c
                         b a c
            a b c       ↗
            a c b
            b a c   →    a c b
            b c a        c a b
            c a b       ↘
            c b a
                         b c a
                         c b a
```

最初の順列部分群（これは $H(\alpha)$ である）から，代入 $b \leftrightarrow c$（あるいは同値であるが代入 $a \mapsto c \mapsto b \mapsto a$）をすべての順列に施すと第 2 の順列群が得られ，$a \mapsto b \mapsto c \mapsto a$（同じことであるが $a \leftrightarrow c$）を施して第 3 のものが得られる．

H が G で正規でないということは，この 3 つの順列群は同じ代入群をもたないという事実に反映されている．実際，最初の順列群に対応している代入の群は H であり，第 2 の順列群に対しては $\{\mathrm{Id}, a \leftrightarrow c\}$，そして第 3 の順列群に対しては $\{\mathrm{Id}, b \leftrightarrow c\}$ である．

H のかわりに群 $N = \{\mathrm{Id}, a \mapsto b \mapsto c \mapsto a,\ a \mapsto c \mapsto b \mapsto a\}$（これは E の交代群である）を選んだとすれば，対応している $G(\alpha)$ の分解は次のようである．

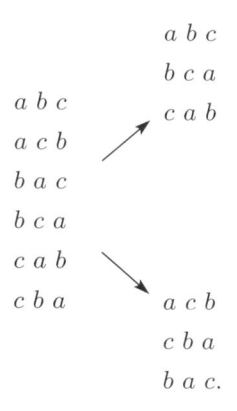

$$
\begin{array}{c}
a\ b\ c \\
a\ c\ b \\
b\ a\ c \\
b\ c\ a \\
c\ a\ b \\
c\ b\ a
\end{array}
\begin{array}{c}
\nearrow \\
\\
\searrow
\end{array}
\begin{array}{c}
a\ b\ c \\
b\ c\ a \\
c\ a\ b \\
\\
a\ c\ b \\
c\ b\ a \\
b\ a\ c.
\end{array}
$$

第 2 の順列群は代入 $b \leftrightarrow c$ を施すことによって最初のものから得られ，この 2 つの群は代入の群として N をもつ．

練習問題

1. P をある体 F 上の多項式とする．P が F 上既約ならば，$|\mathrm{Gal}(P/F)|$ は P の次数で割り切れることを示せ．

2. V を体 F 上の方程式 $P(X) = 0$ のガロア分解式とする．任意の $\sigma \in \mathrm{Gal}(P/F)$ に対して，関数 $\sigma(V)$ も $P(X) = 0$ のガロア分解式であることを示せ．

3. 方程式 $P(X) = 0$ が体 F 上ベキ根によって完全可解であるための必要十分

条件は，P の任意の既約因数 Q に対して，$Q(X) = 0$ が F 上ベキ根によって可解になることである．

4. $P(X) = (X - x_1) \cdots (X - x_n) = X^n - s_1 X^{n-1} + s_2 X^{n-2} - \cdots + (-1)^n s_n$ をある定数体 k 上の次数 n の一般多項式とし，$F = k(s_1, \ldots, s_n)$ とする．$u \in k(x_1, \ldots, x_n)$ で，$u_1, \ldots, u_r$ を $x_1, \ldots, x_n$ ($u = u_1$ とする) の置換による u の（相異なる）値とする．多項式 $(X - u_1) \cdots (X - u_r)$ は F 上既約であることを示せ．例 14.30 (p.285) のようにして，$\mathrm{Gal}(P/F(u)) = I(u)$ であることを導け．

5. G を有限集合 E の代入群とし，H を G の部分群，α を E の元の順列とする．順列群 $G(\alpha)$ は代入群として H をもつ部分群に分解されることを示せ．また，この分解が $G(\alpha) = \bigcup_{\sigma \in R} \sigma(H(\alpha))$ に一致するための必要十分条件は，H が G の正規部分群であることを示せ（ただし，R は G における H の左剰余類の完全代表系である）．

第15章

エピローグ

　ガロアの論文は，今日代数方程式における研究の数十年の歴史の中で頂点と見なされているが，ガロアの理論への最初の反応は否定的なものであった．それは論文審査員によって拒否された．というのは，その議論は「十分明確でなく，また十分発展させられていない」(Taton [57, p.121])というばかりでなく，別のより深い動機によっていた．すなわちそれは，1つの方程式がベキ根によって可解であるかどうか，を決定するために実行できる基準を何ら与えていなかったからである．この観点からは，ガロアによって示された素数次数の方程式への応用さえほとんど役に立たなかった．論文審査員は次のように指摘している．

> しかしながら，[この論文は] [その] 題目が約束しているようなベキ根による方程式の可解性の条件を含んでいない，ということを認めるべきである．実際，ガロア氏の命題が真であると仮定しても，与えられた素数次の方程式がベキ根によって可解であるかどうか，を決定する何らかの良い方法をそれから引き出せないであろう．なぜならば，この方程式が既約であるかどうか，次にまたその任意の根がほかの2つの有理分数式として表されるかどうかを確かめなければならないからである．可解であるための条件は，もしそれが存在するならば，与えられた方程式の係数を調べたり，せいぜい与えられた方程式の次数よりも低い次数のほかの方程式を解くことによって確かめられる外的な特性をもつべきである．(Taton[57, p. 121])

ガロアの判定法（定理 14.22, p.274 を参照せよ）は外部的に見えることからほど遠かった．実際，ガロアは与えられた方程式の係数ではなく，その根を研究の対象とした†．このようにガロアの理論は期待されているものに応えていなかったし，容易に理解されるにはあまりにも新奇でありすぎた．

リウヴィルによるガロアの論文の出版の後，数学の世界でその重要性が理解され始めた．そして，ガロアは可解方程式の仮説的な外部的特性よりもはるかに価値のある宝物を発見した，ということがついに理解されたのである．結局，ベキ根によって方程式を解くという問題は完全に人工的なものである．それはある不思議な，困惑させる様相を呈していたため，優秀な数学者の何世代もの努力を傾けさせてきた．それは神秘的で，深い好奇心をそそる何かを含んでいた．ガロアは方程式を解く難しさはその根のあいまいさに関係していることを示し，このあいまいさが群という道具によっていかに測られるか，ということを指摘することによってこの問題の核心をつかんだ．このようにして彼は完全に異なった方法で方程式の理論を，そしてさらに代数学の全体の問題を設定したのである．

> さて私は計算の優雅さによって生み出された単純化（知的な単純化を意味している．いかなる物質的な単純化でもない）には限界があると考えている．すなわち，解析学者の思索によって予見された代数的変換はもはや発現する時代や場所を見出せないような瞬間がやってくる．それで，人はそれらを予見することだけで満足しなければならないであろう．[...]
> 　計算を跳び越えよ．すなわち，それらの演算を分類し，それらの外見よりむしろそれらの複雑さに従ってそれらを分類せよ．これは未来の数学者の使命であると信じている．すなわち，これは私がこの研究において着手しようとしている方法である．[21, p. 9]

その後，方程式の理論は次第に消滅した．他方，群論やさまざまな代数構造の理論が出現した．数学理論の発展におけるこの最後の発達段階は A. ヴェイユ (A. Weil) によって美しく表現されている [68, p. 52]．

> すべての数学者が知っているように，かすかな類似，1 つの理論からほかの理論へのぼんやりした感触，人目をはばかる慈愛の情，不可解な寄せ集め，これらより以上に実りのあるものはない．

---

†それは，与えられた方程式がガロアの論文のどこにも表示されていないことを告げている．

さらに研究者にとってこれ以上に楽しみを与えるものもない．幻影が消散する日がやってくる．不確かなものは確かなものに変わる．2 つの理論は消滅する前にそれら共通の源泉を開示する．ギーター (Bhagavad-Gītā)†が教えているように，人は知識と無関心に同時に到達する．理論体系は，その冷たい美しさがもはや我々を感動させることのない学術論文の実体をなす用意をして，数学になる．

　ガロア理論が生じた後の発展はこの講義の展望の中にはおさまらないので，詳細な説明については Kiernan [37] とファン・デル・ヴェルデン [63] による論文，また Nový による本 [47] を引用しておこう．しかしながら，この発展の中で我々が指摘しておきたい 1 つの重大な動向がある．すなわち，ガロア理論の基礎から多項式と方程式が次第に消えていくということである．実際さまざまな教科書を見てみると，最初は方程式に関する 1 つの質問に答えるために考えられたこの理論が，そのもとの状況からいかに急速に成長していったかを見れば，ガロアの考えの深遠さが明らかになりつつある．

　この方向における最初の一歩は，クロネッカーとデデキントの研究の中で体の概念が出現したことである．彼らの方法はまったく異なってはいるが補完的なものであった．クロネッカーの考え方は構成主義的なものであった．この観点に従って体を定義することは，体の元が構成される過程を記述することである．これとは対照的にデデキントの方法は集合論的である．彼は躊躇なく，複素数の集合 P によって生成される体を，P を含んでいるすべての体の共通部分として定義した．この定義は，ある複素数がこのようにして定義された体に属しているかどうかを判定するためにはほとんど役に立たなかった．デデキントの方法は今日では普通の考え方になったが，クロネッカーの構成主義も，多項式が 1 次因数に分解する体の代数的構成のように重要な結果を導いた．§9.2 を参照せよ．次の段階は，19 世紀の終わり頃，方程式のガロア群における置換はそれらの根の有理分数式のつくる体の自己同型写像と考えることができるというデデキントの考察である（系 14.12, p. 260 を参照せよ）．さらに，ある拡大体において，大きな体は小さい体上のベクトル空間と見なすことができる，というように新しく発展した線形代数が体の理論を支えるために導入された．

　これらの考え方は B. L. ファン・デル・ヴェルデンの有名な著作『現代代数学』（1930）（[61] はこの第 7 版である）によって立証されているように，20 世紀の

---

† 訳者注：インド古代の叙事詩《マハーバーラタ》の一部をなす宗教・哲学的教訓詩編．略して《ギーター》ともいう．平凡社『世界大百科事典』より．

最初の 10 年間に結実した．この本におけるガロア理論の扱いは E. アルティンの講義に基づいている．それはその「基本定理」として，ある拡大体の部分体（重根をもたない 1 つの多項式のすべての根を添加して得られる部分体），今日では**ガロア拡大** (Galois extension) と呼ばれている，と対応しているガロア群の部分群との間に 1 対 1 対応があるということを述べている．この対応はガロアの論文ではきわめて明瞭であるというわけではない．それは系 14.21 (p. 273) と補題 14.28 (p. 279) の 2 つの叙述の中で，またベキ根による方程式の可解性に対する判定法の証明の中で考察されている．しかし，この証明の中で，1 のベキ根は基礎体に属していることは仮定されていないが，一方それらは系 14.21 または補題 14.28 の応用に際して必要であるという事実によってそのことはあいまいになっている．

ファン・デル・ヴェルデンの本では，ガロア理論の取り扱いは明らかに体と群を強調しているのに対して，多項式と方程式は第 2 次的な役割である．それらは証明の中で道具として用いられているが，その主要な定理の叙述において多項式を必要としていない．

数年後，ガロア理論の解説はさらにエミール・アルティン (Emil Artin) の影響の下に発展した．アルティンはかつて次のように述べている [3, p. 380]．

> 私の数学的な青春時代以来，私はガロアの古典的理論の魅力にとりつかれていた．この魅力は私を何度も何度もそれに立ちもどらせ，これらの基本定理を証明する新しい方法を発見するように強いたのである．

『ガロア理論』(1942) [2] という本の中で，アルティンは新しい非常に独創的なガロア拡大の定義を提案した．その拡大は小さい体のかわりに，大きいほうの体の観点から見られている．このとき，体の拡大は，小さいほうの体が大きいほうの体の自己同型写像のつくる（有限）群によって不変となるとき，ガロア拡大と呼ばれている．アルティンはこの定義と証明におけるいくつかの改良によって，ガロア理論の基本的結果の中で多項式の役割を減少させた．その結果，基本定理は多項式に一度も言及しなくても証明することができるようになった（付録を参照せよ）．

今日では，アルティンの解説は初等的な観点からのガロア理論の古典的な論じ方になった．しかしながら，関係した分野へのガロア理論の応用によって触発され，いくつかのほかの解説がより最近になって提案された．たとえば，ジャコブソン–ブルバキ (Jacobson-Bourbaki) の対応 [33, p. 22] は，古典的なガロア

理論と高さが 1 の純非分離拡大体のガロア理論の 2 つを一様に扱い論じている．この後者においては群のかわりに制限 p リー代数 (restricted p-Lie algebras) がその役割を果たしている．別の方面では，Chase, Harrison と Rosenberg [13] による可換環のガロア理論は，体の拡大と局所コンパクト位相空間の被覆の間の類似性を強調した新しい展望をもたらした．Douady[19] を参照せよ（ブルバキの著作 [7] の新版とも対照せよ）．

さまざまな分野へのその応用を通して，また新しい研究に対する霊感の源泉として，ガロア理論はこれで終わりになった問題である，というにはほど遠い状態にある．

付録：ガロア理論の基本定理

この講義を終えるにあたり，現在 [2] におけるアルティンの古典的解説の後では，ガロア理論の基本定理と見なされている 1 対 1 対応の説明を与えておこう．

定義 15.1 K を部分体 F を含んでいる体とする．F 上のベクトル空間と見たときの K の次元を F 上の**次数** (degree) といい，$[K:F]$ によって表す．すなわち，

$$[K:F] = \dim_F K.$$

F を元ごとに不変にする K の（体としての）すべての自己同型写像のつくる群を，F 上 K の**ガロア群** (Galois Group) といい，$\mathrm{Gal}(K/F)$ で表す．すなわち，

$$\mathrm{Gal}(K/F) = \mathrm{Aut}_F K.$$

F が K の自己同型写像のつくるある有限群によって不変であるすべての元のつくる体となるとき，拡大 K/F を**ガロア拡大** (Galois extension) という．言い換えると，K の自己同型写像のつくる群 G による不変体を K^G によって表すと，すなわち，

$$K^G = \{x \in K \mid \text{すべての } \sigma \in G \text{ に対して } \sigma(x) = x\}$$

とするとき，拡大 K/F がガロア拡大であるための必要十分条件は，K の自己同型写像のつくる有限群 G が存在して $F = K^G$ を満たすことである．

たとえば，F を標数 0 の体とし，$r_1, \ldots, r_n$ を F に係数をもつ多項式の根とすれば，定理 14.11 (p. 258)（と系 14.12, p. 260）より，$F(r_1, \ldots, r_n)$ は F のガロア拡大である．

定理 15.2（ガロア理論の基本定理） K を部分体 F を含んでいる体とする．K の自己同型写像のつくるある有限群 G に対して，$F = K^G$ ならば，次が成り立つ．

$$[K : F] = |G|, \quad G = \mathrm{Gal}(K/F).$$

このとき，体 K は F を含んでいるすべての部分体のガロア拡大である．さらに，F を含んでいる K の部分体と G の部分群の間に次のような 1 対 1 対応が存在する．すなわち，この対応は任意の部分体 L に対して，ガロア群 $\mathrm{Gal}(K/L) \subset G$ を対応させ，また任意の部分群 $H \subset G$ に対してその不変体 K^H を対応させる．

この対応において，K の部分体 L の F 上の次数は，対応している部分群の G における指数に対応している．

$$[L : F] = (G : \mathrm{Gal}(K/L)), \quad (G : H) = [K^H : F].$$

さらに，K の部分体 L が F 上ガロア拡大であるための必要十分条件は，対応している部分群 $\mathrm{Gal}(K/L)$ が G で正規部分群となることである．ガロア群 $\mathrm{Gal}(L/F)$ は G の自己同型写像を L に制限することによって得られ，その制限準同型写像は同型写像 $G/\mathrm{Gal}(K/L) \xrightarrow{\sim} \mathrm{Gal}(L/F)$ を引き起こす．

したがって，定理 14.11（p. 258）より §14.2 で定義された群 $\mathrm{Gal}(P/F)$ は，それらの元を $r_1, \ldots, r_n$ の置換のかわりに $F(r_1, \ldots, r_n)$ の体の自己同型写像と考えれば，F 上 $F(r_1, \ldots, r_n)$ のガロア群である．

この定理の証明には少し準備が必要である．補題 14.24（p. 275）と平行である非常に単純な考察から始めよう．

補題 15.3 $K \supset L \supset F$ を体の列とする．このとき，次が成り立つ．

$$[K : F] = [K : L][L : F].$$

証明 $(k_i)_{i \in I}$ を L 上 K の基底で，$(\ell_j)_{j \in J}$ を F 上 L の基底とする．
$(k_i \ell_j)_{(i,j) \in I \times J}$ が F 上 K の基底であることを示せば，補題は示される．
すべての元 $x \in K$ は適当な $x_i \in L$ によって

$$x = \sum_{i \in I} k_i x_i$$

と表され，また x_i は適当な $y_{ij} \in F$ によって

$$x_i = \sum_{j \in J} \ell_j y_{ij}$$

と表されるので，x は次のようになる．

$$x = \sum_{i \in I, j \in J} (k_i \ell_j) y_{ij}.$$

したがって，集合 $(k_i \ell_j)_{(i,j) \in I \times J}$ は F 上で K を生成する．次にこれらの集合が F 上 1 次独立であることを示すために，

$$\sum_{i \in I, j \in J} k_i \ell_j y_{ij} = 0, \qquad y_{ij} \in F$$

を考える．同じ添え字 i をもつ項を集めると，

$$\sum_{i \in I} k_i \Big(\sum_{j \in J} \ell_j y_{ij}\Big) = 0$$

となる．$(k_i)_{i \in I}$ は L 上 1 次独立であるから，すべての $i \in I$ に対して

$$\sum_{j \in J} \ell_j y_{ij} = 0$$

が成り立つ．さらに，$(\ell_j)_{j \in J}$ は F 上 1 次独立であるから，すべての $i \in I, j \in J$ に対して

$$y_{ij} = 0$$

を得る． □

基本定理の証明の中心にある基本的な考察は，「準同型写像の 1 次独立性」の補題として知られている．それはアルティンによるもので，デデキントの初期の結果を一般化している．

補題 15.4 体 L から体 K の中への異なる準同型写像 $\sigma_1, \ldots, \sigma_n$ を考える．$\sigma_1, \ldots, \sigma_n$ を L から K へのすべての写像のつくる K ベクトル空間 $\mathcal{F}(L, K)$ の元と見たとき，それらは K 上 1 次独立である．言い換えると，$a_1, \ldots, a_n \in K$ がすべての $x \in L$ に対して

$$a_1 \sigma_1(x) + \cdots + a_n \sigma_n(x) = 0$$

を満たせば，$a_1 = \cdots = a_n = 0$ となる．

証明 反対に，$\sigma_1,\ldots,\sigma_n$ が1次独立でないと仮定する．このとき，すべての $x \in L$ に対して

$$a_1\sigma_1(x) + \cdots + a_n\sigma_n(x) = 0 \tag{15.1}$$

を満足するすべては0でない $a_1,\ldots,a_n$ が存在する．さらに，このようなものの中で $a_i \neq 0$ となるものの個数が最小であるものを選ぶ．この個数は少なくとも2つである．そうでないとすると，σ_i の中の1つは L を $\{0\}$ に移すことになる．ところが，体の準同型写像の定義によって，すべての i に対して $\sigma_i(1) = 1$ であるから，これは不可能である．したがって，必要ならば，$\sigma_1,\ldots,\sigma_n$ の番号を付け替えて，一般性を失わずに $a_1 \neq 0$ かつ $a_2 \neq 0$ と仮定してよい．

$\ell \in L$ を $\sigma_1(\ell) \neq \sigma_2(\ell)$ であるように選ぶ（$\sigma_1 \neq \sigma_2$ だからこれは可能である）．(15.1) の両辺に $\sigma_1(\ell)$ をかけると，すべての $x \in L$ に対して次が成り立つ．

$$a_1\sigma_1(\ell)\sigma_1(x) + \cdots + a_n\sigma_1(\ell)\sigma_n(x) = 0. \tag{15.2}$$

一方，等式 (15.1) の x に ℓx を代入し，σ_i の乗法的性質を用いると，すべての $x \in L$ に対して次を得る．

$$a_1\sigma_1(\ell)\sigma_1(x) + \cdots + a_n\sigma_n(\ell)\sigma_n(x) = 0. \tag{15.3}$$

(15.2) から (15.3) を引くと，それぞれの式の最初の項が消去されて，すべての $x \in L$ に対して次を得る．

$$a_2(\sigma_1(\ell) - \sigma_2(\ell))\sigma_2(x) + \cdots + a_n(\sigma_1(\ell) - \sigma_n(\ell))\sigma_n(x) = 0.$$

$\sigma_1(\ell) \neq \sigma_2(\ell)$ であるから，これらの係数のすべてが0になることはない．ところが，この1次関係式は等式 (15.1) の項より少ない数の0でない項をもつ．これは矛盾である． □

注意 $\sigma_1,\ldots,\sigma_n$ の乗法的性質のみが用いられている．したがって同じ証明より，任意の群から体の乗法群への異なる準同型写像の1次独立性が示される．

系 15.5 $\sigma_1,\ldots,\sigma_n$ を補題 15.4 と同じものとする．

$$F = \{x \in L \mid \sigma_1(x) = \cdots = \sigma_n(x)\}$$

とおくと，$[L:F] \geq n$ が成り立つ．

証明 背理法によって証明する．$[L:F] < n$ と仮定し，$[L:F] = m$ とおく．F 上 L の基底を $\ell_1, \ldots, \ell_m$ とし，K に成分をもつ行列 $(\sigma_i(\ell_j))_{\substack{1 \leq i \leq n \\ 1 \leq j \leq m}}$ を考える．

この行列の列の数は m であるから，この行列の階数は高々 m である．ゆえに，その行は K 上 1 次従属である．したがって，少なくとも 1 つは 0 でない元 $a_1, \ldots, a_n \in K$ が存在して，次が成り立つ．

$$a_1 \sigma_1(\ell_j) + \cdots + a_n \sigma_n(\ell_j) = 0, \qquad j = 1, \ldots, m. \tag{15.4}$$

ここで，任意の $x \in L$ は適当な $x_j \in F$ によって次のように表される．

$$x = \sum_{j=1}^{m} \ell_j x_j.$$

等式 (15.4) に $\sigma_1(x_j)$ をかけて（$x_j \in F$ だから，すべての i に対してこれは $\sigma_i(x_j)$ に等しい），得られた式を加えると，次を得る．

$$a_1 \sigma_1(x) + \cdots + a_n \sigma_n(x) = 0.$$

これは補題 15.4 に矛盾する． □

我々はいまや定理 15.2 の証明をする準備ができた．体 K の自己同型写像のつくるある有限群 G に対して，$F = K^G$ とする．

第 1 段 $[K:F] = |G|$．

$L = K$ かつ $\{\sigma_1, \ldots, \sigma_n\} = G$ として系 15.5 を適用すると，すでに次の式が成り立つことがわかる．

$$[K:F] \geq |G|.$$

$[K:F] > |G|$ ならば，適当な $m > n \, (= |G|)$ に対して，F 上 1 次独立であるような K の元の列 $k_1, \ldots, k_m$ が存在する．次の行列

$$(\sigma_i(k_j))_{\substack{1 \leq i \leq n \\ 1 \leq j \leq m}}$$

の階数は高々 n であるから，その列は K 上 1 次従属である．$a_1, \ldots, a_m \in K$ を少なくとも 1 つは 0 でない元の集合で

$$\sigma_i(k_1) a_1 + \cdots + \sigma_i(k_m) a_m = 0, \quad i = 1, \ldots, n \tag{15.5}$$

を満たすものとする．もし必要ならば，$k_1, \ldots, k_m$ の番号を付け替えて，$a_1 \neq 0$ と仮定してよい．さらに，$a_1, \ldots, a_m$ に 0 でない共通の K の元をかけて，a_1 を K の 0 でない任意の元に変換することができる．ゆえに，a_1 は次の性質をもつと仮定することができる．

$$\sigma_1^{-1}(a_1) + \cdots + \sigma_n^{-1}(a_1) \neq 0.$$

（補題 15.4 より，$\sigma_1^{-1}, \ldots, \sigma_n^{-1}$ は K 上で 1 次独立であるから，$\mathcal{F}(K, K)$ において $\sigma_1^{-1} + \cdots + \sigma_n^{-1} \neq 0$ が成り立つ．ゆえに，上記の性質を満たす元 $a_1 \in K$ が存在する．）

等式 (15.5) に σ_i^{-1} を施して，得られた式を全部足すと次を得る．

$$k_1(\sigma_1^{-1}(a_1) + \cdots + \sigma_n^{-1}(a_1)) + \cdots + k_m(\sigma_1^{-1}(a_m) + \cdots + \sigma_n^{-1}(a_m)) = 0.$$

$G = \{\sigma_1, \ldots, \sigma_n\} = \{\sigma_1^{-1}, \ldots, \sigma_n^{-1}\}$ であるから，これは次のように表される．

$$k_1\Big(\sum_{\sigma \in G} \sigma(a_1)\Big) + \cdots + k_m\Big(\sum_{\sigma \in G} \sigma(a_m)\Big) = 0.$$

$k_1, \ldots, k_m$ の係数は G によって不変であり，a_1 についての仮定より少なくとも 1 つは 0 でない．したがって，この式は $k_1, \ldots, k_m$ が K 上 1 次独立であるという仮定に矛盾する．以上より

$$|K : F| = |G|.$$

第 2 段 $G = \mathrm{Gal}(K/F)$.

$G = \{\sigma_1, \ldots, \sigma_n\}$ とおく．定義によってすでに $G \subseteq \mathrm{Gal}(K/F)$ であることはわかっている．背理法によって示す．そこで，$\mathrm{Gal}(K/F)$ が G に属していない元 τ を含んでいると仮定する．明らかに，

$$\{x \in K \mid \sigma_1(x) = \cdots = \sigma_n(x)\} \supseteq \{x \in K \mid \sigma_1(x) = \cdots = \sigma_n(x) = \tau(x)\}.$$

ところが $F = K^G$ であるから，$F = \{x \in K \mid \sigma_1(x) = \cdots = \sigma_n(x)\}$ と表される．$\sigma_1, \ldots, \sigma_n, \tau \in \mathrm{Gal}(K/F) = \mathrm{Aut}_F K$ であるから，

$$\{x \in K \mid \sigma_1(x) = \cdots = \sigma_n(x) = \tau(x)\} \supseteq F.$$

したがって，この最後の包含関係は等式になり，系 15.5 より

$$[K : F] \geq n + 1$$

を得る.ところが,第1段において $[K:F]=n$ であることがわかっているので,これは矛盾である.

第3段 G の任意の部分群 H に対して,$\mathrm{Gal}(K/K^H)=H$ でかつ $(G:H)=[K^H:F]$ が成り立つ.

最初の等式は,第2段で G のかわりに H とすれば得られる.2番目の等式を示すために,第1段で得られた次の式を比較する.

$$[K:F]=|G|, \qquad [K:K^H]=|H|.$$

体の拡大次数は乗法的であるから(補題15.3より),

$$[K:F]=[K:K^H][K^H:F].$$

ゆえに,前の等式より

$$[K^H:F]=\frac{|G|}{|H|}=(G:H).$$

第4段 F を含んでいる K の任意の部分体 L に対して,$K^{\mathrm{Gal}(K/L)}=L$ かつ $[L:F]=(G:\mathrm{Gal}(K/L))$ が成り立つ.

L へ制限することによって,各 $\sigma\in G$ は体の準同型写像を誘導する.

$$\sigma|_L:L\longrightarrow K.$$

2つのこのような準同型写像が一致すれば,たとえば

$$\sigma|_L=\tau|_L,\quad \sigma,\tau\in G$$

ならば,すべての $\ell\in L$ に対して $\sigma(\ell)=\tau(\ell)$ であるから,すべての $\ell\in L$ に対して $\tau^{-1}\circ\sigma(\ell)=\ell$.したがって,

$$\tau^{-1}\circ\sigma\in\mathrm{Gal}(K/L).$$

補題14.23(p.275)によって,これは次のものと同値である.

$$\sigma\circ\mathrm{Gal}(K/L)=\tau\circ\mathrm{Gal}(K/L).$$

したがって，$(G : \mathrm{Gal}(K/L)) = r$ でかつ $\sigma_1, \ldots, \sigma_r$ を $\mathrm{Gal}(K/L)$ の相異なる剰余類に属している G の元とすれば，準同型写像 $\sigma_i|_L$ は相異なる．任意の $x \in F$ に対して，$\sigma_1(x) = \cdots = \sigma_r(x)$ であるから，系 15.5 より次が成り立つ．

$$[L:F] \geq r \quad \left(= (G : \mathrm{Gal}(K/L))\right).$$

一方，包含関係 $L \subseteq K^{\mathrm{Gal}(K/L)}$ と第 3 段より

$$[L:F] \leq [K^{\mathrm{Gal}(K/L)} : F] = (G : \mathrm{Gal}(K/L)).$$

よって，前の不等式とあわせて次を得る．

$$[L:F] = (G : \mathrm{Gal}(K/L)).$$

さらに，$L \subseteq K^{\mathrm{Gal}(K/L)}$ で，かつこれらの体は F 上同じ（有限）次元であるから，

$$L = K^{\mathrm{Gal}(K/L)}.$$

第 3 段と第 4 段より，写像 $H \mapsto K^H$ と $L \mapsto \mathrm{Gal}(K/L)$ は，G の部分群の集合と F を含んでいる K の部分体の集合の間の互いに逆写像となる全単射であることがわかる．これらの写像は包含関係を逆転させる．すなわち，

$$H \subseteq J \Longrightarrow K^H \supseteq K^J \quad \text{かつ} \quad L \subseteq M \Longrightarrow \mathrm{Gal}(K/L) \supseteq \mathrm{Gal}(K/M).$$

さらに，第 4 段より，F を含んでいる K の任意の部分体 L は，自己同型写像のつくるある有限群（すなわち，$\mathrm{Gal}(K/L)$）の不変体であることがわかる．ゆえに，K は L 上のガロア拡大である．

基本定理の証明を完成させるためには，正規部分群が F 上ガロア拡大である体に対応しているということを示せば十分である．

第 5 段 任意の $\sigma \in G$ と F を含んでいる K の任意の部分体 L に対して，$\mathrm{Gal}(K/\sigma(L)) = \sigma \circ \mathrm{Gal}(K/L) \circ \sigma^{-1}$ が成り立つ．

これは次の包含関係より容易に得られる．

$$\sigma \circ \mathrm{Gal}(K/L) \circ \sigma^{-1} \subseteq \mathrm{Gal}(K/\sigma(L))$$

と

$$\sigma^{-1} \circ \mathrm{Gal}(K/\sigma(L)) \circ \sigma \subseteq \mathrm{Gal}(K/L).$$

これらは2つともほとんど明らかである．

第6段　L は F を含んでいる K の部分体で，$\mathrm{Gal}(K/L)$ が G で正規であるものとすると，L は F 上ガロア拡大であり，G の自己同型写像を L へ制限することによって得られる同型写像 $G/\mathrm{Gal}(K/L) \to \mathrm{Gal}(L/F)$ が存在する．

第5段より，$\mathrm{Gal}(K/L)$ が G で正規であるという仮定は，任意の $\sigma \in G$ は L への制限によって元ごとに F を不変にする自己同型写像

$$\sigma|_L : L \longrightarrow L$$

を引き起こす．以上より次の制限写像を得た．

$$\mathrm{res} : G \longrightarrow \mathrm{Gal}(L/F).$$

この写像の核は $\mathrm{Gal}(K/L)$ であるから，誘導された単射

$$\overline{\mathrm{res}} : G/\mathrm{Gal}(K/L) \longrightarrow \mathrm{Gal}(L/F)$$

が存在する．ここで，第4段と第1段より

$$(G : \mathrm{Gal}(K/L)) = [L : F] = |\mathrm{Gal}(L/F)|.$$

ゆえに，群 $G/\mathrm{Gal}(K/L)$ と $\mathrm{Gal}(L/F)$ は同じ有限の位数をもち，したがって，単射 $\overline{\mathrm{res}}$ は同型写像である．

第7段　L が K に含まれる F のガロア拡大ならば，$\mathrm{Gal}(K/L)$ は G の正規部分群である．

$(G : \mathrm{Gal}(K/L)) = r$（$= [L : F]$，第4段より）とおき，$\sigma_1, \ldots, \sigma_r$ を $\mathrm{Gal}(K/L)$ の r 個の異なる剰余類に属する G の元とする．第4段の証明で，制限写像 $\sigma_i|_L : L \to K$ は F 上で恒等写像となる相異なる L から K への準同型写像を与えることを示した．一方，系15.5より，F 上で恒等写像に制限される L から K への準同型写像は高々 r 個である．したがって，このような任意の準同型写像は適当な $i = 1, \ldots, r$ に対して $\sigma_i|_L$ という形をしている．

さて L は F 上ガロア拡大であると仮定しているから，元ごとに F を不変にする r 個の L の自己同型写像が存在する．$L \subseteq K$ であるから，これらの自己

同型写像は L から K への準同型写像と見ることができる．ゆえに，それらは $\sigma_i|_L$ という形をしている．ゆえに，

$$\mathrm{Gal}(L/F) = \{\sigma_1|_L, \ldots, \sigma_r|_L\}.$$

したがって，$\sigma_1, \ldots, \sigma_r$ は L を L の中へ写像する．

$$\sigma_i(L) = L, \quad i = 1, \ldots, r.$$

第 5 段より，

$$\sigma_i \circ \mathrm{Gal}(K/L) \circ \sigma_i^{-1} = \mathrm{Gal}(K/L), \quad i = 1, \ldots, r.$$

すべての元 $\sigma \in G$ は適当な $i = 1, \ldots, r$ と $\tau \in \mathrm{Gal}(K/L)$ に対して，$\sigma_i \circ \tau$ という形をもつので，すべての $\sigma \in G$ に対して

$$\sigma \circ \mathrm{Gal}(K/L) \circ \sigma^{-1} = \mathrm{Gal}(K/L)$$

が成り立つ．したがって，$\mathrm{Gal}(K/L)$ は G の正規部分群である．

練習問題

1. $G = \{\sigma_1, \ldots, \sigma_n\}$ を体 K の自己同型写像のつくる群とし，$e_1, \ldots, e_n$ を K^G 上 K の基底とする．行列 $(\sigma_i(e_j))_{1 \leq i, j \leq n}$ は K 上の $n \times n$ 行列のつくる環において正則であることを示せ．

2. 次の練習問題の目的は，基本定理の対応（定理 15.2）の証明に対する別の方法を与えることである．

K/F をガロア群 G をもつ体のガロア拡大とし，$\mathcal{F}(G, K)$ を G から K へのすべての写像のつくる K ベクトル空間とする．

(a) $a, b \in K$ に対して，$\varphi(a \otimes b)(\sigma) = \sigma(a)b$ によって矛盾なく定義された F 線形写像が存在することを示せ．

$$\varphi : K \otimes_F K \to \mathcal{F}(G, K).$$

(b) $(a \otimes b) \cdot k = a \otimes bk$ によって，$K \otimes_F K$ を K 上のベクトル空間と考える．φ が K 線形でかつ全単射であることを示せ．
［ヒント：K 上 $K \otimes_F K$ と $\mathcal{F}(G, K)$ の適当な基底に関する φ の行列は練習問題 1 の行列であることを示せ．］

(c) $\sigma(a \otimes b) = \sigma(a) \otimes b$ によって, $K \otimes K$ 上に G を作用させる. $\mathcal{F}(G, K)$ 上への対応する作用は $^\sigma f(\tau) = f(\tau\sigma)$ であることを示せ.

(d) $\sigma(a \otimes b) = a \otimes \sigma(b)$ によって $K \otimes K$ 上に G を作用させる. $\mathcal{F}(G, K)$ 上への対応する作用は $^\sigma f(\tau) = \sigma\bigl(f(\sigma^{-1}\tau)\bigr)$ であることを示せ.

(e) $K \otimes K$ の K 部分代数が (d) において定義された G の作用によって大域的に不変であるための必要十分条件は, それが F を含んでいる K のある部分体 L によって $L \otimes_F K$ と表されることである.
[ヒント: $K \otimes K$ の任意の K 代数 A に対して, $L = \{x \in K \mid x \otimes 1 \in A\}$ と定義する. このとき, 項の個数 r についての帰納法によって, すべての $\sum_{i=1}^{r} a_i \otimes b_i \in A$ は $L \otimes K$ に属することを示せ.]

(f) $\mathcal{F}(G, K)$ の K 部分代数と G の分割の間に, 次のような 1 対 1 対応があることを示せ. すなわち, すべての分割 $G = \bigcup_{i \in I} G_i$ に対して次の部分代数を対応させる.

$$\{f : G \to K \mid \sigma \text{ と } \tau \text{ が同じ } G_i \text{ に属しているとき } f(\sigma) = f(\tau)\}.$$

$\mathcal{F}(G, K)$ の部分代数が (d) における G の作用によって大域的に不変であるための必要十分条件は, 対応している分割が G のある部分群による左剰余類への分割になることである.

(g) 全単射 φ と部分的に (e) と (f) を用いて, F を含んでいる K の部分体と G の部分群との間の 1 対 1 対応を定義せよ. (c) において定義された G の作用を用いて, この対応は定理 15.2 におけるものと同じであることを示せ.

解答

第 10 章

練習問題 1. $i = 1, 2, 3$ に対して, u_i を不変にする $x_1, \ldots, x_4$ の置換は v_i を不変にするものと同じである. したがって, v_i は対称的な係数をもつ u_i の有理分数式である. s_1, s_2 によって最初の 2 つの基本対称多項式を表せば (式 (8.2), p. 104 を参照せよ), 次のことが容易に確かめられる. すなわち, $i = 1, 2, 3$ に対して, $v_i = s_2 - u_i$ でかつ

$$w_1 = s_1^2 - 4u_2, \qquad w_2 = s_1^2 - 4u_1, \qquad w_3 = s_1^2 - 4u_3.$$

したがって, $P(X)$ (それぞれ $Q(X)$, それぞれ $R(X)$) が根 u_1, u_2, u_3 (それぞれ v_1, v_2, v_3, それぞれ w_1, w_2, w_3) をもつモニック 3 次多項式ならば, 次が成り立つ.

$$P(X) = -Q(s_2 - X) = -\frac{1}{64} R(s_1^2 - 4X),$$

$$Q(X) = -P(s_2 - X), \qquad R(X) = -64 P\left(\frac{s_1^2 - X}{4}\right).$$

練習問題 2. 定理 10.4 (p. 150) の記号を再現するために

$$g_1 = x_1 + x_2, \qquad g_2 = x_1 + x_3, \qquad g_3 = x_2 + x_3,$$
$$f_1 = x_1 x_2, \qquad f_2 = x_1 x_3, \qquad f_3 = x_2 x_3$$

とおく. すると,

$$a_0 = s_2, \qquad a_1 = s_1 s_2 - 3 s_3, \qquad a_2 = s_1^2 s_2 - 5 s_1 s_3,$$

$$\theta(Y) = Y^3 - 2 s_1 Y^2 + (s_1^2 + s_2) Y - (s_1 s_2 - s_3),$$
$$\psi(Y) = Y^2 + (g_1 - 2 s_1) Y + (g_1^2 - 2 s_1 g_1 + s_1^2 + s_2),$$

$$f_1 = \frac{s_2 g_1^2 - s_1 s_2 g_1 - 3 s_3 g_1 + s_2^2 - s_1 s_3}{3 g_1^2 - 4 s_1 g_1 + s_1^2 + s_2}.$$

この表現は一意的ではない。実際，明らかに $f_1 = s_3/X_3$ かつ $g_1 = s_1 - X_3$ であり，ゆえに $f_1 = s_3(s_1 - g_1)^{-1}$. これが一意的でないことは，$\theta(g_1) = 0$ という事実から生じる。実際，次のことは容易に確かめられる．

$$\frac{s_2 Y^2 - s_1 s_2 Y - 3 s_3 Y + s_2^2 + s_1 s_3}{3Y^2 - 4s_1 Y + s_1^2 + s_2}$$

$$= \frac{s_3}{s_1 - Y} - \frac{s_2 \theta(Y)}{(3Y^2 - 4s_1 Y + s_1^2 + s_2)(s_1 - Y)}.$$

練習問題 3. $\sigma : x_1 \mapsto x_2 \mapsto x_3 \mapsto x_1$ とする．$\sigma(f^3) \ne f^3$ ならば，$f^3, \sigma(f^3)$ と $\sigma^2(f^3)$ は相異なる．これは f^3 が 2 つの値しかとらないという仮定に矛盾する．ゆえに，$\sigma(f^3) = f^3$ であるから，適当な 1 の 3 乗根 ω によって $\sigma(f) = \omega f$ となる．$\sigma(f)$ と f における係数を比較すると，$A = \omega B = \omega^2 C$ を得る．ゆえに，

$$f = A(x_1 + \omega^2 x_2 + \omega x_3).$$

さらに，x_1, x_2 と x_3 は f によって有理的に表されるから $\omega \ne 1$ である．

練習問題 4. 定理 10.4 (p. 150) によって，$t(\omega^k)t(\omega)^{-k}$ が $t(\omega)^k$ を不変にする置換，すなわち，$\tau : x_1 \mapsto x_2 \mapsto \cdots \mapsto x_n \mapsto x_1$ （とそのベキ）によって不変であることを示せば十分である（命題 10.8 (p. 158) と比較せよ）．$\tau(t(\omega^k)) = \omega^{-k} t(\omega^k)$ であるから，これは明らかである．

練習問題 5. $\{0, 1, \ldots, n-1\}$ を $\mathbb{F}_n$ と同一視することによって，σ_i と τ を次のように表すことができる．

$$\sigma_i(x) = ix, \qquad \tau(x) = x + 1, \qquad x \in \mathbb{F}_n.$$

このとき，$\tau \circ \sigma_i(x) = ix + 1$ と $\sigma_i \circ \tau^k(x) = i(x + k)$ である．ゆえに，$ik \equiv 1 \pmod{n}$ ならば $\tau \circ \sigma_i = \sigma_i \circ \tau^k$ が成り立つ．$\sigma_i \circ \tau^j = \sigma_k \circ \tau^\ell$ ならば，$i = k$ かつ $j = \ell$ $(i = 1, \ldots, n-1, j = 0, \ldots, n-1)$ であることが容易に確かめられる．したがって，$|\mathrm{GA}(n)| = n(n-1)$ であることがわかる．

第 11 章

練習問題 1.

$$[\begin{matrix}\alpha & \beta & \gamma & \delta & \epsilon \\ v & iii & iv & i & ii\end{matrix}] = a^\alpha b^\beta c^\gamma d^\delta e^\epsilon + a^\delta b^\epsilon c^\beta d^\gamma e^\alpha + a^\gamma b^\alpha c^\epsilon d^\beta e^\delta \\ + a^\beta b^\delta c^\alpha d^\epsilon e^\gamma + a^\epsilon b^\gamma c^\delta d^\alpha e^\beta,$$

$$[\begin{matrix}\alpha & \epsilon & \delta & \beta & \gamma \\ v & iii & iv & i & ii\end{matrix}] = a^\alpha b^\epsilon c^\delta d^\beta e^\gamma + a^\beta b^\gamma c^\epsilon d^\delta e^\alpha + a^\delta b^\alpha c^\gamma d^\epsilon e^\beta \\ + a^\epsilon b^\beta c^\alpha d^\gamma e^\delta + a^\gamma b^\delta c^\beta d^\alpha e^\epsilon,$$

$$[\begin{matrix}\alpha & \gamma & \beta & \epsilon & \delta \\ v & iii & iv & i & ii\end{matrix}] = a^\alpha b^\gamma c^\beta d^\epsilon e^\delta + a^\epsilon b^\delta c^\gamma d^\beta e^\alpha + a^\beta b^\alpha c^\delta d^\gamma e^\epsilon \\ + a^\gamma b^\epsilon c^\alpha d^\delta e^\beta + a^\delta b^\beta c^\epsilon d^\alpha e^\gamma,$$

$$[\begin{matrix}\alpha & \delta & \epsilon & \gamma & \beta \\ v & iii & iv & i & ii\end{matrix}] = a^\alpha b^\delta c^\epsilon d^\gamma e^\beta + a^\gamma b^\beta c^\delta d^\epsilon e^\alpha + a^\epsilon b^\alpha c^\beta d^\delta e^\gamma \\ + a^\delta b^\gamma c^\alpha d^\beta e^\epsilon + a^\beta b^\epsilon c^\gamma d^\alpha e^\delta.$$

これら 4 つの部分的型の和は，次の置換によって生成された部分群に対応している部分的型である．$\tau: a \mapsto e \mapsto b \mapsto c \mapsto d \mapsto a$, と $\sigma: a \mapsto a, b \mapsto d \mapsto c \mapsto e \mapsto b$. a, b, c, d, e が $a = 0, b = 2, c = 3, d = 4, e = 1$ のように番号付けされているとき，その部分群は $\mathrm{GA}(5) \subset S_5$ である（p.156 を参照せよ）．

練習問題 2. $a \mapsto b \mapsto c \mapsto d \mapsto e \mapsto a$ を（たとえば）$a^2 = b + 2$ の両辺に施すと $b^2 = c + 2$ が得られる．ところが，これは成り立たない関係である．

練習問題 3. a, b, c の間の関係は次のようである．

$$a^2 = b + 2, \quad b^2 = c + 2, \quad c^2 = a + 2,$$
$$ab = a + c, \quad bc = b + a, \quad ca = c + b.$$

これらの関係が $a \mapsto b \mapsto c \mapsto a$ によって保存されることは容易に確かめられる．

練習問題 4. 2 が 13 の原始根であるという事実を用いると，命題 12.18（p.190）より（命題 12.21, p.195 も参照せよ），次のことがわかる．$2\cos\frac{2\pi}{13} \mapsto 2\cos\frac{4\pi}{13} \mapsto 2\cos\frac{8\pi}{13} \mapsto 2\cos\frac{10\pi}{13} \mapsto 2\cos\frac{6\pi}{13} \mapsto 2\cos\frac{12\pi}{13} \mapsto 2\cos\frac{2\pi}{13}$ は $2\cos\frac{2\pi}{13}, \ldots, 2\cos\frac{12\pi}{13}$ の間の関係を保存する．

第 12 章

練習問題 3. 偶数個の項をもつ周期は 2 項の周期（これらは実数である）の和である（p.192 を参照せよ）．

練習問題 4. 適当な $k = 0, \ldots, p-2$ に対して $\zeta = \zeta'_k (= \zeta'^{g^k})$ とおき，適当な ℓ に対して $g = g'^\ell$ とおく．g は p の原始根であるから（命題 7.12, p.95 参照），ℓ は $p-1$ と互いに素である，簡単な計算により $\zeta_i = \zeta'_{\sigma(i)}$ であることがわか

る．ただし，$\sigma : \{0, \ldots, p-2\} \to \{0, \ldots, p-2\}$ は，$\alpha = 0, \ldots, p-2$ に対して $\sigma(\alpha) \equiv \ell\alpha + k \pmod{p-1}$ によって定義されるものである．命題 10.6 (p. 155) と同じ推論によって，σ は 1 つの置換であることがわかる．さらに，$\alpha \equiv i \pmod{p-1}$ ならば $\sigma(\alpha) \equiv \sigma(i) \pmod{p-1}$ が成り立つので

$$\sum_{\alpha \equiv i \pmod{e}} \zeta_\alpha = \sum_{\beta \equiv \sigma(i) \pmod{e}} \zeta'_\beta.$$

練習問題 5. $ef = gh = p - 1$ とする．$K_g \subset K_f$ ならば次が成り立つ．

$$\sigma^e(\zeta_0 + \zeta_h + \cdots + \zeta_{h(g-1)}) = \zeta_0 + \zeta_h + \cdots + \zeta_{h(g-1)}.$$

特に，$\sigma^e(\zeta_0) = \zeta_e$ は適当な ℓ によって $\zeta_{h\ell}$ という形をしている．したがって，$e = h\ell$ となるので，h は e を割り切り，かつ f は g を割り切る．

η を f 項の周期とする．命題 12.23 (p. 198) より，$K_f = K_g(\eta)$ が成り立つ．すると，命題 12.25 (p. 199) より，η は K_g 上次数 $k = g/f$ の多項式の根である．それはより低い次数の多項式の根ではない．なぜならば，多項式 $P \in K_g[X]$ に対して $P(\eta) = 0$ ならば，$P(\sigma^h(\eta)) = P(\sigma^{2h}(\eta)) = \cdots = P(\sigma^{h(k-1)}(\eta)) = 0$ となるからである．したがって，g/f は K_g 上 η の最小多項式の次数である（注意 12.16, p. 188 を参照せよ）．よって，命題 12.15 (p. 187) り，$\dim_{K_g} K_f = g/f$ が得られる．

第 13 章

練習問題 1. 代数学の基本定理（定理 9.1, p. 121）より，任意の多項式を $P \in \mathbb{R}[X]$（それぞれ $\mathbb{C}[X]$）とするとき，方程式 $P(X) = 0$ のすべての根は $\mathbb{C}$ に属していることがわかる．$\mathbb{C}$ は $\mathbb{R}$（それぞれ $\mathbb{C}$）のベキ根拡大である．

練習問題 2. ラグランジュの結果（定理 10.4, p. 150）より，x_1, x_2 と x_3 は $t = x_1 + \omega x_2 + \omega^2 x_3$ によって有理的に表すことができる．ただし，$\omega = \frac{1}{2}(-1 + \sqrt{-3})$．具体的には次のようである．

$$x_1 = \frac{1}{3}(s_1 + t + (s_1^2 - 3s_2)t^{-1}).$$

簡単な計算により，次の式が得られる．

$$t^3 = s_1^3 - \frac{9}{2}(s_1 s_2 - 3s_3) + \frac{3\sqrt{-3}}{2}\Delta.$$

ただし，$\Delta = (x_1 - x_2)(x_1 - x_3)(x_2 - x_3) = \sqrt{D(s_1, s_2, s_3)}$．ここで，$D(s_1, s_2, s_3)$ は判別式である（§8.3 を参照せよ）．したがって，x_1 を含んでいる $\mathbb{Q}(s_1, s_2, s_3)$ のベキ根拡大は次のようにして構成することができる．

$$R_0 = \mathbb{Q}(s_1, s_2, s_3),$$
$$R_1 = R_0\bigl(\sqrt{-3D(s_1, s_2, s_3)}\bigr),$$
$$R_2 = R_1\Bigl(\sqrt[3]{s_1^3 - \tfrac{9}{2}(s_1 s_2 - 3s_3) + \tfrac{3}{2}\sqrt{-3D(s_1, s_2, s_3)}}\Bigr).$$

$\sqrt{-3D(s_1, s_2, s_3)}$ は $\mathbb{Q}(x_1, x_2, x_3)$ に属さないので, 体 R_2 は $\mathbb{Q}(s_1, s_2, s_3)$ に含まれない. $\mathbb{Q}(x_1, x_2, x_3)$ が x_1 (または x_2 かまたは x_3) を含んでいる $\mathbb{Q}(s_1, s_2, s_3)$ のいかなるベキ根拡大も含まないことを示すために, §13.4 のように推論することができる. すなわち, $u \in \mathbb{Q}(x_1, x_2, x_3)$ は, ベキ乗 u^p (p は素数) が $\sigma : x_1 \mapsto x_2 \mapsto x_3 \mapsto x_1$ によって不変である, という性質をもてば, u は σ によって不変である. 事実, $\sigma(u^p) = u^p$ より, 1 のある p 乗根 ω に対して $\sigma(u) = \omega u$ が成り立つ. $\sigma^3 = \mathrm{Id}$ であるから, $u = \sigma^3(u) = \omega^3 u$ が成り立つ. ゆえに, $p = 3$ となる. ところが, 1 は $\mathbb{Q}(x_1, x_2, x_3)$ において 1 の唯一つの 3 乗根であるから, $\sigma(u) = u$ となる.

次数 4 の一般方程式の解を求めるために, 3 次分解式を最初に解く. たとえば, $u = (x_1 + x_2)(x_3 + x_4)$ を根としてもつ方程式である. すなわち,

$$X^3 - a_1 X^2 + a_2 X - a_3 = 0.$$

ここで, $a_1 = 2s_2$, $a_2 = s_2^2 + s_1 s_3 - 4s_4$, $a_3 = s_1 s_2 s_3 - s_1^2 s_4 - s_3^2$ である. (第 8 章の練習問題 3 を参照せよ.) このとき, $v = x_1 + x_2$ は 2 次方程式

$$X^2 - s_1 X + u = 0$$

の根として得られる (もう 1 つの根は $x_3 + x_4$ である). x_1 と x_2 は次の方程式の根として得られる.

$$X^2 - vX + \frac{(s_1 - 2v)s_4}{(s_1 - v)(s_2 - u) - s_3} = 0.$$

(定数項は $x_1 x_2$ であり, これは u, v と対称多項式の関数として表される.) したがって, x_1 を含んでいる $\mathbb{Q}(s_1, s_2, s_3, s_4)$ のベキ根拡大は次のように構成される.

$$R_0 = \mathbb{Q}(s_1, s_2, s_3, s_4),$$
$$R_1 = R_0\bigl(\sqrt{-3D(a_1, a_2, a_3)}\bigr),$$
$$(= R_0\bigl(\sqrt{-3D(s_1, s_2, s_3, s_4)}\bigr), \quad \text{第 8 章の練習問題 3 参照})$$
$$R_2 = R_1(t).$$

ただし,

$$t = \sqrt[3]{a_1^3 - \tfrac{9}{2}(a_1 a_2 - 3a_3) + \tfrac{3}{2}\sqrt{-3D(a_1, a_2, a_3, a_4)}}.$$

すると,

$$u = \frac{1}{3}\bigl(a_1 + t + (a_1^2 - 3a_2)t^{-1}\bigr) \in R_2.$$

このとき,
$$R_3 = R_2\left(\sqrt{s_1^2 - 4u}\right)$$
とおけば, $v = \frac{1}{2}(s_1 + \sqrt{s_1^2 - 4u}) \in R_3$ でかつ
$$x_1 \in R_4 = R_3\left(\sqrt{v^2 - 4(s_1 - 2v)s_4\big((s_1 - v)(s_2 - u) - s_3\big)^{-1}}\right).$$

練習問題 3. 3 は 7 の原始根であるから, 命題 12.21 (p. 195) より, $\sigma(\zeta_7) = \zeta_7^3$ によって定義される $\mathbb{Q}(\zeta_7)$ の自己同型写像が存在する. $\mathbb{Q}(\zeta_7)$ が $\mathbb{Q}$ 上ベキ根拡大であると仮定すると, 次のような拡大体の列が存在する.
$$\mathbb{Q}(\zeta_7) = R_0 \supset R_1 \supset \cdots \supset R_h = \mathbb{Q}.$$
ただし, $R_i = R_{i+1}(u_i)$ と表され, u_i は適当な素数 p_i と R_{i+1} の元の p_i 乗でない適当な元 $a_i \in R_{i+1}$ が存在して $u_i^{p_i} = a_i$ を満たしている.

これから, a_i が σ^2 によって不変ならば, u_i が σ^2 によっても不変であることを示そう. このとき, R_i のすべての元は σ^2 によって不変である. したがって帰納法により, $R_0 = \mathbb{Q}(\zeta_7)$ のすべての元は σ^2 によって不変であるが, これは矛盾である.

$\sigma^2(a_i) = a_i$ より, $\sigma^2(u_i)^{p_i} = u_i^{p_i}$ が成り立つ. ゆえに, 適当な 1 の p_i 乗根 $\omega \in \mathbb{Q}(\zeta_7)$ によって $\sigma^2(u_i) = \omega u_i$ と表される. $p_i \neq 7$ のとき, 定理 12.32 (p. 207) によって, 円分多項式 Φ_{p_i} は $\mathbb{Q}(\zeta_7)$ 上既約である. したがって, $\mathbb{Q}(\zeta_7)$ が 1 と異なる 1 の p_i 乗根を含んでいるような素数 p_i は, $p_i = 2$ かまたは 7 だけである.

さて, 系 13.10 (p. 228) より, $\dim_{R_{i+1}} R_i = p_i$ であることがわかる. したがって, $p_i = 7$ は不可能である. なぜならば, 定理 12.13 (p. 186) より $\dim_\mathbb{Q} \mathbb{Q}(\zeta_7) = 6$ であるからである. $p_i = 2$ ならば, $\omega = 1$ または -1 である. しかしながら, $\sigma^2(u_i) = -u_i$ は不可能である. なぜならば, σ^2 をこの式の両辺に 2 回施すと $\sigma^6(u_i) = -u_i$ を得る. ところが, $\sigma^6 = \text{Id}$ であるからこれは矛盾である. 以上より, 唯一つの可能性は $\sigma^2(u_i) = u_i$ であり, 主張は証明された. 一方, $\mathbb{Q}(\zeta_7, \zeta_3)$ は $\mathbb{Q}$ 上ベキ根拡大である. 実際,
$$\eta_0 = \zeta_7^{3^0} + \zeta_7^{3^2} + \zeta_7^{3^4} = \zeta_7 + \zeta_7^2 + \zeta_7^{-3},$$
$$\eta_1 = \zeta_7^{3^1} + \zeta_7^{3^3} + \zeta_7^{3^5} = \zeta_7^3 + \zeta_7^{-1} + \zeta_7^{-2}$$
を $\Phi_7 = 0$ の 3 項の周期とする. このとき, 容易に $\eta_0 + \eta_1 = -1$ と $\eta_0 \eta_1 = 2$ であることがわかる. ゆえに, $\eta_0, \eta_1 = \frac{1}{2}(1 \pm \sqrt{-7})$. ここで, $t = \zeta_7 + \zeta_3 \zeta_7^2 + \zeta_3^2 \zeta_7^{-3}$ とおく. すると,
$$\zeta_7 = \frac{1}{3}(\eta_0 + t + (2\eta_0 + 1)t^{-1})$$
でかつ, $t^3 = 8 + 2\eta_0 + 3\zeta_3 + 6\zeta_3 \eta_0 \in \mathbb{Q}(\zeta_3, \eta_0) = \mathbb{Q}(\sqrt{-3}, \sqrt{-7})$. ゆえに, $\mathbb{Q}(\zeta_3, \zeta_7) = \mathbb{Q}(\zeta_3, \eta_0, t) = \mathbb{Q}(\sqrt{-3}, \sqrt{-7}, t)$ は $\mathbb{Q}$ のベキ根拡大である.

練習問題 4. $R = F(u)$ で $u^p = a$ とすると，同型写像 $f : F[X]/(X^p - a) \xrightarrow{\sim} R$ は $f(P(X) + (X^p - a)) = P(u)$ によって与えられる．

練習問題 5. $\mathbb{C}$ における 2 の 3 乗根は $\sqrt[3]{2} \in \mathbb{R}$, $\frac{1}{2}(-1+i\sqrt{3})\sqrt[3]{2}$ と $\frac{1}{2}(-1-i\sqrt{3})\sqrt[3]{2}$ である．後ろの 2 つは $\mathbb{R}$ に属していないから，体 $\mathbb{Q}(\sqrt[3]{2}) \subset \mathbb{R}$ は 2 の唯一つの 3 乗根を含む．前の練習問題より，2 の 3 乗根を $\mathbb{Q}$ に添加して得られるすべての体は同型であるから，それらはすべて 2 の唯一つの 3 乗根を含む．したがって，

$$\mathbb{Q}(\sqrt[3]{2}), \qquad \mathbb{Q}\left(\frac{1}{2}(-1+i\sqrt{3})\sqrt[3]{2}\right), \qquad \mathbb{Q}\left(\frac{1}{2}(-1-i\sqrt{3})\sqrt[3]{2}\right)$$

は $\mathbb{C}$ の相異なる部分体である．

第 14 章

練習問題 1. 命題 14.32（p. 289）より，$\mathrm{Gal}(P/F)$ は P の根全体の集合上に推移的に作用する．したがって定理 14.35（p. 292）より，P の根の個数は $|\mathrm{Gal}(P/F)|$ を割り切る．

練習問題 2. σ を表現 $r_i = f_i(V)$ に施すと，$\sigma(r_i) = f_i(\sigma(V))$ を得る．$\{\sigma(r_1), \ldots, \sigma(r_n)\} = \{r_1, \ldots, r_n\}$ であるから，$r_1, \ldots, r_n$ は $\sigma(V)$ の有理式で表される．

練習問題 3. これは P の既約因数の個数についての帰納法によって，命題 14.33（p. 290）から導かれる．

練習問題 4. F 上 $(X - u_1) \cdots (X - u_r)$ の既約性は命題 14.32（p. 289）より容易に導かれる．

練習問題 5. T を H の G における右剰余類の代表元の集合とするとき，

$$G(\alpha) = \bigcup_{\tau \in T} H\tau(\alpha)$$

は，H を代入群としてもつ $G(\alpha)$ の部分群への分割である．この分割が $G(\alpha) = \bigcup_{\sigma \in R} \sigma(H(\alpha))$ と同じであれば，任意の $\sigma \in R$ に対して $\sigma \circ H = H \circ \tau$ を満たす $\tau \in T$ が存在する．特に，適当な $\eta \in H$ に対して $\sigma = \sigma \circ \mathrm{Id} = \eta \circ \tau$ が成り立つ．ゆえに，すべての $\xi \in H$ に対して

$$\sigma \circ \xi \circ \tau^{-1} = \sigma \circ \xi \circ \sigma^{-1} \circ \eta \in H$$

が成り立つので，$\sigma \circ \xi \circ \sigma^{-1} \in H$ を得る．これは H が G における正規部分群であることを示している．H が正規ならば，すべての $\sigma \in G$ に対して $\sigma \circ H = H \circ \sigma$ であるから，逆は明らかである．

参考文献

[1] N.-H. Abel, *Œuvres complètes*, (2 vol.) (L.Sylow and S.Lie, eds.), Grøndahl & Søn, Christiania, 1881.

[2] E. Artin, *Galois Theory*, Notre Dame Math. Lectures, Notre Dame Univ. Press, Ind., 1948.

[3] E. Artin, *Collected Papers* (S. Lang and J.Tate, eds.), Addison-Wesley, Reading, Mass., 1965.

[4] R.G.Ayoub, *Paolo Ruffini's contributions to the quintic*, Arch. Hist. Exact Sci., **23** (1980/81), 253-277.

[5] H. Bosmans, *Sur le "Libro de algebra" de Pedro Nuñez*, Biblioth. Mathem., (Sér. 3) **8** (1908), 154-169.

[6] N. Bourbaki, *Algèbre, chapitres 4 et 5*, Hermann, Paris, 1967.

[7] N. Bourbaki, *Algèbre, chapitres 4 à 7*, Masson, Paris, 1981.

[8] C.B. Boyer, *A History of Mathematics*, J. Wiley & sons, New York, N.Y., 1968.

[9] W.K. Bühler, *Gauss. A Biographical Study*, Springer, Berlin, 1981.

[10] F. Cajori, *A History of Mathematical Notations, vol 1 : Notations in Elementary Mathematics*, Open Court, La Salle, Ill., 1974.

[11] G. Cardano, *The Great Art, or the Rules of Algebra*, translated and edited by T.R. Witmer, MIT Press, Cambridge, Mass., 1968.

[12] J.-C. Carrega, *Théorie des corps. La règle et le compas*, Coll. formation des enseignants et formation continue, Hermann, Paris, 1981.

[13] S.U. Chase, D.K. Harrison, A. Rosenberg, *Galois theory and Galois cohomology of commutative rings*, Mem. Amer. Math. Soc.**52** (1968), 1-19.

[14] P.M. Cohn, *Algebra, vol. 2*, J. Wiley & sons, London, 1977.

[15] R. Cotes, *Theoremata tum Logometrica tum Trigonometrica Datarum Fluxionum Fluentes exhibentia, per Methodum Mensurarum ulterius extensam*, pp. 111-249 in *Harmonia Mensurarum, sive Analysis & Synthetis per Rationum & Angulorum Mensuras promotae: Accedunt Alia Opuscula Mathematica per Rogerum Cotesium* (R. Smith, ed.) Cantabrigiae, 1722.

[16] R. Descartes, *The Geometry*, translated from the French and Latin by D.E. Smith and M.L. Latham, Dover, New York, 1954.

[17] R. Descartes, *Geometria* (2 vol.), trad.F. Van Schooten, Ex typographia Blaviana, Amstelodami, 1683 (ed. tertia).

[18] J. Dieudonné, *Abrégé d'histoire des mathématiques 1700-1900* (2 vol.), Hermann Paris, 1978.

[19] R. Douady, A. Douady, *Algèbre et théories galoisiennes* (2 vol.), Cedic-Fernand Nathan, Paris, 1977, 1979.

[20] H.M. Edwards, *Galois Theory*, Graduate Texts in Math. **101**, Springer, New York, N.Y., 1984.

[21] É. Galois, *Écrits et mémoires mathématiques d'Évariste Galois*, (R. Bourgne et J.-P. Azra, éd.), Gauthier-Villars, Paris, 1962.

[22] S. Gandz, *The origin and development of the quadratic equations in Babylonian, Greek and early Arabic algebra*, Osiris **3** (1937), 405-557.

[23] C.F. Gauss, *Demonstratio nova theorematis omnem functionem algebraicam rationalem integram unius variabilis in factores reales primi vel secundi gradus resolvi posse*, Apud C.G. Fleckeisen, Helmstadii, 1799. (Werke Bd III, Georg Olms, Hildesheim, 1981, pp. 1-30.)

[24] C.F. Gauss, *Disquisitiones Arithmeticae*, Apud Gerh. Fleischer Iun. Lipsiae, 1801. (Werke Bd I, Herausg. König. Ges. Wiss. Göttingen, 1870.)

[25] C.F. Gauss, *Demonstratio nova altera theorematis omnem functionem algebraicam rationalem integram unius variabilis in factores reales primi vel secundi gradus resolvi posse*, Comm. soc. regiae scient. Gottingensis recentiores **3** (1816). (Werke Bd III, Georg Olms, Hildesheim, 1981, pp. 31-56.)

[26] A. Girard, *Invention Nouvelle en l'Algèbre*, réimpression par D. Bierens De Haan, Muré Frères, Leiden, 1884.

[27] N.H. Goldstine, *A History of Numerical Analysis from the 16th through the 19th century*, Studies in the History of Math. and Phys. Sciences **2**, Springer, New York, N.Y., 1977.

[28] H. Hankel, *Zur Geschichte der Mathematik in Alterthum und Mittelalter*, Teubner, Leibzig, 1874.

[29] G.H. Hardy, E.M. Wright, *An Introduction to the Theory of Numbers*, Clarendon Press, Oxford, 1979.

[30] T.L. Heath, *The Thirteen Books of Euclid's Elements*, Cambridge Univ. Press, Dover, New York, N.Y., 1956.

[31] J. Hudde, *Epistola prima, de Reductione Aequationum*, in [17, vol. 1], pp. 406-506.

[32] J. Hudde, *Epistola secunda, de Maximis et Minimis*, in [17, vol. 1], pp. 507-516.

[33] N. Jacobson, *Lectures in Abstract Algebra, vol.III*, Van Nostrand, New York, N.Y., 1964.

[34] N. Jacobson, *Basic Algebra I*, Freeman, San Francisco, Ca., 1974.

[35] I. Kaplansky, *Fields and Rings*, Chicago Lectures in Math., Univ.Chicago Press, Chicago, III., 1972.

[36] L.C. Karpinski, *Report of Chester's Latin Translation of the Algebra of AlKhowarizmi*, Univ. of Michigan Studies, Humanistic series **11**, MacMillan, New York, N.Y., 1915.

[37] B.M. Kiernan, *The development of Galois Theory from Lagrange to Artin*, Arch. Hist. Exact Sci., **8** (1971), 40-154.

[38] M. Kline, *Mathematical Thought from Ancient to Modern Times*, Oxford Univ. Press, New York, N.Y., 1972.

[39] W.R. Knorr, *The Evolution of the Euclidean Elements*, Synthese Historical Lib. **15**, D.Reidel, Dordrecht, 1975.

[40] J.-L. Lagrange, *Réflexions sur la résolution algébrique des équations*, Nouveaux Mémoires de l'Acad. Royale des sciences et belles-lettres, avec l'histoire pour la même année, **1** (1770), 134-215; **2** (1771), 138-253. (Œuvres de Lagrange, vol.3 (J.-A. Serret, éd.) Gauthier-Villars, Paris, 1869, pp. 203-421.)

[41] H. Lebesgue, *L'œuvre mathématique de Vandermonde*, Enseignement Math. Sér. II, **1** (1955), 201-223.

[42] G.W. Leibniz, *Mathematische Schriften, Bd V*, herausg. von C.I. Gerhardt, Georg Olms, Hildesheim, 1962.

[43] G.W. Leibniz, *Der Briefwechsel von Gottfried Wilhelm Leibniz mit Mathematikern*, herausg. von C.I. Gerhardt, Georg Olms, Hildesheim, 1962.

[44] P. Morandi, *Field and Galois Theory*, Graduate Texts in Math. **167**, Springer, New York, N.Y., 1996.

[45] I. Newton, *The Mathematical Papers of Isaac Newton*, ed. by D.T. Whiteside, vol. I: 1664-1666, Cambridge Univ. Press, Cambridge, 1967; vol. IV: 1674-1684, Cambridge Univ. Press, Cambridge, 1971; vol. V: 1683-1684, Cambridge Univ. Press, Cambridge, 1972.

[46] I. Newton, *The Mathematical Works of Isaac Newton, vol. 2*, assembled with an introduction by D.T. Whiteside, The sources of science, Johnson Reprint Corp., New York, London, 1967.

[47] L. Nový, *Origins of Modern Algebra*, Noordhoff, Leyden, 1973.

[48] A. Romanus, *Ideae Mathematicae Pars Prima, sive Methodus Polygonorum*, apud Ioannem Masium, Lovanii, 1593.

[49] M. Rosen, *Abel's theorem on the lemniscate*, Amer. Math. Monthly **88** (1981), 387-395.

[50] J. Rotman, *Galois Theory* (2nd edition), Universitext, Springer, New York, N.Y., 1998.

[51] P. Ruffini, *Opere Matematiche* (3 vol.), E. Bortolotti, ed., Ed. Cremonese della Casa Editrice Perrella, Roma, 1953-1954.

[52] P. Samuel, *Théorie algébrique des nombres*, Coll. Méthodes, Hermann, Paris, 1971.

[53] J.-A. Serret, *Cours d'algèbre supérieure* (2 vol.), Gauthier-Villars, Paris, 1866 (3ème éd.).

[54] D.E. Smith, *A Source Book in Mathematics* (2 vol.), Dover, New York, N.Y., 1959.

[55] S. Stevin, *The Principal Works of Simon Stevin. Volume II B: Mathematics*, D.J. Struik, ed., C.V. Swets en Zeitlinger, Amsterdam, 1958.

[56] I. Stewart, *Galois Theory*, Chapman and Hall, London, 1973.

[57] R. Taton, *Les relations d'Évariste Galois avec les mathématiciens de son temps*, Rev. Hist. Sc. **1** (1948), 114-130.

[58] E.W. Tschirnhaus, *Methodus Anferendi Omnes Terminos intermedios ex data aequatione*, Acta Eruditorum (Leibzig) (1683), 204-207.

[59] A.T. Vandermonde, *Mémoire sur la résolution des équations*, Histoire de l'Acad. Royale des Sciences (avec les mémoires de Math. & de Phys. pour la même année, tirés des registres de cette Acad.) (1771), 365-416.

[60] A. Van der Poorten, *A proof that Euler missed ... Apéry's proof of the irrationality of $\zeta(3)$*, Math. Intel.**1** (1979), 195-203.

[61] B.L. Van der Waerden, *Algebra* (2 vol.), (7th ed. of *Moderne Algebra*), Heidelberger Taschenbücher 12 & 23, Springer, Berlin, 1966 & 1967.

[62] B.L. Van der Waerden, *Science Awakening I*, Noordhoff, Leyden, 1975.

[63] B.L. Van der Waerden, *Die Galoissche Theorie von Heinrich Weber bis Emil Artin*, Arch. Hist. Exact Sci. **9** (1972), 240-248.

[64] F. Vieta, *Ad Problema quod omnibus Mathematicis totius orbis construendum proposuit Adrianus Romanus Francisci Vietae Responsum*, apud Iametium Mettayer, Parisiis, 1595.

[65] F. Vieta, *The Analytic Art*, translated by T.R. Witmer, Kent State Univ. Press, Kent, Ohio, 1983.

[66] E. Waring, *Meditationes Algebraicae*, translated by D. Weeks, Amer. Math. Soc., Providence, RI, 1991.

[67] H. Weber, *Lehrbuch der Algebra*, Bd. I, F. Vieweg u. Sohn, Braunschweig, 1898.

[68] A. Weil, *De la métaphysique aux mathématiques*, Sciences (1960), 52-56. (Œuvres Scientifiques-Collected Papers, vol. 2, Springer, New York, N.Y.,1979, pp. 408-412.)

[69] A. Weil, *Two lectures on number theory, past and present*, Enseignement Math. **20** (1974), 87-110. (Œuvres Scientifiques-Collected Papers, vol. 3, Springer, New York, N.Y.,1979, pp. 279-302.)

訳者あとがき

　『代数方程式のガロアの理論』という題名からわかるように，この本は代数方程式を主題としてその背後にある考え方の変遷を扱っている．著者は序文で次のように述べている：「この本の主題は代数学ではなく，代数方程式の歴史でもなく，方法論なのである．」この方法論を説明するための題材として，方程式の理論が選ばれている．

　その理由の第一は，完全に初等的である．すなわち，問題を説明するにあたって実質的に数学的な背景とか，理解するための準備（高等的）とかはあまり必要ない．しかし，その内容は現代代数学の深い考えと基本的な概念に読者を導いていく．

　第二に，方程式の理論は長い発展の歴史を持っている．バビロニアの2次方程式についての解法から始まり，タルターリアとカルダーノの3次方程式，フェラーリの4次方程式の解法，そしてルフィニ，アーベルが懸案の5次方程式が代数的に解くことができないことを証明し，最後にガロアが代数方程式の可解性の問題を完全な形で解決した．この間に，ラグランジュがそれまでの代数方程式の研究を詳細に考察した一般論，そしてまたヴァンデルモンドとガウスによる円分方程式の研究があり，アーベル，ガロアの研究のための準備の役割を果たした．

　第三に，方程式の代数的理論は完全に閉じている．それはずっと前に完全な成熟の域に達しているので，様々な角度から公平な評価をすることができる．

　以上のような点が著者によって語られている．

　特に，この本の特色は代数方程式の解法をその時代の数学者の解き方で説明していることである．これはかなり時間と手間のかかる仕事であり，現代の我々はもっと効率的な手段と方法により短時間でそれをすませてしまうことが多い．4次方程式までは式の変形でなんとか説明するのはそれほど難しくない．5次

以上になると代数的に式の変形とベキ根によっては解くことは難しくなり，実際解くことが不可能なことが証明された．フェラーリが4次方程式を解いてから，アーベルが5次方程式を代数的に解くことができないことを示すまでに約300年の時を経ている．この間にガウスとヴァンデルモンドの円分方程式の研究の後をたどり，ラグランジュが代数方程式を解くためにどのようなことを考えたかを詳細に考察している．特に，ヴァンデルモンドの研究については他書では見られない部分である．そして，アーベルの研究の後をたどると，今日，なぜ群という概念において可換群がアーベル群と呼ばれているのかを理解することができる．そして最後にガロアにいたり，彼が18歳のときにフランス科学学士院に投稿した論文は1回目は失われ，2回目に投稿した論文は拒否された．しかしながら，彼の論文はリウヴィルにより忘却のかなたに失われる前に救われたという事件は歴史に残る有名な逸話である．ガロアはこの論文の中で今日方程式のガロア群として知られているものを導入している．この群の概念はそれ以後の数学をすべて書き換えてしまうほど基本的であり，現在でもまだ影響を及ぼしつつある．この本の著者はその論文を忠実にたどり，群は原初のかたちとして方程式の群として出現したことを明らかにしている．

これまで，我々は大学で代数学を教えているときの内容ではだいたい3年次で代数IIIとして環と体の理論を講義するが，その中でガロアの基本定理を学生は習うはずである．しかしながら，そのときに著者も指摘しているように，方程式が見えなくなっている．少なくとも，その基本定理の文章の中に方程式は現れない．ガロア理論もその基本定理ももとは方程式の代数的理論から出てきたはずであるが，その原始的な形が見えなくなってしまっている．このことは教育的な意味ではよいことではない．それは限られた時間のなかで学ぶべきことが多く，講義の中で扱うことができないというカリキュラム事情がある．そういう意味では，この本を学生の副読本として，あるいは参考書として活用していただければよいのではないかと思っている．

また，特徴の一つとして初等的であるから，学年に関係なく興味のある生徒，学生，そして卒業した後何年も数学から離れてしまっている社会人にとっても，興味をもって読んでいただけると思う．

特に，総合学習のときの教材の一つとして，ほかの参考書と併せて活用していただけるとありがたい．

最後に，一部分英語翻訳に関して大学院生の小塚常記君に丁寧に読んでいただいたこと，また原稿のTeX入力に関して当時院生の石井政志君そして田中恵一君と三島一洋君他の院生に感謝したい．さらに出版に際しお世話になった共

立出版の赤城圭氏と吉村修司氏にも感謝したい.

参考までに，関連した本を列挙しておく．(*をつけたものは，原著の参考文献の邦訳でもある．)

1. アーベル，ガロア『群と代数方程式』(守屋美賀雄訳) 共立出版, 1975 年
2. 弥永昌吉『ガロアの時代　ガロアの数学　第一部時代編, 第二部数学編』シュプリンガー・フェアラーク東京, 1999, 2002 年
3.* C. F. ガウス『ガウス整数論』(高瀬正仁訳) 朝倉書店, 1995 年
4. ファン・デル・ヴェルデン『代数学の歴史』(加藤明文訳) 現代数学社, 1994 年
5.* ファン・デル・ヴェルデン『数学の黎明』(村田全, 佐藤勝造訳) みすず書房, 1984 年
6.* N. ブルバキ『代数 4』(倉田令二朗, 清水達雄訳) 東京図書, 1969 年
7. C. B. ボイヤー『数学の歴史 I-V』(加賀美鉄雄, 浦野由有訳) 朝倉書店, 1983〜85 年
8. 矢ヶ部巌『数 III 方式　ガロアの理論』現代数学社, 1976 年
9. 山下純一『ガロアへのレクイエム』現代数学社, 1986 年

[1] はアーベルとガロアの論文を翻訳している．[2] は時代背景を書いた第 1 巻と数学的内容の第 2 巻であり，著者の長年の経験をもとに書かれている労作で数学以外の人にも読みやすいと思う．[3] はガウスの整数論が日本語で読めるのは大変有難いことであり，高瀬氏の労作である．この本でも引用が多いので助かった．[4] は代数学に関した歴史が書いてあり，もちろん代数方程式に関する部分は共有している部分もある．[5] は数学の歴史に関する先駆的な有名な本である．Tignol 氏もバビロニアのあたりの例は参考にしている．また，同氏は [6] の数学史に関する覚書も参考にしている．[7] は本格的な数学史の本である．[8] はこの本の思想に一番近いものであるが，対話形式で書いてある．予備知識なしに読めるが少々冗長である．[9] もこの本に近く，しかしもう少し数学以外のこともたくさん書いてあり読みやすい．ガロア以後のことも書いてある．

10. インフェルト『神々の愛でし人』(市井三郎訳) 日本評論社, 1950 年
11. A. ストゥーブハウグ『アーベルとその時代』(願化孝志訳) シュプリンガー・フェアラーク東京, 2003 年
12. ダニングトン『ガウスの生涯』(銀林浩, 小島穀男, 田中勇訳) 東京図書, 1976 年

13. E. T. ベル『数学をつくった人びと 1–3』（田中勇，銀林浩訳）ハヤカワ文庫，2003 年

　[2] と上にあげたものは，数学者の伝記に関するものである．[2] の第一部はガロアの時代背景とそれから，決闘で亡くなるときのことを最新の資料をもとに書いてある．[10] は昔から今に至るまで読みつがれている名著である．訳者も読んだことがあり，感動した覚えがある．[11] は非常に新しい本であり，時代を含めて資料や場所を調査し完璧に調べて書いてある．[13] は昔から読まれている名作である．訳者も学生時代に何度も読んだことがある．一般の人にも読みやすい．前は東京図書であったが，今はハヤカワ文庫となり，さらに読みやすくなったと思う．

14. 足立恒雄『ガロア理論講義』日本評論社，1996 年
15.* E. アルティン『ガロア理論入門』（寺田文行訳）東京図書，1974 年
16. 草場公邦『ガロワと方程式』朝倉書店，1989 年
17.* ファン・デル・ヴェルデン『現代代数学 1』（銀林浩訳）東京図書，1959 年
18.* J. ロットマン『ガロア理論』（関口次郎訳）シュプリンガー・フェアラーク東京，2000 年

　ここにまとめた本はガロア理論入門としてあげてある．[14] は本格的なガロア理論の本であり，準備として群や環・体の概念を理解していることが必要である．[15] は一般向けの，すわなち群や体といった概念を学んでいない人に対する講義から生まれたものである．[16] は具体的に方程式とガロア群の例を丁寧に説明してある．[17] は訳者が学生のころ教科書に準じて使われていた．現在でも内容的には代数の入門書としては十分に機能する名著である．[18] は新しいタイプのガロア理論の教科書である．他書のように体論の一部分ではなく，5 次方程式が代数的に解けないこと等に絞って書いてあり，目的が明確でありかつ簡明でもある．また，その数少ない引用文献のなかにこの『代数方程式のガロアの理論』も具体的な例のところで引用されている．

索　引

[ア]

アイゼンシュタイン　183, 184
アペリィ　118
アーベル　218–219, 221, 226, 233, 236, 238–239
　　——群　250
　　——の条件　239, 251, 305–306
　　——の定理　239, 305
アラビアの代数　9–13
アルス・マグナ　16, 21, 23
アルティン　318, 321
アル・フワーリズミー　9–12, 24

[イ]

位数　146
　　群の——　146
　　元の——　182
イデアル　123

[ウ]

ヴァンデルモンド　85, 91, 106, 134, 160–172, 174, 190, 191
　　——の行列　119
ヴィエト　1, 29, 32–33, 36–39, 44, 67–70
ウェアリング　106–110, 112, 134
　　——の方法　107
ヴェイユ　5, 316

[エ]

円分多項式　96–98
　　——の既約性　182–185, 204–208
円分法　88

円分方程式
　　——の可解性　165–173, 200–204
　　——のガロア群　249–250

[オ]

オイラー　62, 78, 86, 102, 116–118, 130, 133, 135, 141, 145, 178, 213, 214, 217
オマル・ハイヤーム　12

[カ]

『解析術序説』　29, 32
ガウス　110, 112, 127, 174, 175, 191, 195, 202–204, 212, 214, 217, 223, 238
　　——による代数学の基本定理の証明　122, 127, 129
　　——の円分方程式　182–204, 238
　　——の『整数論考究』　175–182
可解　274
　　群が——　274
　　方程式のベキ根による——　221
　　方程式のベキ根による完全——　273
カルダーノ　14–16, 18, 20, 23–24, 28–29, 44
　　——の公式　16–22, 287
　　——の方法　83, 135–140
ガロア　239–241, 243, 245, 248, 273, 307, 315
　　——拡大　319
　　——群
　　　体拡大の——　319
　　　多項式の——　244

──分解式 243, 247
──理論の基本定理 319–329
ガンズ 5

[キ]

軌道 289, 292
基本対称式 106
基本定理 110
　ガロア理論の── 150, 319–329
　対称式の── 105
　代数学の── 40, 79, 85, 110, 112, 121, 122, 217
ギリシャの代数 6–9

[ク]

クノール 6
クロネッカー 54, 124, 183, 204, 226, 317
群
　アーベル── 250
　可解── 274, 305
　ガロア── 244, 247, 249
　　多項式の── 244
　交換子部分── 306
　交代── 236, 286
　固定── 146
　固定部分── 292
　巡回── 95
　順列── 308
　剰余── 277
　正規部分── 264
　対称── 146
　代入── 308
　2面体── 272
群論の最初の成果 146–158, 236

[ケ]

原始根 92, 176, 179

[コ]

降鎖条件 108
コーシー 124, 217–219, 236
コーツ 81–82
　──ード・モアブルの公式 78, 81–86, 100–101
　──の公式 81

根
　1のベキ根（累乗根）── 87
　共通── 62
　原始── 92, 176, 179
　重── 58, 114
　多項式の── 57
　単── 58
　複素数の累乗── 86
　ベキ──
　　──拡大 221
　　──による表現 88, 221, 273
　有理── 71

[サ]

最高次係数 47
最大公約数 49
作図
　──可能な点 209
　定規とコンパスによる── 174, 208, 239
サミュエル 122
3次分解式 26, 271
3次方程式 14–22, 67–69, 76–77, 132–133, 135–141, 270–272

[シ]

指数 92, 150, 264, 275
　素数を法とする整数の── 179
次数 107, 319
ジャコブソン 318
シューア 183
周期 192
終結式 62, 93, 102, 120
定規とコンパスによる作図 208–214
消去理論 62, 74, 75, 93, 132
剰余環 123
剰余類 149, 264
ジラール 31, 39–42, 71, 121, 123–124, 214, 225, 227, 242
　──の主要定理 39
　──の定理 39, 122

[ス]

推移的 289
『数論』 29
ステヴィン 1, 29–32, 44

索 引　347

[セ]

正17角形　174
正n多角形　88
『整数論考究』　175
正多角形　208–214

[タ]

対称
　——群　146
　——多項式　105
　——的　105
対称式の基本定理　105–112
代数学の基本定理　121–129
代数的に独立　111
互いに素　50
多項式
　円周等分——　96
　円分——　96, 239
　　——のガロア群　249–250
　　——の既約性　182, 196, 204
　　——のベキ根による可解性　166, 200
　既約——　53
　最小——　188, 244
　対称——　105
ダランベール　121
タルターリア　14–16, 19

[チ]

重複度　58
チルンハウス　73–74, 130, 133, 135, 142
　——の方法　74–77, 140–141

[テ]

ディオファントス　9, 32
デカルト　24, 32–33, 41
　——の方法　70–71
デデキント　183, 204, 317, 321
デランブル　217
添加　241

[ト]

導関数　59
ド・モアブル　82–88, 90, 91, 121, 130, 166, 171

　——の公式　78

[ニ]

2次方程式　1–13
ニュートン　42, 79, 80, 99–100, 102
　——の公式　42–44, 117
ニューネス　30, 41

[ノ]

Nový　317

[ハ]

バシェ　93
パチオーリ　13
バビロニアの代数　2–6
バンツェル　212, 219, 233
判別式　112, 118–120, 286–288, 304

[ヒ]

ピタゴラス　6
ヒッパソス　6

[フ]

ファン・デル・ヴェルデン　317
ファン・ルーメン　34–38, 91
フィオーレ　14
フェラーリ　23, 24, 70
　——の方法　24–27, 141–142, 271, 287–288
フェルマー　178
　——の素数　213
　——の定理　178, 181, 190, 205, 214
フェロ　14
フォンスネ　122
フォンタナ　14
不還元　21, 116
付値　58
フッデ　59, 62, 242
フーリエ　240
ブルバキ　318

[ヘ]

ベキ根（累乗根）　87
　——拡大　221
　——表現　221, 273
ベズー　76, 130, 135, 145, 217

──の定理　93
　　　──の方法　130–133, 141–145
ベルヌーイ, J.　116
ベルヌーイ, N.　80
ヘロン　9

　　　　　　　[ホ]
方程式
　　一般──　104, 216, 248, 286, 304
　　円分──　238
　　還元──　136
　　差平方の──　119
　　3 次──　67, 69, 76, 77, 116, 132,
　　　　133, 135, 141, 163, 287
　　3 次分解──　26
　　有理数係数の──　71
　　4 次──　23, 67, 70, 133, 141, 164,
　　　　272, 287–288
　　──のベキ根による完全可解　273
　　──ベキ根による可解性　221
ボルツァノ　127
ボンベッリ　21, 30

　　　　　　　[マ]
マーテンス　183

　　　　　　　[モ]
モニック　47

　　　　　　　[ユ]
有理数係数の方程式　71–73

ユークリッド　6–9, 12, 24
　　　──の互除法　30, 48, 50
　　　──の除法定理　48, 92, 97

　　　　　　　[ヨ]
4 次方程式　23–27, 70–71, 164, 270–
　　　272, 287–288

　　　　　　　[ラ]
ライプニッツ　74, 79–80, 85, 98–99,
　　　116, 121
ラグランジュ　106, 122, 134–154, 160,
　　　163, 174, 216, 224, 296
　　　──の公式　145, 231
　　　──の定理　149, 181
　　　──分解式　145, 154–159, 171, 201,
　　　281
ラクロア　216
ランダウ　183

　　　　　　　[リ]
リウヴィル　240

　　　　　　　[ル]
累乗根（ベキ根）　87
ルジャンドル　216
ルフィニ　216–219, 221, 226, 233, 236,
　　　238
ルベーグ　160, 172

〈訳 者〉

新妻 弘（にいつま ひろし）
1946年　茨城県に生まれる
1970年　東京理科大学大学院理学研究科修士課程修了
現　在　東京理科大学理学部数学科教授・理学博士
著訳書　『詳解 線形代数の基礎』（共立出版，共著）
　　　　『群・環・体入門』（共立出版，共著）
　　　　『演習 群・環・体入門』（共立出版）
　　　　『代数学の基本定理』（共立出版，共訳）

代数方程式のガロアの理論	訳　者　新　妻　　弘　ⓒ 2005
	発行者　南　條　光　章
	発行所　共立出版株式会社
	東京都文京区小日向 4-6-19
2005 年 3 月 15 日　初版 1 刷発行	電話　03-3947-2511（代表）
2006 年 9 月 25 日　初版 2 刷発行	郵便番号　112-8700
	振替口座　00110-2-57035
	URL http://www.kyoritsu-pub.co.jp/
	印　刷　啓文堂
	製　本　関山製本
検印廃止	社団法人
NDC402,411	自然科学書協会
ISBN 4-320-01770-6	会員
	Printed in Japan

JCLS 〈(株)日本著作出版権管理システム委託出版物〉
本書の無断複写は著作権法上での例外を除き禁じられています．複写される場合は，そのつど事前に(株)日本著作出版権管理システム（電話03-3817-5670，FAX 03-3815-8199）の許諾を得てください．

代数学の基本定理
The Fundamental Theorem of Algebra

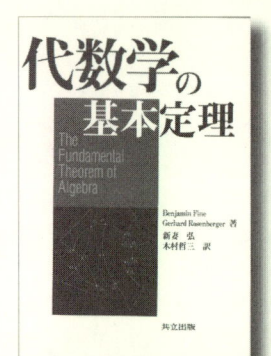

Benjamin Fine, Gerhard Rosenberger 著
新妻 弘・木村 哲三 訳

「代数学の基本定理」とは，複素数係数の多項式をf(x)とするとき，f(x)=0という方程式の根はすべて複素数で与えられる，というものである．大学で数学を多少学んだ人であれば名前ぐらいは覚えているのではないだろうか．しかし，なぜ根をもたないかについては理解していない人が多いと思われる．

本書では，この定理をきちんと証明し理解できるように解説する．また，解析学・代数学・位相数学というそれぞれの切り口からの証明を呈示することによって，この基本定理という一つの話題で複数の分野を見ることができる．分断された知識をまとめあげるということにおいても，有効な書である．

主要目次

第1章 序文と歴史的覚え書き	第6章 体と拡大体
第2章 複素数	第7章 ガロア理論
第3章 多項式と複素多項式	第8章 位相と位相空間
第4章 複素解析学と解析関数	第9章代数的位相幾何学と最後の証明
第5章 複素積分とコーシーの定理	

A5判・256頁・定価3675円(税込)

My Brain is Open
－20世紀数学界の異才ポール・エルデシュ放浪記－

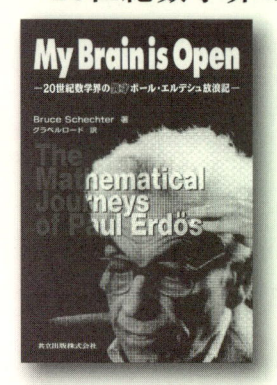

Bruce Schechter 著
グラベルロード 訳

50年以上の間，世界中の数学者たちはドアの前でノックに応え，その男を迎えた．分厚い眼鏡をかけてしわくちゃのスーツをまとい，片手には家財一式を入れたスーツケース，もう一方の手には論文を詰め込んだバッグをもって，My brain is open! と宣言する小柄でひ弱そうな男．その訪問者こそ20世紀最大の数学者であり，間違いない奇人，ポール・エルデシュである．

本書は，この不思議な天才，そして魅力的な数学の世界における彼の旅の足跡をたどる話である．著者 Schechter は，愛情，洞察，ユーモアをもって，この天才数学者ポール・エルデシュの風変わりな世界へわれわれを導く．

主要目次

第1章 旅	第6章 失われた楽園
第2章 証明	第7章 集合論
第3章 出会い	第8章 ポール・エルデシュ博士の素数
第4章 ハッピーエンド問題	第9章 サムとジョーとアンクルポール
第5章 西洋史を変えた出題	第10章 さすらいの数学者

四六判・312頁・定価2520円(税込)

http://www.kyoritsu-pub.co.jp/　共立出版